现代数学译丛 14

非线性最优化基础

〔日〕 Masao Fukushima 著

林贵华 译

科学出版社

北京

图字：01-2011-2712

内 容 简 介

本书从凸分析的观点全面系统地介绍了非线性最优化的基本理论，是国际著名优化专家Masao Fukushima 教授的最新力作. 书中不仅详尽透彻地讲解了(光滑与非光滑优化问题、半定规划问题等)各类优化问题的最优性理论、稳定性理论、灵敏度分析、对偶性理论以及相关的凸分析基础等，还深入介绍了变分不等式问题、非线性互补问题以及均衡约束数学规划问题等均衡问题的最新结果.

本书既可作为相关专业高年级本科生和研究生的教材，也可作为相关科研人员的参考书.

图书在版编目(CIP)数据

非线性最优化基础 / (日) Masao Fukushima 著；林贵华译. —北京：科学出版社, 2011. 5
(现代数学译丛; 14)
ISBN 978-7-03-030992-1
Ⅰ.①非… Ⅱ.①福… ②林… Ⅲ.①非线性-最优化算法 Ⅳ.①O224
中国版本图书馆 CIP 数据核字(2011) 第 085433 号

责任编辑：王丽平 房 阳 / 责任校对：宋玲玲
责任印制：赵 博 / 封面设计：陈 敬

科 学 出 版 社 出版
北京东黄城根北街 16 号
邮政编码：100717
http://www.sciencep.com
三河市骏杰印刷有限公司印刷
科学出版社发行 各地新华书店经销
*
2011 年 5 月第 一 版 开本: 720 × 1000 1/16
2024 年 4 月第十次印刷 印张: 12 1/2
字数: 237 000
定价: 78.00 元
(如有印装质量问题, 我社负责调换)

中 文 版 序

日本京都大学福岛雅夫 (Masao Fukushima) 教授是我的好友. 他是国际知名的优化专家, 是研究均衡问题的国际权威之一. 福岛教授也是亚太地区各种优化学术活动的重要组织者之一, 为亚太地区优化研究的发展作出了重要贡献. 特别值得一提的是, 福岛雅夫教授在促进中日学术交流, 以及为我国培养优化青年人才等方面发挥了重要作用.

《非线性最优化基础》是福岛雅夫教授的大作. 该书全面系统地介绍了非线性最优化的基本理论 (最优性条件、对偶理论等) 及相关的凸分析基础, 还介绍了各种均衡问题 (包括变分不等式、互补问题、MPEC 等) 的最新结果. 这是一本非常优秀的著作, 它既对从事优化研究的科研人员有参考价值, 同时也可用作大学高年级本科生及研究生教材或参考书.

林贵华博士曾师从福岛雅夫教授, 在优化理论和方法, 特别是在带均衡约束的数学规划问题以及变分不等式与互补问题等方面作出了突出的贡献. 林贵华博士是我国为数不多的优秀青年运筹学专家之一, 由他来翻译福岛雅夫教授的著作是再合适不过的了.

福岛雅夫教授的《非线性最优化基础》的中译本的出版是一件值得庆贺的喜事. 我相信, 它必将对我国科学研究和优化人才的培养起到积极作用.

袁亚湘

2010 年 8 月

中文版前言

中国已经出了许多优秀的优化专家, 近年来活跃于国际优化领域的青年学者更是日益增多, 以中国、日本为中心的亚太地区业已成为国际优化界的骨干力量之一. 另外, 伴随着社会多元化的发展, 最优化理论作为研究解决实际问题的有效方法的实用学科, 其应用范围正在不断扩大, 重要性正在迅速增长. 在这样的背景下, 只要本书能对那些有志于优化研究, 或者为了解决各种实际问题而欲学习最优化理论的人们有稍许的帮助, 本人都会深感欣慰.

本书的译者林贵华教授是已在国际知名学术期刊发表多篇学术论文的富有朝气的学者, 也是本人最为信赖的弟子之一. 他在本书翻译期间非常认真地阅读了原书, 并就书中内容提出了若干修订意见, 以使本书的中文版更趋完善. 衷心地感谢林教授的辛苦努力, 同时也感谢协助翻译第 3 章的韩海山教授. 最后, 谨对为使本书在中国顺利出版尽心尽力的袁亚湘教授表示深深的谢意, 愿我们之间的友谊长存!

福岛　雅夫

2010 年 7 月

于日本京都

前　　言

最优化理论的起源可以追溯到 18 世纪 L. Euler, J.L. Lagrange 等对与力学相关的极值问题或者变分问题统一处理方法的研究. 但是, 一直到 G.B. Dantzig 于 1947 年开发出针对线性规划问题的单纯形法, 并且在计算机飞速发展的时代背景下作为解决现实问题的强有力工具得到普及之后, 现代最优化理论才得到了极大发展. 后来, 以 H.W. Kuhn 与 A.W. Tucker 关于非线性规划问题最优性条件的研究为代表的众多成果相继发表, 并很快奠定了最优化理论的基础. 特别地, 由 W. Fenchel 与 R.T. Rochafellar 等于 20 世纪 60 年代系统化的凸分析理论, 为研究最优化问题的对偶性、最优性等基本性质提供了必不可少的数学工具, 并且至今仍然能够得到各种推广. 另外, 在数值解法方面, 人们在 20 世纪六七十年代开发出了拟牛顿法、序列二次规划方法等各种适用于求解现实问题的方法. 伴随着 N. Karmarkar 于 1984 年提出的内点法及其各式各样的推广, 以及针对半定规划和凸优化等问题的牛顿法研究的进展, 最优化理论的发展在 20 世纪 90 年代进入了崭新的阶段. 随着 21 世纪的来临, 可以预期最优化理论与方法将进一步拓展其应用范围, 并将在各种领域中发挥更加重要的作用.

本书的目的是从凸分析的观点讲解在处理最优化问题时必要的基础知识. 本书以著者的旧作《非线性最优化理论》(产业图书, 1980 年) 为蓝本, 特别在以下几个方面进行了大幅添加和修正：首先, 对凸集与凸函数的内容进行了修改和扩充, 同时还增加了不可微函数与单调映射等相关内容. 其次, 为使本书尽量自成体系, 书中根据需要随处增加了旧作中没有的结果, 从而使得书中与凸分析相关的内容占了将近一半, 因此, 本书某种程度上也可以作为凸分析教材使用. 再次, 在作为最优化理论核心内容的最优性条件与对偶性理论两章, 特别增加了介绍半定规划问题及相关基本结果的章节. 最后, 本书删除了旧作中的部分内容, 取而代之的是新增加了一章, 用来介绍近年来取得极大进展的均衡问题, 其中主要包括变分不等式问题、互补问题以及均衡约束数学规划问题 (MPEC) 等研究课题.

本书的阅读对象是大学本科生或者硕士研究生. 但是, 正如前面所述, 本书旨在自成体系, 以使读者不需频繁参考其他书籍即能够理解书中内容. 再者, 每章后面都有相当数量的习题. 习题的主要目的当然是为了加深对该章内容的理解, 但习题中也涉及正文中没有介绍的内容, 因此, 习题部分也起着补充正文内容的作用. 只要本书对最优化理论及其应用的研究进展能够稍有帮助, 对著者来说就将是莫大的喜悦. 要是能蒙读者坦诚提出建议或批评, 那更是著者的荣幸.

搁笔之际, 谨对仔细阅读本书原稿、指出不妥之处, 并提出有益建议的关西大学工学部的山川荣树和京都大学情报学研究科的山下信雄表示衷心感谢, 同时也向本书出版之时给予极大帮助的朝仓书店编辑部致以深厚的谢意. 最后, 著者满怀感激之情, 愿将此书献给妻子桂子.

福岛　雅夫
2001 年清明
于京都

目　　录

第 1 章　最优化问题简介

本章首先介绍最优化问题及一些相关的基本概念, 然后简述本书的主要内容.

1.1　最优化问题

本书主要讨论如下问题：给定 n 元实值函数 g_i $(i = 1,\cdots,m)$ 与 h_j $(j = 1,\cdots,l)$, 求满足**约束条件** (constraint)

$$\begin{aligned} g_i(x_1,\cdots,x_n) &\leqslant 0, \quad i=1,\cdots,m \\ h_j(x_1,\cdots,x_n) &= 0, \quad j=1,\cdots,l \end{aligned}$$

的向量 $\boldsymbol{x} = (x_1,\cdots,x_n)$, 使得实值**目标函数** (objective function) f 在 $\boldsymbol{x}$ 处达到最小.

一般称上述问题为**数学规划问题** (mathematical programming problem) 或者**最优化问题** (optimization problem). 本书将上述问题记为

$$\begin{aligned} \min \quad & f(\boldsymbol{x}) \\ \text{s.t.} \quad & g_i(\boldsymbol{x}) \leqslant 0, \quad i=1,\cdots,m \\ & h_j(\boldsymbol{x}) = 0, \quad j=1,\cdots,l \end{aligned} \tag{1.1}$$

由于最大化问题中只需将目标函数乘以 -1 即可转化为最小化问题, 因此, 除非预先说明, 本书只考虑函数的最小化问题.

在问题 (1.1) 中, 满足约束条件的向量 $\boldsymbol{x}$ 称为**可行解** (feasible solution), 全体可行解构成的集合称为**可行域** (feasible region). 此外, 函数 g_i $(i = 1,\cdots,m)$ 与 h_j $(j = 1,\cdots,l)$ 称为**约束函数** (constraint function), 而可行域中使得目标函数值为最小的向量 $\boldsymbol{x}$ 称为问题 (1.1) 的**最优解** (optimal solution).

若目标函数 f 与约束函数 g_i, h_j 均为线性函数, 则称问题 (1.1) 为**线性规划问题** (linear programming problem). 目标函数与约束函数中只要有一个为非线性函数, 即称 (1.1) 为**非线性规划问题** (nonlinear programming problem). 线性规划问题可以看成非线性规划问题的特殊情形. 当目标函数 f 为二次函数, 而约束函数 g_i 与 h_j 均为线性函数时, 问题 (1.1) 称为**二次规划问题** (quadratic programming problem). 若目标函数 f 与所有不等式约束函数 g_i 均为凸函数, 而所有等式约束函数 h_j 均为线性函数, 则称问题 (1.1) 为**凸规划问题** (convex programming problem). 再者, 若约束条件中含有矩阵的半正定条件, 则称为**半定规划问题** (semidefinite programming problem). 众所周知, 上述问题均为在应用上非常重要的非线性规划问题, 并且这些问题的特殊结构使得它们各自具有很多有用的性质.

1.2　本书内容简介

凸集、凸函数及其相关性质在所谓凸分析的框架内得到了系统的研究, 并且提供了形成最优化理论核心的很多重要内容. 第 2 章将讲述凸集与分离超平面、锥与极锥、凸函数的共轭函数与次梯度等基本概念及其各种性质, 同时还将介绍非凸函数的广义次梯度、点集映射与其连续性和单调性等在处理最优化问题及相关问题时经常遇到的知识. 该章内容将被以后各章频繁引用.

最优性条件意即最优解应该满足的条件, 它在优化算法的设计以及理论分析等方面起着基本的作用, 已经成为最优化理论的基石. 此外, 当问题中所含系数的值发生变化时, 研究最优解与目标函数值等会受到何种影响的问题也是现实中的重要课题之一. 第 3 章将详细讲解最常用的最优性条件 ——Karush-Kuhn-Tucker (KKT) 条件, 此外也将介绍利用函数的 Hesse 矩阵所描述的二阶最优性条件、不可微最优化问题的广义 KKT 条件, 以及以矩阵为变量的半定规划问题的 KKT 条件等内容. 进一步, 还将讲述灵敏度分析的内容, 即研究当系数发生变化时, 最优解的连续性等定性结果以及目标函数值的变化率等定量信息.

在研究最优化问题时, 在很多情况下, 如果换个角度来考虑对偶问题, 可能会使问题变得容易处理. 人们利用这种思想已经开发出了针对各种不同问题的基于对偶性理论的优化算法, 这些算法已得到了广泛的应用. 第 4 章将首先介绍 Lagrange 对偶问题的定义及其性质, 然后引入对偶问题的一般形式, 并将特别讨论关于非凸最优化问题的对偶性. 此外, 还将讲述凸规划问题的 Fenchel 对偶问题, 并讨论半定规划问题的对偶性理论.

第 5 章将讲述包括变分不等式问题与互补问题等在内的、比最优化问题更为一般化的均衡问题. 均衡问题与最优化问题有很多共通之处, 所以该章在内容上也和其他章节密切相关. 该章将首先讲述均衡问题的解的存在性与唯一性结果, 然后介绍能够将均衡问题转化为等价方程组或者等价最优化问题等形式的再定式化方法, 最后提出现实生活中在众多领域均有着广泛应用的所谓均衡约束数学规划问题, 并讨论其最优性条件.

第2章　凸　分　析

本章将讲述构成最优化理论基础的数学知识. 2.1 节、2.2 节与 2.6 节将简单总结线性代数和分析学中的一些基本内容, 其中大部分都是专业术语的定义. 2.3~2.5 节及 2.7~2.10 节将介绍凸集与凸函数的各种性质. 之后在 2.11 节将 2.10 节中有关凸函数的一些结果推广到非凸函数的情形. 进一步, 2.12 节和 2.13 节中将首先引入点集映射的概念, 然后考查其连续性和单调性. 本章所讲述的关于凸集与凸函数的结论及其推广属于**凸分析** (convex analysis) 的范畴, 并将被以后各章频繁引用.

2.1　向量与矩阵

设 $\mathbf{R}^n$ 为全体 n 维实向量构成的集合 (即 n 维欧氏空间). $\mathbf{R}^1$ 代表全体实数的集合, 以下将其简记为 $\mathbf{R}$ 或 $(-\infty,+\infty)$. n 维向量 $\boldsymbol{x}$ 也称为空间 $\mathbf{R}^n$ 中的点, 记为 $\boldsymbol{x}\in\mathbf{R}^n$. 后文将向量和点作为同义词使用, 究竟使用哪个称谓将视情况而定. 再者, 本书中的向量均表示列向量, 在需要显示分量时则利用转置符号 T 表示为 $\boldsymbol{x}=(x_1,\cdots,x_n)^{\mathrm{T}}$. 另外, 为了避免符号的复杂性, 在不致引起混乱的前提下, 将两个向量 $\boldsymbol{x}\in\mathbf{R}^n$ 与 $\boldsymbol{y}\in\mathbf{R}^m$ 形成的 $n+m$ 维向量 $(\boldsymbol{x}^{\mathrm{T}},\boldsymbol{y}^{\mathrm{T}})^{\mathrm{T}}\in\mathbf{R}^{n+m}$ 表示为 $(\boldsymbol{x},\boldsymbol{y})^{\mathrm{T}}\in\mathbf{R}^{n+m}$, 或者更简单地记为 $(\boldsymbol{x},\boldsymbol{y})\in\mathbf{R}^{n+m}$. 再有, 向量的分量将使用带下标的 $x_1,\cdots,x_n$ 或者 $x_i\ (i=1,\cdots,n)$ 表示, 而向量序列则使用带上标的 $\boldsymbol{x}^1,\boldsymbol{x}^2,\cdots$ 或者 $\{\boldsymbol{x}^k\}$ 来表示.

两个向量 $\boldsymbol{x},\boldsymbol{y}\in\mathbf{R}^n$ 的和定义为 $\boldsymbol{x}+\boldsymbol{y}=(x_1+y_1,\cdots,x_n+y_n)^{\mathrm{T}}$, 而实数 $\alpha\in\mathbf{R}$ 与向量 $\boldsymbol{x}$ 的数乘则定义为 $\alpha\boldsymbol{x}=(\alpha x_1,\cdots,\alpha x_n)^{\mathrm{T}}$. 给定向量 $\boldsymbol{x},\boldsymbol{y}\in\mathbf{R}^n$, 若 $x_i\leqslant y_i\ (i=1,\cdots,n)$, 则记为 $\boldsymbol{x}\leqslant\boldsymbol{y}$; 若 $x_i<y_i\ (i=1,\cdots,n)$, 则记为 $\boldsymbol{x}<\boldsymbol{y}$. 此外, 零向量用 $\mathbf{0}$ 来表示.

对向量 $\boldsymbol{x},\boldsymbol{y}\in\mathbf{R}^n$, 其**内积** (inner product) 定义为 $\langle\boldsymbol{x},\boldsymbol{y}\rangle=\boldsymbol{x}^{\mathrm{T}}\boldsymbol{y}=x_1y_1+\cdots+x_ny_n$, 而 $\boldsymbol{x}\in\mathbf{R}^n$ 的 (Euclid) **范数** (norm) 则定义为 $\|\boldsymbol{x}\|=\sqrt{\langle\boldsymbol{x},\boldsymbol{x}\rangle}=\sqrt{x_1^2+\cdots+x_n^2}$. 空间 $\mathbf{R}^n$ 中两点 $\boldsymbol{x}$ 与 $\boldsymbol{y}$ 之间的距离规定为 $\|\boldsymbol{x}-\boldsymbol{y}\|$.

对任意向量 $\boldsymbol{x},\boldsymbol{y}\in\mathbf{R}^n$ 均有如下 **Cauchy-Schwarz 不等式** (Cauchy-Schwarz inequality) 成立:

$$-\|\boldsymbol{x}\|\,\|\boldsymbol{y}\|\leqslant\langle\boldsymbol{x},\boldsymbol{y}\rangle\leqslant\|\boldsymbol{x}\|\,\|\boldsymbol{y}\|$$

另外, 两个非零向量 $\boldsymbol{x}$ 与 $\boldsymbol{y}$ 的夹角 θ 可由下式定义:

$$\cos\theta = \frac{\langle \boldsymbol{x}, \boldsymbol{y} \rangle}{\|\boldsymbol{x}\| \, \|\boldsymbol{y}\|}$$

因此, $\langle \boldsymbol{x}, \boldsymbol{y} \rangle = 0$ 意味着 $\boldsymbol{x}$ 与 $\boldsymbol{y}$ 正交, 而 $\langle \boldsymbol{x}, \boldsymbol{y} \rangle$ 大于 0 (小于 0) 意味着 $\boldsymbol{x}$ 与 $\boldsymbol{y}$ 的夹角是锐角 (钝角).

给定 k 个向量 $\boldsymbol{x}^1, \cdots, \boldsymbol{x}^k \in \mathbf{R}^n$, 若

$$\alpha_1 \boldsymbol{x}^1 + \cdots + \alpha_k \boldsymbol{x}^k = \mathbf{0} \tag{2.1}$$

当且仅当 k 元数组 $(\alpha_1, \cdots, \alpha_k) = (0, \cdots, 0)$ 时成立, 则称向量组 $\boldsymbol{x}^1, \cdots, \boldsymbol{x}^k$ **线性无关** (linearly independent). 反之, 若 (2.1) 存在非零解, 则称 $\boldsymbol{x}^1, \cdots, \boldsymbol{x}^k$ **线性相关** (linearly dependent).

设 W 为空间 $\mathbf{R}^n$ 的子集, 记为 $W \subseteq \mathbf{R}^n$. 若对任意向量 $\boldsymbol{x}, \boldsymbol{y} \in W$ 以及任意 $\alpha \in \mathbf{R}$ 总有 $\boldsymbol{x} + \boldsymbol{y} \in W$ 及 $\alpha \boldsymbol{x} \in W$ 成立, 则称 W 为**线性子空间** (subspace). 若 W 可表示为

$$W = \left\{ \boldsymbol{x} \in \mathbf{R}^n \,\middle|\, \boldsymbol{x} = \alpha_1 \boldsymbol{x}^1 + \cdots + \alpha_k \boldsymbol{x}^k, \ \alpha_1 \in \mathbf{R}, \cdots, \alpha_k \in \mathbf{R} \right\}$$

即 W 为向量 $\boldsymbol{x}^1, \cdots, \boldsymbol{x}^k \in \mathbf{R}^n$ 的全体线性组合构成的集合, 则称 $\boldsymbol{x}^1, \cdots, \boldsymbol{x}^k$ 张成线性子空间 W. 线性子空间 W 中含有的线性无关向量的最大个数称为 W 的**维数** (dimension).

线性子空间的具体例子包括二维空间 (平面) 中过原点的直线, 以及三维空间中过原点的平面或者直线等. 再有, 空间 $\mathbf{R}^n$ 本身与只含有零向量的集合 $\{\mathbf{0}\}$ 也可看成是特殊的线性子空间. 此外, 二维空间中的任意直线以及三维空间中的任意平面或直线虽然大都不是线性子空间, 但这些集合都包含由其中任意两点所确定的直线, 将这样的集合称为**仿射集** (affine set). 仿射集可以看成是某个线性子空间的平移, 故必存在向量 $\boldsymbol{x}^0, \boldsymbol{x}^1, \cdots, \boldsymbol{x}^k \in \mathbf{R}^n$, 使得仿射集可表示为

$$\left\{ \boldsymbol{x} \in \mathbf{R}^n \,\middle|\, \boldsymbol{x} = \boldsymbol{x}^0 + \alpha_1 \boldsymbol{x}^1 + \cdots + \alpha_k \boldsymbol{x}^k, \ \alpha_1 \in \mathbf{R}, \cdots, \alpha_k \in \mathbf{R} \right\}$$

给定向量 $\boldsymbol{a} \in \mathbf{R}^n$ $(\boldsymbol{a} \neq \mathbf{0})$ 及常数 $\alpha \in \mathbf{R}$, 考虑集合

$$H = \left\{ \boldsymbol{x} \in \mathbf{R}^n \,\middle|\, \langle \boldsymbol{a}, \boldsymbol{x} \rangle = \alpha \right\}$$

这是由与向量 $\boldsymbol{a}$ 正交的向量全体构成的 $n-1$ 维线性子空间 $\{\boldsymbol{x} \in \mathbf{R}^n \,|\, \langle \boldsymbol{a}, \boldsymbol{x} \rangle = 0\}$ 经适当平移而得到的仿射集, 称之为 $\mathbf{R}^n$ 的**超平面** (hyperplane). 二维空间中的任意直线和三维空间中的任意平面均为超平面. 这些例子表明, 超平面 H 具有将空间 $\mathbf{R}^n$ 一分为二的重要性质.

给定集合 $S\subseteq\mathbf{R}^n$ 与 $T\subseteq\mathbf{R}^n$, 二者的和集①定义为

$$S+T=\left\{\boldsymbol{z}\in\mathbf{R}^n \,\middle|\, \boldsymbol{z}=\boldsymbol{x}+\boldsymbol{y},\ \boldsymbol{x}\in S,\ \boldsymbol{y}\in T\right\}$$

对 $\alpha\in\mathbf{R}$, 集合 $S\subseteq\mathbf{R}^n$ 的数乘 αS 定义为

$$\alpha S=\left\{\boldsymbol{z}\in\mathbf{R}^n \,\middle|\, \boldsymbol{z}=\alpha\boldsymbol{x},\ \boldsymbol{x}\in S\right\}$$

此外, 对给定的集合 $X\subseteq\mathbf{R}^m$ 与 $Y\subseteq\mathbf{R}^n$, 集合

$$X\times Y=\left\{(\boldsymbol{x},\boldsymbol{y})\in\mathbf{R}^{m+n} \,\middle|\, \boldsymbol{x}\in X,\ \boldsymbol{y}\in Y\right\}$$

称为 X 与 Y 的**笛卡儿积** (Cartesian product).

下面来介绍与矩阵有关的概念. 除非预先特别说明, 本书只讨论实数矩阵. 对 $m\times n$ 阶矩阵

$$\boldsymbol{A}=\begin{bmatrix} a_{11} & a_{12} & \cdots & a_{1n} \\ a_{21} & a_{22} & \cdots & a_{2n} \\ \vdots & \vdots & & \vdots \\ a_{m1} & a_{m2} & \cdots & a_{mn} \end{bmatrix}$$

利用第 (i,j) 个元素 a_{ij} 将其表示为 $\boldsymbol{A}=[a_{ij}]\in\mathbf{R}^{m\times n}$. 对给定的两个 $m\times n$ 阶矩阵 $\boldsymbol{A}=[a_{ij}]$ 与 $\boldsymbol{B}=[b_{ij}]$ 以及实数 $\alpha\in\mathbf{R}$, 矩阵的和与数乘分别定义为 $\boldsymbol{A}+\boldsymbol{B}=[a_{ij}+b_{ij}]$ 与 $\alpha\boldsymbol{A}=[\alpha a_{ij}]$. 对 $m\times n$ 阶矩阵 $\boldsymbol{A}=[a_{ij}]$ 与 $n\times l$ 阶矩阵 $\boldsymbol{B}=[b_{jk}]$, $\boldsymbol{A}$ 与 $\boldsymbol{B}$ 的积 $\boldsymbol{AB}$ 定义为 $m\times l$ 阶矩阵 $\boldsymbol{AB}=\left[\sum_{j=1}^{n}a_{ij}b_{jk}\right]$. 即使 $m=n=l$, 一般来说, $\boldsymbol{AB}\neq\boldsymbol{BA}$. 当 $\boldsymbol{AB}=\boldsymbol{BA}$ 时, 则称 $\boldsymbol{A}$ 与 $\boldsymbol{B}$ **可换** (commutative). 另外, 矩阵 $\boldsymbol{A}\in\mathbf{R}^{m\times n}$ 与向量 $\boldsymbol{x}\in\mathbf{R}^n$ 的积 $\boldsymbol{Ax}$ 是 m 维向量, 并且对任意 $\boldsymbol{x},\boldsymbol{y}\in\mathbf{R}^n$ 及实数 $\alpha,\beta\in\mathbf{R}$ 均有 $\boldsymbol{A}(\alpha\boldsymbol{x}+\beta\boldsymbol{y})=\alpha\boldsymbol{Ax}+\beta\boldsymbol{Ay}$ 成立, 因此, 矩阵 $\boldsymbol{A}$ 也可看成由空间 $\mathbf{R}^n$ 到空间 $\mathbf{R}^m$ 的**线性映射** (linear mapping). 给定集合 $S\subseteq\mathbf{R}^n$, 映射 $\boldsymbol{A}:\mathbf{R}^n\to\mathbf{R}^m$ 的**像** (image) 定义为

$$\boldsymbol{A}S=\left\{\boldsymbol{z}\in\mathbf{R}^m \,\middle|\, \boldsymbol{z}=\boldsymbol{Ax},\ \boldsymbol{x}\in S\right\}\subseteq\mathbf{R}^m$$

特别地, 若 S 为线性子空间, 则 $\boldsymbol{A}S$ 也是线性子空间.

对矩阵 $\boldsymbol{A}=[a_{ij}]\in\mathbf{R}^{m\times n}$, 其转置矩阵记为 $\boldsymbol{A}^{\mathrm{T}}=[a_{ji}]\in\mathbf{R}^{n\times m}$. 若 $\boldsymbol{A}$ 为 n 阶方阵 ($n\times n$ 阶矩阵) 且满足 $\boldsymbol{A}=\boldsymbol{A}^{\mathrm{T}}$, 则称 $\boldsymbol{A}$ 为**对称矩阵** (symmetric matrix). 全体 n 阶 (实) 对称矩阵构成的集合记为 $\mathcal{S}^n$.

① 注意不要与并集 $S\cup T$ 混淆.

若 $\boldsymbol{A}$ 为 n 阶方阵且对角线元素均为 1, 而其他元素均为 0, 则称之为**单位矩阵** (unit matrix), 并特别将单位矩阵记为 $\boldsymbol{I}$. 给定 n 阶方阵 $\boldsymbol{A}$, 若存在 n 阶方阵 $\boldsymbol{B}$ 满足 $\boldsymbol{AB}=\boldsymbol{BA}=\boldsymbol{I}$, 则称 $\boldsymbol{A}$ **非奇异** (nonsingular). 上述矩阵 $\boldsymbol{B}$ (如果存在) 必定唯一, 称为 $\boldsymbol{A}$ 的**逆矩阵** (inverse matrix), 记为 $\boldsymbol{A}^{-1}$.

将正整数集合 $\{1,2,\cdots,n\}$ 重新排列成 $\{i_1,i_2,\cdots,i_n\}$ 的运算称为**置换** (permutation), 记为

$$\sigma=\begin{pmatrix}1 & 2 & \cdots & n\\ i_1 & i_2 & \cdots & i_n\end{pmatrix}$$

对集合 $\{1,2,\cdots,n\}$ 的置换总数为 $n!$. 特别地, 在集合 $\{1,2,\cdots,n\}$ 中只互换两个元素的置换

$$\begin{pmatrix}j & k\\ k & j\end{pmatrix}\equiv\begin{pmatrix}1 & \cdots & j & \cdots & k & \cdots & n\\ 1 & \cdots & k & \cdots & j & \cdots & n\end{pmatrix}$$

称为**对换** (transposition). 每个置换均可通过若干次对换来实现, 其中能够经过偶数次对换实现的置换称为偶置换; 反之, 则称为奇置换. 规定置换 σ 的符号 $\operatorname{sgn}(\sigma)$ 如下: 当 σ 是偶置换时, 其值为 1; 当 σ 是奇置换时, 其值为 -1.

给定 n 阶方阵 $\boldsymbol{A}$, 关于其元素 a_{ij} $(i,j=1,\cdots,n)$ 的多项式

$$\sum_{\sigma}\operatorname{sgn}(\sigma)\,a_{1i_1}a_{2i_2}\cdots a_{ni_n}$$

称为 $\boldsymbol{A}$ 的**行列式** (determinant), 其中 σ 取遍所有置换. $\boldsymbol{A}$ 的行列式记为 $|\boldsymbol{A}|$ 或 $\det\boldsymbol{A}$. 对任意 n 阶方阵 $\boldsymbol{A}$ 与 $\boldsymbol{B}$, 必有 $\det\boldsymbol{AB}=\det\boldsymbol{A}\det\boldsymbol{B}$ 成立. 显然有 $\det\boldsymbol{I}=1$, 故 $\det\boldsymbol{A}\det\boldsymbol{A}^{-1}=\det\boldsymbol{AA}^{-1}=1$, 即 $\det\boldsymbol{A}^{-1}=1/\det\boldsymbol{A}$. 易知 n 阶方阵 $\boldsymbol{A}$ 非奇异的充要条件是 $\det\boldsymbol{A}\neq 0$.

给定 n 阶方阵 $\boldsymbol{A}$, 以 $\operatorname{tr}\boldsymbol{A}$ 表示其对角线元素之和 $a_{11}+a_{22}+\cdots+a_{nn}$, 称为 $\boldsymbol{A}$ 的**迹** (trace). 对任意给定的矩阵 $\boldsymbol{B}\in\mathbf{R}^{m\times n}$ 及 $\boldsymbol{C}\in\mathbf{R}^{n\times m}$ 有 $\operatorname{tr}\boldsymbol{BC}=\operatorname{tr}\boldsymbol{CB}$ 成立.

当系数矩阵 $\boldsymbol{A}\in\mathbf{R}^{n\times n}$ 非奇异时, 线性方程组 $\boldsymbol{Ax}=\boldsymbol{b}$ 的解为 $\boldsymbol{x}=\boldsymbol{A}^{-1}\boldsymbol{b}$, 并且其分量可表示为 $x_i=\det\,[\boldsymbol{A}|\boldsymbol{b}|i]/\det\boldsymbol{A}$ $(i=1,\cdots,n)$, 其中 $[\boldsymbol{A}|\boldsymbol{b}|i]$ 表示 $\boldsymbol{A}$ 的第 i 列用向量 $\boldsymbol{b}$ 替换后所得的矩阵. 这个结果称为 **Cramer 法则** (Cramer's rule).

引理 2.1 给定方阵 $\boldsymbol{A},\boldsymbol{B}\in\mathbf{R}^{n\times n}$, 并设 $\boldsymbol{A}$ 非奇异, 则有下式成立:

$$\operatorname{tr}[\boldsymbol{A}^{-1}\boldsymbol{B}]=\sum_{i=1}^{n}\frac{\det\,[\boldsymbol{A}|\boldsymbol{B}^{[i]}|\,i]}{\det\boldsymbol{A}}$$

其中 $\boldsymbol{B}^{[i]}$ 表示 $\boldsymbol{B}$ 的第 i 个列向量.

证明 由 Cramer 法则知, $\det\,[\boldsymbol{A}|\boldsymbol{B}^{[i]}|\,i]/\det\boldsymbol{A}$ 表示向量 $\boldsymbol{A}^{-1}\boldsymbol{B}^{[i]}$ 的第 i 个坐标, 而这正是矩阵 $\boldsymbol{A}^{-1}\boldsymbol{B}$ 的第 (i,i) 个元素. ■

给定 n 阶方阵 $\boldsymbol{A}$, 使得

$$\boldsymbol{A}\boldsymbol{x}=\lambda\boldsymbol{x}$$

存在非零解 $\boldsymbol{x}$ 的数 λ 称为 $\boldsymbol{A}$ 的**特征值** (eigenvalue), 并称其非零解 $\boldsymbol{x}$ 为对应该特征值的**特征向量** (eigenvector). 矩阵 $\boldsymbol{A}$ 的特征值是如下**特征方程** (characteristic equation) 的根:

$$\det(\lambda\boldsymbol{I}-\boldsymbol{A})=0$$

由于该方程的左侧是关于 λ 的 n 次多项式, 故特征方程的根, 即矩阵 $\boldsymbol{A}$ 的特征值, 共有 n 个 (重根按其重数计算). 若将这些根分别记为 $\lambda_1,\cdots,\lambda_n$, 则根据特征方程的根与系数的关系有

$$\lambda_1+\lambda_2+\cdots+\lambda_n=\operatorname{tr}\boldsymbol{A},\quad \lambda_1\lambda_2\cdots\lambda_n=\det\boldsymbol{A}$$

满足

$$\boldsymbol{Q}\boldsymbol{Q}^{\mathrm{T}}=\boldsymbol{Q}^{\mathrm{T}}\boldsymbol{Q}=\boldsymbol{I}$$

的 $n\times n$ 阶矩阵 $\boldsymbol{Q}$ 称为**正交矩阵** (orthogonal matrix). n 阶 (实) 对称矩阵 $\boldsymbol{A}\in\mathcal{S}^n$ 的特征值 $\lambda_1,\cdots,\lambda_n$ 均为实数, 并且存在适当的正交矩阵 $\boldsymbol{Q}$, 使得 $\boldsymbol{A}$ 可以对角化为

$$\boldsymbol{Q}^{\mathrm{T}}\boldsymbol{A}\boldsymbol{Q}=\begin{bmatrix}\lambda_1 & & & \text{\Large 0}\\ & \lambda_2 & & \\ & & \ddots & \\ \text{\Large 0} & & & \lambda_n\end{bmatrix}$$

记上式右侧的对角矩阵为 $\mathbf{diag}\,[\lambda_1,\cdots,\lambda_n]$ 或者 $\mathbf{diag}\,[\lambda_i]$.

若 n 阶 (实) 对称矩阵 $\boldsymbol{A}\in\mathcal{S}^n$ 满足

$$\langle\boldsymbol{x},\boldsymbol{A}\boldsymbol{x}\rangle\geqslant 0,\quad \boldsymbol{x}\in\mathbf{R}^n \tag{2.2}$$

则称 $\boldsymbol{A}$ **半正定** (positive semidefinite), 记为 $\boldsymbol{A}\succeq\boldsymbol{O}$. 进一步, 若

$$\langle\boldsymbol{x},\boldsymbol{A}\boldsymbol{x}\rangle>0,\quad \boldsymbol{x}\in\mathbf{R}^n,\ \boldsymbol{x}\neq\boldsymbol{0} \tag{2.3}$$

则称 $\boldsymbol{A}$ **正定** (positive definite), 记为 $\boldsymbol{A}\succ\boldsymbol{O}$. $\boldsymbol{A}\in\mathcal{S}^n$ 为半正定 (正定) 的充要条件是 $\boldsymbol{A}$ 的所有特征值均为非负 (正), 故半正定 (正定) 矩阵的迹与行列式均为非负 (正). 半正定矩阵 $\boldsymbol{A}\in\mathcal{S}^n$ 可利用某个正交矩阵 $\boldsymbol{Q}$ 对角化为 $\boldsymbol{A}=\boldsymbol{Q}\,\mathbf{diag}\,[\lambda_i]\boldsymbol{Q}^{\mathrm{T}}$. 由于 $\lambda_i\geqslant 0\ (i=1,\cdots,n)$, 因此, 可定义 $\boldsymbol{A}$ 的平方根为 $\boldsymbol{A}^{\frac{1}{2}}=\boldsymbol{Q}\,\mathbf{diag}\,[\sqrt{\lambda_i}]\boldsymbol{Q}^{\mathrm{T}}$. 显然, $\boldsymbol{A}^{\frac{1}{2}}$ 既对称又半正定, 并且有 $\boldsymbol{A}=(\boldsymbol{A}^{\frac{1}{2}})^2$ 成立. 此外, 对两个半正定矩阵 $\boldsymbol{A}\in\mathcal{S}^n$ 与 $\boldsymbol{B}\in\mathcal{S}^n$, 其乘积的迹满足 $\operatorname{tr}\,[\boldsymbol{A}\boldsymbol{B}]=\operatorname{tr}\,[\boldsymbol{B}^{\frac{1}{2}}\boldsymbol{A}\boldsymbol{B}^{\frac{1}{2}}]$, 并且由于 $\boldsymbol{B}^{\frac{1}{2}}\boldsymbol{A}\boldsymbol{B}^{\frac{1}{2}}$ 半正定, 故有 $\operatorname{tr}\,[\boldsymbol{A}\boldsymbol{B}]\geqslant 0$.

半正定性与正定性的定义可以推广到非对称矩阵的情形, 即若 n 阶方阵 $\boldsymbol{A}$ 满足条件 (2.2), 则称之为半正定矩阵; 若满足 (2.3), 则称之为正定矩阵. 然而, 如下例所示, 非对称矩阵的正定性与特征值的符号之间不成立像对称矩阵那样的明确关系.

例 2.1 考虑下面的矩阵 $\boldsymbol{A}_1$ 和 $\boldsymbol{A}_2$:

$$\boldsymbol{A}_1 = \begin{bmatrix} 2 & -1 \\ 3 & 1 \end{bmatrix}, \quad \boldsymbol{A}_2 = \begin{bmatrix} 2 & 0 \\ 4 & 1 \end{bmatrix}$$

因矩阵 $\boldsymbol{A}_1$ 满足条件 (2.3), 故为正定矩阵, 但其特征值为 $(3 \pm \mathrm{i}\sqrt{11})/2$, 从而不满足特征值均为正的条件. 相反, $\boldsymbol{A}_2$ 的特征值为 1 和 2, 但若取 $\boldsymbol{x} = (1, -1)^{\mathrm{T}}$, 则有 $\langle \boldsymbol{x}, \boldsymbol{A}_2\boldsymbol{x} \rangle = -1$, 因此, $\boldsymbol{A}_2$ 不是正定矩阵.

若矩阵 $\boldsymbol{A} \in \mathbf{R}^{n\times n}$ 正定, 则由 (2.3) 可知

$$\max_{1\leqslant i\leqslant n} x_i[\boldsymbol{A}\boldsymbol{x}]_i > 0, \quad \boldsymbol{x} \in \mathbf{R}^n, \boldsymbol{x} \neq \mathbf{0} \tag{2.4}$$

满足此种条件的矩阵称为 **P 矩阵** (P matrix)①. 正定矩阵一定是 P 矩阵, 反之则不然. 例如, 例 2.1 中的矩阵 $\boldsymbol{A}_2$ 即为 P 矩阵, 但它却不是正定矩阵.

2.2 开集、闭集与极限

以 $\boldsymbol{x} \in \mathbf{R}^n$ 为球心, $r > 0$ 为半径的球记为 $B(\boldsymbol{x}, r) = \{\boldsymbol{y} \in \mathbf{R}^n \mid \|\boldsymbol{y} - \boldsymbol{x}\| < r\}$②. 设 $S \subseteq \mathbf{R}^n$. 若对任意一点 $\boldsymbol{x} \in S$, 总存在 $r > 0$, 使得 $B(\boldsymbol{x}, r) \subseteq S$, 则称 S 为**开集** (open set). 包含点 $\boldsymbol{x} \in \mathbf{R}^n$ 的开集称为 $\boldsymbol{x}$ 的一个**邻域** (neighborhood). 补集 $\{\boldsymbol{x} \in \mathbf{R}^n \mid \boldsymbol{x} \notin S\}$ 为开集的集合 S 称为**闭集** (closed set). 全空间 $\mathbf{R}^n$ 与空集 $\varnothing$ 既是开集又是闭集.

关于开集与闭集的**交集** (intersection) 和**并集** (union) 有如下结果:

(1) 有限个开集 $S_i\ (i = 1, \cdots, m)$ 的交集 $\bigcap_{i=1}^{m} S_i$ 是开集, 任意个开集 $S_i\ (i \in \mathcal{I})$ 的并集 $\bigcup_{i\in\mathcal{I}} S_i$ 是开集, 其中 $\mathcal{I}$ 为有限或无限指标集;

(2) 有限个闭集 $S_i\ (i = 1, \cdots, m)$ 的并集 $\bigcup_{i=1}^{m} S_i$ 是闭集, 任意个闭集 $S_i\ (i \in \mathcal{I})$ 的交集 $\bigcap_{i\in\mathcal{I}} S_i$ 是闭集.

给定集合 $S \subseteq \mathbf{R}^n$ 与点 $\boldsymbol{x} \in S$, 若存在 $r > 0$, 使得 $B(\boldsymbol{x}, r) \subseteq S$, 则称 $\boldsymbol{x}$ 为 S 的**内点** (interior point). S 的内点的全体构成的集合称为 S 的**内部** (interior), 记为

① 也有将所有主子式均为正的矩阵定义为 P 矩阵的, 这与 (2.4) 等价, 参见文献 [12] .

② 有时也将 $B(\boldsymbol{x}, r)$ 称为开球, 而将集合 $\overline{B}(\boldsymbol{x}, r) = \{\boldsymbol{y} \in \mathbf{R}^n \mid \|\boldsymbol{y} - \boldsymbol{x}\| \leqslant r\}$ 称为闭球.

int S. 显然, int S 是开集. 另外, 称包含 S 的最小的闭集为 S 的**闭包** (closure)①, 记为 cl S. 属于 cl S 但不属于 int S 的点的全体构成的集合称为 S 的**边界** (boundary), 记为 bd S.

对任意集合 $S \subseteq \mathbf{R}^n$, 包含 S 的最小的仿射集称为**仿射包** (affine hull), 记为 aff S. 设 $\boldsymbol{x} \in S$, 若存在 $\boldsymbol{x}$ 的某邻域 U, 使得 $U \cap \text{aff } S \subseteq S$, 则称 $\boldsymbol{x}$ 为 S 的**相对内点** (relatively interior point). S 的所有相对内点的集合称为 S 的**相对内部** (relative interior), 记为 ri S. 特别地, 若 aff $S = \mathbf{R}^n$, 则有 ri S = int S.

例 2.2 $\mathbf{R}^3$ 的子集 $S = \{\boldsymbol{x} \in \mathbf{R}^3 \,|\, x_1^2 + x_2^2 \leqslant 1, x_3 = 1\}$ 的内部 int $S = \varnothing$, 而相对内部 ri $S = \{\boldsymbol{x} \in \mathbf{R}^3 \,|\, x_1^2 + x_2^2 < 1, x_3 = 1\}$. 若设 $S' = \{\boldsymbol{x} \in \mathbf{R}^3 \,|\, x_1^2 + x_2^2 = 1, x_3 = 1\}$, 则有 int S' = ri $S' = \varnothing$.

一般来说, 集合的相对内部有可能是空集, 但若 S 是非空凸集 (见 2.3 节), 则必有 ri $S \neq \varnothing$. 特别地, 若 S 是孤立点集, 则由 aff $S = S$ 可知 ri $S = S$.

下面考虑 $\mathbf{R}^n$ 中的无穷点列 $\{\boldsymbol{x}^k \,|\, k = 1, 2, \cdots\}$. 若存在某点 $\overline{\boldsymbol{x}} \in \mathbf{R}^n$, 使得当 $k \to \infty$ 时 $\|\boldsymbol{x}^k - \overline{\boldsymbol{x}}\| \to 0$, 则称 $\overline{\boldsymbol{x}}$ 为点列 $\{\boldsymbol{x}^k\}$ 的**极限** (limit), 也称点列 $\{\boldsymbol{x}^k\}$ **收敛** (converge) 于 $\overline{\boldsymbol{x}}$, 并记为 $\lim\limits_{k\to\infty} \boldsymbol{x}^k = \overline{\boldsymbol{x}}$ 或 $\boldsymbol{x}^k \to \overline{\boldsymbol{x}}$. 另外, 若存在 $\{\boldsymbol{x}^k\}$ 的某子列 $\{\boldsymbol{x}^{k_i}\}$ 收敛于 $\overline{\boldsymbol{x}}$, 则称 $\overline{\boldsymbol{x}}$ 为点列 $\{\boldsymbol{x}^k\}$ 的**聚点** (accumulation point).

例 2.3 考虑 $\mathbf{R}^2$ 中的点列 $\{\boldsymbol{x}^k\}$, 其中 $\boldsymbol{x}^k = (\cos(k\pi/2) + 1/k, \sin(k\pi/2) - 1/k)^{\mathrm{T}} (k = 1, 2, \cdots)$. 该点列没有极限, 但其子列 $\{\boldsymbol{x}^1, \boldsymbol{x}^5, \boldsymbol{x}^9, \cdots\}$, $\{\boldsymbol{x}^2, \boldsymbol{x}^6, \boldsymbol{x}^{10}, \cdots\}$, $\{\boldsymbol{x}^3, \boldsymbol{x}^7, \boldsymbol{x}^{11}, \cdots\}$, $\{\boldsymbol{x}^4, \boldsymbol{x}^8, \boldsymbol{x}^{12}, \cdots\}$ 分别收敛于 $(0,1)^{\mathrm{T}}, (-1,0)^{\mathrm{T}}, (0,-1)^{\mathrm{T}}, (1,0)^{\mathrm{T}}$, 因此, 这 4 个点都是 $\{\boldsymbol{x}^k\}$ 的聚点.

利用点列的聚点的概念可以得到闭集的下述特征：若集合 $S \subseteq \mathbf{R}^n$ 内的任意点列 $\{\boldsymbol{x}^k\}$ 的聚点均属于 S, 则 S 是闭集, 故 S 中所有收敛点列的极限构成的集合即为 S 的闭包.

给定集合 $S \subseteq \mathbf{R}^n$, 若存在充分大的数 $r > 0$, 使得 $S \subseteq B(\mathbf{0}, r)$, 则称 S **有界** (bounded). 进一步, 称有界闭集为**紧集** (compact set)②. 若 S 是紧集, 则 S 中的任意无穷点列必有聚点, 并且每个聚点均属于 S.

给定点列 $\{\boldsymbol{x}^k\} \subseteq \mathbf{R}^n$. 若当 $k, l \to \infty$ 时有 $\|\boldsymbol{x}^k - \boldsymbol{x}^l\| \to 0$ 成立, 则称 $\{\boldsymbol{x}^k\}$ 为 **Cauchy 序列** (Cauchy sequence). 在 $\mathbf{R}^n$ 中, 收敛点列一定是 Cauchy 序列, 而 Cauchy 序列必收敛于某个极限.

设 $\{\alpha_k\}$ 是无穷实数列. 若实数 $\overline{\alpha}$ 满足对任意 $\varepsilon > 0$, 使得 $\alpha_k > \overline{\alpha} + \varepsilon$ 的 k 只有有限个, 而使得 $\alpha_k > \overline{\alpha} - \varepsilon$ 的 k 存在无限个, 则称之为 $\{\alpha_k\}$ 的**上极限** (superior limit), 记为 $\overline{\alpha} = \limsup\limits_{k\to\infty} \alpha_k$. 类似地, 若实数 $\underline{\alpha}$ 满足对任意 $\varepsilon > 0$, 使得 $\alpha_k < \underline{\alpha} - \varepsilon$

① 包含 S 的最小的闭集就是所有包含 S 的闭集的交集, 后文中的仿射包与凸包也是这个含义.

② 该定义对无穷维空间不适用, 但因本书不考虑无穷维空间, 所以也不妨这样定义紧集.

的 k 只有有限个, 而使得 $\alpha_k < \underline{\alpha} + \varepsilon$ 的 k 存在无限个, 则称之为 $\{\alpha_k\}$ 的**下极限** (inferior limit), 记为 $\underline{\alpha} = \liminf_{k\to\infty} \alpha_k$. 若 $\{\alpha_k\}$ 有界, 则所有聚点的集合存在最大值和最小值, 并且最大值即为上极限 $\overline{\alpha}$, 而最小值即为下极限 $\underline{\alpha}$. 此外, 当 $\{\alpha_k\}$ 没有上界, 也即含有发散到 $+\infty$ 的子列时, 则令 $\limsup_{k\to\infty} \alpha_k = +\infty$, 而当 $\{\alpha_k\}$ 没有下界, 也即含有发散到 $-\infty$ 的子列时, 则令 $\liminf_{k\to\infty} \alpha_k = -\infty$.

2.3 凸　集

若集合 $S \subseteq \mathbf{R}^n$ 中任意两点的连线仍包含于 S, 即成立

$$\boldsymbol{x} \in S,\ \boldsymbol{y} \in S,\ \alpha \in [0,1] \Rightarrow (1-\alpha)\boldsymbol{x} + \alpha\boldsymbol{y} \in S \tag{2.5}$$

则称 S 为**凸集** (convex set) (图 2.1).

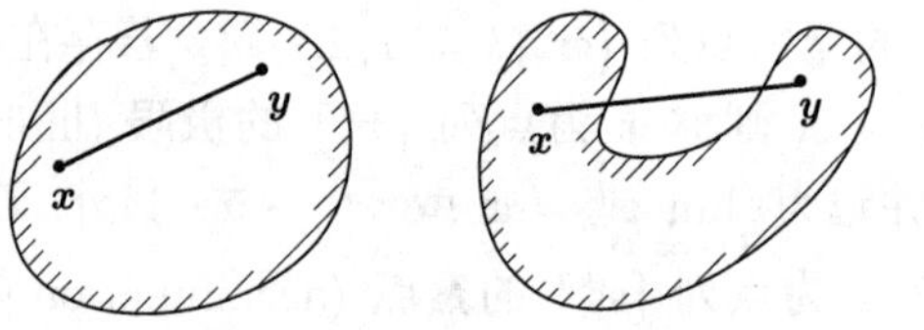

(a) 凸集　　(b) 非凸集

图 2.1

定理 2.1　任意个 (闭) 凸集 S_i $(i \in \mathcal{I})$ 的交集 $\bigcap_{i\in\mathcal{I}} S_i$ 仍是 (闭) 凸集, 其中 $\mathcal{I}$ 表示任意指标集.

证明　令 $S = \bigcap_{i\in\mathcal{I}} S_i$, 并任取 $\boldsymbol{x}, \boldsymbol{y} \in S$. 由于对所有 $i \in \mathcal{I}$ 均有 $\boldsymbol{x}, \boldsymbol{y} \in S_i$ 且 S_i 为凸集, 故对任意 $\alpha \in [0,1]$ 均有 $(1-\alpha)\boldsymbol{x} + \alpha\boldsymbol{y} \in S_i$, 从而对任意 $\alpha \in [0,1]$ 均有 $(1-\alpha)\boldsymbol{x} + \alpha\boldsymbol{y} \in \bigcap_{i\in\mathcal{I}} S_i = S$, 因此, S 为凸集. 此外, 若所有 S_i 均为闭集, 则 S 也为闭集. ■

对任意集合 $S \subseteq \mathbf{R}^n$, 包含 S 的最小凸集称为 S 的**凸包** (convex hull), 记为 $\mathrm{co}\, S$ (图 2.2). 特别地, 当 S 仅由有限个点 $\boldsymbol{a}^1, \cdots, \boldsymbol{a}^m \in \mathbf{R}^n$ 构成时, $\mathrm{co}\, S$ 可表示为 $\mathrm{co}\,\{\boldsymbol{a}^1, \cdots, \boldsymbol{a}^m\}$, 或者利用指标集 $\mathcal{I} = \{1, \cdots, m\}$ 记为 $\mathrm{co}\,\{\boldsymbol{a}^i \mid i \in \mathcal{I}\}$.

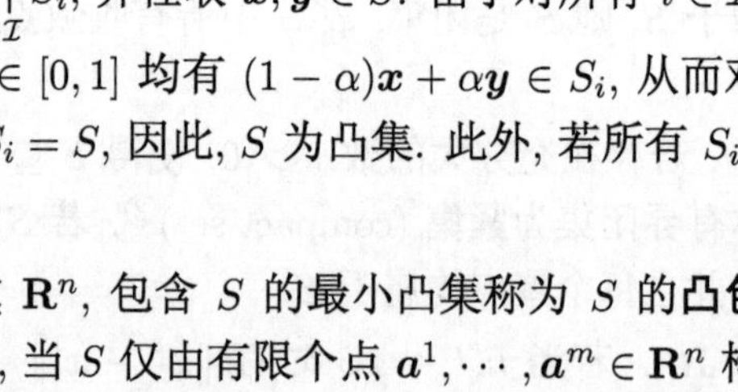

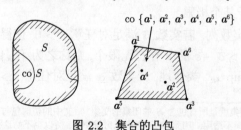

图 2.2　集合的凸包

给定 m 个点 $\boldsymbol{x}^1,\cdots,\boldsymbol{x}^m\in\mathbf{R}^n$, 由满足 $\sum_{i=1}^{m}\alpha_i=1$ 且 $\alpha_i\geqslant 0\ (i=1,\cdots,m)$ 的实数 $\alpha_1,\cdots,\alpha_m$ 表示的 n 维向量

$$\boldsymbol{x}=\alpha_1\boldsymbol{x}^1+\cdots+\alpha_m\boldsymbol{x}^m \tag{2.6}$$

称为 $\boldsymbol{x}^1,\cdots,\boldsymbol{x}^m$ 的**凸组合** (convex combination).

引理 2.2 设点 $\boldsymbol{x}\in\mathbf{R}^n$ 为 m 个点 $\boldsymbol{x}^1,\cdots,\boldsymbol{x}^m\in\mathbf{R}^n$ 的凸组合, 若 $m\geqslant n+2$, 则可从 $\boldsymbol{x}^1,\cdots,\boldsymbol{x}^m$ 中选出至多 $n+1$ 个点, 使得 $\boldsymbol{x}$ 可以表示为这些点的凸组合.

证明 考虑 $\{\boldsymbol{x}^1,\cdots,\boldsymbol{x}^m\}$ 中能够将 $\boldsymbol{x}$ 表示成其凸组合的子集. 不失一般性, 设 $\{\boldsymbol{x}^1,\cdots,\boldsymbol{x}^p\}$ $(p\leqslant m)$ 即是其中点的个数最少的一个子集. 假设命题不成立, 则 $p\geqslant n+2$ 且存在 $\alpha_i>0\ (i=1,\cdots,p)$, 使得 $\sum_{i=1}^{p}\alpha_i=1$ 且

$$\boldsymbol{x}=\sum_{i=1}^{p}\alpha_i\boldsymbol{x}^i \tag{2.7}$$

考虑 $\boldsymbol{x}^i-\boldsymbol{x}^p\ (i=1,\cdots,p-1)$. 由于 $p-1\geqslant n+1$, 因此, 这些向量一定线性相关, 从而可找到 $\beta_1,\cdots,\beta_{p-1}\in\mathbf{R}$, 使得其中至少有一个为正数, 并且满足

$$\sum_{i=1}^{p-1}\beta_i\left(\boldsymbol{x}^i-\boldsymbol{x}^p\right)=\sum_{i=1}^{p-1}\beta_i\boldsymbol{x}^i-\left(\sum_{i=1}^{p-1}\beta_i\right)\boldsymbol{x}^p=\mathbf{0}$$

记 $\beta_p=-\sum_{i=1}^{p-1}\beta_i$, 则有 $\sum_{i=1}^{p}\beta_i\boldsymbol{x}^i=\mathbf{0}$ 及 $\sum_{i=1}^{p}\beta_i=0$, 进而由 (2.7) 可知

$$\boldsymbol{x}=\sum_{i=1}^{p}\left(\alpha_i-\tau\beta_i\right)\boldsymbol{x}^i$$

对任意 $\tau\in\mathbf{R}$ 均成立. 取 $\overline{\tau}=\min\{\alpha_i/\beta_i\mid\beta_i>0\}$, 并置 $\alpha_i'=\alpha_i-\overline{\tau}\beta_i\ (i=1,\cdots,p)$, 则有 $\boldsymbol{x}=\sum_{i=1}^{p}\alpha_i'\boldsymbol{x}^i$, $\sum_{i=1}^{p}\alpha_i'=1$, 并且 $\alpha_i'\geqslant 0\ (i=1,\cdots,p)$. 再由 $\overline{\tau}$ 的取法, 至少存在某个 i, 使得 $\alpha_i'=0$, 这说明 $\boldsymbol{x}$ 可表示成 $p-1$ 个点的凸组合, 这与 (2.7) 是 $\boldsymbol{x}$ 的个数最少的凸组合相矛盾, 故 $\boldsymbol{x}$ 可以表示为至多 $n+1$ 个点 $\boldsymbol{x}^i$ 的凸组合. ■

利用引理 2.2 可以推导出下述所谓的 **Carathéodory 定理** (Carathéodory's theorem):

定理 2.2 任意集合 $S\subseteq\mathbf{R}^n$ 的凸包 co S 等同于由 S 中至多 $n+1$ 个点的凸组合的全体构成的集合①.

证明 由引理 2.2 知, 任意有限个点的凸组合均可以表示为这些点中至多 $n+1$

① 这里不管是 S 中点的选取, 还是凸组合中系数的选取, 都要考虑所有的可能性.

个点的凸组合. 因此, 欲证明本定理, 只需证明 S 中任意有限个点的凸组合的全体构成的集合与 $\mathrm{co}\, S$ 一致即可.

首先利用数学归纳法证明对任意 $\boldsymbol{x}^1, \cdots, \boldsymbol{x}^m \in S$, 由 (2.6) 表示的 $\boldsymbol{x}$ 属于 $\mathrm{co}\, S$. 当 $m = 1$ 时, 结论显然成立. 假设由 S 中任意 m 个点形成的凸组合均属于 $\mathrm{co}\, S$. 任取 $m+1$ 个点 $\boldsymbol{x}^1, \cdots, \boldsymbol{x}^{m+1} \in S$, 并设 $\alpha_i \geqslant 0\ (i = 1, \cdots, m+1)$ 满足 $\sum_{i=1}^{m+1} \alpha_i = 1$, 欲证明点 $\boldsymbol{x} = \sum_{i=1}^{m+1} \alpha_i \boldsymbol{x}^i$ 属于 $\mathrm{co}\, S$. 当 $\alpha_{m+1} = 1$ 时, 结论显然成立. 当 $\alpha_{m+1} < 1$ 时, 则 $\boldsymbol{x} = (1 - \alpha_{m+1}) \sum_{i=1}^{m} \alpha_i/(1 - \alpha_{m+1}) \boldsymbol{x}^i + \alpha_{m+1} \boldsymbol{x}^{m+1}$. 置 $\beta_i = \alpha_i/(1 - \alpha_{m+1})$, 则有 $\sum_{i=1}^{m} \beta_i = 1$ 及 $\beta_i \geqslant 0\ (i = 1, \cdots, m)$, 依归纳法假设可得 $\sum_{i=1}^{m} \alpha_i/(1 - \alpha_{m+1}) \boldsymbol{x}^i = \sum_{i=1}^{m} \beta_i \boldsymbol{x}^i \in \mathrm{co}\, S$. 又由于 $\boldsymbol{x}^{m+1} \in \mathrm{co}\, S$, 而 $\mathrm{co}\, S$ 是凸集, 故有 $\boldsymbol{x} \in \mathrm{co}\, S$.

由于已经证明了 S 中任意有限个点的凸组合的全体构成的集合包含于 $\mathrm{co}\, S$, 若进一步能够证明前者是凸集, 则根据凸包 $\mathrm{co}\, S$ 为包含 S 的最小凸集这一定义即可断定两者必然一致. 令 S' 表示 S 中任意有限个点的凸组合的全体构成的集合, 并在 S' 中任取两点 $\boldsymbol{x}$ 和 $\boldsymbol{y}$, 则依定义知, $\boldsymbol{x}$ 与 $\boldsymbol{y}$ 各自可以表示成 S 中点 $\boldsymbol{x}^i\ (i = 1, \cdots, m)$ 与 $\boldsymbol{y}^j\ (j = 1, \cdots, l)$ 的凸组合: $\boldsymbol{x} = \sum_{i=1}^{m} \alpha_i \boldsymbol{x}^i$, $\boldsymbol{y} = \sum_{j=1}^{l} \beta_j \boldsymbol{y}^j$. 对任意实数 $\lambda \in [0, 1]$, 考虑点 $\boldsymbol{z} = (1 - \lambda)\boldsymbol{x} + \lambda \boldsymbol{y}$. 由于 $\sum_{i=1}^{m} (1 - \lambda)\alpha_i + \sum_{j=1}^{l} \lambda \beta_j = 1$, 由 S' 的定义可得 $\boldsymbol{z} \in S'$, 故 S' 为凸集. ■

图 2.3 描述的是定理 2.2 当 $n = 2$ 时的情形. 如图 2.3 (a) 所示, 当集合 S 为整块的形状, 也即**连通集** (connected set) 时, 实际上 $\mathrm{co}\, S$ 中的每个点均能够由 S 中至多 n 个点的凸组合来表示. 但是当 S 不是连通集时, 如图 2.3 (b) 所示, 可能会出现某点 $\boldsymbol{x}$ 由 S 中任意 n 个点的凸组合均不能表示的情况.

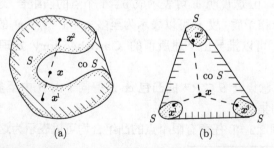

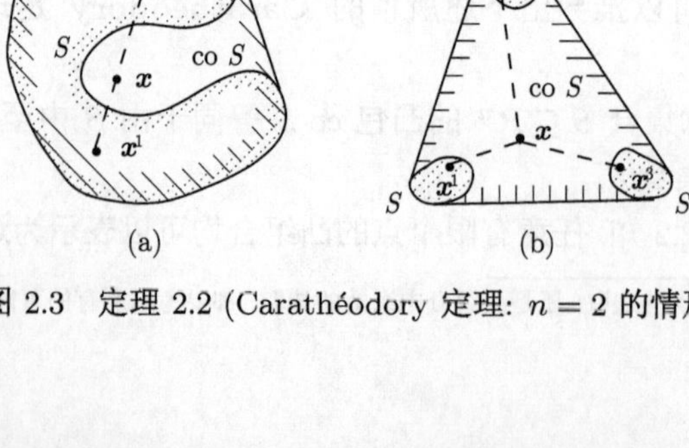

图 2.3 定理 2.2 (Carathéodory 定理: $n = 2$ 的情形)

由定理 2.2 可得到下面的定理, 该定理的证明不仅要用到表示凸包中任意一点的必要数目为有限数的结论, 并且该数目不会超过 $n+1$ 的事实也将会起重要的作用.

定理 2.3 有界闭集 $S \subseteq \mathbf{R}^n$ 的凸包 $\mathrm{co}\, S$ 是闭集.

证明 只需证明当 $\mathrm{co}\, S$ 中的点列 $\{\boldsymbol{x}^k\}$ 收敛时, 其极限 $\bar{\boldsymbol{x}} = \lim\limits_{k\to\infty} \boldsymbol{x}^k$ 属于 $\mathrm{co}\, S$ 即可. 由定理 2.2, 对任意 k, $\boldsymbol{x}^k$ 均可以表示成 $n+1$ 个点 $\boldsymbol{x}^{k,1}, \cdots, \boldsymbol{x}^{k,n+1} \in S$ 的凸组合

$$\boldsymbol{x}^k = \alpha_1^k \boldsymbol{x}^{k,1} + \cdots + \alpha_{n+1}^k \boldsymbol{x}^{k,n+1}$$

其中 $\sum\limits_{i=1}^{n+1} \alpha_i^k = 1$ 且 $\alpha_i^k \geqslant 0 \ (i=1,\cdots,n+1)$. 令

$$\tilde{\boldsymbol{\alpha}}^k = \begin{pmatrix} \alpha_1^k \\ \vdots \\ \alpha_{n+1}^k \end{pmatrix} \in \mathbf{R}^{n+1}, \quad \tilde{\boldsymbol{x}}^k = \begin{pmatrix} \boldsymbol{x}^{k,1} \\ \vdots \\ \boldsymbol{x}^{k,n+1} \end{pmatrix} \in \mathbf{R}^{(n+1)n}$$

由于点列 $\{(\tilde{\boldsymbol{\alpha}}^k, \tilde{\boldsymbol{x}}^k)^{\mathrm{T}}\} \in \mathbf{R}^{(n+1)^2}$ 有界, 因此, 必存在聚点, 设为 $(\tilde{\boldsymbol{\alpha}}^\infty, \tilde{\boldsymbol{x}}^\infty)^{\mathrm{T}}$, 并且其坐标分别为

$$\tilde{\boldsymbol{\alpha}}^\infty = \begin{pmatrix} \alpha_1^\infty \\ \vdots \\ \alpha_{n+1}^\infty \end{pmatrix} \in \mathbf{R}^{n+1}, \quad \tilde{\boldsymbol{x}}^\infty = \begin{pmatrix} \boldsymbol{x}^{\infty,1} \\ \vdots \\ \boldsymbol{x}^{\infty,n+1} \end{pmatrix} \in \mathbf{R}^{(n+1)n}$$

显然有 $\sum\limits_{i=1}^{n+1} \alpha_i^\infty = 1, \alpha_i^\infty \geqslant 0 \, (i=1,\cdots,n+1)$. 由于 S 是闭集, 故 $\boldsymbol{x}^{\infty,1}, \cdots, \boldsymbol{x}^{\infty,n+1} \in S$. 再由点列 $\{\boldsymbol{x}^k\}$ 的极限 $\bar{\boldsymbol{x}}$ 可表示为 $\bar{\boldsymbol{x}} = \alpha_1^\infty \boldsymbol{x}^{\infty,1} + \cdots + \alpha_{n+1}^\infty \boldsymbol{x}^{\infty,n+1}$ 可知, $\bar{\boldsymbol{x}}$ 属于 $\mathrm{co}\, S$. ■

定理 2.3 中 S 为有界的假设不可或缺. 事实上, 如下例所示, 无界闭集的凸包未必是闭集. 一般地, 对任意集合 $S \subseteq \mathbf{R}^n$ 总有 $\mathrm{co\,cl}\, S \subseteq \mathrm{cl\,co}\, S$ (留作习题 2.5), 但 $\mathrm{cl\,co}\, S \subseteq \mathrm{co\,cl}\, S$ 未必成立. 然而, 由于有界集的闭包仍然有界, 则由定理 2.3 可知, 当 S 有界时一定有 $\mathrm{cl\,co}\, S = \mathrm{co\,cl}\, S$.

例 2.4 设 $S = \{\boldsymbol{x} \in \mathbf{R}^2 \,|\, x_1 = 1,\ x_2 \geqslant 0\} \cup \{\boldsymbol{x} \in \mathbf{R}^2 \,|\, 0 \leqslant x_1 \leqslant 1,\ x_2 = 0\}$, 则 S 是闭集, 但其凸包 $\mathrm{co}\, S = \{\boldsymbol{x} \in \mathbf{R}^2 \,|\, 0 < x_1 \leqslant 1,\ x_2 \geqslant 0\} \cup \{\mathbf{0}\}$ 不是闭集.

下面介绍凸集的相对内部与闭包的相关性质.

引理 2.3 对任意凸集 $S \subseteq \mathbf{R}^n$ 均有

$$\boldsymbol{x} \in \mathrm{ri}\, S,\ \boldsymbol{y} \in \mathrm{cl}\, S,\ \lambda \in [0,1) \Rightarrow (1-\lambda)\boldsymbol{x} + \lambda \boldsymbol{y} \in \mathrm{ri}\, S$$

证明 这里只考虑 $\mathrm{aff}\, S = \mathbf{R}^n$ 的情形, 对于一般情形只需将 $\mathrm{aff}\, S$ 看成维数较小的欧氏空间即可类似得证. 当 $\mathrm{aff}\, S = \mathbf{R}^n$ 时有 $\mathrm{ri}\, S = \mathrm{int}\, S$, 故只需证明对任

意 $\lambda \in [0,1)$, 均存在充分小的 $\varepsilon > 0$, 使得 $(1-\lambda)\boldsymbol{x} + \lambda\boldsymbol{y} + B(\boldsymbol{0},\varepsilon) \subseteq S$ 即可. 因 $\boldsymbol{y} \in \mathrm{cl}\, S$, 故对任意 $\varepsilon > 0$ 总有 $\boldsymbol{y} \in S + B(\boldsymbol{0},\varepsilon)$, 于是当 $\varepsilon > 0$ 充分小时有

$$\begin{aligned}(1-\lambda)\boldsymbol{x} + \lambda\boldsymbol{y} + B(\boldsymbol{0},\varepsilon) &\subseteq (1-\lambda)\boldsymbol{x} + \lambda(S + B(\boldsymbol{0},\varepsilon)) + B(\boldsymbol{0},\varepsilon)\\ &= (1-\lambda)(\boldsymbol{x} + (1-\lambda)^{-1}(1+\lambda)B(\boldsymbol{0},\varepsilon)) + \lambda S\\ &\subseteq (1-\lambda)S + \lambda S \;=\; S\end{aligned}$$

其中最后一个包含关系由 $\boldsymbol{x} \in \mathrm{int}\, S$ 可得. ■

引理 2.4 设 $S \subseteq \mathbf{R}^n$ 为非空凸集, 则 $\boldsymbol{z} \in \mathrm{ri}\, S$ 的充要条件是对任意 $\boldsymbol{x} \in S$, 均存在 $\mu > 1$, 使得 $(1-\mu)\boldsymbol{x} + \mu\boldsymbol{z} \in S$.

证明 必要性显然成立, 下证充分性. 因 S 为非空凸集, 故 $\mathrm{ri}\, S \neq \varnothing$. 任取 $\boldsymbol{x} \in \mathrm{ri}\, S$, 则存在 $\mu > 1$ 使得 $\boldsymbol{y} = (1-\mu)\boldsymbol{x} + \mu\boldsymbol{z} \in S$. 置 $\lambda = 1/\mu \in (0,1)$, 则有 $\boldsymbol{z} = (1-\lambda)\boldsymbol{x} + \lambda\boldsymbol{y}$, 由引理 2.3 知 $\boldsymbol{z} \in \mathrm{ri}\, S$. ■

定理 2.4 对任意凸集 $S \subseteq \mathbf{R}^n$ 均有 $\mathrm{cl}\,\mathrm{ri}\, S = \mathrm{cl}\, S$ 及 $\mathrm{ri}\,\mathrm{cl}\, S = \mathrm{ri}\, S$ 成立. 此外, 给定两个凸集 $S, T \subseteq \mathbf{R}^n$, 则 $\mathrm{cl}\, S = \mathrm{cl}\, T$ 当且仅当 $\mathrm{ri}\, S = \mathrm{ri}\, T$.

证明 因 $\mathrm{ri}\, S \subseteq S \subseteq \mathrm{cl}\, S$, 故 $\mathrm{cl}\,\mathrm{ri}\, S \subseteq \mathrm{cl}\, S$ 与 $\mathrm{ri}\,\mathrm{cl}\, S \supseteq \mathrm{ri}\, S$ 显然成立. 现证 $\mathrm{cl}\,\mathrm{ri}\, S \supseteq \mathrm{cl}\, S$. 为此, 任取 $\boldsymbol{y} \in \mathrm{cl}\, S, \boldsymbol{x} \in \mathrm{ri}\, S$ 及 $\lambda \in [0,1)$, 并令 $\boldsymbol{z} = (1-\lambda)\boldsymbol{x} + \lambda\boldsymbol{y}$, 则由引理 2.3 知 $\boldsymbol{z} \in \mathrm{ri}\, S$. 由于当 $\lambda \to 1$ 时有 $\boldsymbol{z} \to \boldsymbol{y}$, 故 $\boldsymbol{y} \in \mathrm{cl}\,\mathrm{ri}\, S$, 从而得到 $\mathrm{cl}\,\mathrm{ri}\, S \supseteq \mathrm{cl}\, S$. 下面证明 $\mathrm{ri}\,\mathrm{cl}\, S \subseteq \mathrm{ri}\, S$. 任取 $\boldsymbol{z} \in \mathrm{ri}\,\mathrm{cl}\, S$, 并设 $\boldsymbol{x} \in \mathrm{ri}\, S$. 由于 $\boldsymbol{x} \in \mathrm{ri}\,\mathrm{cl}\, S \subseteq \mathrm{cl}\, S$, 由引理 2.4, 存在 $\mu > 1$, 使得 $\boldsymbol{y} = (1-\mu)\boldsymbol{x} + \mu\boldsymbol{z} \in \mathrm{cl}\, S$. 令 $\lambda = 1/\mu \in (0,1)$, 则 $\boldsymbol{z}$ 可表示为 $\boldsymbol{z} = (1-\lambda)\boldsymbol{x} + \lambda\boldsymbol{y}$, 从而由引理 2.3 知 $\boldsymbol{z} \in \mathrm{ri}\, S$, 故 $\mathrm{ri}\,\mathrm{cl}\, S \subseteq \mathrm{ri}\, S$ 成立. 定理的后半部分由前半部分的结果即得. ■

定理 2.5 对任意凸集 $S \subseteq \mathbf{R}^n$ 与线性映射 $\boldsymbol{A} : \mathbf{R}^n \to \mathbf{R}^m$, $\boldsymbol{A}S$ 必为凸集, 并且总有 $\mathrm{cl}\, \boldsymbol{A}S \supseteq \boldsymbol{A}\,\mathrm{cl}\, S$ 及 $\mathrm{ri}\, \boldsymbol{A}S = \boldsymbol{A}\,\mathrm{ri}\, S$ 成立. 进一步, 给定两个凸集 $S, T \subseteq \mathbf{R}^n$, 则有 $\mathrm{cl}\,(S+T) \supseteq \mathrm{cl}\, S + \mathrm{cl}\, T$ 与 $\mathrm{ri}\,(S+T) = \mathrm{ri}\, S + \mathrm{ri}\, T$ 成立.

证明 显然, $\boldsymbol{A}S$ 是凸集. 由线性映射的连续性易知 $\mathrm{cl}\, \boldsymbol{A}S \supseteq \boldsymbol{A}\,\mathrm{cl}\, S$, 故有

$$\mathrm{cl}\, \boldsymbol{A}\,\mathrm{ri}\, S \supseteq \boldsymbol{A}\,\mathrm{cl}\,\mathrm{ri}\, S = \boldsymbol{A}\,\mathrm{cl}\, S \supseteq \boldsymbol{A}S \supseteq \boldsymbol{A}\,\mathrm{ri}\, S$$

从而可得 $\mathrm{cl}\, \boldsymbol{A}S = \mathrm{cl}\, \boldsymbol{A}\,\mathrm{ri}\, S$. 再由定理 2.4 知 $\mathrm{ri}\, \boldsymbol{A}S = \mathrm{ri}\, \boldsymbol{A}\,\mathrm{ri}\, S$, 于是 $\mathrm{ri}\, \boldsymbol{A}S \subseteq \boldsymbol{A}\,\mathrm{ri}\, S$. 为了证明反包含关系, 任取 $\boldsymbol{z} \in \boldsymbol{A}\,\mathrm{ri}\, S$, 欲证明 $\boldsymbol{z} \in \mathrm{ri}\, \boldsymbol{A}S$. 为此, 任取 $\boldsymbol{x} \in \boldsymbol{A}S$, 则存在 $\boldsymbol{u} \in S$ 及 $\boldsymbol{v} \in \mathrm{ri}\, S$ 满足 $\boldsymbol{A}\boldsymbol{u} = \boldsymbol{x}$ 与 $\boldsymbol{A}\boldsymbol{v} = \boldsymbol{z}$. 由引理 2.4, 存在某个 $\mu > 1$, 使得 $(1-\mu)\boldsymbol{u} + \mu\boldsymbol{v} \in S$, 故有 $\boldsymbol{A}((1-\mu)\boldsymbol{u} + \mu\boldsymbol{v}) = (1-\mu)\boldsymbol{x} + \mu\boldsymbol{z} \in \boldsymbol{A}S$. 再次利用引理 2.4 即得 $\boldsymbol{z} \in \mathrm{ri}\, \boldsymbol{A}S$. 若将向量的和运算看成线性映射 $(\boldsymbol{x}, \boldsymbol{y}) \mapsto \boldsymbol{x} + \boldsymbol{y}$, 则定理的后半部分立即可证. ■

如下例所示, $\mathrm{cl}\, \boldsymbol{A}S = \boldsymbol{A}\,\mathrm{cl}\, S$ 一般并不成立:

例 2.5 考虑闭凸集 $S=\{\boldsymbol{x}\in\mathbf{R}^2\,|\,x_1x_2\geqslant 1, x_1\geqslant 0, x_2\geqslant 0\}$ 以及由 $\boldsymbol{A}\boldsymbol{x}=x_2$ ($\boldsymbol{x}\in\mathbf{R}^2$) 定义的线性映射 $\boldsymbol{A}:\mathbf{R}^2\to\mathbf{R}$, 则有 $\mathrm{cl}\,\boldsymbol{A}S=\{x\in\mathbf{R}\,|\,x\geqslant 0\}\neq\boldsymbol{A}\,\mathrm{cl}\,S=\boldsymbol{A}S=\{x\in\mathbf{R}\,|\,x>0\}$.

由给定的有限个点 $\boldsymbol{x}^0,\boldsymbol{x}^1,\cdots,\boldsymbol{x}^m\in\mathbf{R}^n$ 的所有凸组合构成的集合

$$S=\left\{\boldsymbol{x}\in\mathbf{R}^n\,\middle|\,\boldsymbol{x}=\sum_{i=0}^{m}\alpha_i\boldsymbol{x}^i,\sum_{i=0}^{m}\alpha_i=1,\ \ \alpha_i\geqslant 0,\ i=0,1,\cdots,m\right\}\tag{2.8}$$

称为**凸多面体** (convex polytope). 凸多面体必为紧集. 若 (2.8) 所定义的凸多面体 S 中的 m 个向量 $\boldsymbol{x}^1-\boldsymbol{x}^0,\cdots,\boldsymbol{x}^m-\boldsymbol{x}^0$ 是线性无关的, 则称 S 为 $\boldsymbol{m}$ **维单纯形** (m-simplex), 对应的 $m+1$ 个点 $\boldsymbol{x}^0,\boldsymbol{x}^1,\cdots,\boldsymbol{x}^m$ 称为 S 的**顶点** (vertex). 特别地, 若 $S\subseteq\mathbf{R}^n$ 是 n 维单纯形, 则有 $\mathrm{aff}\,S=\mathbf{R}^n$, 并且 $\mathrm{int}\,S\neq\varnothing$. 显然, $\mathbf{R}^n$ 中不存在满足 $m>n$ 的 m 维单纯形.

例 2.6 考虑空间 $\mathbf{R}^n$ ($n\geqslant 3$), 则一维单纯形是线段, 二维单纯形是三角形, 而三维单纯形是四面体.

由 $\boldsymbol{x}^0,\boldsymbol{x}^1,\cdots,\boldsymbol{x}^m\in\mathbf{R}^n$ 的凸组合与 $\boldsymbol{y}^1,\cdots,\boldsymbol{y}^l\in\mathbf{R}^n$ 的非负线性组合的和的全体构成的集合

$$\begin{aligned}S=\Bigg\{\boldsymbol{x}\in\mathbf{R}^n\,\Bigg|\,&\boldsymbol{x}=\sum_{i=0}^{m}\alpha_i\boldsymbol{x}^i+\sum_{j=1}^{l}\beta_j\boldsymbol{y}^j,\ \sum_{i=0}^{m}\alpha_i=1,\\&\alpha_i\geqslant 0,\ i=0,1,\cdots,m,\ \beta_j\geqslant 0,\ j=1,\cdots,l\Bigg\}\end{aligned}$$

称为**凸多面集** (polyhedral convex set). 凸多面集也可以定义为有限个半空间的交集, 它是凸多面体的推广 (见 2.4 节).

2.4 分 离 定 理

非空闭凸集 $S\subseteq\mathbf{R}^n$ 中与点 $\boldsymbol{x}\in\mathbf{R}^n$ 距离最近的点称为 $\boldsymbol{x}$ 在 S 上的**投影** (projection), 记为 $\boldsymbol{P}_S(\boldsymbol{x})$, 即 $\boldsymbol{P}_S(\boldsymbol{x})$ 为 S 中满足如下条件的点:

$$\|\boldsymbol{x}-\boldsymbol{P}_S(\boldsymbol{x})\|=\min\Big\{\|\boldsymbol{x}-\boldsymbol{z}\|\,\Big|\,\boldsymbol{z}\in S\Big\}\tag{2.9}$$

显然, 若 $\boldsymbol{x}\in S$, 则有 $\boldsymbol{x}=\boldsymbol{P}_S(\boldsymbol{x})$.

定理 2.6 设 $S\subseteq\mathbf{R}^n$ 为非空闭凸集, 则对任意点 $\boldsymbol{x}\in\mathbf{R}^n$, $\boldsymbol{x}$ 在 S 上的投影 $\boldsymbol{P}_S(\boldsymbol{x})$ 存在且唯一, 并且满足

$$\langle\boldsymbol{x}-\boldsymbol{P}_S(\boldsymbol{x}),\boldsymbol{z}-\boldsymbol{P}_S(\boldsymbol{x})\rangle\leqslant 0,\quad \boldsymbol{z}\in S\tag{2.10}$$

证明 当 $\boldsymbol{x} \in S$ 时, 结论显然成立, 因此, 可不妨假设 $\boldsymbol{x} \notin S$. 令 $\delta = \inf\{\|\boldsymbol{x} - \boldsymbol{z}\| \mid \boldsymbol{z} \in S\} > 0$, 则存在点列 $\{\boldsymbol{x}^k\} \subseteq S$, 使得 $\|\boldsymbol{x} - \boldsymbol{x}^k\| \to \delta$. 首先证明该点列是 Cauchy 序列. 事实上, 对任意 k, l 均有

$$\|\boldsymbol{x}^k - \boldsymbol{x}^l\|^2 = 2\|\boldsymbol{x} - \boldsymbol{x}^k\|^2 + 2\|\boldsymbol{x} - \boldsymbol{x}^l\|^2 - 4\left\|\boldsymbol{x} - \frac{1}{2}(\boldsymbol{x}^k + \boldsymbol{x}^l)\right\|^2$$

成立. 由于 $\frac{1}{2}(\boldsymbol{x}^k + \boldsymbol{x}^l) \in S$, 故有 $\left\|\boldsymbol{x} - \frac{1}{2}(\boldsymbol{x}^k + \boldsymbol{x}^l)\right\| \geqslant \delta$, 从而得

$$\|\boldsymbol{x}^k - \boldsymbol{x}^l\|^2 \leqslant 2\|\boldsymbol{x} - \boldsymbol{x}^k\|^2 + 2\|\boldsymbol{x} - \boldsymbol{x}^l\|^2 - 4\delta^2 \to 0$$

这就说明 $\{\boldsymbol{x}^k\}$ 是 Cauchy 序列, 因此, $\{\boldsymbol{x}^k\}$ 必收敛于某极限 $\boldsymbol{x}^*$. 由于 S 是闭集, 故 $\boldsymbol{x}^* \in S$, 并且 $\|\boldsymbol{x} - \boldsymbol{x}^*\| = \delta$, 从而由式 (2.9) 知 $\boldsymbol{x}^* = \boldsymbol{P}_S(\boldsymbol{x})$, 此即证明了 $\boldsymbol{P}_S(\boldsymbol{x})$ 的存在性.

下面证明唯一性. 假设存在 $\boldsymbol{z}^1, \boldsymbol{z}^2 \in S$, 使得 $\boldsymbol{z}^1 \neq \boldsymbol{z}^2$, 并且 $\|\boldsymbol{x} - \boldsymbol{z}^1\| = \|\boldsymbol{x} - \boldsymbol{z}^2\| = \delta$. 同上可以证明

$$\|\boldsymbol{z}^1 - \boldsymbol{z}^2\|^2 \leqslant 2\|\boldsymbol{x} - \boldsymbol{z}^1\|^2 + 2\|\boldsymbol{x} - \boldsymbol{z}^2\|^2 - 4\delta^2 = 0$$

这与 $\boldsymbol{z}^1 \neq \boldsymbol{z}^2$ 矛盾, 故 $\boldsymbol{P}_S(\boldsymbol{x})$ 存在且唯一.

最后证明式 (2.10). 由于 S 是凸集, 则任意点 $\boldsymbol{z} \in S$ 与 $\boldsymbol{P}_S(\boldsymbol{x})$ 的连线必包含于 S, 于是由 $\boldsymbol{P}_S(\boldsymbol{x})$ 的定义知

$$\|\boldsymbol{x} - \boldsymbol{P}_S(\boldsymbol{x})\|^2 \leqslant \|\boldsymbol{x} - \{(1-\alpha)\boldsymbol{P}_S(\boldsymbol{x}) + \alpha\boldsymbol{z}\}\|^2$$

对任意 $\alpha \in (0,1)$ 均成立, 整理后可得

$$2\langle \boldsymbol{x} - \boldsymbol{P}_S(\boldsymbol{x}), \boldsymbol{z} - \boldsymbol{P}_S(\boldsymbol{x})\rangle \leqslant \alpha\|\boldsymbol{z} - \boldsymbol{P}_S(\boldsymbol{x})\|^2$$

再令 $\alpha \to 0$ 即得不等式 (2.10). ■

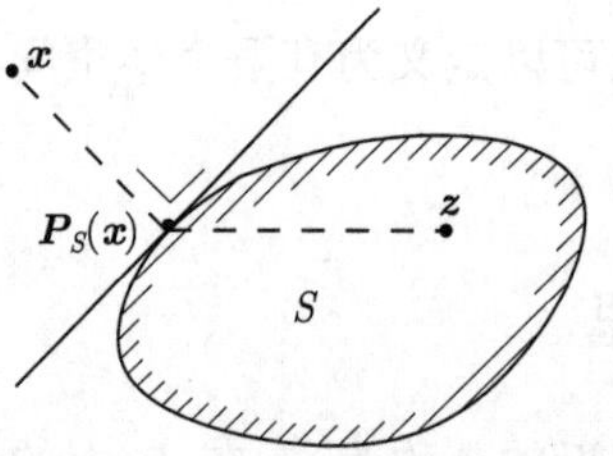

图 2.4 到闭凸集上的投影

图 2.4 描述了 (2.10) 的几何意义.

下面的定理揭示了任意两点间的距离不因到闭凸集上的投影而扩大这一事实. 这意味着当把投影 $\boldsymbol{P}_S$ 看成从 $\mathbf{R}^n$ 到 $\mathbf{R}^n$ 的映射时, 它具有**非扩张** (nonexpansive) 性质.

定理 2.7 设 $S \subseteq \mathbf{R}^n$ 为非空闭凸集, 则有下式成立:

$$\|\boldsymbol{P}_S(\boldsymbol{x}) - \boldsymbol{P}_S(\boldsymbol{y})\| \leqslant \|\boldsymbol{x} - \boldsymbol{y}\|, \quad \boldsymbol{x}, \boldsymbol{y} \in \mathbf{R}^n \tag{2.11}$$

证明 由定理 2.6 得

$$\langle \boldsymbol{x} - \boldsymbol{P}_S(\boldsymbol{x}), \boldsymbol{z} - \boldsymbol{P}_S(\boldsymbol{x})\rangle \leqslant 0, \quad \boldsymbol{z} \in S$$
$$\langle \boldsymbol{y} - \boldsymbol{P}_S(\boldsymbol{y}), \boldsymbol{z} - \boldsymbol{P}_S(\boldsymbol{y})\rangle \leqslant 0, \quad \boldsymbol{z} \in S$$

由于 $\boldsymbol{P}_S(\boldsymbol{x}) \in S$ 及 $\boldsymbol{P}_S(\boldsymbol{y}) \in S$, 在上面两式中分别代入 $\boldsymbol{z} = \boldsymbol{P}_S(\boldsymbol{y})$ 与 $\boldsymbol{z} = \boldsymbol{P}_S(\boldsymbol{x})$ 再相加后可得

$$\|\boldsymbol{P}_S(\boldsymbol{x}) - \boldsymbol{P}_S(\boldsymbol{y})\|^2 \leqslant \langle \boldsymbol{x} - \boldsymbol{y}, \boldsymbol{P}_S(\boldsymbol{x}) - \boldsymbol{P}_S(\boldsymbol{y})\rangle$$

又由 Cauchy-Schwarz 不等式有

$$\langle \boldsymbol{x} - \boldsymbol{y}, \boldsymbol{P}_S(\boldsymbol{x}) - \boldsymbol{P}_S(\boldsymbol{y})\rangle \leqslant \|\boldsymbol{x} - \boldsymbol{y}\| \, \|\boldsymbol{P}_S(\boldsymbol{x}) - \boldsymbol{P}_S(\boldsymbol{y})\|$$

综上即知式 (2.11) 成立. ■

考虑由向量 $\boldsymbol{a} \in \mathbf{R}^n$ $(\boldsymbol{a} \neq \mathbf{0})$ 与实数 $\alpha \in \mathbf{R}$ 定义的超平面

$$H = \left\{\boldsymbol{x} \in \mathbf{R}^n \,\middle|\, \langle \boldsymbol{a}, \boldsymbol{x}\rangle = \alpha\right\} \tag{2.12}$$

空间 $\mathbf{R}^n$ 被超平面 H 分割为两个子集

$$H^+ = \left\{\boldsymbol{x} \in \mathbf{R}^n \,\middle|\, \langle \boldsymbol{a}, \boldsymbol{x}\rangle \geqslant \alpha\right\}$$
$$H^- = \left\{\boldsymbol{x} \in \mathbf{R}^n \,\middle|\, \langle \boldsymbol{a}, \boldsymbol{x}\rangle \leqslant \alpha\right\}$$

这两个集合 H^+ 与 H^- 称为由超平面 H 定义的**半空间** (half space).

当集合 $S, T \subseteq \mathbf{R}^n$ 满足 $S \subseteq H^+$ 与 $T \subseteq H^-$, 即

$$\begin{aligned} \langle \boldsymbol{a}, \boldsymbol{z}\rangle &\geqslant \alpha, \quad \boldsymbol{z} \in S \\ \langle \boldsymbol{a}, \boldsymbol{z}\rangle &\leqslant \alpha, \quad \boldsymbol{z} \in T \end{aligned} \tag{2.13}$$

时, 称超平面 H 分离集合 S 和 T, 并称 H 为 S 与 T 的**分离超平面** (separating hyperplane) (图 2.5). 特别地, 当 $T = \{\boldsymbol{x}\}$ 时, 称 H 分离 S 和 $\boldsymbol{x}$.

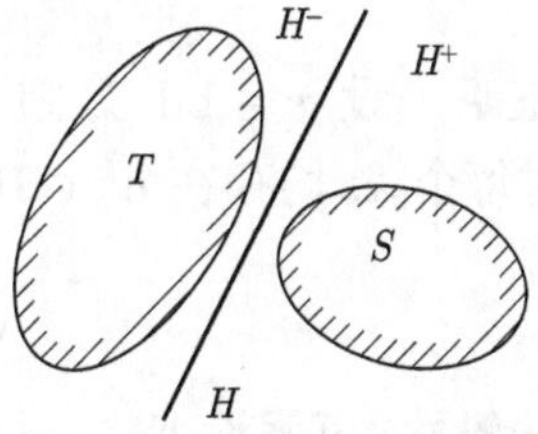

图 2.5 两个集合的分离超平面

定理 2.8 给定非空凸集 $S \subseteq \mathbf{R}^n$ 与点 $\boldsymbol{x} \notin \mathrm{cl}\, S$, 则必存在 S 与 $\boldsymbol{x}$ 的分离超平面 $H = \{\boldsymbol{y} \in \mathbf{R}^n \,|\, \langle \boldsymbol{a}, \boldsymbol{y}\rangle = \alpha\}$, 使得

$$\langle \boldsymbol{a}, \boldsymbol{z}\rangle \geqslant \alpha > \langle \boldsymbol{a}, \boldsymbol{x}\rangle, \quad \boldsymbol{z} \in S \tag{2.14}$$

证明 由定理 2.6 知, $\boldsymbol{x}$ 到 $\mathrm{cl}\, S$ 上的投影 $\overline{\boldsymbol{x}} = \boldsymbol{P}_{\mathrm{cl}\, S}(\boldsymbol{x})$ 存在且唯一. 显然, $\overline{\boldsymbol{x}} \neq \boldsymbol{x}$, 故 $\|\overline{\boldsymbol{x}} - \boldsymbol{x}\|^2 = \langle \overline{\boldsymbol{x}} - \boldsymbol{x}, \overline{\boldsymbol{x}} - \boldsymbol{x}\rangle > 0$. 而由定理 2.6 知, 对任意 $\boldsymbol{z} \in S$ 总有 $\langle \boldsymbol{x} - \overline{\boldsymbol{x}}, \boldsymbol{z} - \overline{\boldsymbol{x}}\rangle \leqslant 0$ 成立. 于是由以上两个不等式可得

$$\langle \overline{\boldsymbol{x}} - \boldsymbol{x}, \boldsymbol{z}\rangle \geqslant \langle \overline{\boldsymbol{x}} - \boldsymbol{x}, \overline{\boldsymbol{x}}\rangle > \langle \overline{\boldsymbol{x}} - \boldsymbol{x}, \boldsymbol{x}\rangle, \quad \boldsymbol{z} \in S$$

令 $\boldsymbol{a} = \overline{\boldsymbol{x}} - \boldsymbol{x}$ 及 $\alpha = \langle \overline{\boldsymbol{x}} - \boldsymbol{x}, \overline{\boldsymbol{x}}\rangle$ 即得式 (2.14). ■

式 (2.14) 意味着 $S \subseteq H^+$, 而 $\boldsymbol{x} \in \operatorname{int} H^-$. 有时也称这种情形为超平面 H 严格分离 S 与 $\boldsymbol{x}$. 图 2.6 给出了定理 2.8 的证明中得到的超平面 H 以及其他几个分离超平面. 如图所示, 一般来说, S 与 $\boldsymbol{x}$ 的分离超平面存在无穷多个.

若凸集 $S \subseteq \mathbf{R}^n$ 包含于由超平面 H 定义的半空间 H^+ 或 H^-, 而点 $\boldsymbol{x} \in \operatorname{cl} S$ 在 H 上, 则称 H 为 S 在 $\boldsymbol{x}$ 处的**支撑超平面** (supporting hyperplane) (图 2.7). 依定义, S 在 $\boldsymbol{x}$ 处的支撑超平面是 S 与 $\boldsymbol{x}$ 的分离超平面的特殊情形.

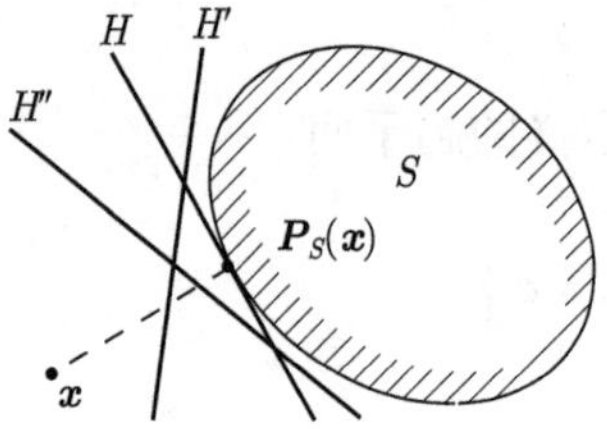

图 2.6　点与集合的分离超平面

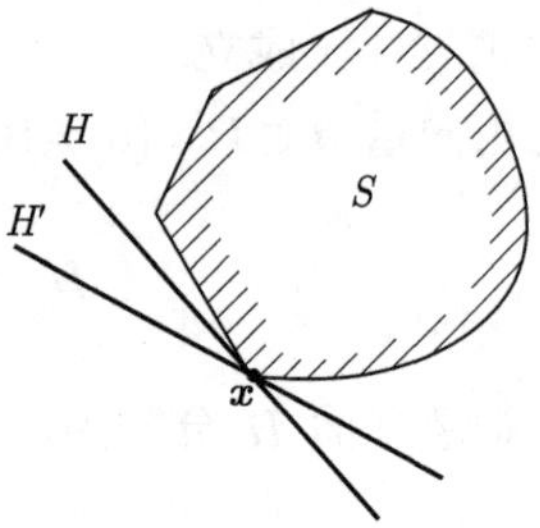

图 2.7　支撑超平面

定理 2.9　非空凸集 $S \subseteq \mathbf{R}^n$ 在其边界上任意点处均存在支撑超平面, 即若 $\boldsymbol{x} \in \operatorname{bd} S$, 则必存在 $\boldsymbol{a} \in \mathbf{R}^n$ $(\boldsymbol{a} \neq \mathbf{0})$ 及 $\alpha \in \mathbf{R}$, 使得

$$\langle \boldsymbol{a}, \boldsymbol{z} \rangle \geqslant \alpha = \langle \boldsymbol{a}, \boldsymbol{x} \rangle, \quad \boldsymbol{z} \in S \tag{2.15}$$

证明　设 $\boldsymbol{x} \in \operatorname{bd} S$, 则必存在点列 $\{\boldsymbol{x}^k\}$, 使得 $\boldsymbol{x}^k \notin \operatorname{cl} S$ 且 $\boldsymbol{x}^k \to \boldsymbol{x}$. 由定理 2.8, 对每个 k, 均存在 $\boldsymbol{a}^k \in \mathbf{R}^n$ $(\boldsymbol{a}^k \neq \mathbf{0})$, 使得

$$\langle \boldsymbol{a}^k, \boldsymbol{z} \rangle > \langle \boldsymbol{a}^k, \boldsymbol{x}^k \rangle, \quad \boldsymbol{z} \in S \tag{2.16}$$

不失一般性, 可假设 $\|\boldsymbol{a}^k\| = 1$, 于是点列 $\{\boldsymbol{a}^k\}$ 存在收敛于某个满足 $\|\boldsymbol{a}\| = 1$ 的点 $\boldsymbol{a}$ 的子列, 在式 (2.16) 中对该子列取极限可得 $\langle \boldsymbol{a}, \boldsymbol{z} \rangle \geqslant \langle \boldsymbol{a}, \boldsymbol{x} \rangle$ $(\boldsymbol{z} \in S)$, 进而即得式 (2.15). ■

由定理 2.8 与定理 2.9 可得下述**分离定理** (separation theorem):

定理 2.10　对任意非空凸集 $S \subseteq \mathbf{R}^n$ 及任意点 $\boldsymbol{x} \notin S$, 总存在 S 与 $\boldsymbol{x}$ 的分离超平面.

证明　由假设条件知 $\boldsymbol{x} \notin \operatorname{cl} S$ 与 $\boldsymbol{x} \in \operatorname{bd} S$ 之一成立. 若前者成立, 则应用定理 2.8; 若后者成立, 则应用定理 2.9, 于是可得 S 与 $\boldsymbol{x}$ 的分离超平面的存在性. ■

定理 2.11　若两个非空凸集 $S, T \subseteq \mathbf{R}^n$ 的交集 $S \cap T$ 是空集, 则必存在 S 与 T 的分离超平面.

证明　令 $Q = S - T = \{\boldsymbol{x} \in \mathbf{R}^n \mid \boldsymbol{x} = \boldsymbol{y} - \boldsymbol{z},\ \boldsymbol{y} \in S,\ \boldsymbol{z} \in T\}$, 则易知 Q 为非空凸集. 此外, $S \cap T = \varnothing$ 显然等价于 $\mathbf{0} \notin Q$, 从而由定理 2.10, 存在 Q 与 $\mathbf{0}$ 的分离超

平面, 即存在 $\boldsymbol{a} \in \mathbf{R}^n$ ($\boldsymbol{a} \neq \mathbf{0}$), 使得

$$\langle \boldsymbol{a}, \boldsymbol{x} \rangle \geqslant 0, \quad \boldsymbol{x} \in Q \tag{2.17}$$

由集合 Q 的定义, 式 (2.17) 等价于

$$\langle \boldsymbol{a}, \boldsymbol{y} \rangle \geqslant \langle \boldsymbol{a}, \boldsymbol{z} \rangle, \quad \boldsymbol{y} \in S, \boldsymbol{z} \in T$$

此即意味着 S 与 T 之间存在分离超平面. ■

2.5 锥与极锥

满足下述条件的集合 $C \subseteq \mathbf{R}^n$ 称为**锥** (cone):

$$\boldsymbol{x} \in C, \alpha \in [0, \infty) \Rightarrow \alpha \boldsymbol{x} \in C \tag{2.18}$$

即锥 C 是包含所有以原点为始点, 并通过 C 中一点的射线的集合. 依照定义, 非空锥通常包含原点. 当锥是凸集时, 称之为**凸锥** (convex cone); 当锥是闭集时, 称之为**闭锥** (closed cone); 当锥既是闭集又是凸集时, 则称之为**闭凸锥** (closed convex cone).

例 2.7 下列集合 C_i ($i = 1, \cdots, 4$) 均为闭凸锥, 其中 $\mathbf{0} \neq \boldsymbol{a}^i \in \mathbf{R}^n$ ($i = 1, \cdots, m$) (m 为任意正整数):

$$\begin{aligned}
C_1 &= \left\{ \boldsymbol{x} \in \mathbf{R}^n \,\middle|\, \boldsymbol{x} = \sum_{i=1}^{m} \alpha_i \boldsymbol{a}^i,\ \alpha_i \geqslant 0,\ i = 1, \cdots, m \right\} \\
C_2 &= \left\{ \boldsymbol{x} \in \mathbf{R}^n \,\middle|\, \langle \boldsymbol{a}^i, \boldsymbol{x} \rangle \leqslant 0,\ i = 1, \cdots, m \right\} \\
C_3 &= \left\{ \boldsymbol{x} \in \mathbf{R}^n \,\middle|\, x_1^2 \geqslant x_2^2 + \cdots + x_n^2,\ x_1 \geqslant 0 \right\} \\
C_4 &= \left\{ \boldsymbol{x} \in \mathbf{R}^3 \,\middle|\, x_1 x_3 - x_2^2 \geqslant 0,\ x_1 + x_3 \geqslant 0 \right\}
\end{aligned}$$

例 2.7 中的锥 C_1 是由向量 $\boldsymbol{a}^1, \cdots, \boldsymbol{a}^m$ 的所有非负线性组合构成的集合, 也称该锥由 $\boldsymbol{a}^1, \cdots, \boldsymbol{a}^m$ **生成** (generate). 锥 C_2 为 m 个半空间 $H_i^- = \{\boldsymbol{x} \in \mathbf{R}^n \mid \langle \boldsymbol{a}^i, \boldsymbol{x} \rangle \leqslant 0\}$ ($i = 1, \cdots, m$) 的交集, 也即与向量 $\boldsymbol{a}^1, \cdots, \boldsymbol{a}^m$ 都保持 90° 以上夹角的全体向量构成的集合. 这些锥都是凸多面集, 因此, 称为**凸多面锥** (polyhedral convex cone).

集合 C_3 显然是锥, 并且容易证明它是凸锥 (留作习题 2.7). 锥 C_3 常常被称为**二阶锥** (second-order cone) 或者 **Lorentz 锥** (Lorentz cone) (图 2.8).

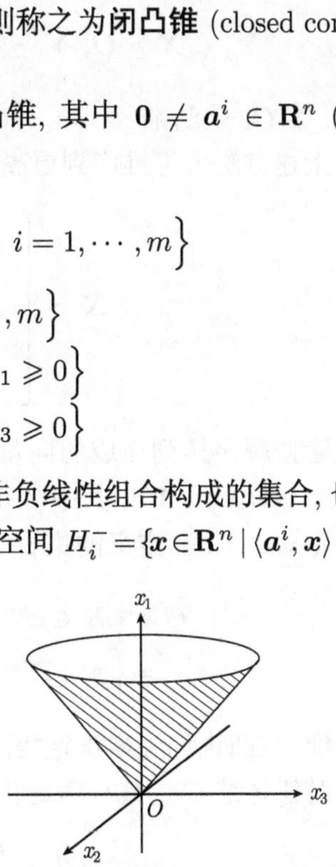

图 2.8 二阶锥 ($n = 3$ 的情形)

集合 C_4 显然也是锥. 为了说明它是凸锥, 考查由向量 $\boldsymbol{x}=(x_1,x_2,x_3)^{\mathrm{T}}$ 的分量所构成的对称矩阵

$$\boldsymbol{X}=\begin{bmatrix} x_1 & x_2 \\ x_2 & x_3 \end{bmatrix}$$

设该矩阵的特征值分别为 λ_1 和 λ_2, 则由 C_4 的定义以及矩阵的特征值与迹、特征值与行列式的关系可知下述关系式成立:

$$\boldsymbol{x}\in C_4 \iff \begin{bmatrix} \lambda_1+\lambda_2=\operatorname{tr}\boldsymbol{X}=x_1+x_3\geqslant 0 \\ \lambda_1\lambda_2=\det\boldsymbol{X}=x_1x_3-x_2^2\geqslant 0 \end{bmatrix} \iff \lambda_i\geqslant 0,\quad i=1,2$$

注意到 $\lambda_i\geqslant 0\ (i=1,2)$ 是矩阵 $\boldsymbol{X}$ 为半正定的充要条件, 而向量 $\boldsymbol{x}\in\mathbf{R}^3$ 等同于矩阵 $\boldsymbol{X}\in\mathcal{S}^2$, 故锥 C_4 也可表示为

$$C_4=\left\{\boldsymbol{X}\in\mathcal{S}^2 \,\middle|\, \boldsymbol{X}\succeq\boldsymbol{O}\right\}$$

对任意对称矩阵 $\boldsymbol{X},\boldsymbol{Y}\in\mathcal{S}^2$, 显然有

$$\boldsymbol{X}\succeq\boldsymbol{O},\ \boldsymbol{Y}\succeq\boldsymbol{O},\ \alpha\in[0,1]\Rightarrow(1-\alpha)\boldsymbol{X}+\alpha\boldsymbol{Y}\succeq\boldsymbol{O}$$

因此, 锥 C_4 是凸锥.

上述方法也可推广到更高维的情形. 将 m 阶对称矩阵

$$\boldsymbol{X}=\begin{bmatrix} x_{11} & x_{21} & \cdots & x_{m1} \\ x_{21} & x_{22} & \cdots & x_{m2} \\ \vdots & \vdots & & \vdots \\ x_{m1} & x_{m2} & \cdots & x_{mm} \end{bmatrix}\in\mathcal{S}^m$$

的元素按顺序排列而成的向量 $\boldsymbol{x}=(x_{11},x_{21},\cdots,x_{m1},x_{22},\cdots,x_{m2},\cdots,x_{mm})^{\mathrm{T}}$ 记为 $\boldsymbol{x}=\operatorname{vec}(\boldsymbol{X})\in\mathbf{R}^n$, 其中 $n=m(m+1)/2$①. 不难证明将矩阵 $\boldsymbol{X}\in\mathcal{S}^m$ 等同于向量 $\boldsymbol{x}=\operatorname{vec}(\boldsymbol{X})$ 而定义的集合

$$\begin{aligned} C&=\left\{\boldsymbol{X}\in\mathcal{S}^m \,\middle|\, \boldsymbol{X}\succeq\boldsymbol{O}\right\} \\ &=\left\{\boldsymbol{x}\in\mathbf{R}^{m(m+1)/2} \,\middle|\, \boldsymbol{x}=\operatorname{vec}(\boldsymbol{X}),\ \boldsymbol{O}\preceq\boldsymbol{X}\in\mathcal{S}^m\right\} \end{aligned}$$

是凸锥. 该凸锥称为**半正定矩阵锥** (cone of positive semidefinite matrices).

对任意锥 $C\subseteq\mathbf{R}^n$, 考虑由下式定义的集合 $C^*\subseteq\mathbf{R}^n$:

$$C^*=\left\{\boldsymbol{y}\in\mathbf{R}^n \,\middle|\, \langle\boldsymbol{y},\boldsymbol{x}\rangle\leqslant 0,\ \boldsymbol{x}\in C\right\} \tag{2.19}$$

① 由于 $\boldsymbol{X}$ 为对称矩阵, 因此, 有半数的非对角线元素不需要考虑.

这是由与 C 中每个向量都保持 $90°$ 以上夹角的向量的全体构成的集合，因此，显然是锥（图 2.9）. 称 C^* 为 C 的**极锥** (polar cone)①. 特别地，若 C 是线性子空间，则 C^* 恰为与 C 正交的线性子空间，也即 C^* 与 C 的**正交补空间** (orthogonal complement) $C^{\perp}$ 一致.

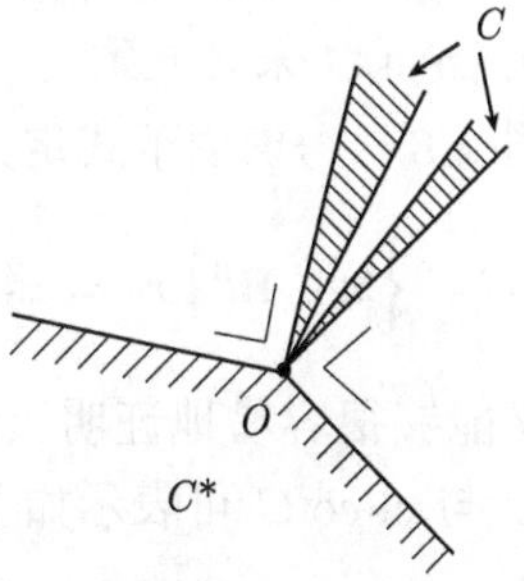

图 2.9 极锥

定理 2.12 对任意非空锥 $C \subseteq \mathbf{R}^n$，其极锥 C^* 必为闭凸锥，并且 $C^* = (\mathrm{co}\, C)^*$. 此外，给定两个锥 $C, D \subseteq \mathbf{R}^n$，若 $C \subseteq D$，则有 $C^* \supseteq D^*$.

证明 容易证明 C^* 为闭凸锥，并且 $C \subseteq D$ 蕴涵 $C^* \supseteq D^*$，下面证明 $C^* = (\mathrm{co}\, C)^*$. 显然，$C \subseteq \mathrm{co}\, C$，故由本定理的已证部分可得 $C^* \supseteq (\mathrm{co}\, C)^*$. 为了说明反包含关系 $C^* \subseteq (\mathrm{co}\, C)^*$，只需证明对任意 $\boldsymbol{y} \in C^*$，当 $\boldsymbol{x} \in \mathrm{co}\, C$ 时总有 $\langle \boldsymbol{y}, \boldsymbol{x} \rangle \leqslant 0$ 成立. 事实上，若 $\boldsymbol{x} \in \mathrm{co}\, C$，则由定理 2.2 知，存在 C 中的点 $\boldsymbol{x}^1, \cdots, \boldsymbol{x}^k$ 以及满足 $\displaystyle\sum_{i=1}^{k} \alpha_i = 1$ 的实数 $\alpha_i \geqslant 0\ (i = 1, \cdots, k)$，使得 $\boldsymbol{x} = \displaystyle\sum_{i=1}^{k} \alpha_i \boldsymbol{x}^i$，从而有 $\langle \boldsymbol{y}, \boldsymbol{x} \rangle = \displaystyle\sum_{i=1}^{k} \alpha_i \langle \boldsymbol{y}, \boldsymbol{x}^i \rangle$. 因此，当 $\boldsymbol{y} \in C^*$ 时，由 $\langle \boldsymbol{y}, \boldsymbol{x}^i \rangle \leqslant 0\ (i = 1, \cdots, k)$ 可得 $\langle \boldsymbol{y}, \boldsymbol{x} \rangle \leqslant 0$. ■

定理 2.13 对任意非空锥 $C \subseteq \mathbf{R}^n$，极锥 C^* 的极锥 C^{**} 与 C 的闭凸包 $\mathrm{cl\, co}\, C$ 一致. 特别地，若 C 是闭凸锥，则 $C = C^{**}$.

证明 设 $\boldsymbol{x} \in \mathrm{co}\, C$. 由定理 2.12 有 $C^* = (\mathrm{co}\, C)^*$，因此，对任意 $\boldsymbol{y} \in C^*$ 均有 $\langle \boldsymbol{y}, \boldsymbol{x} \rangle \leqslant 0$，这就意味着 $\boldsymbol{x} \in C^{**}$，故有 $\mathrm{co}\, C \subseteq C^{**}$. 再由定理 2.12 知，$C^{**}$ 为闭凸集，于是 $\mathrm{cl\, co}\, C \subseteq C^{**}$. 下证 $C^{**} \subseteq \mathrm{cl\, co}\, C$. 为此，只需证明 $\boldsymbol{x} \notin \mathrm{cl\, co}\, C$ 蕴涵 $\boldsymbol{x} \notin C^{**}$ 即可. 设 $\boldsymbol{x} \notin \mathrm{cl\, co}\, C$，则由定理 2.8，存在 $\boldsymbol{a} \in \mathbf{R}^n\ (\boldsymbol{a} \neq \boldsymbol{0})$ 及 $\alpha \in \mathbf{R}$，满足

$$\langle \boldsymbol{a}, \boldsymbol{z} \rangle \geqslant \alpha > \langle \boldsymbol{a}, \boldsymbol{x} \rangle, \quad \boldsymbol{z} \in \mathrm{co}\, C \tag{2.20}$$

进一步，可断定 $-\boldsymbol{a} \in C^*$. 事实上，对任意 $\boldsymbol{z} \in C$ 与 $\beta > 0$，因 $\beta \boldsymbol{z} \in C$，故由式 (2.20) 可得

$$\beta \langle \boldsymbol{a}, \boldsymbol{z} \rangle = \langle \boldsymbol{a}, \beta \boldsymbol{z} \rangle \geqslant \alpha \tag{2.21}$$

若 $\langle \boldsymbol{a}, \boldsymbol{z} \rangle < 0$，则当 β 充分大时，式 (2.21) 必不成立，因此，对所有 $\boldsymbol{z} \in C$ 均有 $\langle \boldsymbol{a}, \boldsymbol{z} \rangle \geqslant 0$，也即 $-\boldsymbol{a} \in C^*$. 由 $\boldsymbol{0} \in C$ 及 (2.20) 知 $0 \geqslant \alpha > \langle \boldsymbol{a}, \boldsymbol{x} \rangle$，这说明 $\langle -\boldsymbol{a}, \boldsymbol{x} \rangle > 0$，因此，$\boldsymbol{x}$ 不可能属于 C^{**}，故 $\boldsymbol{x} \notin \mathrm{cl\, co}\, C$ 必蕴涵 $\boldsymbol{x} \notin C^{**}$.

由于当 C 为闭凸锥时必有 $\mathrm{cl\, co}\, C = C$ 成立，定理的后半部分立即可得. ■

---

① 极锥也称为**对偶锥** (dual cone). 另外，也有人将对偶锥定义为与 (2.19) 中的不等式恰恰相反的集合.

由于锥一般均为无界集, 因此, 如定理 2.3 后面所述, 锥 C 的闭凸包 cl co C 与凸闭包 co cl C 未必一致.

例 2.8　考虑由下式定义的集合 $C \subseteq \mathbf{R}^3$:

$$C = \left\{ \boldsymbol{x} \in \mathbf{R}^3 \,\middle|\, x_3 = x_2^2/(x_1^2 + x_2^2)^{\frac{1}{2}},\ x_2 > 0 \right\} \cup \left\{ \boldsymbol{x} \in \mathbf{R}^3 \,\middle|\, x_2 = x_3 = 0 \right\}$$

由定义能够很容易地证明该集合是锥. 虽然该锥是闭集, 但并不是凸集. 经计算 co cl C 与 cl co C 可表示如下:

$$\begin{aligned} \text{co cl } C &= \text{co } C \\ &= \left\{ \boldsymbol{x} \in \mathbf{R}^3 \,\middle|\, x_2 = x_3 = 0 \right\} \cup \left\{ \boldsymbol{x} \in \mathbf{R}^3 \,\middle|\, x_2 > x_3 > 0,\ x_1 \neq 0 \right\} \\ &\quad \cup \left\{ \boldsymbol{x} \in \mathbf{R}^3 \,\middle|\, x_2 \geqslant x_3 > 0, x_1 = 0 \right\} \\ \text{cl co } C &= \left\{ \boldsymbol{x} \in \mathbf{R}^3 \,\middle|\, x_2 \geqslant x_3 \geqslant 0 \right\} \end{aligned}$$

显然有 co cl $C \subseteq$ cl co C, 但 cl co $C \subseteq$ co cl C 并不成立.

定理 2.14　给定非空闭凸锥 $C_i \subseteq \mathbf{R}^n$ $(i = 1, \cdots, m)$, 则有

$$\left(\bigcup_{i=1}^m C_i \right)^* = \bigcap_{i=1}^m C_i^* \tag{2.22}$$

$$\left(\bigcap_{i=1}^m C_i \right)^* = \text{cl co} \left(\bigcup_{i=1}^m C_i^* \right) \tag{2.23}$$

证明　由极锥的定义 (2.19) 可得

$$\begin{aligned} \left(\bigcup_{i=1}^m C_i \right)^* &= \left\{ \boldsymbol{y} \in \mathbf{R}^n \,\middle|\, \langle \boldsymbol{y}, \boldsymbol{x} \rangle \leqslant 0,\ \boldsymbol{x} \in C_1 \cup \cdots \cup C_m \right\} \\ &= \bigcap_{i=1}^m \left\{ \boldsymbol{y} \in \mathbf{R}^n \,\middle|\, \langle \boldsymbol{y}, \boldsymbol{x} \rangle \leqslant 0,\ \boldsymbol{x} \in C_i \right\} = \bigcap_{i=1}^m C_i^* \end{aligned}$$

即式 (2.22) 成立. 在式 (2.22) 中, 以 C_i^* 替换 C_i, 并注意到依定理 2.13 可得 $C_i^{**} = C_i$, 于是有

$$\bigcap_{i=1}^m C_i = \left(\bigcup_{i=1}^m C_i^* \right)^*$$

在上式两边同时取极锥, 并再次利用定理 2.13 即得式 (2.23). ■

最后介绍关于凸多面锥及其极锥的重要定理. 该定理本质上与著名的 **Farkas 定理** (Farkas' theorem) 等价, 在推导非线性规划问题的最优性条件时起着重要的作用 (见第 3 章).

定理 2.15 考虑由向量 $\boldsymbol{a}^1,\cdots,\boldsymbol{a}^m\in\mathbf{R}^n$ 生成的闭凸多面锥

$$C=\left\{\boldsymbol{x}\in\mathbf{R}^n\;\middle|\;\boldsymbol{x}=\sum_{i=1}^m\alpha_i\boldsymbol{a}^i,\ \alpha_i\geqslant 0,\ i=1,\cdots,m\right\}$$

以及与每个 $\boldsymbol{a}^i$ 都保持 90° 以上夹角的向量的全体构成的闭凸多面锥

$$K=\left\{\boldsymbol{y}\in\mathbf{R}^n\;\middle|\;\langle\boldsymbol{a}^i,\boldsymbol{y}\rangle\leqslant 0,\ i=1,\cdots,m\right\}$$

则 $K=C^*$, 并且 $C=K^*$.

证明 首先证明 $K\subseteq C^*$. 为此, 设 $\boldsymbol{y}\in K$, 则对任意 $\boldsymbol{x}=\sum\limits_{i=1}^m\alpha_i\boldsymbol{a}^i\in C$ 均有 $\langle\boldsymbol{x},\boldsymbol{y}\rangle=\sum\limits_{i=1}^m\alpha_i\langle\boldsymbol{a}^i,\boldsymbol{y}\rangle\leqslant 0$, 因此, $\boldsymbol{y}\in C^*$, 从而有 $K\subseteq C^*$. 下面证明 $C^*\subseteq K$. 假设 $\boldsymbol{y}\in C^*$, 则对任意 $\alpha_i\geqslant 0\ (i=1,\cdots,m)$ 均有

$$\left\langle\sum_{i=1}^m\alpha_i\boldsymbol{a}^i,\boldsymbol{y}\right\rangle=\sum_{i=1}^m\alpha_i\langle\boldsymbol{a}^i,\boldsymbol{y}\rangle\leqslant 0 \qquad (2.24)$$

由此可断定 $\langle\boldsymbol{a}^i,\boldsymbol{y}\rangle\leqslant 0\ (i=1,\cdots,m)$, 也即 $\boldsymbol{y}\in K$. 事实上, 若存在 j, 使得 $\langle\boldsymbol{a}^j,\boldsymbol{y}\rangle>0$, 则可取 $\alpha_j=1$ 及 $\alpha_i=0\ (i\neq j)$, 于是可得 $\sum\limits_{i=1}^m\alpha_i\langle\boldsymbol{a}^i,\boldsymbol{y}\rangle=\langle\boldsymbol{a}^i,\boldsymbol{y}\rangle>0$, 从而与 (2.24) 矛盾. 综上即有 $C^*\subseteq K$.

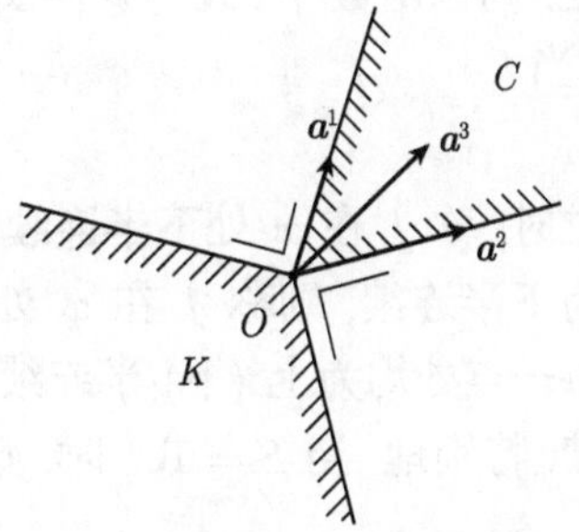

图 2.10 定理 2.15 (Farkas 定理)

由于 C 是闭凸锥, 则由定理 2.13 可得 $K^*=C^{**}=C$ (图 2.10). ■

推论 2.1 考虑如下由向量 $\boldsymbol{a}^1,\cdots,\boldsymbol{a}^m,\ \boldsymbol{b}^1,\cdots,\boldsymbol{b}^l\in\mathbf{R}^n$ 定义的两个闭凸多面锥:

$$C=\left\{\boldsymbol{x}\in\mathbf{R}^n\;\middle|\;\boldsymbol{x}=\sum_{i=1}^m\alpha_i\boldsymbol{a}^i+\sum_{j=1}^l\beta_j\boldsymbol{b}^j,\ \alpha_i\geqslant 0,\ i=1,\cdots,m,\ \beta_j\in\mathbf{R},\ j=1,\cdots,l\right\}$$

$$K=\left\{\boldsymbol{y}\in\mathbf{R}^n\;\middle|\;\langle\boldsymbol{a}^i,\boldsymbol{y}\rangle\leqslant 0,\ i=1,\cdots,m;\ \langle\boldsymbol{b}^j,\boldsymbol{y}\rangle=0,\ j=1,\cdots,l\right\}$$

则有 $K=C^*$ 及 $C=K^*$ 成立. 特别地, 对线性子空间

$$L=\left\{\boldsymbol{x}\in\mathbf{R}^n\;\middle|\;\boldsymbol{x}=\sum_{j=1}^l\beta_j\boldsymbol{b}^j,\ \beta_j\subset\mathbf{R},\ j=1,\cdots,l\right\}$$

$$M=\left\{\boldsymbol{y}\in\mathbf{R}^n\;\middle|\;\langle\boldsymbol{b}^j,\boldsymbol{y}\rangle=0,\ j=1,\cdots,l\right\}$$

则有 $M = L^{\perp}$ 及 $L = M^{\perp}$ 成立.

2.6 函数的连续性与可微性

若对 $\mathbf{R}^n$ 中每一点 $\boldsymbol{x}$ 均存在某实数 $f(\boldsymbol{x})$ 与之对应, 则称 f 为定义在 $\mathbf{R}^n$ 上的**实值函数** (real valued function), 记为 $f:\mathbf{R}^n \to \mathbf{R}$. 在最优化理论中, 常常允许 $+\infty$ 或 $-\infty$ 作为函数值, 从而使得问题更加容易处理, 这样的函数称为**广义实值函数** (extended real valued function), 为了明确函数的值域而特别记之为 $f:\mathbf{R}^n \to (-\infty,+\infty]$ 或 $f:\mathbf{R}^n \to [-\infty,+\infty]$ 等. 另外, 也常常使用**映射** (mapping) 这样的同义词来代替函数.

若对任意收敛于 $\boldsymbol{x}$ 的点列 $\{\boldsymbol{x}^k\} \subseteq \mathbf{R}^n$ 均有

$$f(\boldsymbol{x}) \geqslant \limsup_{k\to\infty} f(\boldsymbol{x}^k)$$

成立, 则称函数 $f:\mathbf{R}^n \to [-\infty,+\infty]$ 在 $\boldsymbol{x}$ 处**上半连续** (upper semicontinuous); 反之, 当

$$f(\boldsymbol{x}) \leqslant \liminf_{k\to\infty} f(\boldsymbol{x}^k) \tag{2.25}$$

成立时, 称 f 在 $\boldsymbol{x}$ 处**下半连续** (lower semicontinuous). 若 f 在 $\boldsymbol{x}$ 处既为上半连续又为下半连续, 则称 f 在 $\boldsymbol{x}$ 处**连续** (continuous). 进一步, 若函数在集合 $S \subseteq \mathbf{R}^n$ 中每一点处均为上 (下) 半连续或者连续, 则称该函数在 S 上为上 (下) 半连续或者连续. 特别地, 当 $S = \mathbf{R}^n$ 时, 则简称函数为上 (下) 半连续或者连续 (图 2.11).

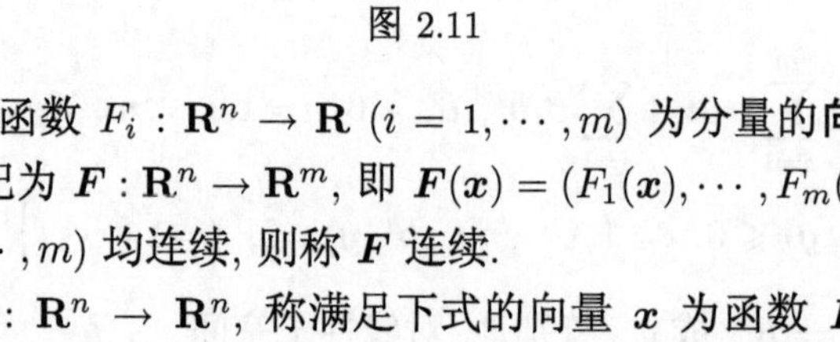

(a) 上半连续函数　　(b) 下半连续函数

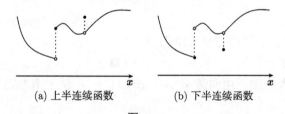

图 2.11

以 m 个实值函数 $F_i:\mathbf{R}^n \to \mathbf{R}$ $(i = 1,\cdots,m)$ 为分量的**向量值函数** (vector valued function) 记为 $\boldsymbol{F}:\mathbf{R}^n \to \mathbf{R}^m$, 即 $\boldsymbol{F}(\boldsymbol{x}) = (F_1(\boldsymbol{x}),\cdots,F_m(\boldsymbol{x}))^{\mathrm{T}}$. 若每个分量函数 F_i $(i=1,\cdots,m)$ 均连续, 则称 $\boldsymbol{F}$ 连续.

给定函数 $\boldsymbol{F}:\mathbf{R}^n \to \mathbf{R}^n$, 称满足下式的向量 $\boldsymbol{x}$ 为函数 $\boldsymbol{F}$ 的**不动点** (fixed point):

$$\boldsymbol{x} = \boldsymbol{F}(\boldsymbol{x})$$

下面的定理给出了不动点存在的一个充分条件, 称为 **Brouwer 不动点定理** (Brouwer's fixed point theorem). 由于其证明已经超出了本书的范围, 故而省略 (可

参见文献 [29]).

定理 2.16 设 $\boldsymbol{F}:\mathbf{R}^n\to\mathbf{R}^n$ 为连续向量值函数, $S\subseteq\mathbf{R}^n$ 为非空紧凸集. 若对每个 $\boldsymbol{x}\in S$ 均有 $\boldsymbol{F}(\boldsymbol{x})\in S$, 则函数 $\boldsymbol{F}$ 存在不动点.

由函数 $f:\mathbf{R}^n\to[-\infty,+\infty]$ 及实数 $\alpha\in\mathbf{R}$ 定义的集合

$$S_f(\alpha)=\left\{\boldsymbol{x}\in\mathbf{R}^n\,\middle|\,f(\boldsymbol{x})\leqslant\alpha\right\}$$

称为 f 的**水平集** (level set).

定理 2.17 函数 $f:\mathbf{R}^n\to[-\infty,+\infty]$ 下半连续的充要条件是对任意 $\alpha\in\mathbf{R}$, 水平集 $S_f(\alpha)$ 均为闭集①.

证明 设 f 下半连续. 对任意 $\alpha\in\mathbf{R}$, 欲证明水平集 $S_f(\alpha)$ 为闭集, 只需证明当 $\boldsymbol{x}^k\to\boldsymbol{x}$, 并且 $\boldsymbol{x}^k\in S_f(\alpha)$ $(k=1,2,\cdots)$ 时均有 $\boldsymbol{x}\in S_f(\alpha)$ 成立. 这显然由 $\boldsymbol{x}^k\in S_f(\alpha)$ 等价于 $f(\boldsymbol{x}^k)\leqslant\alpha$ 以及下半连续性的定义 (2.25) 可得.

下面假设对每个 $\alpha\in\mathbf{R}$, $S_f(\alpha)$ 均为闭集. 对任意固定的 $\boldsymbol{x}\in\mathbf{R}^n$, 考虑任意满足 $\boldsymbol{x}^k\to\boldsymbol{x}$ 的点列 $\{\boldsymbol{x}^k\}$. 令 $\alpha=\liminf\limits_{k\to\infty}f(\boldsymbol{x}^k)$, 若 α 有限, 则对任意实数 $\varepsilon>0$, $\{\boldsymbol{x}^k\}$ 必存在满足 $f(\boldsymbol{x}^{k_i})\leqslant\alpha+\varepsilon$, 即 $\boldsymbol{x}^{k_i}\in S_f(\alpha+\varepsilon)$ 的子列 $\{\boldsymbol{x}^{k_i}\}$. 由设 $S_f(\alpha+\varepsilon)$ 是闭集, 因此, 由 $\boldsymbol{x}^{k_i}\to\boldsymbol{x}$ 知 $\boldsymbol{x}\in S_f(\alpha+\varepsilon)$, 即 $f(\boldsymbol{x})\leqslant\alpha+\varepsilon$ 成立. 由 $\varepsilon>0$ 的任意性可得 $f(\boldsymbol{x})\leqslant\alpha$, 故式 (2.25) 成立. 若 $\alpha=-\infty$, 则不难证明 $f(\boldsymbol{x})=-\infty$, 因此, 式 (2.25) 也成立. 综上即知, f 在 $\boldsymbol{x}$ 处下半连续. ■

定理 2.18 考虑下半连续函数 $f_i:\mathbf{R}^n\to[-\infty,+\infty]$ $(i\in\mathcal{I})$, 其中 $\mathcal{I}$ 为任意指标集, 则由

$$f(\boldsymbol{x})=\sup\left\{f_i(\boldsymbol{x})\,\middle|\,i\in\mathcal{I}\right\}$$

定义的函数 $f:\mathbf{R}^n\to[-\infty,+\infty]$ 也下半连续.

证明 将 f 及 f_i 的水平集分别记为 $S_f(\alpha)$ 和 $S_{f_i}(\alpha)$, 则有

$$S_f(\alpha)=\left\{\boldsymbol{x}\in\mathbf{R}^n\,\middle|\,f_i(\boldsymbol{x})\leqslant\alpha\ (i\in\mathcal{I})\right\}=\bigcap_{i\in\mathcal{I}}S_{f_i}(\alpha)$$

利用定理 2.17 以及闭集的交集仍为闭集这一事实可知, 函数 f 是下半连续的. ■

设函数 $f:\mathbf{R}^n\to[-\infty,+\infty]$ 在 $\boldsymbol{x}\in\mathbf{R}^n$ 的某邻域内取有限值. 若 f 在 $\boldsymbol{x}$ 处存在偏导数

$$\frac{\partial f(\boldsymbol{x})}{\partial x_i}=\lim_{t\to0}\frac{f(\boldsymbol{x}+t\boldsymbol{e}^i)-f(\boldsymbol{x})}{t},\quad i=1,\cdots,n$$

(其中 $\boldsymbol{e}^i$ 表示第 i 个分量为 1, 而其他分量均为 0 的 n 维单位向量), 并且对由

$$\nabla f(\boldsymbol{x})=\left(\frac{\partial f(\boldsymbol{x})}{\partial x_1},\cdots,\frac{\partial f(\boldsymbol{x})}{\partial x_n}\right)^{\mathrm{T}}$$

① 函数 f 上半连续的充要条件是对所有 $\alpha\in\mathbf{R}$, 按照反向不等式定义的水平集 $\{\boldsymbol{x}\in\mathbf{R}^n\mid f(\boldsymbol{x})\geqslant\alpha\}$ 均为闭集.

定义的向量 $\nabla f(\boldsymbol{x}) \in \mathbf{R}^n$ 总有

$$f(\boldsymbol{x}+\boldsymbol{h}) = f(\boldsymbol{x}) + \langle \nabla f(\boldsymbol{x}), \boldsymbol{h} \rangle + o(\|\boldsymbol{h}\|), \quad \boldsymbol{h} \in \mathbf{R}^n \tag{2.26}$$

则称 f 在 $\boldsymbol{x}$ 处**可微** (differentiable), 其中 $o : [0, +\infty) \to \mathbf{R}$ 表示满足 $\lim\limits_{t\to 0} o(t)/t = 0$ 的函数. 向量 $\nabla f(\boldsymbol{x})$ 称为 f 在 $\boldsymbol{x}$ 处的**梯度** (gradient). 显然, 若 f 在 $\boldsymbol{x}$ 处可微, 则 f 在 $\boldsymbol{x}$ 处连续.

若在点 $\boldsymbol{x}$ 处可微的函数 f 存在二阶偏导数, 并且对由

$$\nabla^2 f(\boldsymbol{x}) = \begin{bmatrix} \dfrac{\partial^2 f(\boldsymbol{x})}{\partial^2 x_1} & \cdots & \dfrac{\partial^2 f(\boldsymbol{x})}{\partial x_1 \partial x_n} \\ \vdots & & \vdots \\ \dfrac{\partial^2 f(\boldsymbol{x})}{\partial x_n \partial x_1} & \cdots & \dfrac{\partial^2 f(\boldsymbol{x})}{\partial^2 x_n} \end{bmatrix}$$

定义的 n 阶方阵 $\nabla^2 f(\boldsymbol{x}) \in \mathbf{R}^{n\times n}$ 总有

$$f(\boldsymbol{x}+\boldsymbol{h}) = f(\boldsymbol{x}) + \langle \nabla f(\boldsymbol{x}), \boldsymbol{h} \rangle + \frac{1}{2}\langle \boldsymbol{h}, \nabla^2 f(\boldsymbol{x})\, \boldsymbol{h} \rangle + o(\|\boldsymbol{h}\|^2), \quad \boldsymbol{h} \in \mathbf{R}^n$$

则称 f 在 $\boldsymbol{x}$ 处**二阶可微** (twice differentiable), 并称 $\nabla^2 f(\boldsymbol{x})$ 为 f 在 $\boldsymbol{x}$ 处的 **Hesse 矩阵** (Hessian matrix).

若 $\nabla f(\boldsymbol{x})$ 存在且关于 $\boldsymbol{x}$ 连续, 则称 f **连续可微** (continuously differentiable). 进一步, 若 $\nabla^2 f(\boldsymbol{x})$ 存在且关于 $\boldsymbol{x}$ 连续, 则称 f 为**二阶连续可微** (twice continuously differentiable), 此时 $\nabla^2 f(\boldsymbol{x})$ 必为对称矩阵.

若函数 f 在 $\boldsymbol{x}$ 处只存在偏导数, 则未必具有式 (2.26) 所描述的可微性. 如下例所示, 在这种情况下, 其实连 f 在 $\boldsymbol{x}$ 处的连续性也不能保证.

例 2.9 设

$$f_1(\boldsymbol{x}) = \begin{cases} x_1, & x_2 = 0 \\ x_2, & x_1 = 0 \\ 1, & \text{其他} \end{cases}$$

$$f_2(x) = \begin{cases} x^2 \sin(1/x), & x \neq 0 \\ 0, & x = 0 \end{cases}$$

$$f_3(x) = \begin{cases} x^2, & x \geqslant 0 \\ 0, & x < 0 \end{cases}$$

函数 $f_1 : \mathbf{R}^2 \to \mathbf{R}$ 虽然在 $\boldsymbol{x} = \boldsymbol{0}$ 处存在偏导数, 但是它既不可微也不连续. 函数 $f_2 : \mathbf{R} \to \mathbf{R}$ 处处可微, 但在 $x = 0$ 处不是连续可微. 函数 $f_3 : \mathbf{R} \to \mathbf{R}$ 处处连续可微, 但在 $x = 0$ 处不是二阶连续可微.

给定可微函数 $f:\mathbf{R}^n\to\mathbf{R}$ 及向量 $\boldsymbol{x},\boldsymbol{d}\in\mathbf{R}^n$ $(\boldsymbol{d}\neq\mathbf{0})$, 定义一元函数 $h:\mathbf{R}\to\mathbf{R}$ 为

$$h(\alpha)=f(\boldsymbol{x}+\alpha\boldsymbol{d})$$

则 h 可导且导数可表示为

$$h'(\alpha)=\langle\nabla f(\boldsymbol{x}+\alpha\boldsymbol{d}),\boldsymbol{d}\rangle \tag{2.27}$$

进一步, 若 f 二阶可微, 则 h 二阶可导且二阶导数为

$$h''(\alpha)=\langle\nabla^2 f(\boldsymbol{x}+\alpha\boldsymbol{d})\boldsymbol{d},\boldsymbol{d}\rangle$$

对以 m 个实值函数 $F_i:\mathbf{R}^n\to\mathbf{R}$ $(i=1,\cdots,m)$ 为分量的向量值函数 $\boldsymbol{F}:\mathbf{R}^n\to\mathbf{R}^m$, 定义 $n\times m$ 阶矩阵

$$\begin{aligned}\nabla\boldsymbol{F}(\boldsymbol{x})&=[\nabla F_1(\boldsymbol{x})\ \cdots\ \nabla F_m(\boldsymbol{x})]\\&=\begin{bmatrix}\dfrac{\partial F_1(\boldsymbol{x})}{\partial x_1} & \cdots & \dfrac{\partial F_m(\boldsymbol{x})}{\partial x_1}\\ \vdots & & \vdots\\ \dfrac{\partial F_1(\boldsymbol{x})}{\partial x_n} & \cdots & \dfrac{\partial F_m(\boldsymbol{x})}{\partial x_n}\end{bmatrix}\in\mathbf{R}^{n\times m}\end{aligned}$$

称之为函数 $\boldsymbol{F}$ 在 $\boldsymbol{x}$ 处的 **Jacobi 矩阵** (Jacobian matrix)①.

下面叙述关于函数微分的三个基本定理. 由于普通的微积分教材中都包含这些内容, 故此处将证明略去 (可参见文献 Ortega and Rheinboldt (1970)).

定理 2.19 (**中值定理** (mean value theorem)) 设函数 $f:\mathbf{R}^n\to\mathbf{R}$ 在凸集 $S\subseteq\mathbf{R}^n$ 上可微, 则对任意 $\boldsymbol{x},\boldsymbol{y}\in S$, 必存在实数 $\tau\in(0,1)$ 满足

$$f(\boldsymbol{x})-f(\boldsymbol{y})=\langle\nabla f(\tau\boldsymbol{x}+(1-\tau)\boldsymbol{y}),\boldsymbol{x}-\boldsymbol{y}\rangle$$

定理 2.19 对向量值函数 $\boldsymbol{F}:\mathbf{R}^n\to\mathbf{R}^n$ 不一定成立, 即未必存在 $\tau\in(0,1)$, 使得

$$\boldsymbol{F}(\boldsymbol{x})-\boldsymbol{F}(\boldsymbol{y})=\nabla\boldsymbol{F}(\tau\boldsymbol{x}+(1-\tau)\boldsymbol{y})^{\mathrm{T}}(\boldsymbol{x}-\boldsymbol{y})$$

但有下式成立:

$$\boldsymbol{F}(\boldsymbol{x})-\boldsymbol{F}(\boldsymbol{y})=\int_0^1\nabla\boldsymbol{F}(\tau\boldsymbol{x}+(1-\tau)\boldsymbol{y})^{\mathrm{T}}(\boldsymbol{x}-\boldsymbol{y})\mathrm{d}\tau \tag{2.28}$$

① 通常将 $m\times n$ 阶矩阵 $\nabla\boldsymbol{F}(\boldsymbol{x})^{\mathrm{T}}$ 称为 Jacobi 矩阵, 本书则将转置 Jacobi 矩阵 $\nabla\boldsymbol{F}(\boldsymbol{x})$ 简称为 Jacobi 矩阵.

定理 2.20 (**Taylor 定理** (Taylor's theorem)) 设函数 $f : \mathbf{R}^n \to \mathbf{R}$ 在凸集 $S \subseteq \mathbf{R}^n$ 上二阶连续可微, 则对任意 $\boldsymbol{x}, \boldsymbol{y} \in S$, 必存在实数 $\tau \in (0,1)$ 满足

$$f(\boldsymbol{x}) = f(\boldsymbol{y}) + \langle \nabla f(\boldsymbol{y}), \boldsymbol{x} - \boldsymbol{y} \rangle + \frac{1}{2} \langle \nabla^2 f(\tau \boldsymbol{x} + (1-\tau)\boldsymbol{y})(\boldsymbol{x} - \boldsymbol{y}), \boldsymbol{x} - \boldsymbol{y} \rangle$$

定理 2.21 (**隐函数定理** (implicit function theorem)) 给定 n 个实值函数 $f_i : \mathbf{R}^{n+p} \to \mathbf{R}$ $(i = 1, \cdots, n)$ 及点 $\overline{\boldsymbol{x}} \in \mathbf{R}^n$, $\overline{\boldsymbol{u}} \in \mathbf{R}^p$. 设

$$f_i(\overline{\boldsymbol{x}}, \overline{\boldsymbol{u}}) = 0, \quad i = 1, \cdots, n$$

并且 f_i 在点 $(\overline{\boldsymbol{x}}, \overline{\boldsymbol{u}}) \in \mathbf{R}^{n+p}$ 的某邻域内连续可微. 若 $\boldsymbol{f} = (f_1, \cdots, f_n)^{\mathrm{T}}$ 关于 $\boldsymbol{x}$ 的 Jacobi 矩阵

$$\begin{aligned} \nabla_{\boldsymbol{x}} \boldsymbol{f}(\boldsymbol{x}, \boldsymbol{u}) &= [\nabla_{\boldsymbol{x}} f_1(\boldsymbol{x}, \boldsymbol{u}) \ \cdots \ \nabla_{\boldsymbol{x}} f_n(\boldsymbol{x}, \boldsymbol{u})] \\ &= \begin{bmatrix} \dfrac{\partial f_1(\boldsymbol{x}, \boldsymbol{u})}{\partial x_1} & \cdots & \dfrac{\partial f_n(\boldsymbol{x}, \boldsymbol{u})}{\partial x_1} \\ \vdots & & \vdots \\ \dfrac{\partial f_1(\boldsymbol{x}, \boldsymbol{u})}{\partial x_n} & \cdots & \dfrac{\partial f_n(\boldsymbol{x}, \boldsymbol{u})}{\partial x_n} \end{bmatrix} \in \mathbf{R}^{n \times n} \end{aligned}$$

在 $(\overline{\boldsymbol{x}}, \overline{\boldsymbol{u}})$ 处非奇异, 则在点 $\overline{\boldsymbol{u}}$ 的某邻域 $U \subseteq \mathbf{R}^p$ 内必存在连续可微的函数 $\phi_i : U \to \mathbf{R}$ $(i = 1, \cdots, n)$, 使得

$$\overline{x}_i = \phi_i(\overline{\boldsymbol{u}}), \quad f_i(\phi_1(\boldsymbol{u}), \cdots, \phi_n(\boldsymbol{u}), \boldsymbol{u}) = 0, \quad \boldsymbol{u} \in U, i = 1, \cdots, n$$

并且

$$\nabla \phi(\boldsymbol{u}) = -\nabla_{\boldsymbol{u}} f(\phi(\boldsymbol{u}), \boldsymbol{u}) \nabla_{\boldsymbol{x}} f(\phi(\boldsymbol{u}), \boldsymbol{u})^{-1}, \quad \boldsymbol{u} \in U$$

其中 $\phi(\boldsymbol{u}) = (\phi_1(\boldsymbol{u}), \cdots, \phi_n(\boldsymbol{u}))^{\mathrm{T}}$.

设 $\boldsymbol{A}$ 为 n 阶方阵, $\boldsymbol{B}$ 为 $n \times p$ 阶矩阵, 并且 $\boldsymbol{x} \in \mathbf{R}^n$, $\boldsymbol{u} \in \mathbf{R}^p$. 考虑线性方程组

$$\boldsymbol{A}\boldsymbol{x} + \boldsymbol{B}\boldsymbol{u} = \boldsymbol{0}$$

若 $\boldsymbol{A}$ 为非奇异矩阵, 则该方程组关于 $\boldsymbol{x}$ 可解, 并且 $\boldsymbol{x}$ 可以显式地表示为 $\boldsymbol{u}$ 的函数 $\boldsymbol{x} = -\boldsymbol{A}^{-1}\boldsymbol{B}\boldsymbol{u}$. 定理 2.21 即为将该结论推广到非线性方程组的情形.

考查以连续可微函数 $a_{ij} : \mathbf{R} \to \mathbf{R}$ $(i, j = 1, \cdots, n)$ 作为第 (i, j) 个元素的单变量矩阵值函数 $\boldsymbol{A} : \mathbf{R} \to \mathbf{R}^{n \times n}$. 函数 $\boldsymbol{A} : \mathbf{R} \to \mathbf{R}^{n \times n}$ 的微分定义为 $\boldsymbol{A}'(t) = [a'_{ij}(t)] \in \mathbf{R}^{n \times n}$. 若矩阵 $\boldsymbol{A}(t)$ 存在逆矩阵 $\boldsymbol{A}(t)^{-1}$, 则逆矩阵的微分可表示为

$$(\boldsymbol{A}(t)^{-1})' = -\boldsymbol{A}(t)^{-1} \boldsymbol{A}'(t) \boldsymbol{A}(t)^{-1} \tag{2.29}$$

事实上, 在恒等式 $\boldsymbol{A}(t)\boldsymbol{A}(t)^{-1} \equiv \boldsymbol{I}$ 两边同时取微分后可得

$$\boldsymbol{A}(t)(\boldsymbol{A}(t)^{-1})' + \boldsymbol{A}'(t)\boldsymbol{A}(t)^{-1} = \boldsymbol{O}$$

由此即得式 (2.29).

下面考虑迹与行列式的微分. 首先, 对任意矩阵 $\boldsymbol{B} \in \mathbf{R}^{n\times n}$ 总有

$$(\mathrm{tr}\,[\boldsymbol{A}(t)\boldsymbol{B}])' = \mathrm{tr}\,[\boldsymbol{A}'(t)\boldsymbol{B}] \tag{2.30}$$

至于行列式的微分, 当 $n=2$ 时, 易知有下式成立:

$$(\det\,\boldsymbol{A}(t))' = \det\begin{bmatrix} a'_{11}(t) & a_{12}(t) \\ a'_{21}(t) & a_{22}(t) \end{bmatrix} + \det\begin{bmatrix} a_{11}(t) & a'_{12}(t) \\ a_{21}(t) & a'_{22}(t) \end{bmatrix}$$

利用数学归纳法可推广到 $n \geqslant 3$ 的情形, 即

$$(\det\,\boldsymbol{A}(t))' = \sum_{i=1}^{n} \det\,[\boldsymbol{A}(t)|\boldsymbol{A}'(t)^{[i]}|\,i] \tag{2.31}$$

其中 $\boldsymbol{A}'(t)^{[i]}$ 表示 $\boldsymbol{A}'(t)$ 的第 i 列, 而 $[\boldsymbol{A}(t)|\boldsymbol{A}'(t)^{[i]}|\,i]$ 则是将矩阵 $\boldsymbol{A}(t)$ 的第 i 列用向量 $\boldsymbol{A}'(t)^{[i]}$ 替换后所得的矩阵 (见 2.1 节).

2.7 凸 函 数

给定函数 $f:\mathbf{R}^n \to [-\infty,+\infty]$, 称 $\mathbf{R}^{n+1}$ 的子集

$$\mathrm{graph}\ f = \left\{(\boldsymbol{x},\beta)^{\mathrm{T}} \in \mathbf{R}^{n+1} \,\middle|\, \beta = f(\boldsymbol{x})\right\},$$

为 f 的**图像** (graph), 而称位于 f 的图像上方的点的全体构成的集合

$$\mathrm{epi}\ f = \left\{(\boldsymbol{x},\beta)^{\mathrm{T}} \in \mathbf{R}^{n+1} \,\middle|\, \beta \geqslant f(\boldsymbol{x})\right\}$$

为 f 的**上图** (epigraph). 若上图 epi f 为凸集, 则称 f 为**凸函数** (convex function). 此外, 称集合

$$\mathrm{dom}\ f = \left\{\boldsymbol{x} \in \mathbf{R}^n \,\middle|\, f(\boldsymbol{x}) < +\infty\right\}$$

为 f 的**有效域** (effective domain) (图 2.12). 显然, 凸函数的有效域是凸集.

当凸函数 $f:\mathbf{R}^n \to [-\infty,+\infty]$ 满足① 对所有 $\boldsymbol{x}$ 均有 $f(\boldsymbol{x}) > -\infty$; ② 存在 $\boldsymbol{x}$ 使得 $f(\boldsymbol{x}) < +\infty$ 时, 即当 $f:\mathbf{R}^n \to (-\infty,+\infty]$ 且 dom $f \neq \varnothing$ 时, 称 f 为**正常凸函数** (proper convex function). 正常凸函数也可看成是上图非空, 并且不包含任何垂直直线的凸函数. 特别地, 在每个 $\boldsymbol{x} \in \mathbf{R}^n$ 处均取有限值的凸函数 $f:\mathbf{R}^n \to \mathbf{R}$ 是正常凸函数, 非正常的凸函数则只限 $f(\boldsymbol{x}) \equiv +\infty$, 或者存在某点 $\boldsymbol{x}$ 使得 $f(\boldsymbol{x}) = -\infty$ 这两种情况.

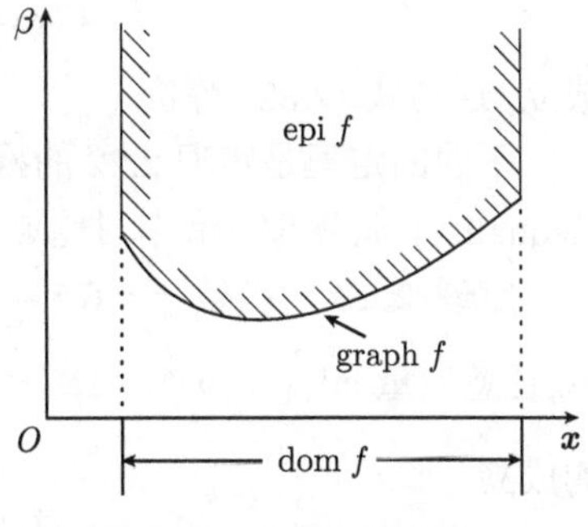

图 2.12 上图与有效域

给定函数 $f:\mathbf{R}^n\to[-\infty,+\infty]$, 若 $-f:\mathbf{R}^n\to[-\infty,+\infty]$ 为凸函数, 则称 f 为**凹函数** (concave function). 由于有关凸函数的定义及定理等只要将 $\leqslant$ 与 $\geqslant$, $+\infty$ 与 $-\infty$ 以及 sup 与 inf 等作适当调换即可推广到凹函数的情形, 因此, 以下主要针对凸函数进行讨论. 另外, 为方便起见, 特别定义 $0\cdot\infty=0$.

式 (2.32) 表明 f 的图像中任意两点的连线属于 f 的上图 (图 2.13), 它也常常被用来定义凸函数.

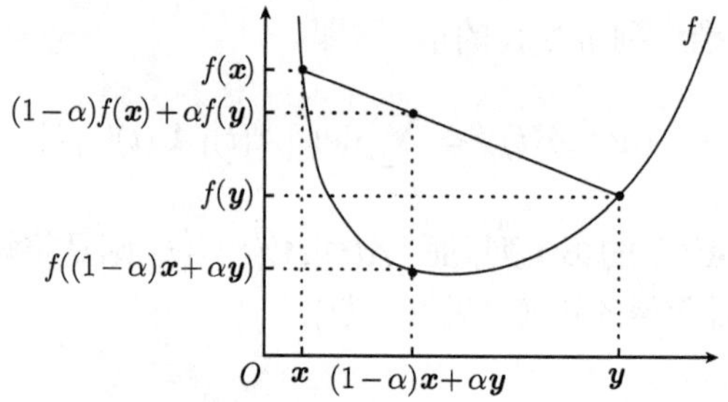

图 2.13 式 (2.32)

定理 2.22 函数 $f:\mathbf{R}^n\to(-\infty,+\infty]$ 为凸函数的充要条件是

$$f((1-\alpha)\boldsymbol{x}+\alpha\boldsymbol{y})\leqslant(1-\alpha)f(\boldsymbol{x})+\alpha f(\boldsymbol{y}) \tag{2.32}$$

对任意 $\boldsymbol{x},\boldsymbol{y}\in\mathbf{R}^n$ 及 $\alpha\in[0,1]$ 均成立.

证明 依照定义, f 为凸函数当且仅当对任意 $(\boldsymbol{x},\beta)^{\mathrm{T}}\in\operatorname{epi}f$, $(\boldsymbol{y},\gamma)^{\mathrm{T}}\in\operatorname{epi}f$ 以及 $\alpha\in[0,1]$, 总有

$$(1-\alpha)\begin{pmatrix}\boldsymbol{x}\\ \beta\end{pmatrix}+\alpha\begin{pmatrix}\boldsymbol{y}\\ \gamma\end{pmatrix}=\begin{pmatrix}(1-\alpha)\boldsymbol{x}+\alpha\boldsymbol{y}\\ (1-\alpha)\beta+\alpha\gamma\end{pmatrix}\in\operatorname{epi}f$$

即对所有满足 $f(\boldsymbol{x})\leqslant\beta$ 与 $f(\boldsymbol{y})\leqslant\gamma$ 的 $\boldsymbol{x},\boldsymbol{y}\in\mathbf{R}^n$, $\beta,\gamma\in\mathbf{R}$ 以及 $\alpha\in[0,1]$, 总有不等式

$$f((1-\alpha)\boldsymbol{x}+\alpha\boldsymbol{y})\leqslant(1-\alpha)\beta+\alpha\gamma$$

成立, 这与式 (2.32) 等价. ■

下面的定理是定理 2.22 的推广, 其中的式 (2.33) 称为 **Jensen 不等式** (Jensen's inequality), 证明略 (留作习题 2.9).

定理 2.23 函数 $f:\mathbf{R}^n\to(-\infty,+\infty]$ 为凸函数的充要条件是对任意自然数 m, 任意向量 $\boldsymbol{x}^1,\cdots,\boldsymbol{x}^m\in\mathbf{R}^n$ 以及任意满足 $\sum_{i=1}^m\alpha_i=1$ 的数 $\alpha_i\geqslant0\ (i=1,\cdots,m)$, 均成立

$$f\left(\sum_{i=1}^m\alpha_i\boldsymbol{x}^i\right)\leqslant\sum_{i=1}^m\alpha_i f(\boldsymbol{x}^i) \tag{2.33}$$

下面定义两种特殊的凸函数类. 设函数 $f:\mathbf{R}^n\to(-\infty,+\infty]$ 为正常凸函数. 若当 $\boldsymbol{x},\boldsymbol{y}\in\operatorname{dom} f$, $\alpha\in(0,1)$ 且 $\boldsymbol{x}\neq\boldsymbol{y}$ 时, 总有不等式

$$f((1-\alpha)\boldsymbol{x}+\alpha\boldsymbol{y})<(1-\alpha)f(\boldsymbol{x})+\alpha f(\boldsymbol{y}) \tag{2.34}$$

成立, 则称 f 为**严格凸函数** (strictly convex function). 进一步, 若存在常数 $\sigma>0$, 使得不等式

$$f((1-\alpha)\boldsymbol{x}+\alpha\boldsymbol{y})\leqslant(1-\alpha)f(\boldsymbol{x})+\alpha f(\boldsymbol{y})-\frac{1}{2}\sigma\alpha(1-\alpha)\|\boldsymbol{x}-\boldsymbol{y}\|^2 \tag{2.35}$$

对任意 $\boldsymbol{x},\boldsymbol{y}\in\operatorname{dom} f$ 及 $\alpha\in[0,1]$ 均成立, 则称 f 为 (系数为 σ) 的**强凸函数** (strongly convex function) 或者**一致凸函数** (uniformly convex function). 显然, 强凸函数必为严格凸函数, 而严格凸函数必为凸函数.

定理 2.24 正常凸函数 $f:\mathbf{R}^n\to(-\infty,+\infty]$ 为系数为 $\sigma>0$ 的强凸函数的充要条件是由

$$\tilde{f}(\boldsymbol{x})=f(\boldsymbol{x})-\frac{1}{2}\sigma\|\boldsymbol{x}\|^2 \tag{2.36}$$

定义的函数 $\tilde{f}:\mathbf{R}^n\to(-\infty,+\infty]$ 为正常凸函数.

证明 由于对任意 $\boldsymbol{x},\boldsymbol{y}\in\mathbf{R}^n$ 及 $\alpha\in[0,1]$, 均有

$$\begin{aligned}\tilde{f}((1-\alpha)\boldsymbol{x}+\alpha\boldsymbol{y})&=f((1-\alpha)\boldsymbol{x}+\alpha\boldsymbol{y})-\frac{1}{2}\sigma\|(1-\alpha)\boldsymbol{x}+\alpha\boldsymbol{y}\|^2\\&=(1-\alpha)\tilde{f}(\boldsymbol{x})+\alpha\tilde{f}(\boldsymbol{y})-\Big[(1-\alpha)f(\boldsymbol{x})+\alpha f(\boldsymbol{y})\\&\quad-\frac{1}{2}\sigma\alpha(1-\alpha)\|\boldsymbol{x}-\boldsymbol{y}\|^2-f((1-\alpha)\boldsymbol{x}+\alpha\boldsymbol{y})\Big]\end{aligned}$$

成立, 由定理 2.22 及强凸函数的定义 (2.35) 即得结论. ∎

判断给定的函数是否为凸函数一般并非易事. 下面来讨论函数满足什么样的条件才是凸函数.

若函数 $h:\mathbf{R}^m\to(-\infty,+\infty]$ 对任意满足 $z_i\leqslant z_i'$ $(i=1,\cdots,m)$ 的 $\boldsymbol{z},\boldsymbol{z}'\in\mathbf{R}^m$ 均成立 $h(\boldsymbol{z})\leqslant h(\boldsymbol{z}')$, 则称之为**单调非减** (nondecreasing) 函数.

定理 2.25 设 $g_i:\mathbf{R}^n\to\mathbf{R}$ $(i=1,\cdots,m)$ 为凸函数, 而 $h:\mathbf{R}^m\to(-\infty,+\infty]$ 为单调非减的凸函数, 则由

$$f(\boldsymbol{x})=h(g_1(\boldsymbol{x}),\cdots,g_m(\boldsymbol{x}))$$

定义的函数 $f:\mathbf{R}^n\to(-\infty,+\infty]$ 为凸函数.

证明 定义向量值函数 $\boldsymbol{g}:\mathbf{R}^n\to\mathbf{R}^m$ 为 $\boldsymbol{g}(\boldsymbol{x})=(g_1(\boldsymbol{x}),\cdots,g_m(\boldsymbol{x}))^{\mathrm{T}}$, 则有

$f(\boldsymbol{x})=h(\boldsymbol{g}(\boldsymbol{x}))$. 由假设条件及式 (2.32) 知, 对任意 $\boldsymbol{x},\boldsymbol{y}\in\mathbf{R}^n$ 与 $\alpha\in[0,1]$, 均有

$$\begin{aligned}f((1-\alpha)\boldsymbol{x}+\alpha\boldsymbol{y})&=h(\boldsymbol{g}((1-\alpha)\boldsymbol{x}+\alpha\boldsymbol{y}))\\&\leqslant h((1-\alpha)\boldsymbol{g}(\boldsymbol{x})+\alpha\boldsymbol{g}(\boldsymbol{y}))\\&\leqslant(1-\alpha)h(\boldsymbol{g}(\boldsymbol{x}))+\alpha h(\boldsymbol{g}(\boldsymbol{y}))\\&=(1-\alpha)f(\boldsymbol{x})+\alpha f(\boldsymbol{y})\end{aligned}$$

故 f 为凸函数. ■

由于下面两个定理的证明比较简单, 故此处省略.

定理 2.26　若 $f_i:\mathbf{R}^n\to(-\infty,+\infty]$ $(i=1,\cdots,m)$ 均为凸函数, 则对任意 $\alpha_i\geqslant 0$ $(i=1,\cdots,m)$, 由

$$f(\boldsymbol{x})=\alpha_1 f_1(\boldsymbol{x})+\cdots+\alpha_m f_m(\boldsymbol{x})$$

定义的函数 $f:\mathbf{R}^n\to(-\infty,+\infty]$ 也为凸函数.

定理 2.27　设 $\mathcal{I}$ 为任意非空指标集, 而 $f_i:\mathbf{R}^n\to[-\infty,+\infty]$ $(i\in\mathcal{I})$ 均为凸函数, 则由

$$f(\boldsymbol{x})=\sup\left\{f_i(\boldsymbol{x})\,\middle|\,i\in\mathcal{I}\right\}$$

定义的函数 $f:\mathbf{R}^n\to[-\infty,+\infty]$ 为凸函数. 进一步, 若 $\mathcal{I}$ 为有限指标集, 每个 f_i 均为正常凸函数, 并且 $\bigcap_{i\in\mathcal{I}}\operatorname{dom}f_i\neq\varnothing$, 则 f 为正常凸函数.

定理 2.27 的前一结论对无穷指标集 $\mathcal{I}$ 也成立, 但后一结论则未必. 例如, 考虑定义在 $\mathbf{R}$ 上的函数 $f_i(x)=x+i$ $(i=1,2,\cdots)$, 若定义 $f(x)=\sup\{f_i(x)\,|\,i=1,2,\cdots\}$, 则有 $f(x)\equiv+\infty$, 因此, f 不是正常凸函数.

例 2.10　下面的函数均为正常凸函数, 其中 f_1, f_2, f_3 均为严格凸函数, 而当 $p=2$ 时的 f_1 以及当 $\boldsymbol{A}\succ\boldsymbol{O}$ 时的 f_6 均为强凸函数:

(1) $f_1(x)=(1/p)|x|^p$ $(x\in\mathbf{R})$, 其中 $p\in(1,+\infty)$;

(2) $f_2(x)=\mathrm{e}^{\alpha x}$ $(x\in\mathbf{R})$, 其中 $\alpha\in\mathbf{R}$ 且 $\alpha\neq 0$;

(3) $f_3(x)=\begin{cases}-\ln x, & x>0,\\ +\infty, & x\leqslant 0;\end{cases}$

(4) $f_4(\boldsymbol{x})=\langle\boldsymbol{a},\boldsymbol{x}\rangle+\alpha$ $(\boldsymbol{x}\in\mathbf{R}^n)$, 其中 $\boldsymbol{a}\in\mathbf{R}^n,\alpha\in\mathbf{R}$;

(5) $f_5(\boldsymbol{x})=\|\boldsymbol{x}\|$ $(\boldsymbol{x}\in\mathbf{R}^n)$;

(6) $f_6(\boldsymbol{x})=\dfrac{1}{2}\langle\boldsymbol{x},\boldsymbol{A}\boldsymbol{x}\rangle+\langle\boldsymbol{b},\boldsymbol{x}\rangle$ $(\boldsymbol{x}\in\mathbf{R}^n)$, 其中 $\boldsymbol{O}\preceq\boldsymbol{A}\in\mathcal{S}^n$, $\boldsymbol{b}\in\mathbf{R}^n$.

下面讨论凸函数的梯度. 首先考虑一元凸函数.

定理 2.28　给定正常凸函数 $f:\mathbf{R}^n\to(-\infty,+\infty]$, 点 $\boldsymbol{x}\in\operatorname{dom}f$ 以及向量 $\boldsymbol{d}\in\mathbf{R}^n$, 则由

$$h(t)=[f(\boldsymbol{x}+t\boldsymbol{d})-f(\boldsymbol{x})]/t$$

定义的函数 $h:(0,+\infty)\to(-\infty,+\infty]$ 为单调非减函数. 进一步, 若函数 f 在 $\boldsymbol{x}$ 处可微, 则有 $\lim\limits_{t\searrow 0}h(t)=\langle\nabla f(\boldsymbol{x}),\boldsymbol{d}\rangle$①.

证明 显然, 对任意 $t>s>0$, 总有

$$\begin{aligned}h(t)-h(s)&=\frac{1}{t}\Big[f(\boldsymbol{x}+t\boldsymbol{d})-f(\boldsymbol{x})\Big]-\frac{1}{s}\Big[f(\boldsymbol{x}+s\boldsymbol{d})-f(\boldsymbol{x})\Big]\\&=\frac{1}{s}\Big[\frac{s}{t}f(\boldsymbol{x}+t\boldsymbol{d})+\Big(1-\frac{s}{t}\Big)f(\boldsymbol{x})-f(\boldsymbol{x}+s\boldsymbol{d})\Big]\geqslant 0\end{aligned}$$

其中最后的不等式由 $0<s/t<1$, $\boldsymbol{x}+s\boldsymbol{d}=(s/t)(\boldsymbol{x}+t\boldsymbol{d})+(1-s/t)\boldsymbol{x}$ 及定理 2.22 可得, 故 h 为单调非减函数. 定理的后一结论由导数的定义与式 (2.27) 即得. ■

如下面的定理所示, 可微凸函数可以用梯度来刻画其特征.

定理 2.29 设函数 $f:\mathbf{R}^n\to(-\infty,+\infty]$ 的有效域 $\mathrm{dom}\,f$ 为开凸集. 若 f 在 $\mathrm{dom}\,f$ 内可微, 则 f 为 (严格) 凸函数的充要条件是对任意两个不同的点 $\boldsymbol{x},\boldsymbol{y}\in\mathrm{dom}\,f$, 均有下式成立:

$$f(\boldsymbol{y})-f(\boldsymbol{x})\geqslant(>)\,\langle\nabla f(\boldsymbol{x}),\boldsymbol{y}-\boldsymbol{x}\rangle \tag{2.37}$$

证明 首先证明必要性. 设 f 为凸函数, 则由定理 2.22 知, 对任意 $\alpha\in(0,1)$, 均有

$$f(\boldsymbol{y})-f(\boldsymbol{x})\geqslant[f(\boldsymbol{x}+\alpha(\boldsymbol{y}-\boldsymbol{x}))-f(\boldsymbol{x})]/\alpha \tag{2.38}$$

由于式 (2.38) 右侧收敛于 $\langle\nabla f(\boldsymbol{x}),\boldsymbol{y}-\boldsymbol{x}\rangle$, 因此, 令 $\alpha\to 0$ 即得式 (2.37). 当 f 为严格凸函数时, 显然, 式 (2.38) 中的严格不等号成立. 再由定理 2.28 知, 对任意 $\alpha>0$, 式 (2.38) 的右侧均大于或者等于 $\langle\nabla f(\boldsymbol{x}),\boldsymbol{y}-\boldsymbol{x}\rangle$, 于是可得式 (2.37).

下面假设 (2.37) 成立. 任取 $\boldsymbol{x}^1,\boldsymbol{x}^2\in\mathrm{dom}\,f$ 及 $\alpha\in(0,1)$. 令 $\boldsymbol{x}=(1-\alpha)\boldsymbol{x}^1+\alpha\boldsymbol{x}^2$ 及 $\boldsymbol{y}=\boldsymbol{x}^1$ 可得

$$f(\boldsymbol{x}^1)-f(\boldsymbol{x})\geqslant(>)\,\langle\nabla f(\boldsymbol{x}),\boldsymbol{x}^1-\boldsymbol{x}\rangle$$

再令 $\boldsymbol{x}=(1-\alpha)\boldsymbol{x}^1+\alpha\boldsymbol{x}^2$ 及 $\boldsymbol{y}=\boldsymbol{x}^2$ 可得

$$f(\boldsymbol{x}^2)-f(\boldsymbol{x})\geqslant(>)\,\langle\nabla f(\boldsymbol{x}),\boldsymbol{x}^2-\boldsymbol{x}\rangle$$

第一式乘以 $1-\alpha$, 第二式乘以 α, 然后相加即得

$$(1-\alpha)f(\boldsymbol{x}^1)+\alpha f(\boldsymbol{x}^2)-f(\boldsymbol{x})\geqslant(>)\,\langle\nabla f(\boldsymbol{x}),(1-\alpha)\boldsymbol{x}^1+\alpha\boldsymbol{x}^2-\boldsymbol{x}\rangle=0$$

即

$$(1-\alpha)f(\boldsymbol{x}^1)+\alpha f(\boldsymbol{x}^2)\geqslant(>)\,f((1-\alpha)\boldsymbol{x}^1+\alpha\boldsymbol{x}^2)$$

① $t\searrow 0$ 表示 $t>0$, 并且 $t\to 0$.

从而由定理 2.22 知, f 为 (严格) 凸函数. ■

式 (2.37) 表明超平面 $H=\{(\boldsymbol{y},\alpha)^{\mathrm{T}}\in\mathbf{R}^{n+1}\,|\,\alpha=f(\boldsymbol{x})+\langle\nabla f(\boldsymbol{x}),\boldsymbol{y}-\boldsymbol{x}\rangle\}$ 即为上图 epi f 在点 $(\boldsymbol{x},f(\boldsymbol{x}))^{\mathrm{T}}\in\mathbf{R}^{n+1}$ 处的支撑超平面 (图 2.14).

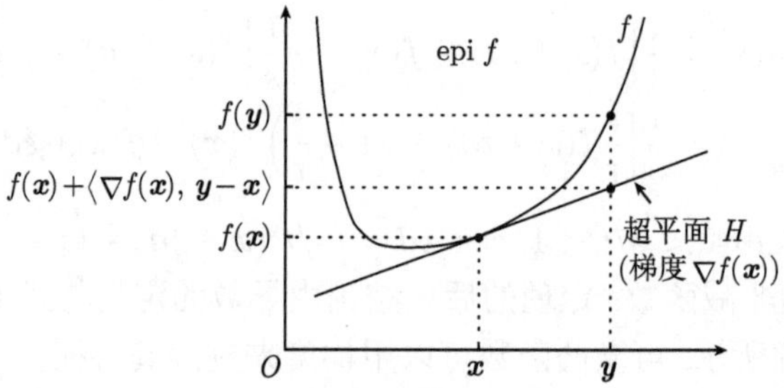

图 2.14　凸函数的梯度 (式 (2.37))

如下面的定理所示, 函数的凸性也可以用 Hesse 矩阵来刻画.

定理 2.30　设函数 $f:\mathbf{R}^n\to(-\infty,+\infty]$ 的有效域 dom f 为开凸集. 若 f 在 dom f 内二阶连续可微, 则 f 为凸函数的充要条件是对任意 $\boldsymbol{x}\in$ dom f, Hesse 矩阵 $\nabla^2 f(\boldsymbol{x})$ 均为半正定.

证明　首先证明充分性. 任取 $\boldsymbol{x},\boldsymbol{y}\in$ dom f, 则由 Taylor 定理 (定理 2.20), 存在 $\tau\in(0,1)$, 使得

$$f(\boldsymbol{y})-f(\boldsymbol{x})=\langle\nabla f(\boldsymbol{x}),\boldsymbol{y}-\boldsymbol{x}\rangle+\frac{1}{2}\langle\nabla^2 f(\boldsymbol{x}+\tau(\boldsymbol{y}-\boldsymbol{x}))(\boldsymbol{y}-\boldsymbol{x}),\boldsymbol{y}-\boldsymbol{x}\rangle \tag{2.39}$$

注意到 $\boldsymbol{x}+\tau(\boldsymbol{y}-\boldsymbol{x})\in$ dom f, 故由假设条件有

$$\langle\nabla^2 f(\boldsymbol{x}+\tau(\boldsymbol{y}-\boldsymbol{x}))(\boldsymbol{y}-\boldsymbol{x}),\boldsymbol{y}-\boldsymbol{x}\rangle\geqslant 0$$

从而由式 (2.39) 得

$$f(\boldsymbol{y})-f(\boldsymbol{x})\geqslant\langle\nabla f(\boldsymbol{x}),\boldsymbol{y}-\boldsymbol{x}\rangle \tag{2.40}$$

再由定理 2.29 即知, f 为凸函数.

下面利用反证法证明必要性. 假设存在 $\boldsymbol{x}\in$ dom f, 使得 $\nabla^2 f(\boldsymbol{x})$ 不是半正定矩阵, 也即存在非零向量 $\boldsymbol{d}$ 满足 $\langle\nabla^2 f(\boldsymbol{x})\boldsymbol{d},\boldsymbol{d}\rangle<0$. 因 dom f 为开凸集且 $\nabla^2 f$ 连续, 故可选取充分小的正数 β, 使得下式对任意 $\tau\in(0,1)$ 均成立:

$$\langle\nabla^2 f(\boldsymbol{x}+\tau(\boldsymbol{y}-\boldsymbol{x}))(\boldsymbol{y}-\boldsymbol{x}),\boldsymbol{y}-\boldsymbol{x}\rangle<0$$

其中 $\boldsymbol{y}=\boldsymbol{x}+\beta\boldsymbol{d}$. 将上式代入式 (2.39) 可知, 式 (2.40) 不成立, 进而由定理 2.29 知, f 不是凸函数, 矛盾. ■

下面给出可以用 Hesse 矩阵的半正定性来判定凸性的函数的例子.

例 2.11 利用 m 阶对称矩阵 $\boldsymbol{A}_0, \boldsymbol{A}_1, \cdots, \boldsymbol{A}_n$ 定义矩阵值函数 $\boldsymbol{A}: \mathbf{R}^n \to \mathcal{S}^m$ 为

$$\boldsymbol{A}(\boldsymbol{x}) = \boldsymbol{A}_0 + x_1\boldsymbol{A}_1 + \cdots + x_n\boldsymbol{A}_n$$

并进一步定义广义实值函数 $f: \mathbf{R}^n \to (-\infty, +\infty]$ 如下:

$$f(\boldsymbol{x}) = \begin{cases} -\ln\det \boldsymbol{A}(\boldsymbol{x}), & \boldsymbol{A}(\boldsymbol{x}) \succ \boldsymbol{O} \\ +\infty, & \boldsymbol{A}(\boldsymbol{x}) \not\succ \boldsymbol{O} \end{cases}$$

显然, 当 $\boldsymbol{A}(\boldsymbol{x}) \succ \boldsymbol{O}$ 时, 函数值 $f(\boldsymbol{x})$ 为有限数, 并且当点 $\boldsymbol{x}$ 向 $\mathrm{dom}\, f = \{\boldsymbol{x} \in \mathbf{R}^n \mid \boldsymbol{A}(\boldsymbol{x}) \succ \boldsymbol{O}\}$ 的边界靠近时, $f(\boldsymbol{x}) \to +\infty$.

当 $\boldsymbol{x} \in \mathrm{dom}\, f$ 时, $\nabla f(\boldsymbol{x})$ 的第 j 个分量可计算如下:

$$\begin{aligned}\frac{\partial f(\boldsymbol{x})}{\partial x_j} &= -\frac{1}{\det \boldsymbol{A}(\boldsymbol{x})}\frac{\partial \det \boldsymbol{A}(\boldsymbol{x})}{\partial x_j} \\ &= -\frac{1}{\det \boldsymbol{A}(\boldsymbol{x})}\sum_{i=1}^{n} \det\left[\boldsymbol{A}(\boldsymbol{x})|\boldsymbol{A}_j^{[i]}|\, i\right] \\ &= -\mathrm{tr}\left[\boldsymbol{A}(\boldsymbol{x})^{-1}\boldsymbol{A}_j\right]\end{aligned}$$

其中第一个等式依据复合函数的导数公式, 第二个等式依据式 (2.31) 以及 $\partial\boldsymbol{A}(\boldsymbol{x})/\partial x_j = \boldsymbol{A}_j$, 而最后的等式则依据引理 2.1. 于是矩阵 $\nabla^2 f(\boldsymbol{x})$ 的第 (i,j) 个元素可计算如下:

$$\begin{aligned}\frac{\partial^2 f(\boldsymbol{x})}{\partial x_i \partial x_j} &= -\frac{\partial\, \mathrm{tr}\,[\boldsymbol{A}(\boldsymbol{x})^{-1}\boldsymbol{A}_j]}{\partial x_i} \\ &= \mathrm{tr}\,[\boldsymbol{A}(\boldsymbol{x})^{-1}\boldsymbol{A}_i\boldsymbol{A}(\boldsymbol{x})^{-1}\boldsymbol{A}_j] \\ &= \mathrm{tr}\,[(\boldsymbol{A}(\boldsymbol{x})^{-\frac{1}{2}}\boldsymbol{A}_i\boldsymbol{A}(\boldsymbol{x})^{-\frac{1}{2}})(\boldsymbol{A}(\boldsymbol{x})^{-\frac{1}{2}}\boldsymbol{A}_j\boldsymbol{A}(\boldsymbol{x})^{-\frac{1}{2}})]\end{aligned}$$

其中第二个等式依据式 (2.29), (2.30) 及 $\partial\boldsymbol{A}(\boldsymbol{x})/\partial x_i = \boldsymbol{A}_i$, 而最后的等式则是因为对任意 $\boldsymbol{B}, \boldsymbol{C}$, 总有 $\mathrm{tr}\,\boldsymbol{BC} = \mathrm{tr}\,\boldsymbol{CB}$ 成立. 令 $\boldsymbol{D}_i(\boldsymbol{x}) = \boldsymbol{A}(\boldsymbol{x})^{-\frac{1}{2}}\boldsymbol{A}_i\boldsymbol{A}(\boldsymbol{x})^{-\frac{1}{2}}$, 则对任意 $\boldsymbol{y} \in \mathbf{R}^n$, 均有

$$\begin{aligned}\langle \boldsymbol{y}, \nabla^2 f(\boldsymbol{x})\boldsymbol{y}\rangle &= \sum_{i=1}^{n}\sum_{j=1}^{n} \mathrm{tr}\left[y_i y_j \boldsymbol{D}_i(\boldsymbol{x})\boldsymbol{D}_j(\boldsymbol{x})\right] \\ &= \mathrm{tr}\left[\sum_{i=1}^{n}\sum_{j=1}^{n} y_i y_j \boldsymbol{D}_i(\boldsymbol{x})\boldsymbol{D}_j(\boldsymbol{x})\right] \\ &= \mathrm{tr}\left[\left(\sum_{i=1}^{n} y_i \boldsymbol{D}_i(\boldsymbol{x})\right)^2\right]\end{aligned}$$

由于 $\left(\sum_{i-1}^{n} y_i \boldsymbol{D}_i(\boldsymbol{x})\right)^2$ 为半正定矩阵, 该矩阵的迹非负, 因此, Hesse 矩阵 $\nabla^2 f(\boldsymbol{x})$ 半正定, 从而由定理 2.30 知, f 为凸函数.

定理 2.31 设函数 $f:\mathbf{R}^n \to (-\infty,+\infty]$ 的有效域 $\mathrm{dom}\, f$ 为开凸集. 若 f 在 $\mathrm{dom}\, f$ 内二阶连续可微, 则 f 为严格凸函数的充分条件是对任意 $\boldsymbol{x}\in \mathrm{dom}\, f$, Hesse 矩阵 $\nabla^2 f(\boldsymbol{x})$ 均为正定.

证明 根据定理 2.29 并对定理 2.30 的证明中的前半部分稍加修正, 即不难证明该结论. ■

严格凸函数的 Hesse 矩阵未必为正定矩阵. 例如, 由

$$f(\boldsymbol{x}) = x_1^2 + x_2^4$$

定义的函数 $f:\mathbf{R}^2 \to \mathbf{R}$ 为严格凸函数, 但 f 在满足 $x_2=0$ 的点 $\boldsymbol{x}$ 处的 Hesse 矩阵都不是正定矩阵.

定理 2.32 设函数 $f:\mathbf{R}^n \to (-\infty,+\infty]$ 的有效域 $\mathrm{dom}\, f$ 为开凸集. 若 f 在 $\mathrm{dom}\, f$ 内二阶连续可微, 则 f 为以 $\sigma>0$ 为系数的强凸函数的充要条件是对任意 $\boldsymbol{x}\in \mathrm{dom}\, f$, 矩阵 $\nabla^2 f(\boldsymbol{x}) - \sigma \boldsymbol{I}$ 均为半正定.

证明 考虑由式 (2.36) 定义的函数 $\tilde{f}:\mathbf{R}^n \to (-\infty,+\infty]$. 利用定理 2.24 及定理 2.30 不难证明该结论. ■

定理 2.32 中的条件相当于对任意 $\boldsymbol{x}\in \mathrm{dom}\, f$, 总有

$$\langle \boldsymbol{y}, \nabla^2 f(\boldsymbol{x})\boldsymbol{y}\rangle \geqslant \sigma\|\boldsymbol{y}\|^2, \quad \boldsymbol{y}\in \mathbf{R}^n$$

即 Hesse 矩阵 $\nabla^2 f(\boldsymbol{x})$ 的最小特征值不小于 $\sigma>0$.

最后介绍关于凸函数的连续性的重要结果.

定理 2.33 设 $f:\mathbf{R}^n \to (-\infty,+\infty]$ 为满足 $\mathrm{int\,dom}\, f\neq\varnothing$ 的正常凸函数, 则 f 在 $\mathrm{int\,dom}\, f$ 内连续.

证明 任取 $\boldsymbol{x}\in \mathrm{int\,dom}\, f$, 则存在 n 维单纯形 $S\subseteq \mathrm{int\,dom}\, f$, 使得 $\boldsymbol{x}\in \mathrm{int}\, S$. 记 S 的顶点为 $\boldsymbol{x}^0,\boldsymbol{x}^1,\cdots,\boldsymbol{x}^n$, 并令 $\mu=\max\{f(\boldsymbol{x}^0), f(\boldsymbol{x}^1),\cdots, f(\boldsymbol{x}^n)\}$. 由于每个 $\boldsymbol{y}\in S$ 均可表示为 $\boldsymbol{y}=\sum_{i=0}^{n}\alpha_i\boldsymbol{x}^i$, 其中 $\sum_{i=0}^{n}\alpha_i=1$ 且 $\alpha_i\geqslant 0\ (i=0,1,\cdots,n)$, 从而由定理 2.23 可得

$$f(\boldsymbol{y}) \leqslant \alpha_0 f(\boldsymbol{x}^0)+\alpha_1 f(\boldsymbol{x}^1)+\cdots+\alpha_n f(\boldsymbol{x}^n)\leqslant \mu, \quad \boldsymbol{y}\in S \tag{2.41}$$

注意到 $\boldsymbol{x}\in \mathrm{int}\, S$, 故可选取充分小的 $r>0$, 使得 $B(\boldsymbol{x},r)\subseteq S$. 对任意 $\varepsilon\in(0,1)$, 选取 $\boldsymbol{z}$, 使其满足 $\|\boldsymbol{z}-\boldsymbol{x}\|<\varepsilon r$, 并置 $\boldsymbol{w}=\boldsymbol{x}+(\boldsymbol{z}-\boldsymbol{x})/\varepsilon$, 于是有 $\boldsymbol{z}=(1-\varepsilon)\boldsymbol{x}+\varepsilon\boldsymbol{w}$.

因 $\|\boldsymbol{w}-\boldsymbol{x}\|<r$, 故 $\boldsymbol{w}\in S$, 从而由式 (2.41) 可得

$$f(\boldsymbol{z}) \leqslant (1-\varepsilon)f(\boldsymbol{x})+\varepsilon f(\boldsymbol{w}) \leqslant (1-\varepsilon)f(\boldsymbol{x})+\varepsilon\mu$$

该不等式进一步可改写为

$$f(\boldsymbol{z})-f(\boldsymbol{x})\leqslant \varepsilon(\mu-f(\boldsymbol{x}))$$

另一方面, 注意到 $\boldsymbol{x}=[\varepsilon/(1+\varepsilon)](2\boldsymbol{x}-\boldsymbol{w})+[1/(1+\varepsilon)]\boldsymbol{z}$. 因为 $\|(2\boldsymbol{x}-\boldsymbol{w})-\boldsymbol{x}\|=\|\boldsymbol{x}-\boldsymbol{w}\|<r$, 故有 $2\boldsymbol{x}-\boldsymbol{w}\in S$, 于是由式 (2.41) 得

$$f(\boldsymbol{x}) \leqslant \frac{\varepsilon}{1+\varepsilon}f(2\boldsymbol{x}-\boldsymbol{w})+\frac{1}{1+\varepsilon}f(\boldsymbol{z}) \leqslant \frac{\varepsilon}{1+\varepsilon}\mu+\frac{1}{1+\varepsilon}f(\boldsymbol{z})$$

并进一步可得

$$f(\boldsymbol{x})-f(\boldsymbol{z})\leqslant \varepsilon(\mu-f(\boldsymbol{x}))$$

综上可知, 当 $\|\boldsymbol{z}-\boldsymbol{x}\|<\varepsilon r$ 时, 必有

$$|f(\boldsymbol{x})-f(\boldsymbol{z})|\leqslant \varepsilon(\mu-f(\boldsymbol{x}))$$

成立. 由 $\varepsilon\in(0,1)$ 的任意性知, f 在 $\boldsymbol{x}$ 处连续. 再由 $\boldsymbol{x}\in \mathrm{int\,dom}\, f$ 的任意性知, f 在 $\mathrm{int\,dom}\, f$ 内连续. ■

推论 2.2 恒取有限值的凸函数 $f:\mathbf{R}^n\to\mathbf{R}$ 处处连续.

由定理 2.33, 凸函数 f 的间断点 (如果存在) 必然属于 $\mathrm{bd\,dom}\, f$. 虽然定理 2.33 中假设 $\mathrm{int\,dom}\, f\neq\varnothing$, 但当 $\mathrm{int\,dom}\, f=\varnothing$ 时, 利用与定理 2.33 类似的方法可以证明 f 在 $\mathrm{dom}\, f$ 的仿射包 $\mathrm{aff\,dom}\, f$ 上的限制函数在 $\mathrm{dom}\, f$ 的相对内部 $\mathrm{ri\,dom}\, f$ 内处处连续.

2.8 共 轭 函 数

下半连续的正常凸函数 $f:\mathbf{R}^n\to(-\infty,+\infty]$ 称为**闭正常凸函数** (closed proper convex function). 如 2.7 节最后所述, 下半连续性只是在 $\mathrm{ri\,dom}\, f$ 的边界上才有可能出现问题. 对闭正常凸函数有下述两个定理成立, 由于其证明比较简单, 故此处省略.

定理 2.34 设 $f_i:\mathbf{R}^n\to(-\infty,+\infty]$ $(i=1,\cdots,m)$ 均为闭正常凸函数. 若 $\bigcap_{i=1}^{m}\mathrm{dom}\, f_i\neq\varnothing$, 则对任意 $\alpha_i\geqslant 0$ $(i=1,\cdots,m)$, 由

$$f(\boldsymbol{x})=\alpha_1 f_1(\boldsymbol{x})+\cdots+\alpha_m f_m(\boldsymbol{x})$$

定义的函数 $f:\mathbf{R}^n\to(-\infty,+\infty]$ 也是闭正常凸函数.

定理 2.35　设 $\mathcal{I}$ 为任意非空指标集, $f_i : \mathbf{R}^n \to (-\infty, +\infty]$ $(i \in \mathcal{I})$ 均为闭正常凸函数. 定义函数 $f : \mathbf{R}^n \to (-\infty, +\infty]$ 为

$$f(\boldsymbol{x}) = \sup\left\{ f_i(\boldsymbol{x}) \,\middle|\, i \in \mathcal{I} \right\}$$

若存在 $\boldsymbol{x}$ 满足 $f(\boldsymbol{x}) < +\infty$, 则 f 为闭正常凸函数.

定理 2.35 中最后的条件不可或缺. 例如, 对给定的正常凸函数列 $\{f_1, f_2, \cdots\}$, 若在每个点 $\boldsymbol{x}$ 处均有 $\lim\limits_{i\to\infty} f_i(\boldsymbol{x}) = +\infty$, 则由 $f = \sup f_i$ 定义的函数 f 显然不是正常凸函数.

给定正常凸函数 $f : \mathbf{R}^n \to (-\infty, +\infty]$, 由

$$f^*(\boldsymbol{\xi}) = \sup\left\{ \langle \boldsymbol{x}, \boldsymbol{\xi} \rangle - f(\boldsymbol{x}) \,\middle|\, \boldsymbol{x} \in \mathbf{R}^n \right\} \tag{2.42}$$

定义的函数 $f^* : \mathbf{R}^n \to [-\infty, +\infty]$ 称为 f 的**共轭函数** (conjugate function).

考虑图 2.15 所示的一元凸函数 $f : \mathbf{R} \to (-\infty, +\infty]$. 通过考查斜率为 ξ 且过原点的一元函数 ξx 可知, $f(x) - \xi x$ 在点 $\bar{x}$ 处达到最小, 并且最小值等于 f 在 $\bar{x}$ 处的切线在纵轴上的截距. 由式 (2.42) 知 $-f^*(\xi) = \inf\limits_{x}\{f(x) - \xi x\}$, 因此, 上面提到的截距正是 $-f^*(\xi)$, 所以从几何意义上讲, 共轭函数 f^* 就是由斜率为 ξ 的 f 的切线在纵轴上的截距的负值所定义的函数.

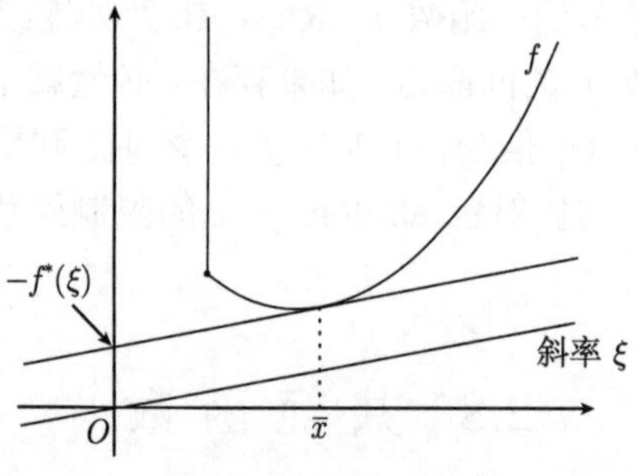

图 2.15　共轭函数

下面讨论共轭函数的性质. 给定某个向量 $\boldsymbol{\xi} \in \mathbf{R}^n$ 及常数 $\beta \in \mathbf{R}$, 函数

$$h(\boldsymbol{x}) = \langle \boldsymbol{x}, \boldsymbol{\xi} \rangle + \beta$$

称为**仿射函数** (affine function). 显然, 每个仿射函数均为闭正常凸函数.

定理 2.36　正常凸函数 $f : \mathbf{R}^n \to (-\infty, +\infty]$ 的共轭函数 f^* 必为闭正常凸函数.

证明　首先注意: f^* 的定义 (2.42) 中的上确界 sup 只需 $\boldsymbol{x}$ 取遍有效域 dom f 即可. 对任意固定的点 $\boldsymbol{x} \in$ dom f, $\langle \boldsymbol{x}, \boldsymbol{\xi} \rangle - f(\boldsymbol{x})$ 是关于 $\boldsymbol{\xi}$ 的仿射函数, 因此, 也是

闭正常凸函数. 于是由式 (2.42) 及定理 2.35, 欲证明 f^* 是闭正常凸函数, 只需证明存在点 $\boldsymbol{\xi}$, 使得 $f^*(\boldsymbol{\xi}) < +\infty$.

任取 $\boldsymbol{x}^0 \in \text{ri dom } f$, 则对每个满足 $\alpha_0 < f(\boldsymbol{x}^0)$ 的实数 α_0, 点 $(\boldsymbol{x}^0, \alpha_0)^{\mathrm{T}} \in \mathbf{R}^{n+1}$ 显然并不属于 cl epi f. 由于 epi f 是凸集, 则由定理 2.8, 存在超平面 $H = \{(\boldsymbol{x}, \alpha)^{\mathrm{T}} \in \mathbf{R}^{n+1} \mid \langle \boldsymbol{x}, \boldsymbol{\eta} \rangle + \alpha\beta = \gamma\}$ (其中 $(\mathbf{0}, 0)^{\mathrm{T}} \neq (\boldsymbol{\eta}, \beta)^{\mathrm{T}} \in \mathbf{R}^{n+1}$, $\gamma \in \mathbf{R}$), 使得

$$\langle \boldsymbol{x}, \boldsymbol{\eta} \rangle + \alpha\beta \geqslant \gamma > \langle \boldsymbol{x}^0, \boldsymbol{\eta} \rangle + \alpha_0\beta, \quad (\boldsymbol{x}, \alpha)^{\mathrm{T}} \in \text{epi } f \tag{2.43}$$

于是由 $(\boldsymbol{x}^0, f(\boldsymbol{x}^0))^{\mathrm{T}} \in \text{epi } f$ 可得

$$\langle \boldsymbol{x}^0, \boldsymbol{\eta} \rangle + f(\boldsymbol{x}^0)\beta \geqslant \gamma > \langle \boldsymbol{x}^0, \boldsymbol{\eta} \rangle + \alpha_0\beta$$

即 $f(\boldsymbol{x}^0)\beta > \alpha_0\beta$. 由于 $f(\boldsymbol{x}^0) > \alpha_0$, 所以有 $\beta > 0$. 令 $\boldsymbol{\xi} = -\boldsymbol{\eta}/\beta$, $\delta = -\gamma/\beta$, 则由式 (2.43), 对任意 $(\boldsymbol{x}, \alpha)^{\mathrm{T}} \in \text{epi } f$, 总成立 $\langle \boldsymbol{x}, \boldsymbol{\xi} \rangle - \alpha \leqslant \delta$, 从而有

$$\begin{aligned} f^*(\boldsymbol{\xi}) &= \sup\{\langle \boldsymbol{x}, \boldsymbol{\xi} \rangle - f(\boldsymbol{x}) \mid \boldsymbol{x} \in \mathbf{R}^n\} \\ &= \sup\{\langle \boldsymbol{x}, \boldsymbol{\xi} \rangle - \alpha \mid (\boldsymbol{x}, \alpha)^{\mathrm{T}} \in \text{epi } f\} \leqslant \delta \end{aligned}$$

故 f^* 为闭正常凸函数. ■

由定理 2.36 的证明可知, 若 f 为正常凸函数, 则必存在仿射函数 $h: \mathbf{R}^n \to \mathbf{R}$, 使得对任意 $\boldsymbol{x} \in \mathbf{R}^n$ 均有 $f(\boldsymbol{x}) \geqslant h(\boldsymbol{x})$. 这等价于在 $\mathbf{R}^{n+1}$ 中存在非垂直的超平面 $H = \{(\boldsymbol{x}, \alpha)^{\mathrm{T}} \in \mathbf{R}^{n+1} \mid \langle \boldsymbol{x}, \boldsymbol{\eta} \rangle + \alpha\beta = \gamma\}$, 使得半空间 H^+ 包含 epi f.

定理 2.37 若正常凸函数 $f: \mathbf{R}^n \to (-\infty, +\infty]$ 为强凸函数, 则有 dom $f^* = \mathbf{R}^n$.

证明 由定理 2.24, f 可以表示为

$$f(\boldsymbol{x}) = \tilde{f}(\boldsymbol{x}) + \frac{1}{2}\sigma\|\boldsymbol{x}\|^2, \quad \boldsymbol{x} \in \mathbf{R}^n$$

其中 $\sigma > 0$, 并且 $\tilde{f}: \mathbf{R}^n \to (-\infty, +\infty]$ 为正常凸函数. 如前所述, 存在仿射函数 h 满足 $\tilde{f}(\boldsymbol{x}) \geqslant h(\boldsymbol{x})$ $(\boldsymbol{x} \in \mathbf{R}^n)$, 于是有

$$f(\boldsymbol{x}) \geqslant h(\boldsymbol{x}) + \frac{1}{2}\sigma\|\boldsymbol{x}\|^2, \quad \boldsymbol{x} \in \mathbf{R}^n$$

从而由共轭函数的定义得

$$f^*(\boldsymbol{\xi}) \leqslant \sup\left\{\langle \boldsymbol{x}, \boldsymbol{\xi} \rangle - h(\boldsymbol{x}) - \frac{1}{2}\sigma\|\boldsymbol{x}\|^2 \,\middle|\, \boldsymbol{x} \in \mathbf{R}^n\right\}$$

显然, 上述不等式的右侧对任意 $\boldsymbol{\xi}$ 均为有限数. ■

定理 2.36 已经证明了正常凸函数 f 的共轭函数 f^* 是闭正常凸函数, 于是可进一步定义 f^* 的共轭函数 $f^{**}: \mathbf{R} \to (-\infty, +\infty]$ 如下:

$$f^{**}(\boldsymbol{x}) = \sup\left\{\langle \boldsymbol{x}, \boldsymbol{\xi} \rangle - f^*(\boldsymbol{\xi}) \,\middle|\, \boldsymbol{\xi} \in \mathbf{R}^n\right\}$$

称 f^{**} 为 f 的**双重共轭函数** (biconjugate function). f^{**} 也是闭正常凸函数. 如下所示, 双重共轭函数 f^{**} 与 f 有着密切的关系.

对正常凸函数 $f:\mathbf{R}^n\to(-\infty,+\infty]$, 满足 $\text{epi}\ \hat{g}=\text{cl epi}\ f$ 的函数 $\hat{g}:\mathbf{R}^n\to(-\infty,+\infty]$ 称为 f 的**闭包** (closure), 记为 $\text{cl}\ f$, 即有

$$\text{epi cl}\ f=\text{cl epi}\ f \tag{2.44}$$

闭包 $\text{cl}\ f$ 可以看成是处处满足 $g(\boldsymbol{x})\leqslant f(\boldsymbol{x})$ 的函数 $g:\mathbf{R}^n\to(-\infty,+\infty]$ 当中最大的闭正常凸函数.

定理 2.38　正常凸函数 $f:\mathbf{R}^n\to(-\infty,+\infty]$ 的闭包 $\text{cl}\ f$ 也是闭正常凸函数, 并且对任意 $\boldsymbol{x}\in\text{ri dom}\ f$ 均有 $f(\boldsymbol{x})=\text{cl}\ f(\boldsymbol{x})$ 成立. 进一步, 若记 $\mathcal{L}[f]$ 为处处满足 $f(\boldsymbol{x})\geqslant h(\boldsymbol{x})$ 的仿射函数 $h:\mathbf{R}^n\to\mathbf{R}$ 的全体构成的集合, 则有下式成立 (图 2.16):

$$\text{cl}\ f(\boldsymbol{x})=\sup\left\{h(\boldsymbol{x})\,\middle|\,h\in\mathcal{L}[f]\right\} \tag{2.45}$$

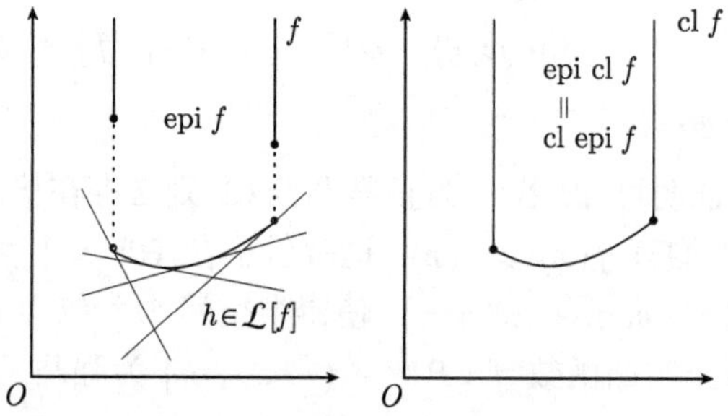

图 2.16　凸函数的闭包 (定理 2.38)

证明　定理的前半部分由本节开头的内容即得. 为了证明定理的后半部分, 记式 (2.45) 右侧的函数为 $\hat{h}$, 欲证明 $\text{epi}\ \hat{h}=\text{epi cl}\ f$. 首先, 由 $\mathcal{L}[f]$ 的定义, 对任意 $h\in\mathcal{L}[f]$, 均有 $\text{epi}\ f\subseteq\text{epi}\ h$ 成立. 注意到 $\text{epi}\ \hat{h}=\bigcap_{h\in\mathcal{L}[f]}\text{epi}\ h$, 故有 $\text{epi}\ f\subseteq\text{epi}\ \hat{h}$. 又因为 $\text{epi}\ \hat{h}$ 是闭集, 于是可得 $\text{epi cl}\ f=\text{cl epi}\ f\subseteq\text{epi}\ \hat{h}$.

下面利用反证法来证明反包含关系 $\text{epi cl}\ f=\text{cl epi}\ f\supseteq\text{epi}\ \hat{h}$. 假设存在 $(\overline{\boldsymbol{x}},\overline{\alpha})^{\mathrm{T}}\in\text{epi}\ \hat{h}$, 但 $(\overline{\boldsymbol{x}},\overline{\alpha})^{\mathrm{T}}\notin\text{cl epi}\ f$, 则由定理 2.8, 凸集 $\text{epi}\ f$ 与点 $(\overline{\boldsymbol{x}},\overline{\alpha})^{\mathrm{T}}$ 之间存在满足

$$\langle\boldsymbol{\eta},\boldsymbol{x}\rangle+\zeta\alpha\geqslant\gamma>\langle\boldsymbol{\eta},\overline{\boldsymbol{x}}\rangle+\zeta\overline{\alpha},\quad(\boldsymbol{x},\alpha)^{\mathrm{T}}\in\text{epi}\ f \tag{2.46}$$

的分离超平面 $H=\{(\boldsymbol{x},\alpha)^{\mathrm{T}}\in\mathbf{R}^{n+1}\mid\langle\boldsymbol{\eta},\boldsymbol{x}\rangle+\zeta\alpha=\gamma\}$, 其中 $(\boldsymbol{\eta},\zeta)^{\mathrm{T}}\neq(\mathbf{0},0)^{\mathrm{T}}$. 下面分别就 $\zeta\neq0$ 与 $\zeta=0$ 两种情形进行讨论.

(1) 设 $\zeta\neq0$. 由于式 (2.46) 中的 $\text{epi}\ f$ 含有可以取任意大值的 α, 因此, 必有 $\zeta>0$. 设 $\boldsymbol{\xi}=-\boldsymbol{\eta}/\zeta,\beta=\gamma/\zeta$, 则式 (2.46) 可改写为

$$\overline{\alpha}<\langle\boldsymbol{\xi},\overline{\boldsymbol{x}}\rangle+\beta,\quad\alpha\geqslant\langle\boldsymbol{\xi},\boldsymbol{x}\rangle+\beta,\quad(\boldsymbol{x},\alpha)^{\mathrm{T}}\in\text{epi}\ f$$

若定义仿射函数 h 为 $h(\boldsymbol{x})=\langle\boldsymbol{\xi},\boldsymbol{x}\rangle+\beta$, 则上述不等式变为

$$\overline{\alpha}<h(\overline{\boldsymbol{x}}),\quad \alpha\geqslant h(\boldsymbol{x}),\quad (\boldsymbol{x},\alpha)^{\mathrm{T}}\in \mathrm{epi}\ f \tag{2.47}$$

式 (2.47) 中的第二个不等式表明 $h\in\mathcal{L}[f]$, 故由第一个不等式可得 $(\overline{\boldsymbol{x}},\overline{\alpha})^{\mathrm{T}}\notin \mathrm{epi}\ \hat{h}$, 这显然与 $(\overline{\boldsymbol{x}},\overline{\alpha})^{\mathrm{T}}\in \mathrm{epi}\ \hat{h}$ 的假设矛盾.

(2) 设 $\zeta=0$. 由式 (2.46),

$$\langle-\boldsymbol{\eta},\overline{\boldsymbol{x}}\rangle+\gamma>0,\quad 0\geqslant\langle-\boldsymbol{\eta},\boldsymbol{x}\rangle+\gamma,\quad (\boldsymbol{x},\alpha)^{\mathrm{T}}\in \mathrm{epi}\ f \tag{2.48}$$

根据定理 2.36 的证明之后的结果, 必存在满足

$$\alpha\geqslant h_1(\boldsymbol{x}),\quad (\boldsymbol{x},\alpha)^{\mathrm{T}}\in \mathrm{epi}\ f \tag{2.49}$$

的仿射函数 h_1. 令 $h_2(\boldsymbol{x})=\langle-\boldsymbol{\eta},\boldsymbol{x}\rangle+\gamma$, 则由式 (2.48) 与式 (2.49) 知, 对任意 $\lambda\geqslant 0$ 均有

$$\alpha\geqslant h_1(\boldsymbol{x})+\lambda h_2(\boldsymbol{x}),\quad (\boldsymbol{x},\alpha)^{\mathrm{T}}\in \mathrm{epi}\ f \tag{2.50}$$

此外, 由式 (2.48) 中的第一个不等式知, 当 λ 充分大时必有

$$\overline{\alpha}<h_1(\overline{\boldsymbol{x}})+\lambda h_2(\overline{\boldsymbol{x}})$$

成立, 也即当 λ 充分大时, 仿射函数 $h=h_1+\lambda h_2$ 满足式 (2.47). 于是同 (1) 类似可得矛盾. ■

定理 2.39 对正常凸函数 $f:\mathbf{R}^n\to(-\infty,+\infty]$ 必有 $f^{**}=\mathrm{cl}\ f$. 特别地, 若 f 为闭正常凸函数, 则有 $f^{**}=f$.

证明 由双重共轭函数的定义知

$$\begin{aligned} f^{**}(\boldsymbol{x})&=\sup\left\{\langle\boldsymbol{x},\boldsymbol{\xi}\rangle-f^*(\boldsymbol{\xi})\,\middle|\,\boldsymbol{\xi}\in\mathbf{R}^n\right\}\\ &=\sup\left\{\langle\boldsymbol{x},\boldsymbol{\xi}\rangle-\beta\,\middle|\,(\boldsymbol{\xi},\beta)^{\mathrm{T}}\in \mathrm{epi}\ f^*\right\} \end{aligned} \tag{2.51}$$

另一方面, 由于

$$\begin{aligned} (\boldsymbol{\xi},\beta)^{\mathrm{T}}\in \mathrm{epi}\ f^* &\iff \beta\geqslant f^*(\boldsymbol{\xi})\geqslant\langle\boldsymbol{x},\boldsymbol{\xi}\rangle-f(\boldsymbol{x})\quad (\boldsymbol{x}\in\mathbf{R}^n)\\ &\iff f(\boldsymbol{x})\geqslant\langle\boldsymbol{x},\boldsymbol{\xi}\rangle-\beta\quad (\boldsymbol{x}\in\mathbf{R}^n) \end{aligned}$$

利用定理 2.38 中定义的 $\mathcal{L}[f]$, 由式 (2.51) 有

$$f^{**}(\boldsymbol{x})=\sup\left\{h(\boldsymbol{x})\,\middle|\,h\in\mathcal{L}[f]\right\}$$

于是由定理 2.38 即得 $f^{**}=\mathrm{cl}\ f$. 由于当 f 为闭正常凸函数时有 $f=\mathrm{cl}\ f$ 成立, 定理的后半部分显然成立. ■

一般来说, 对给定的凸函数, 其共轭函数是很难用显式表示出来的, 但例 2.10 中的凸函数的共轭函数则可以给出显式表示.

例 2.12 例 2.10 中的凸函数 $f_1,\cdots,f_6$ 的共轭函数可分别表示如下:

(1) $f_1^*(\xi)=(1/q)|\xi|^q\ (\xi\in\mathbf{R})$, 其中 $1/p+1/q=1$;

(2) $f_2^*(\xi)=\begin{cases}(\xi/\alpha)\{\ln(\xi/\alpha)-1\}, & \xi>0,\\ 0, & \xi=0, \qquad \alpha>0;\\ +\infty, & \xi<0,\end{cases}$

(3) $f_3^*(\xi)=\begin{cases}-1-\ln(-\xi), & \xi<0,\\ +\infty, & \xi\geqslant 0;\end{cases}$

(4) $f_4^*(\boldsymbol{\xi})=\begin{cases}-\alpha, & \boldsymbol{\xi}=\boldsymbol{a},\\ +\infty, & \boldsymbol{\xi}\neq\boldsymbol{a},\end{cases}\quad \boldsymbol{\xi}\in\mathbf{R}^n$;

(5) $f_5^*(\boldsymbol{\xi})=\begin{cases}0, & \|\boldsymbol{\xi}\|\leqslant 1,\\ +\infty, & \|\boldsymbol{\xi}\|>1,\end{cases}\quad \boldsymbol{\xi}\in\mathbf{R}^n$;

(6) $f_6^*(\boldsymbol{\xi})=\dfrac{1}{2}\langle\boldsymbol{\xi}-\boldsymbol{b},\boldsymbol{A}^{-1}(\boldsymbol{\xi}-\boldsymbol{b})\rangle\ (\boldsymbol{\xi}\in\mathbf{R}^n)$, 其中 $\boldsymbol{O}\prec\boldsymbol{A}\in\mathcal{S}^n$.

最后介绍关于凸函数水平集的一些结果.

定理 2.40 对任意 $\alpha\in\mathbf{R}$, 凸函数 $f:\mathbf{R}^n\to[-\infty,+\infty]$ 的水平集 $S_f(\alpha)$ 为凸集. 进一步, 若 f 下半连续, 则 $S_f(\alpha)$ 为闭凸集.

证明 留作习题 2.13. ■

定理 2.41 对任意 $\alpha\in\mathbf{R}$, 强凸函数 $f:\mathbf{R}^n\to(-\infty,+\infty]$ 的水平集 $S_f(\alpha)$ 有界, 并且当 α 充分小时有 $S_f(\alpha)=\varnothing$.

证明 如定理 2.37 中所述, 若 f 为系数 $\sigma>0$ 的强凸函数, 则存在仿射函数 h, 使得

$$f(\boldsymbol{x})\geqslant h(\boldsymbol{x})+\frac{1}{2}\sigma\|\boldsymbol{x}\|^2,\quad \boldsymbol{x}\in\mathbf{R}^n$$

若记右侧函数为 $q(\boldsymbol{x})$, 则 $q:\mathbf{R}^n\to\mathbf{R}$ 为凸二次函数, 并且对任意 $\alpha\in\mathbf{R}$ 均有 $S_f(\alpha)\subseteq S_q(\alpha)$ 成立. 由 (闭) 球 $S_q(\alpha)$ 的有界性可知, $S_f(\alpha)$ 也有界. 此外, 由于函数 q 下有界, 因此, 对充分小的 α 有 $S_q(\alpha)=\varnothing$, 从而有 $S_f(\alpha)=\varnothing$. ■

定理 2.42 给定闭正常凸函数 $f:\mathbf{R}^n\to(-\infty,+\infty]$, 令 $\hat{\alpha}=\inf\{\alpha\in\mathbf{R}\mid S_f(\alpha)\neq\varnothing\}$, 则当 f 为严格凸函数, 并且 $S_f(\hat{\alpha})\neq\varnothing$ 时, $S_f(\hat{\alpha})$ 只含有一个元素. 特别地, 若 f 为强凸函数, 则 $\hat{\alpha}>-\infty$, 并且 $S_f(\hat{\alpha})\neq\varnothing$, 也即 f 存在唯一的最小值点.

证明 由 $\hat{\alpha}$ 的定义知, 当 $\alpha<\hat{\alpha}$ 时有 $S_f(\alpha)=\varnothing$. 于是若 $S_f(\hat{\alpha})\neq\varnothing$, 则对任意 $\boldsymbol{x}\in S_f(\hat{\alpha})$ 均有 $f(\boldsymbol{x})=\hat{\alpha}$. 现假定 $S_f(\hat{\alpha})$ 含有两个相异的点 $\boldsymbol{x}^1$ 与 $\boldsymbol{x}^2$. 由于依定理 2.40 知, $S_f(\hat{\alpha})$ 为凸集, 因此, $\frac{1}{2}(\boldsymbol{x}^1+\boldsymbol{x}^2)\in S_f(\hat{\alpha})$, 并且当 f 为严格凸函数时有 $f\left(\frac{1}{2}(\boldsymbol{x}^1+\boldsymbol{x}^2)\right)<\frac{1}{2}f(\boldsymbol{x}^1)+\frac{1}{2}f(\boldsymbol{x}^2)=\hat{\alpha}$, 矛盾.

若 f 为强凸函数, 则由定理 2.41 知 $\hat{\alpha} > -\infty$. 选取实数列 $\{\alpha_k\}$, 使得 $\alpha_1 > \alpha_2 > \cdots > \hat{\alpha}$, 并且 $\alpha_k \to \hat{\alpha}$, 考虑满足 $\boldsymbol{x}^k \in S_f(\alpha_k)$ $(k = 1, 2, \cdots)$ 的点列 $\{\boldsymbol{x}^k\}$. 由定理 2.40 及定理 2.41 知, $S_f(\alpha_1)$ 为紧集, 再由 $S_f(\alpha_k) \subseteq S_f(\alpha_1)$ 知, $\{\boldsymbol{x}^k\}$ 有界. 因此, 存在收敛子列. 若设 $\overline{\boldsymbol{x}}$ 为 $\{\boldsymbol{x}^k\}$ 的一个聚点, 则由 f 的下半连续性可得

$$f(\overline{\boldsymbol{x}}) \leqslant \liminf_{k\to\infty} f(\boldsymbol{x}^k) \leqslant \lim_{k\to\infty} \alpha_k = \hat{\alpha}$$

即 $S_f(\hat{\alpha}) \neq \varnothing$. ■

下面的例子表明定理 2.42 中关于强凸函数的结果对于严格凸函数未必成立.

例 2.13 函数 $f(x) = \mathrm{e}^x$ 是严格凸函数, 并且

$$S_f(\alpha) = \begin{cases} (-\infty, \ln\alpha], & \alpha > 0 \\ \varnothing, & \alpha \leqslant 0 \end{cases}$$

因此, $\hat{\alpha} = 0$, 但 $S_f(\hat{\alpha}) = \varnothing$. 另外, $f(x) = \mathrm{e}^x + x$ 也是严格凸函数, 但对任意 $\alpha \in \mathbf{R}$ 均有 $S_f(\alpha) \neq \varnothing$, 故而 $\hat{\alpha} = -\infty$.

2.9 示性函数与支撑函数

给定集合 $S \subseteq \mathbf{R}^n$, 由

$$\delta_S(\boldsymbol{x}) = \begin{cases} 0, & \boldsymbol{x} \in S \\ +\infty, & \boldsymbol{x} \notin S \end{cases} \tag{2.52}$$

定义的函数 $\delta_S : \mathbf{R}^n \to (-\infty, +\infty]$ 称为集合 S 的**示性函数** (indicator function). 由该定义立即可得下面的定理:

定理 2.43 非空凸集 $S \subseteq \mathbf{R}^n$ 的示性函数 δ_S 为正常凸函数. 进一步, 若 S 为闭集, 则 δ_S 为闭正常凸函数.

对于非空凸集 $S \subseteq \mathbf{R}^n$ 的示性函数 δ_S, 其共轭函数 $\delta_S^* : \mathbf{R}^n \to (-\infty, +\infty]$ 称为集合 S 的**支撑函数** (support function). 由共轭函数的定义 (2.42) 及示性函数的定义 (2.52) 可得

$$\delta_S^*(\boldsymbol{y}) = \sup\left\{\langle \boldsymbol{x}, \boldsymbol{y}\rangle \,\middle|\, \boldsymbol{x} \in S\right\} \tag{2.53}$$

从而依定理 2.36 知, δ_S^* 为闭正常凸函数. 特别地, 若 S 为有界集, 则 δ_S^* 处处取有限值.

由式 (2.53), 对任意 $\boldsymbol{y} \in \mathbf{R}^n$ 均有

$$\delta_S^*(\lambda\boldsymbol{y}) = \lambda\delta_S^*(\boldsymbol{y}), \quad \lambda > 0$$

成立. 该性质称为**正齐次性** (positively homogeneous). 另外, 由定理 2.39, δ_S^* 的共轭函数 δ_S^{**} 与 $\mathrm{cl}\,\delta_S$ 一致, 而由凸函数的凸包的定义 (2.44), 它又等于 $\delta_{\mathrm{cl}\,S}$. 综合上述内容可得下面的定理:

定理 2.44　非空凸集 $S \subseteq \mathbf{R}^n$ 的支撑函数 δ_S^* 为正齐次闭正常凸函数. 反之, 若函数 $f : \mathbf{R}^n \to (-\infty, +\infty]$ 为正齐次闭正常凸函数, 则 f 必为某非空闭凸集 $S \subseteq \mathbf{R}^n$ 的支撑函数, 并且有

$$S = \left\{ \boldsymbol{x} \in \mathbf{R}^n \,\middle|\, \langle \boldsymbol{x}, \boldsymbol{y} \rangle \leqslant f(\boldsymbol{y}),\ \boldsymbol{y} \in \mathbf{R}^n \right\} \tag{2.54}$$

证明　定理的前半部分由前面的讨论即得, 下面证明后半部分. 设 S 为由式 (2.54) 定义的集合. 不难证明 S 为非空闭凸集. 若 f 为正齐次, 则由共轭函数的定义有

$$\begin{aligned} f^*(\boldsymbol{x}) &= \sup \left\{ \langle \boldsymbol{x}, \lambda \boldsymbol{y} \rangle - f(\lambda \boldsymbol{y}) \,\middle|\, \boldsymbol{y} \in \mathbf{R}^n,\ \lambda > 0 \right\} \\ &= \sup \left\{ \lambda(\langle \boldsymbol{x}, \boldsymbol{y} \rangle - f(\boldsymbol{y})) \,\middle|\, \boldsymbol{y} \in \mathbf{R}^n,\ \lambda > 0 \right\} \\ &= \begin{cases} 0, & \boldsymbol{x} \in S \\ +\infty, & \boldsymbol{x} \notin S \end{cases} \end{aligned}$$

因此, $f^* = \delta_S$. 进一步, 若函数 f 为闭正常凸函数, 则由定理 2.39 知, $f = f^{**} = \delta_S^*$ 成立. ■

推论 2.3　恒取有限值的正齐次凸函数 $f : \mathbf{R}^n \to \mathbf{R}$ 必为某非空紧凸集 $S \subseteq \mathbf{R}^n$ 的支撑函数.

例 2.14　下面的 (1)~(4) 均为支撑函数的例子.

(1) 当 $S = \{x \in \mathbf{R} \mid -2 \leqslant x \leqslant 1\}$ 时, $\delta_S^*(y) = \begin{cases} y, & y \geqslant 0, \\ -2y, & y < 0; \end{cases}$

(2) 当 $S = \{x \in \mathbf{R} \mid 1 \leqslant x \leqslant 3\}$ 时, $\delta_S^*(y) = \begin{cases} 3y, & y \geqslant 0, \\ y, & y < 0; \end{cases}$

(3) 当 $S = \{x \in \mathbf{R} \mid x \geqslant 2\}$ 时, $\delta_S^*(y) = \begin{cases} +\infty, & y > 0, \\ 2y, & y \leqslant 0; \end{cases}$

(4) 当 $S = \{\boldsymbol{x} \in \mathbf{R}^n \mid \|\boldsymbol{x}\| \leqslant 1\}$ 时, $\delta_S^*(\boldsymbol{y}) = \|\boldsymbol{y}\|\ (\boldsymbol{y} \in \mathbf{R}^n)$.

2.10　凸函数的次梯度

定理 2.29 揭示了凸函数的梯度具有能够确定该函数上图的支撑超平面的特征 (图 2.14). 利用该思想可以将梯度的概念推广到不可微凸函数.

给定正常凸函数 $f : \mathbf{R}^n \to (-\infty, +\infty]$, 考虑任意一点 $\boldsymbol{x} \in \mathrm{dom}\, f$. 由于点 $(\boldsymbol{x}, f(\boldsymbol{x}))^{\mathrm{T}}$ 位于 epi f 的边界上, 由定理 2.9 知, epi f 在 $(\boldsymbol{x}, f(\boldsymbol{x}))^{\mathrm{T}}$ 处存在支撑超平面, 即存在某向量 $(\boldsymbol{\eta}, \beta)^{\mathrm{T}} \in \mathbf{R}^{n+1}$ ($(\boldsymbol{\eta}, \beta)^{\mathrm{T}} \neq (\mathbf{0}, 0)^{\mathrm{T}}$) 及某实数 $\gamma \in \mathbf{R}$, 使得

$(\boldsymbol{x}, f(\boldsymbol{x}))^{\mathrm{T}} \in H = \{(\boldsymbol{y}, \alpha)^{\mathrm{T}} \in \mathbf{R}^{n+1} \mid \langle \boldsymbol{y}, \boldsymbol{\eta} \rangle + \alpha\beta = \gamma\}$, 并且

$$\operatorname{epi} f \subseteq H^{+} = \left\{(\boldsymbol{y}, \alpha)^{\mathrm{T}} \in \mathbf{R}^{n+1} \,\middle|\, \langle \boldsymbol{y}, \boldsymbol{\eta} \rangle + \alpha\beta \geqslant \gamma\right\} \tag{2.55}$$

由于对任意 $\boldsymbol{y} \in \mathbf{R}^n$ 均有 $(\boldsymbol{y}, f(\boldsymbol{y}))^{\mathrm{T}} \in \operatorname{epi} f$, 故由式 (2.55) 可得

$$\langle \boldsymbol{y}, \boldsymbol{\eta} \rangle + \beta f(\boldsymbol{y}) \geqslant \gamma \tag{2.56}$$

又由于 $(\boldsymbol{x}, f(\boldsymbol{x}))^{\mathrm{T}} \in H$ 蕴涵 $\langle \boldsymbol{x}, \boldsymbol{\eta} \rangle + \beta f(\boldsymbol{x}) = \gamma$, 于是由式 (2.56) 得

$$\beta(f(\boldsymbol{y}) - f(\boldsymbol{x})) \geqslant \langle -\boldsymbol{\eta}, \boldsymbol{y} - \boldsymbol{x} \rangle, \quad \boldsymbol{y} \in \mathbf{R}^n \tag{2.57}$$

另一方面, 由式 (2.55), 对任意满足 $\alpha \geqslant f(\boldsymbol{y})$ 的实数 α 均有 $\langle \boldsymbol{y}, \boldsymbol{\eta} \rangle + \alpha\beta \geqslant \gamma$ 成立, 这说明 $\beta < 0$ 不成立, 也即 $\beta \geqslant 0$.

当 $\beta > 0$ 时, 置 $\boldsymbol{\xi} = -\boldsymbol{\eta}/\beta$, 则式 (2.57) 变为

$$f(\boldsymbol{y}) - f(\boldsymbol{x}) \geqslant \langle \boldsymbol{\xi}, \boldsymbol{y} - \boldsymbol{x} \rangle, \quad \boldsymbol{y} \in \mathbf{R}^n \tag{2.58}$$

满足式 (2.58) 的向量 $\boldsymbol{\xi} \in \mathbf{R}^n$ 称为凸函数 f 在点 $\boldsymbol{x}$ 处的**次梯度** (subgradient) (图 2.17). 由定理 2.29, 若 f 在 $\boldsymbol{x}$ 处可微, 则满足式 (2.58) 的 $\boldsymbol{\xi}$ 存在且唯一, 并且易知该向量即梯度 $\nabla f(\boldsymbol{x})$. 然而, 一般来说, 在某点处的次梯度未必只有一个. 将满足式 (2.58) 的向量 $\boldsymbol{\xi}$ 的全体构成的集合记为 $\partial f(\boldsymbol{x})$, 并称之为 f 在点 $\boldsymbol{x}$ 处的**次微分** (subdifferential).

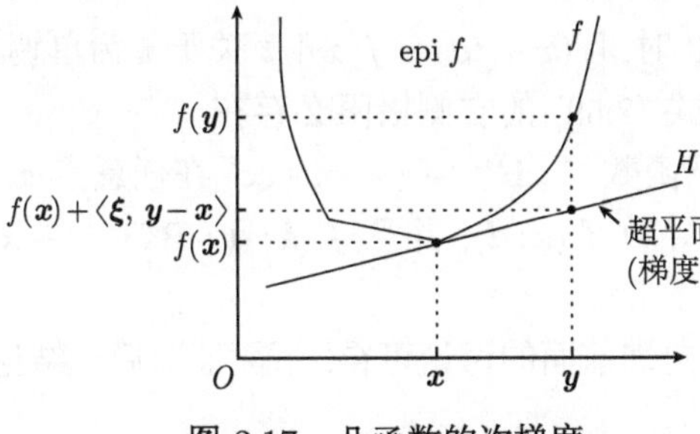

图 2.17 凸函数的次梯度

当 $\beta = 0$ 时, 超平面 H 可简写为 $\{(\boldsymbol{y}, \alpha)^{\mathrm{T}} \in \mathbf{R}^{n+1} \mid \langle \boldsymbol{y}, \boldsymbol{\eta} \rangle = \gamma\}$. 由于 H 为 $\mathbf{R}^{n+1}$ 中的垂直超平面, 故而无法像式 (2.58) 那样来定义次梯度. 因此, 凸函数 f 在点 $\boldsymbol{x} \in \operatorname{dom} f$ 处的次梯度与 $\operatorname{epi} f$ 在点 $(\boldsymbol{x}, f(\boldsymbol{x}))^{\mathrm{T}}$ 处的非垂直支撑超平面一一对应.

定理 2.45 正常凸函数 $f: \mathbf{R}^n \to (-\infty, +\infty]$ 在点 $\boldsymbol{x} \in \operatorname{dom} f$ 处的次微分 $\partial f(\boldsymbol{x})$ 必为闭凸集.

证明　设 $\boldsymbol{x} \in \text{dom}\, f$. 对任意 $\boldsymbol{y} \in \mathbf{R}^n$, 由 $\Xi(\boldsymbol{y}) = \{\boldsymbol{\xi} \in \mathbf{R}^n \mid \langle \boldsymbol{\xi}, \boldsymbol{y} - \boldsymbol{x} \rangle \leqslant f(\boldsymbol{y}) - f(\boldsymbol{x})\}$ 定义的集合 $\Xi(\boldsymbol{y})$ 当 $\boldsymbol{y} \neq \boldsymbol{x}$ 时为半空间, 而当 $\boldsymbol{y} = \boldsymbol{x}$ 时为全空间. 由式 (2.58) 有 $\partial f(\boldsymbol{x}) = \bigcap\limits_{\boldsymbol{y} \in \mathbf{R}^n} \Xi(\boldsymbol{y})$. 因为对任意 $\boldsymbol{y}$, $\Xi(\boldsymbol{y})$ 均为闭凸集, 故由定理 2.1 知, $\partial f(\boldsymbol{x})$ 为闭凸集. ■

给定非空凸集 $S \subseteq \mathbf{R}^n$ 及点 $\boldsymbol{x} \in S$, 满足

$$\langle \boldsymbol{\zeta}, \boldsymbol{y} - \boldsymbol{x} \rangle \leqslant 0, \quad \boldsymbol{y} \in S$$

的向量 $\boldsymbol{\zeta} \in \mathbf{R}^n$ 称为 S 在 $\boldsymbol{x}$ 处的**法向量** (normal vector). 给定凸函数 $f : \mathbf{R}^n \to (-\infty, +\infty]$ 及点 $\boldsymbol{x} \in \text{dom}\, f$, 考查水平集 $S_f(f(\boldsymbol{x})) = \{\boldsymbol{y} \in \mathbf{R}^n \mid f(\boldsymbol{y}) \leqslant f(\boldsymbol{x})\}$ 与次梯度 $\boldsymbol{\xi} \in \partial f(\boldsymbol{x})$. 由式 (2.58), 当 $\boldsymbol{y} \in S_f(f(\boldsymbol{x}))$ 时必有 $\langle \boldsymbol{\xi}, \boldsymbol{y} - \boldsymbol{x} \rangle \leqslant 0$ 成立, 因此, f 在 $\boldsymbol{x}$ 处的每个次梯度 $\boldsymbol{\xi}$ 均为水平集 $S_f(f(\boldsymbol{x}))$ 在 $\boldsymbol{x}$ 处的法向量 (图 2.18).

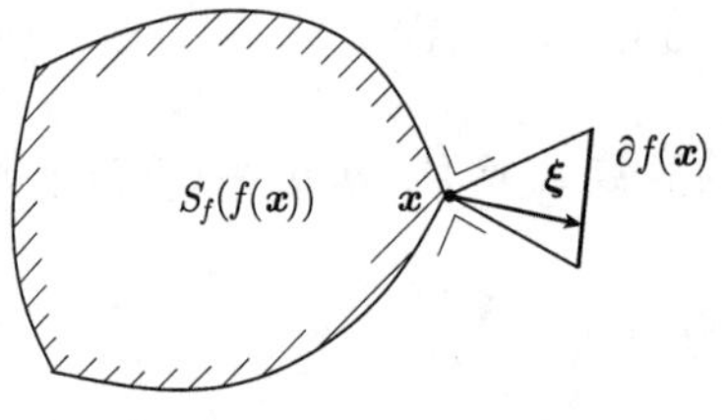

图 2.18　次梯度与水平集

上面主要是从几何学的观点出发来考虑凸函数的次梯度, 下面将从另外的角度来研究次梯度的性质. 正常凸函数 $f : \mathbf{R}^n \to (-\infty, +\infty]$ 在点 $\boldsymbol{x} \in \text{dom}\, f$ 处沿方向 $\boldsymbol{d}$ 的**方向导数** (directional derivative) 定义如下:

$$f'(\boldsymbol{x}; \boldsymbol{d}) = \lim_{t \searrow 0} [f(\boldsymbol{x} + t\boldsymbol{d}) - f(\boldsymbol{x})]/t \tag{2.59}$$

由定理 2.28 知, 当 $t > 0$ 时, $[f(\boldsymbol{x} + t\boldsymbol{d}) - f(\boldsymbol{x})]/t$ 关于 t 为单调非减函数, 因此, 当允许极限值取 $\pm\infty$ 时, 式 (2.59) 的右侧极限必存在.

定理 2.46　正常凸函数 $f : \mathbf{R}^n \to (-\infty, +\infty]$ 在任意点 $\boldsymbol{x} \in \text{dom}\, f$ 沿任意方向 $\boldsymbol{d} \in \mathbf{R}^n$ 均存在方向导数 $f'(\boldsymbol{x}; \boldsymbol{d})$, 并且 $f'(\boldsymbol{x}; \cdot) : \mathbf{R}^n \to [-\infty, +\infty]$ 为正齐次凸函数①.

证明　前一结论由定理前面的讨论可得, 下面证明后一结论. 任取 $\lambda > 0$, 并令 $\tau = t\lambda$, 则有

$$\begin{aligned} f'(\boldsymbol{x}; \lambda\boldsymbol{d}) &= \lim_{t \searrow 0} [f(\boldsymbol{x} + t\lambda\boldsymbol{d}) - f(\boldsymbol{x})]/t \\ &= \lim_{\tau \searrow 0} \lambda[f(\boldsymbol{x} + \tau\boldsymbol{d}) - f(\boldsymbol{x})]/\tau = \lambda f'(\boldsymbol{x}; \boldsymbol{d}), \end{aligned}$$

故 $f'(\boldsymbol{x}; \cdot)$ 为正齐次函数. 下面证明 $f'(\boldsymbol{x}; \cdot)$ 为凸函数. 为此, 只需证明其上图为凸集. 任取 $(\boldsymbol{d}^1, \mu_1)^{\mathrm{T}}, (\boldsymbol{d}^2, \mu_2)^{\mathrm{T}} \in \text{epi}\, f'(\boldsymbol{x}; \cdot)$ 及 $\alpha \in (0, 1)$, 并令 $\beta = 1 - \alpha$. 由方向导

① $f'(\boldsymbol{x}; \cdot)$ 意指 $\boldsymbol{x}$ 为固定点, 而将 $f(\boldsymbol{x}; \boldsymbol{d})$ 视为 $\boldsymbol{d}$ 的函数.

数的定义以及 f 的凸性可得

$$\begin{aligned} f'(\boldsymbol{x};\alpha\boldsymbol{d}^1+\beta\boldsymbol{d}^2) &= \lim_{t\searrow 0}\,[f(\boldsymbol{x}+t(\alpha\boldsymbol{d}^1+\beta\boldsymbol{d}^2))-f(\boldsymbol{x})]/t \\ &= \lim_{t\searrow 0}\,[f(\alpha(\boldsymbol{x}+t\boldsymbol{d}^1)+\beta(\boldsymbol{x}+t\boldsymbol{d}^2))-f(\boldsymbol{x})]/t \\ &\leqslant \lim_{t\searrow 0}\,\left\{\alpha[f(\boldsymbol{x}+t\boldsymbol{d}^1)-f(\boldsymbol{x})]/t+\beta[f(\boldsymbol{x}+t\boldsymbol{d}^2)-f(\boldsymbol{x})]/t\right\} \end{aligned}$$

由于 $f'(\boldsymbol{x};\boldsymbol{d}^i)\leqslant\mu_i\quad(i=1,2)$, 因此, 最后的极限不会超过 $\alpha\mu_1+\beta\mu_2$, 从而可得 $(\alpha\boldsymbol{d}^1+\beta\boldsymbol{d}^2,\alpha\mu_1+\beta\mu_2)^{\mathrm{T}}\in\operatorname{epi} f'(\boldsymbol{x};\cdot)$. ■

例 2.15 考虑由下式定义的正常凸函数 $f:\mathbf{R}\to(-\infty,+\infty]$:

$$f(x)=\begin{cases}-\sqrt{1-x^2}, & -1\leqslant x<0\\ x-1, & 0\leqslant x\leqslant 1\\ +\infty, & x<-1, x>1\end{cases}$$

该函数在 $x=-1,0,1$ 处的方向导数可分别表示为

$$f'(1;d)=\begin{cases}+\infty, & d>0\\ d, & d\leqslant 0\end{cases}$$

$$f'(0;d)=\begin{cases}d, & d\geqslant 0\\ 0, & d<0\end{cases}$$

$$f'(-1;d)=\begin{cases}-\infty, & d>0\\ 0, & d=0\\ +\infty, & d<0\end{cases}$$

如例 2.15 中的 $f'(-1;d)$ 所示, 即使 f 为正常凸函数, 并且 $\boldsymbol{x}\in\operatorname{dom} f$, $f'(\boldsymbol{x};\cdot)$ 也未必是正常凸函数.

下面的定理揭示了凸函数的次梯度与方向导数之间的密切关系.

定理 2.47 给定正常凸函数 $f:\mathbf{R}^n\to(-\infty,+\infty]$ 及点 $\boldsymbol{x}\in\operatorname{dom} f$, 则 $\boldsymbol{\xi}\in\partial f(\boldsymbol{x})$ 的充要条件是

$$f'(\boldsymbol{x};\boldsymbol{d})\geqslant\langle\boldsymbol{\xi},\boldsymbol{d}\rangle,\quad \boldsymbol{d}\in\mathbf{R}^n \tag{2.60}$$

成立. 进一步, 若 $f'(\boldsymbol{x};\cdot):\mathbf{R}^n\to(-\infty,+\infty]$ 为闭正常凸函数, 则 $f'(\boldsymbol{x};\cdot)$ 与集合 $\partial f(\boldsymbol{x})$ 的支撑函数 $\delta^*_{\partial f(\boldsymbol{x})}$ 一致.

证明 在次梯度的定义 (2.58) 中, 令 $\boldsymbol{y}=\boldsymbol{x}+t\boldsymbol{d}$ 可得

$$[f(\boldsymbol{x}+t\boldsymbol{d})-f(\boldsymbol{x})]/t\geqslant\langle\boldsymbol{\xi},\boldsymbol{d}\rangle,\quad \boldsymbol{d}\in\mathbf{R}^n, t>0$$

由于依定理 2.28 知, 上式左侧关于 t 单调非减, 因此, 上述不等式与式 (2.60) 等价, 从而知式 (2.60) 为 $\boldsymbol{\xi} \in \partial f(\boldsymbol{x})$ 的充要条件. 下设 $f'(\boldsymbol{x};\cdot)$ 为闭正常凸函数. 则由定理 2.46 知, $f'(\boldsymbol{x};\cdot)$ 为正齐次闭正常凸函数. 再由定理 2.44 知, $f'(\boldsymbol{x};\cdot)$ 为闭凸集 $S = \{\boldsymbol{\xi} \in \mathbf{R}^n \,|\, \langle \boldsymbol{\xi}, \boldsymbol{d}\rangle \leqslant f'(\boldsymbol{x};\boldsymbol{d})\ (\boldsymbol{d} \in \mathbf{R}^n)\}$ 的支撑函数. 注意式 (2.60) 即表明 $S = \partial f(\boldsymbol{x})$, 于是结论成立. ■

由定理 2.47, 当 $f'(\boldsymbol{x};\cdot)$ 为闭正常凸函数时必有下式成立:

$$f'(\boldsymbol{x};\boldsymbol{d}) = \sup\Big\{\langle \boldsymbol{\xi}, \boldsymbol{d}\rangle \,\Big|\, \boldsymbol{\xi} \in \partial f(\boldsymbol{x})\Big\}, \quad \boldsymbol{d} \in \mathbf{R}^n \tag{2.61}$$

例 2.16 例 2.15 中的函数 f 的次微分可表示为

$$\partial f(x) = \begin{cases} \{x/\sqrt{1-x^2}\}, & -1 < x < 0 \\ [0,1]\,, & x = 0 \\ \{1\}, & 0 < x < 1 \\ [1,+\infty)\,, & x = 1 \\ \varnothing, & x \leqslant -1, x > 1 \end{cases}$$

在 $x = -1$ 处, 如例 2.15 所示, $f'(-1;\cdot)$ 不是正常凸函数. 事实上, 由于 $\partial f(-1) = \varnothing$, 故式 (2.61) 不成立. 另一方面, 易证式 (2.61) 对任意 $x \in (-1,1]$ 均成立.

由定理 2.47 可得下述关于次梯度的存在性定理:

定理 2.48 给定正常凸函数 $f: \mathbf{R}^n \to (-\infty,+\infty]$ 及任意一点 $\boldsymbol{x} \in \mathrm{dom}\, f$, 则 $\partial f(\boldsymbol{x}) \neq \varnothing$ 的充要条件是存在 $\gamma > 0$, 使得

$$f(\boldsymbol{y}) - f(\boldsymbol{x}) \geqslant -\gamma\|\boldsymbol{y}-\boldsymbol{x}\|, \quad \boldsymbol{y} \in \mathbf{R}^n \tag{2.62}$$

特别地, 对任意 $\boldsymbol{x} \in \mathrm{ri}\,\mathrm{dom}\, f$ 均有 $\partial f(\boldsymbol{x}) \neq \varnothing$, 并且 $f'(\boldsymbol{x};\cdot) = \delta^*_{\partial f(\boldsymbol{x})}$ 成立.

证明 首先假设 $\partial f(\boldsymbol{x})$ 非空, 也即存在 $\boldsymbol{\xi} \in \partial f(\boldsymbol{x})$. 在式 (2.58) 中, 应用 Cauchy-Schwarz 不等式可得

$$f(\boldsymbol{y}) - f(\boldsymbol{x}) \geqslant -\|\boldsymbol{\xi}\|\,\|\boldsymbol{y}-\boldsymbol{x}\|, \quad \boldsymbol{y} \in \mathbf{R}^n$$

于是当 $\boldsymbol{\xi} \neq \boldsymbol{0}$ 时, 令 $\gamma = \|\boldsymbol{\xi}\|$ 即得式 (2.62), 而当 $\boldsymbol{\xi} = \boldsymbol{0}$ 时, 式 (2.62) 对任意 $\gamma > 0$ 均成立. 现假设 $\partial f(\boldsymbol{x}) = \varnothing$, 则存在 $\boldsymbol{d} \in \mathbf{R}^n$, 使得 $f'(\boldsymbol{x};\boldsymbol{d}) = -\infty$ 且 $\|\boldsymbol{d}\| = 1$ (留作习题 2.18). 取 $\boldsymbol{y} = \boldsymbol{x} + t\boldsymbol{d}$, 并令 $t \searrow 0$ 可得

$$[f(\boldsymbol{y}) - f(\boldsymbol{x})]/\|\boldsymbol{y}-\boldsymbol{x}\| = [f(\boldsymbol{x}+t\boldsymbol{d}) - f(\boldsymbol{x})]/t \to -\infty$$

因此, 不存在 $\gamma > 0$ 满足式 (2.62). 定理的前半部分证毕.

设 $\boldsymbol{x} \in \text{ri dom } f$, 则 $\text{dom } f'(\boldsymbol{x};\cdot)$ 为 $\text{dom } f$ 的仿射包经平行移动所得的线性子空间, 因此有 $\text{ri dom } f'(\boldsymbol{x};\cdot) = \text{dom } f'(\boldsymbol{x};\cdot)$. 此外, 由于 $f'(\boldsymbol{x};\boldsymbol{0}) = 0$ 蕴涵 $\boldsymbol{0} \in \text{ri dom } f'(\boldsymbol{x};\cdot)$, 故 $f'(\boldsymbol{x};\cdot)$ 为正常凸函数. 再者, 由定理 2.38 知, 对任意 $\boldsymbol{d} \in \text{ri dom } f'(\boldsymbol{x};\cdot) = \text{dom } f'(\boldsymbol{x};\cdot)$ 均有 $f'(\boldsymbol{x};\boldsymbol{d}) = \text{cl } f'(\boldsymbol{x};\boldsymbol{d})$ 成立, 由此可得 $f'(\boldsymbol{x};\cdot) = \text{cl } f'(\boldsymbol{x};\cdot)$. 综上即知 $f'(\boldsymbol{x};\cdot)$ 为闭正常凸函数, 从而由定理 2.47 可得定理的后半部分. ■

定理 2.49 给定正常凸函数 $f : \mathbf{R}^n \to (-\infty, +\infty]$. 若 $\boldsymbol{x} \in \text{int dom } f$, 则方向导数 $f'(\boldsymbol{x};\boldsymbol{d})$ 在任意 $\boldsymbol{d}$ 处均取有限值, 并且次微分 $\partial f(\boldsymbol{x})$ 为非空紧凸集.

证明 由定理 2.48, 当 $\boldsymbol{x} \in \text{int dom } f$ 时, $f'(\boldsymbol{x};\cdot)$ 为正常凸函数, 因此, 欲证明 $f'(\boldsymbol{x};\cdot)$ 处处取有限值, 只需证明 $f'(\boldsymbol{x};\boldsymbol{d}) < +\infty$ $(\boldsymbol{d} \in \mathbf{R}^n)$. 设 $\boldsymbol{x} \in \text{int dom } f$, 则对任意 $\boldsymbol{d} \in \mathbf{R}^n$ 均存在 $\tau > 0$, 使得 $\boldsymbol{x} + \tau\boldsymbol{d} \in \text{dom } f$, 于是由 $[f(\boldsymbol{x}+t\boldsymbol{d}) - f(\boldsymbol{x})]/t$ 关于 t 的单调性可得

$$f'(\boldsymbol{x};\boldsymbol{d}) \leqslant [f(\boldsymbol{x}+\tau\boldsymbol{d}) - f(\boldsymbol{x})]/\tau < +\infty$$

再由定理 2.44 的推论即知, $\partial f(\boldsymbol{x})$ 为非空紧凸集. ■

定理 2.50 设 $\mathcal{I}$ 为有限指标集, 而 $f_i : \mathbf{R}^n \to (-\infty, +\infty]$ $(i \in \mathcal{I})$ 均为正常凸函数. 定义凸函数 $f : \mathbf{R}^n \to (-\infty, +\infty]$ 为

$$f(\boldsymbol{x}) = \sup\left\{ f_i(\boldsymbol{x}) \,\middle|\, i \in \mathcal{I} \right\}$$

若 $\text{int dom } f \neq \varnothing$, 则对任意 $\boldsymbol{x} \in \text{int dom } f$ 均有

$$\partial f(\boldsymbol{x}) = \text{co}\left\{ \partial f_i(\boldsymbol{x}) \,\middle|\, i \in \mathcal{I}(\boldsymbol{x}) \right\} \tag{2.63}$$

成立, 其中 $\mathcal{I}(\boldsymbol{x}) = \{ i \in \mathcal{I} \,|\, f(\boldsymbol{x}) = f_i(\boldsymbol{x}) \}$.

证明 设 $\boldsymbol{x} \in \text{int dom } f$. 由于 $\boldsymbol{x} \in \text{int dom } f_i$ $(i \in \mathcal{I})$, 故由定理 2.49 知, $\partial f(\boldsymbol{x})$ 与 $\partial f_i(\boldsymbol{x})$ $(i \in \mathcal{I})$ 均为非空紧凸集. 令 $S = \text{co}\,\{\partial f_i(\boldsymbol{x}) \,|\, i \in \mathcal{I}(\boldsymbol{x})\}$. 由定理 2.2, S 为由 $\partial f_i(\boldsymbol{x})$ $(i \in \mathcal{I}(\boldsymbol{x}))$ 中任意有限个点的凸组合全体构成的集合, 再注意到每个 $\partial f_i(\boldsymbol{x})$ 均为凸集, 于是 S 可表示如下:

$$S = \left\{ \boldsymbol{\xi} \in \mathbf{R}^n \,\middle|\, \boldsymbol{\xi} = \sum_{i \in \mathcal{I}(\boldsymbol{x})} \alpha_i \boldsymbol{\xi}^i, \boldsymbol{\xi}^i \in \partial f_i(\boldsymbol{x}), \sum_{i \in \mathcal{I}(\boldsymbol{x})} \alpha_i = 1, \alpha_i \geqslant 0 \right\} \tag{2.64}$$

任取 $\boldsymbol{d} \in \mathbf{R}^n$ $(\boldsymbol{d} \neq \boldsymbol{0})$. 对任意 $t > 0$, 考虑指标集 $\mathcal{I}(\boldsymbol{x}+t\boldsymbol{d}) = \{ i \in \mathcal{I} \,|\, f(\boldsymbol{x}+t\boldsymbol{d}) = f_i(\boldsymbol{x}+t\boldsymbol{d}) \}$. 由于 $\mathcal{I}$ 只有有限个元素, 故存在指标 $i^* \in \mathcal{I}$ 及收敛于 0 的无穷正数列 $\{t_k\}$, 使得 $i^* \in \mathcal{I}(\boldsymbol{x}+t_k\boldsymbol{d})$. 假设 $i^* \notin \mathcal{I}(\boldsymbol{x})$, 则由 $\mathcal{I}(\boldsymbol{x})$ 的定义知 $f_{i^*}(\boldsymbol{x}) < f(\boldsymbol{x})$. 由于当 $t > 0$ 充分小时有 $\boldsymbol{x}+t\boldsymbol{d} \in \text{int dom } f \subseteq \text{int dom } f_{i^*}$, 由定理 2.33 知, 当 k

充分大时有 $f_{i^*}(\boldsymbol{x}+t_k\boldsymbol{d}) < f(\boldsymbol{x}+t_k\boldsymbol{d})$ 成立, 这与 $i^* \in \mathcal{I}(\boldsymbol{x}+t_k\boldsymbol{d})$ 相矛盾, 故必有 $i^* \in \mathcal{I}(\boldsymbol{x})$. 因此,

$$[f(\boldsymbol{x}+t_k\boldsymbol{d}) - f(\boldsymbol{x})]/t_k = [f_{i^*}(\boldsymbol{x}+t_k\boldsymbol{d}) - f_{i^*}(\boldsymbol{x})]/t_k$$

从而由方向导数的定义可得

$$f'(\boldsymbol{x};\boldsymbol{d}) = f'_{i^*}(\boldsymbol{x};\boldsymbol{d}) \tag{2.65}$$

再由 f 及 $\mathcal{I}(\boldsymbol{x})$ 的定义, 对任意 $i \in \mathcal{I}(\boldsymbol{x})$ 均有

$$[f(\boldsymbol{x}+t_k\boldsymbol{d}) - f(\boldsymbol{x})]/t_k \geqslant [f_i(\boldsymbol{x}+t_k\boldsymbol{d}) - f_i(\boldsymbol{x})]/t_k$$

故

$$f'(\boldsymbol{x};\boldsymbol{d}) \geqslant f'_i(\boldsymbol{x};\boldsymbol{d}), \quad i \in \mathcal{I}(\boldsymbol{x}) \tag{2.66}$$

综合式 (2.65) 与式 (2.66) 可得

$$f'(\boldsymbol{x};\boldsymbol{d}) = \max\left\{ f'_i(\boldsymbol{x};\boldsymbol{d}) \,\middle|\, i \in \mathcal{I}(\boldsymbol{x}) \right\} \tag{2.67}$$

注意到

$$\max\left\{ f'_i(\boldsymbol{x};\boldsymbol{d}) \,\middle|\, i \in \mathcal{I}(\boldsymbol{x}) \right\} = \max\left\{ \sum_{i\in\mathcal{I}(\boldsymbol{x})} \alpha_i f'_i(\boldsymbol{x};\boldsymbol{d}) \,\middle|\, \sum_{i\in\mathcal{I}(\boldsymbol{x})} \alpha_i = 1, \alpha_i \geqslant 0 \right\}$$

则由式 (2.61) 及式 (2.67) 可得

$$\begin{aligned} f'(\boldsymbol{x};\boldsymbol{d}) &= \max\left\{ \sum_{i\in\mathcal{I}(\boldsymbol{x})} \alpha_i \max\left\{ \langle \boldsymbol{\xi}^i, \boldsymbol{d}\rangle \,|\, \boldsymbol{\xi}^i \in \partial f_i(\boldsymbol{x}) \right\} \,\middle|\, \sum_{i\in\mathcal{I}(\boldsymbol{x})} \alpha_i = 1, \alpha_i \geqslant 0 \right\} \\ &= \max\left\{ \sum_{i\in\mathcal{I}(\boldsymbol{x})} \alpha_i \langle \boldsymbol{\xi}^i, \boldsymbol{d}\rangle \,\middle|\, \boldsymbol{\xi}^i \in \partial f_i(\boldsymbol{x}), \sum_{i\in\mathcal{I}(\boldsymbol{x})} \alpha_i = 1, \alpha_i \geqslant 0 \right\} \end{aligned}$$

进而由式 (2.64) 得到

$$f'(\boldsymbol{x};\boldsymbol{d}) = \max\left\{ \langle \boldsymbol{\xi}, \boldsymbol{d}\rangle \,\middle|\, \boldsymbol{\xi} \in S \right\}$$

由向量 $\boldsymbol{d}$ 的任意性, 并利用定理 2.48 可得

$$\delta^*_{\partial f(\boldsymbol{x})}(\boldsymbol{d}) = \max\left\{ \langle \boldsymbol{\xi}, \boldsymbol{d}\rangle \,\middle|\, \boldsymbol{\xi} \in S \right\}, \quad \boldsymbol{d} \in \mathbf{R}^n$$

也即 $\delta^*_{\partial f(\boldsymbol{x})} = \delta^*_S$. 由于 $\partial f(\boldsymbol{x})$ 与 S 均为紧凸集, 因此, 必有 $\partial f(\boldsymbol{x}) = S$. ■

当所有 f_i 均在 $\boldsymbol{x}$ 处可微时, 式 (2.63) 可表示为

$$\partial f(\boldsymbol{x}) = \mathrm{co}\left\{ \nabla f_i(\boldsymbol{x}) \,\middle|\, i \in \mathcal{I}(\boldsymbol{x}) \right\} \tag{2.68}$$

例 2.17 图 2.19 表示的是如下定义的函数 $f:\mathbf{R}^2\to\mathbf{R}$ 的等高线:

$$f(\boldsymbol{x})=\max\Big\{-x_1-x_2,\ -x_1+x_2,\ x_1\Big\}$$

利用式 (2.68) 可得 f 在点 $\boldsymbol{x}^1=(0,0)^{\mathrm{T}}$ 与 $\boldsymbol{x}^2=(1,2)^{\mathrm{T}}$ 处的次微分分别为

$$\partial f(\boldsymbol{x}^1)=\mathrm{co}\Big\{(-1,-1)^{\mathrm{T}},(-1,1)^{\mathrm{T}},(1,0)^{\mathrm{T}}\Big\}$$

$$\partial f(\boldsymbol{x}^2)=\mathrm{co}\Big\{(-1,1)^{\mathrm{T}},(1,0)^{\mathrm{T}}\Big\}$$

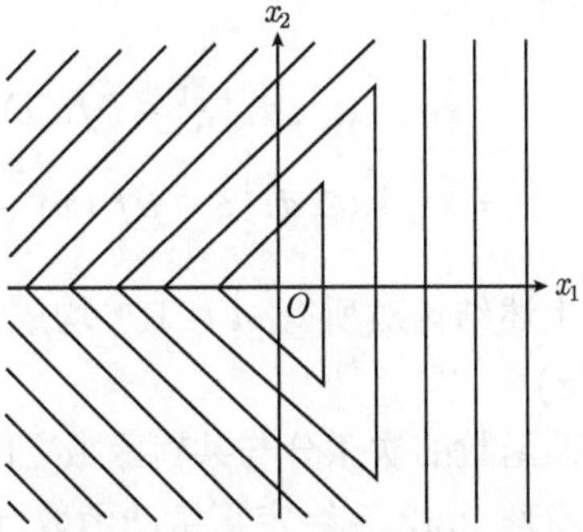

图 2.19 $f(\boldsymbol{x})=\max\{-x_1-x_2,\ -x_1+x_2,\ x_1\}$

关于凸函数的和以及数乘的次微分有下面的定理:

定理 2.51 对于正常凸函数 $f:\mathbf{R}^n\to(-\infty,+\infty]$ 与任意实数 $\lambda>0$ 必有

$$\partial(\lambda f)(\boldsymbol{x})=\lambda\partial f(\boldsymbol{x}),\quad \boldsymbol{x}\in\mathbf{R}^n \tag{2.69}$$

此外, 给定正常凸函数 $f_i:\mathbf{R}^n\to(-\infty,+\infty]$ $(i=1,\cdots,m)$, 则有

$$\partial(f_1+\cdots+f_m)(\boldsymbol{x})\supseteq\partial f_1(\boldsymbol{x})+\cdots+\partial f_m(\boldsymbol{x}),\quad \boldsymbol{x}\in\mathbf{R}^n \tag{2.70}$$

若进一步还有 $\mathrm{ri}\ \mathrm{dom}\ f_1\cap\cdots\cap\mathrm{ri}\ \mathrm{dom}\ f_m\neq\varnothing$, 则式 (2.70) 中的等号成立.

证明 由次梯度的定义立即可得式 (2.69). 下面证明定理的后半部分. 任取 $\boldsymbol{\xi}^i\in\partial f_i(\boldsymbol{x})$ $(i=1,\cdots,m)$, 并令 $\boldsymbol{\xi}=\boldsymbol{\xi}^1+\cdots+\boldsymbol{\xi}^m$, 则有

$$\begin{aligned}f_1(\boldsymbol{y})+\cdots+f_m(\boldsymbol{y})&\geqslant f_1(\boldsymbol{x})+\langle\boldsymbol{\xi}^1,\boldsymbol{y}-\boldsymbol{x}\rangle+\cdots+f_m(\boldsymbol{x})+\langle\boldsymbol{\xi}^m,\boldsymbol{y}-\boldsymbol{x}\rangle\\&=f_1(\boldsymbol{x})+\cdots+f_m(\boldsymbol{x})+\langle\boldsymbol{\xi},\boldsymbol{y}-\boldsymbol{x}\rangle,\quad \boldsymbol{y}\in\mathbf{R}^n\end{aligned}$$

这说明 $\boldsymbol{\xi}\in\partial(f_1+\cdots+f_m)(\boldsymbol{x})$, 故式 (2.70) 成立. 注意: 若存在 i, 使得 $\partial f_i(\boldsymbol{x})=\varnothing$, 则式 (2.70) 的右侧为空集, 因此, 该式仍然成立. 证明定理的最后一个结论需要更多的预备知识, 这里为简单起见, 只考虑 $\boldsymbol{x}\in\mathrm{int}\ \mathrm{dom}\ f_i$ $(i=1,\cdots,m)$ 的情形. 若 $\boldsymbol{x}\in\mathrm{int}\ \mathrm{dom}\ f_i$ $(i=1,\cdots,m)$, 则由定理 2.49 知, $f_i'(\boldsymbol{x};\boldsymbol{d})$ 对任意 $\boldsymbol{d}$ 均取有限值, 于是有

$$(f_1+\cdots+f_m)'(\boldsymbol{x};\boldsymbol{d})=f_1'(\boldsymbol{x};\boldsymbol{d})+\cdots+f_m'(\boldsymbol{x};\boldsymbol{d}) \tag{2.71}$$

由 (2.61) 知, 式 (2.71) 的左侧等于

$$\sup\Big\{\langle\boldsymbol{\xi},\boldsymbol{d}\rangle\ \Big|\ \boldsymbol{\xi}\in\partial(f_1+\cdots+f_m)(\boldsymbol{x})\Big\}$$

而右侧为

$$\begin{aligned}&\sup\left\{\langle\boldsymbol{\xi}^1,\boldsymbol{d}\rangle\,\middle|\,\boldsymbol{\xi}^1\in\partial f_1(\boldsymbol{x})\right\}+\cdots+\sup\left\{\langle\boldsymbol{\xi}^m,\boldsymbol{d}\rangle\,\middle|\,\boldsymbol{\xi}^m\in\partial f_m(\boldsymbol{x})\right\}\\ =&\sup\left\{\langle\boldsymbol{\xi},\boldsymbol{d}\rangle\,\middle|\,\boldsymbol{\xi}\in\partial f_1(\boldsymbol{x})+\cdots+\partial f_m(\boldsymbol{x})\right\}\end{aligned}$$

由于上述结论对所有 $\boldsymbol{d}\in\mathbf{R}^n$ 均成立, 故有 $\partial(f_1+\cdots+f_m)(\boldsymbol{x})=\partial f_1(\boldsymbol{x})+\cdots+\partial f_m(\boldsymbol{x})$. ■

凸函数的次微分与共轭函数之间有着如下非常有趣的关系:

定理 2.52　给定正常凸函数 $f:\mathbf{R}^n\to(-\infty,+\infty]$, 则 $\boldsymbol{\xi}\in\partial f(\boldsymbol{x})$ 的充要条件是

$$f(\boldsymbol{x})+f^*(\boldsymbol{\xi})\leqslant\langle\boldsymbol{x},\boldsymbol{\xi}\rangle \tag{2.72}$$

该条件进一步等价于

$$f(\boldsymbol{x})+f^*(\boldsymbol{\xi})=\langle\boldsymbol{x},\boldsymbol{\xi}\rangle \tag{2.73}$$

此外, 若 f 为闭正常凸函数, 则 $\boldsymbol{\xi}\in\partial f(\boldsymbol{x})$ 等价于 $\boldsymbol{x}\in\partial f^*(\boldsymbol{\xi})$.

证明　由次梯度的定义 (2.58), $\boldsymbol{\xi}\in\partial f(\boldsymbol{x})$ 等价于

$$\langle\boldsymbol{x},\boldsymbol{\xi}\rangle-f(\boldsymbol{x})\geqslant\langle\boldsymbol{y},\boldsymbol{\xi}\rangle-f(\boldsymbol{y}),\quad \boldsymbol{y}\in\mathbf{R}^n$$

于是由共轭函数的定义 (2.42) 即得定理的第一个结论. 再由共轭函数的定义 (2.42) 有

$$f(\boldsymbol{x})+f^*(\boldsymbol{\xi})\geqslant\langle\boldsymbol{x},\boldsymbol{\xi}\rangle,\quad \boldsymbol{x}\in\mathbf{R}^n,\ \boldsymbol{\xi}\in\mathbf{R}^n$$

成立, 故式 (2.72) 与式 (2.73) 等价.

设 f 是闭正常凸函数, 则由定理 2.39 知 $f=f^{**}$, 于是式 (2.73) 可改写为

$$f^*(\boldsymbol{\xi})+f^{**}(\boldsymbol{x})=\langle\boldsymbol{\xi},\boldsymbol{x}\rangle$$

由定理的前半部分结论可知, 上式意味着 $\boldsymbol{x}\in\partial f^*(\boldsymbol{\xi})$, 因此, $\boldsymbol{\xi}\in\partial f(\boldsymbol{x})$ 与 $\boldsymbol{x}\in\partial f^*(\boldsymbol{\xi})$ 等价. ■

定理 2.52 表明, 使得正常凸函数 f 的共轭函数

$$f^*(\boldsymbol{\xi})=\sup\left\{\langle\boldsymbol{x},\boldsymbol{\xi}\rangle-f(\boldsymbol{x})\,\middle|\,\boldsymbol{x}\in\mathbf{R}^n\right\}$$

的右侧达到最大的 $\boldsymbol{x}$ 即为 f^* 在 $\boldsymbol{\xi}$ 处的次梯度. 闭正常凸函数的次梯度与其双重共轭函数之间也有同样的关系成立. 定理 2.52 还表明, 若将闭正常凸函数 f 的次微分看成由 $\boldsymbol{x}$ 对应到 $\partial f(\boldsymbol{x})$ 的映射, 则 ∂f 与 ∂f^* 互为逆映射.

例 2.18 考虑如下定义的函数 $f:\mathbf{R}\to(-\infty,+\infty]$:

$$f(x)=\begin{cases}+\infty, & x<a_1\\ b_1x+\beta_1, & a_1\leqslant x<a_2\\ b_2x+\beta_2, & a_2\leqslant x\end{cases}$$

其中 $a_1<a_2$, $b_1<b_2$, 并且 $b_1a_2+\beta_1=b_2a_2+\beta_2$. 图 2.20(a) 描绘出了 f 的图像. 将这样的函数称为**逐片线性凸函数** (piecewise linear convex function). 函数 f 的共轭函数

$$f^*(\xi)=\begin{cases}a_1\xi+\alpha_1, & \xi\leqslant b_1\\ a_2\xi+\alpha_2, & b_1<\xi\leqslant b_2\\ +\infty, & b_2<\xi\end{cases}$$

也是逐片线性凸函数 (图 2.20(b)), 其中 α_1,α_2 为满足 $\alpha_1+\beta_1+a_1b_1=0$ 与 $\alpha_2+\beta_2+a_2b_2=0$ 的常数. f 与 f^* 的次微分可分别表示如下 (图 2.21):

$$\partial f(x)=\begin{cases}\varnothing, & x<a_1,\\ (-\infty,b_1], & x=a_1,\\ \{b_1\}, & a_1<x<a_2,\\ [b_1,b_2], & x=a_2,\\ \{b_2\}, & a_2<x,\end{cases}\qquad \partial f^*(\xi)=\begin{cases}\{a_1\}, & \xi<b_1\\ [a_1,a_2], & \xi=b_1\\ \{a_2\}, & b_1<\xi<b_2\\ [a_2,+\infty), & \xi=b_2\\ \varnothing, & b_2<\xi\end{cases}$$

从图 2.21 中即可看出次微分的映射 ∂f 与 ∂f^* 之间互为逆映射的关系. 此外, 如图 2.21 所示, 逐片线性凸函数的次微分一定也是逐片函数.

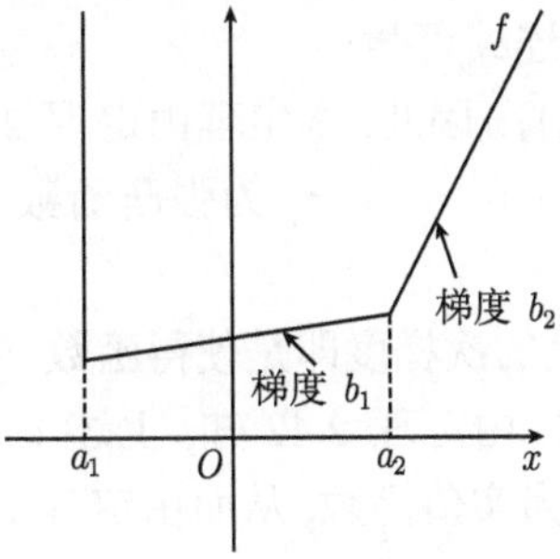

(a) 例 2.18 中的函数

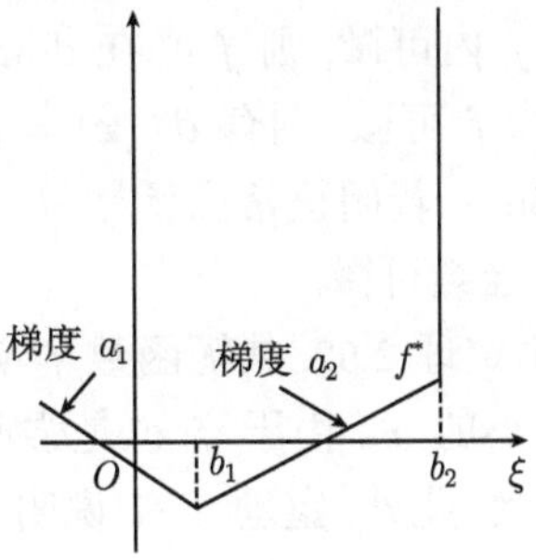

(b) 共轭函数 f^*

图 2.20

下面的定理说明次微分 ∂f 作为映射具有某种连续性. 具有这种性质的映射称为闭映射 (见 2.12 节).

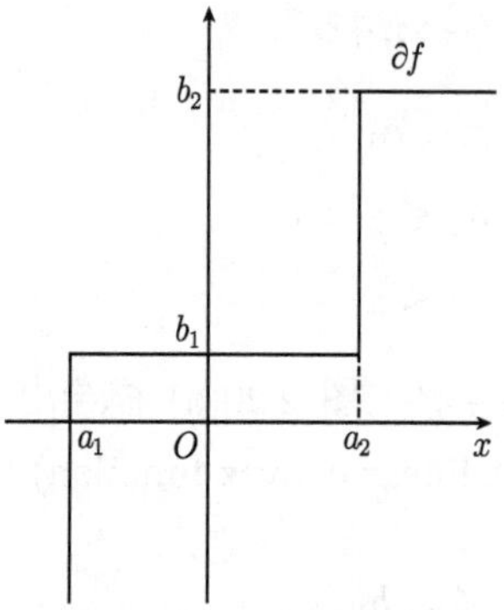

(a) 例 2.18 中 f 的次微分 ∂f

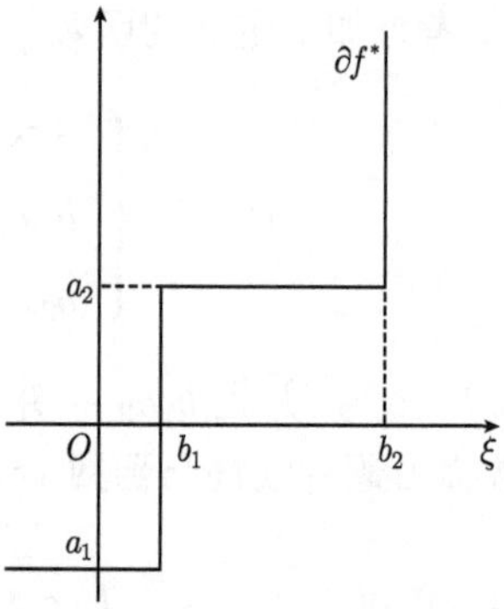

(b) f^* 的次微分 ∂f^*

图 2.21

定理 2.53　设 $f:\mathbf{R}^n\to(-\infty,+\infty]$ 为闭正常凸函数. 给定满足 $\boldsymbol{x}^k\to\boldsymbol{x}$ 的点列 $\{\boldsymbol{x}^k\}\subseteq\mathbf{R}^n$, 若 $\boldsymbol{\xi}^k\in\partial f(\boldsymbol{x}^k)$ 且 $\boldsymbol{\xi}^k\to\boldsymbol{\xi}$, 则有 $\boldsymbol{\xi}\in\partial f(\boldsymbol{x})$.

证明　由式 (2.72) 知, 若 $\boldsymbol{\xi}^k\in\partial f(\boldsymbol{x}^k)$, 则有

$$f(\boldsymbol{x}^k)+f^*(\boldsymbol{\xi}^k)\leqslant\langle\boldsymbol{x}^k,\boldsymbol{\xi}^k\rangle,\quad k=1,2,\cdots$$

考虑上式两侧的极限. 显然, 右侧收敛于 $\langle\boldsymbol{x},\boldsymbol{\xi}\rangle$, 而由定理的假设及定理 2.36 知, f 与 f^* 均为闭正常凸函数, 故有 $f(\boldsymbol{x})\leqslant\liminf\limits_{k\to\infty}f(\boldsymbol{x}^k)$ 且 $f^*(\boldsymbol{\xi})\leqslant\liminf\limits_{k\to\infty}f^*(\boldsymbol{\xi}^k)$, 于是有

$$f(\boldsymbol{x})+f^*(\boldsymbol{\xi})\leqslant\langle\boldsymbol{x},\boldsymbol{\xi}\rangle$$

成立, 从而由定理 2.52 知 $\boldsymbol{\xi}\in\partial f(\boldsymbol{x})$. ■

定理 2.54　设闭正常凸函数 $f:\mathbf{R}^n\to(-\infty,+\infty]$ 的有效域 $\mathrm{dom}\,f$ 为开集. 若 f 在 $\mathrm{dom}\,f$ 内可微, 则 f 必在 $\mathrm{dom}\,f$ 内连续可微.

证明　若 f 可微, 则有 $\partial f(\boldsymbol{x})=\{\nabla f(\boldsymbol{x})\}$. 因此, 本定理由定理 2.53 即得. ■

定理 2.55　若闭正常凸函数 $f:\mathbf{R}^n\to(-\infty,+\infty]$ 为强凸函数, 则共轭函数 $f^*:\mathbf{R}^n\to\mathbf{R}$ 连续可微.

证明　由定理 2.52, 共轭函数 f^* 在 $\boldsymbol{\xi}$ 处的次梯度即是使得函数 $\hat{f}(\boldsymbol{x})=f(\boldsymbol{x})-\langle\boldsymbol{x},\boldsymbol{\xi}\rangle$ 达到最小的 $\boldsymbol{x}$. 由于 $\hat{f}$ 也是强凸函数, 由定理 2.42 知, 上述 $\boldsymbol{x}$ 存在且唯一, 故 f^* 处处可微. 此外, 定理 2.37 说明 f^* 必为实值函数, 从而由定理 2.54 知, f^* 处处连续可微. ■

2.11　非凸函数的次梯度

次梯度的概念可以推广到非凸函数. 由于对函数值可能取 $\pm\infty$ 的广义实值函

数来说需要较为复杂的讨论, 因此本节只限于讨论处处取实数值的函数.

当函数 $f:\mathbf{R}^n\to\mathbf{R}$ 为凸函数时, 由定理 2.47, f 在点 $\boldsymbol{x}$ 处的次梯度 $\boldsymbol{\xi}\in\partial f(\boldsymbol{x})$ 即为满足式 (2.60) 的向量, 其中的方向导数 $f'(\boldsymbol{x};\boldsymbol{d})$ 则刻画了函数 f 在点 $\boldsymbol{x}$ 附近的局部变化趋势. 这提示可以考虑将式 (2.60) 中的 f 推广到非凸函数的情形, 并据此定义非凸函数的次梯度. 然而, 由于式 (2.60) 是基于 $f'(\boldsymbol{x};\cdot):\mathbf{R}^n\to\mathbf{R}$ 为凸函数这样一种性质, 而当 f 为非凸函数时并不能保证方向导数的存在性, 即使假定方向导数 $f'(\boldsymbol{x};\cdot)$ 存在也未必是凸函数, 因此, 并不能原封不动地将式 (2.60) 推广到非凸函数. 现在定义函数 f 在点 $\boldsymbol{x}$ 处的**广义方向导数** (generalized directional derivative) 如下:

$$f^\circ(\boldsymbol{x};\boldsymbol{d})=\limsup_{\substack{\boldsymbol{y}\to\boldsymbol{x}\\ t\searrow 0}}\,[f(\boldsymbol{y}+t\boldsymbol{d})-f(\boldsymbol{y})]/t \tag{2.74}$$

注意：上式右侧的上极限既要求 $t\searrow 0$, 也要求 $\boldsymbol{y}\to\boldsymbol{x}$.

例 2.19 考虑如下定义的函数 $f:\mathbf{R}\to\mathbf{R}$ (图 2.22):

$$f(x)=\begin{cases}-x+2^{-2k+1}, & 2^{-2k}<x\leqslant 2^{-2k+1},\ k=0,\pm1,\pm2,\dots\\ 2x-2^{-2k}, & 2^{-2k-1}<x\leqslant 2^{-2k},\ k=0,\pm1,\pm2,\dots\\ 0, & x\leqslant 0\end{cases}$$

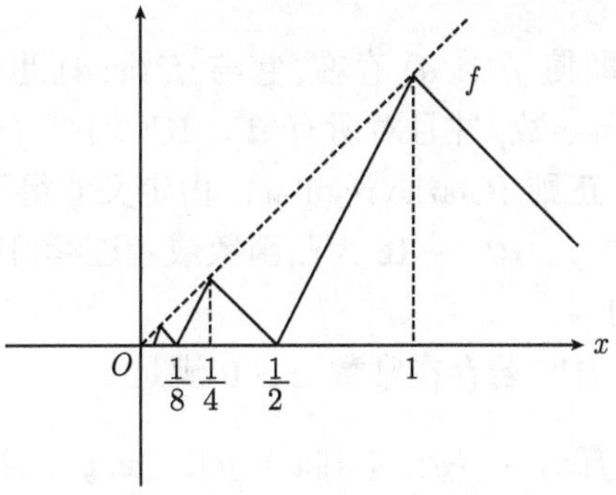

图 2.22 例 2.19 中的函数 f

该函数在 $x=0$ 处的广义方向导数可表示为

$$f^\circ(0;d)=\begin{cases}2d, & d\geqslant 0\\ -d, & d<0\end{cases}$$

然而, 当 $d>0$ 时, 通常意义下的方向导数 $f'(0;d)$ 并不存在. 另外, 若在式 (2.74) 中固定 $y=0$, 则上极限为

$$\limsup_{t\searrow 0}\,[f(td)-f(0)]/t=\begin{cases}d, & d\geqslant 0\\ 0, & d<0\end{cases}$$

这与 $f^\circ(0;d)$ 不一致.

例 2.20　考虑一元函数

$$f(x) = \min\left\{x^2/2 - x,\, x^2 + 2x\right\}$$

该函数在 $x = 0$ 处的广义方向导数与通常意义下的方向导数可分别表示如下 (图 2.23):

$$f'(0;d) = \begin{cases} -d, & d \geqslant 0, \\ 2d, & d < 0, \end{cases} \qquad f^\circ(0;d) = \begin{cases} 2d, & d \geqslant 0 \\ -d, & d < 0 \end{cases}$$

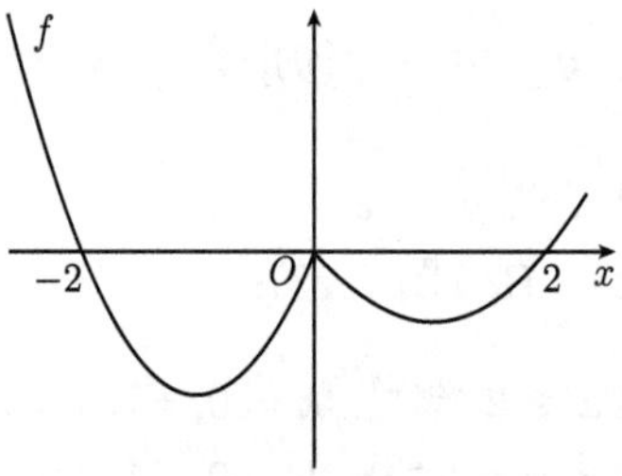

(a) 例 2.20 中的函数

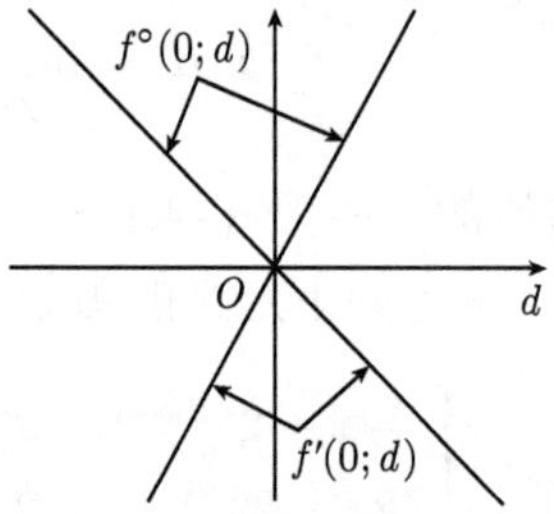

(b) 方向导数

图 2.23

如例 2.20 中所示, 即使 $f'(\boldsymbol{x};\boldsymbol{d})$ 存在, 它与 $f^\circ(\boldsymbol{x};\boldsymbol{d})$ 也未必是一致的. 特别地, 若 f 在点 $\boldsymbol{x}$ 处存在方向导数, 并且对所有 $\boldsymbol{d} \in \mathbf{R}^n$ 均有 $f^\circ(\boldsymbol{x};\boldsymbol{d}) = f'(\boldsymbol{x};\boldsymbol{d})$ 成立, 则称 f 在 $\boldsymbol{x}$ 处 **Clarke 正则** (Clarke regular). 由定义即得下面的定理:

定理 2.56　若函数 $f : \mathbf{R}^n \to \mathbf{R}$ 为凸函数或者连续可微函数, 则 f 在任意点 $\boldsymbol{x}$ 处均为 Clarke 正则的.

对任意有界集 $\Omega \subset \mathbf{R}^n$, 若存在常数 $\kappa > 0$ 满足

$$|f(\boldsymbol{x}) - f(\boldsymbol{y})| \leqslant \kappa\|\boldsymbol{x} - \boldsymbol{y}\|, \quad \boldsymbol{x}, \boldsymbol{y} \in \Omega \tag{2.75}$$

则称函数 $f : \mathbf{R}^n \to \mathbf{R}$ 为**局部 Lipschitz 连续** (locally Lipschitz continuous), 其中常数 κ 是否依赖于集合 Ω 都没有关系. 特别地, 当 κ 不依赖于 Ω 时, 称 f 为 **Lipschitz 连续** (Lipschitz continuous). 例如, 仿射函数为 Lipschitz 连续, 而二次函数虽然一般非 Lipschitz 连续, 但却是局部 Lipschitz 连续的. 众所周知, 连续可微函数以及处处取有限值的凸函数均为局部 Lipschitz 连续函数. 下面主要就局部 Lipschitz 连续函数进行讨论.

定理 2.57　若函数 $f : \mathbf{R}^n \to \mathbf{R}$ 局部 Lipschitz 连续, 则对任意 $\boldsymbol{x} \in \mathbf{R}^n$ 与 $\boldsymbol{d} \in \mathbf{R}^n$, 广义方向导数 $f^\circ(\boldsymbol{x};\boldsymbol{d})$ 均为有限值, 并且满足

$$|f^\circ(\boldsymbol{x};\boldsymbol{d})| \leqslant \kappa\|\boldsymbol{d}\|, \quad \boldsymbol{d} \in \mathbf{R}^n \tag{2.76}$$

其中 κ 为依赖于 $\boldsymbol{x}$ 的正常数. 此外, 对任意 $\boldsymbol{x}\in\mathbf{R}^n$, $f^\circ(\boldsymbol{x};\cdot):\mathbf{R}^n\to\mathbf{R}$ 均为正齐次凸函数.

证明 式 (2.76) 由式 (2.74) 与式 (2.75) 可得, 而 $f^\circ(\boldsymbol{x};\cdot)$ 的正齐次性

$$f^\circ(\boldsymbol{x};\lambda\boldsymbol{d})=\lambda f^\circ(\boldsymbol{x};\boldsymbol{d}),\quad \boldsymbol{d}\in\mathbf{R}^n,\lambda>0$$

也可由式 (2.74) 得到, 故只需证明 $f^\circ(\boldsymbol{x};\cdot)$ 为凸函数. 为此, 任取 $\boldsymbol{d}^1,\boldsymbol{d}^2\in\mathbf{R}^n$ 及 $\alpha\in[0,1]$, 则由式 (2.74) 有

$$\begin{aligned}
&f^\circ(\boldsymbol{x};(1-\alpha)\boldsymbol{d}^1+\alpha\boldsymbol{d}^2)\\
=&\limsup_{\substack{\boldsymbol{y}\to\boldsymbol{x}\\ t\searrow 0}}[f(\boldsymbol{y}+t[(1-\alpha)\boldsymbol{d}^1+\alpha\boldsymbol{d}^2])-f(\boldsymbol{y})]/t\\
\leqslant&\limsup_{\substack{\boldsymbol{y}\to\boldsymbol{x}\\ t\searrow 0}}[f(\boldsymbol{y}+t(1-\alpha)\boldsymbol{d}^1+t\alpha\boldsymbol{d}^2)-f(\boldsymbol{y}+t\alpha\boldsymbol{d}^2)]/t\\
&+\limsup_{\substack{\boldsymbol{y}\to\boldsymbol{x}\\ t\searrow 0}}[f(\boldsymbol{y}+t\alpha\boldsymbol{d}^2)-f(\boldsymbol{y})]/t\\
=&(1-\alpha)f^\circ(\boldsymbol{x};\boldsymbol{d}^1)+\alpha f^\circ(\boldsymbol{x};\boldsymbol{d}^2)
\end{aligned}$$

成立, 因此, $f^\circ(\boldsymbol{x};\cdot)$ 为凸函数. ■

由定理 2.57 知, 广义方向导数 $f^\circ(\boldsymbol{x};\boldsymbol{d})$ 通常关于 $\boldsymbol{d}$ 为凸函数. 利用该性质即能够按照与式 (2.60) 同样的方法将次梯度的概念推广到非凸函数. 称满足

$$f^\circ(\boldsymbol{x};\boldsymbol{d})\geqslant\langle\boldsymbol{\xi},\boldsymbol{d}\rangle,\quad \boldsymbol{d}\in\mathbf{R}^n \tag{2.77}$$

的向量 $\boldsymbol{\xi}\in\mathbf{R}^n$ 为函数 f 在点 $\boldsymbol{x}\in\mathbf{R}^n$ 处的**次梯度**, 并称 f 在 $\boldsymbol{x}$ 处的次梯度的全体构成的集合为**次微分**, 记为 $\partial f(\boldsymbol{x})$.

例 2.21 例 2.19 与例 2.20 中的函数 $f:\mathbf{R}\to\mathbf{R}$ 在 $x=0$ 处的次微分均为 $\partial f(0)=\{\xi\in\mathbf{R}\mid -1\leqslant\xi\leqslant 2\}$ (图 2.23).

由定理 2.56 知, 若 $f:\mathbf{R}^n\to\mathbf{R}$ 为凸函数, 则由式 (2.77) 定义的次微分与 2.10 节关于凸函数的次微分是一致的. 为了区别于凸函数的次微分, 有时也称式 (2.77) 定义的次微分为 **Clarke 次微分** (Clarke subdifferential). 关于局部 Lipschitz 连续函数的可微性有下面的定理成立, 这里省略了定理的证明.

定理 2.58 若函数 $f:\mathbf{R}^n\to\mathbf{R}$ 连续可微, 则 f 必为局部 Lipschitz 连续, 并且对任意 $\boldsymbol{x}$ 均有 $\partial f(\boldsymbol{x})=\{\nabla f(\boldsymbol{x})\}$ 成立. 反之, 若 f 局部 Lipschitz 连续, 并且存在开球 $B(\boldsymbol{x},r)$, 使得 $\partial f(\boldsymbol{z})$ 在该开球内每一点 $\boldsymbol{z}$ 处都只含有一个元素, 则 f 在开球 $B(\boldsymbol{x},r)$ 内连续可微.

证明 请参见文献 Clarke (1983)[10]. ■

如下面的例子所示, 定理 2.58 中的连续可微性假设不能简单地用可微性条件来替换.

例 2.22　考虑一元函数

$$f(x)=\begin{cases} x^2\sin(1/x), & x\neq 0\\ 0, & x=0\end{cases}$$

该函数在任意 x 处均可微, 并且

$$\nabla f(x)=\begin{cases} 2x\sin(1/x)-\cos(1/x), & x\neq 0\\ 0, & x=0\end{cases}$$

但是 ∇f 在 $x=0$ 处不连续. 实际上, 由于 $\partial f(0)=\{\xi\in\mathbf{R}\mid -1\leqslant\xi\leqslant 1\}$, 因此, $\partial f(0)=\{\nabla f(0)\}$ 不成立.

定理 2.59　若函数 $f:\mathbf{R}^n\to\mathbf{R}$ 局部 Lipschitz 连续, 则对任意 $\boldsymbol{x}\in\mathbf{R}^n$ 与 $\boldsymbol{d}\in\mathbf{R}^n$ 均有

$$\begin{aligned} f^\circ(\boldsymbol{x};\boldsymbol{d}) &= \max\left\{\langle\boldsymbol{\xi},\boldsymbol{d}\rangle \,\middle|\, \boldsymbol{\xi}\in\partial f(\boldsymbol{x})\right\}\\ &= \delta^*_{\partial f(\boldsymbol{x})}(\boldsymbol{d}) \end{aligned} \tag{2.78}$$

成立, 并且 $\partial f(\boldsymbol{x})$ 为非空紧凸集.

证明　由定理 2.57 知, $f^\circ(\boldsymbol{x};\cdot):\mathbf{R}^n\to\mathbf{R}$ 为处处取有限值的正齐次凸函数, 因此, 由定理 2.44 及其推论即得本定理的结论. ■

关于局部 Lipschitz 连续函数的次梯度有下面的定理成立:

定理 2.60　对局部 Lipschitz 连续函数 $f:\mathbf{R}^n\to\mathbf{R}$ 及任意实数 $\lambda>0$ 有

$$\partial(\lambda f)(\boldsymbol{x})=\lambda\partial f(\boldsymbol{x}),\quad \boldsymbol{x}\in\mathbf{R}^n$$

成立. 此外, 对局部 Lipschitz 连续函数 $f_i:\mathbf{R}^n\to\mathbf{R}$ $(i=1,\cdots,m)$ 有

$$\partial(f_1+\cdots+f_m)(\boldsymbol{x})\subseteq\partial f_1(\boldsymbol{x})+\cdots+\partial f_m(\boldsymbol{x}),\quad \boldsymbol{x}\in\mathbf{R}^n \tag{2.79}$$

成立.

证明　前半部分由定义即得, 下面来证明后半部分. 为简便起见, 假定 $m=2$, 由此可以很容易地推广到 $m\geqslant 3$ 的情形. 首先, 由式 (2.74) 总有

$$(f_1+f_2)^\circ(\boldsymbol{x};\boldsymbol{d})\leqslant f_1^\circ(\boldsymbol{x};\boldsymbol{d})+f_2^\circ(\boldsymbol{x};\boldsymbol{d}),\quad \boldsymbol{x}\in\mathbf{R}^n,\boldsymbol{d}\in\mathbf{R}^n \tag{2.80}$$

成立. 由式 (2.78) 有

$$(f_1+f_2)^\circ(\boldsymbol{x};\boldsymbol{d})=\max\left\{\langle\boldsymbol{\xi},\boldsymbol{d}\rangle \,\middle|\, \boldsymbol{\xi}\in\partial(f_1+f_2)(\boldsymbol{x})\right\}=\delta^*_{\partial(f_1+f_2)(\boldsymbol{x})}(\boldsymbol{d})$$

$$f_1^\circ(\boldsymbol{x};\boldsymbol{d})+f_2^\circ(\boldsymbol{x};\boldsymbol{d})=\max\left\{\langle\boldsymbol{\xi},\boldsymbol{d}\rangle \,\middle|\, \boldsymbol{\xi}\in\partial f_1(\boldsymbol{x})+\partial f_2(\boldsymbol{x})\right\}=\delta^*_{\partial f_1(\boldsymbol{x})+\partial f_2(\boldsymbol{x})}(\boldsymbol{d})$$

由于闭凸集的支撑函数与示性函数相互共轭, 于是由式 (2.80) 可得

$$\begin{aligned}\delta_{\partial(f_1+f_2)(\boldsymbol{x})}(\boldsymbol{y}) &= \max\left\{\langle \boldsymbol{y},\boldsymbol{d}\rangle - ((f_1+f_2)^\circ(\boldsymbol{x};\boldsymbol{d}))\,\middle|\,\boldsymbol{d}\in\mathbf{R}^n\right\}\\ &\geqslant \max\left\{\langle \boldsymbol{y},\boldsymbol{d}\rangle - (f_1^\circ(\boldsymbol{x};\boldsymbol{d})+f_2^\circ(\boldsymbol{x};\boldsymbol{d}))\,\middle|\,\boldsymbol{d}\in\mathbf{R}^n\right\}\\ &= \delta_{\partial f_1(\boldsymbol{x})+\partial f_2(\boldsymbol{x})}(\boldsymbol{y}), \quad \boldsymbol{y}\in\mathbf{R}^n\end{aligned}$$

因此, 包含关系 (2.79) 得证. ■

定理 2.60 可看成关于凸函数的定理 2.51 的推广. 与针对一般凸函数的式 (2.70) 相比, 式 (2.79) 中的包含关系是逆向的, 但这也没有什么可奇怪的. 实际上, 对于定理 2.51 中那样假定 f_i $(i=1,\cdots,m)$ 均为有限凸函数的情形必有

$$\partial(f_1+\cdots+f_m)(\boldsymbol{x}) = \partial f_1(\boldsymbol{x})+\cdots+\partial f_m(\boldsymbol{x}), \quad \boldsymbol{x}\in\mathbf{R}^n \tag{2.81}$$

成立, 因此, 定理 2.60 中的式 (2.79) 也包含式 (2.81) 的情形. 如下面的例子所示, 式 (2.81) 对于有限非凸函数未必恒成立.

例 2.23 考虑下面的函数 $f_i:\mathbf{R}\to\mathbf{R}$ $(i=1,2)$:

$$f_1(x)=|x|, \quad f_2(x)=-2|x|$$

则在 $x=0$ 处有 $f_1^\circ(0;d)=|d|$ 且 $f_2^\circ(0;d)=2|d|$, 因此, $\partial f_1(0)=[-1,1]$ 且 $\partial f_2(0)=[-2,2]$, 从而有 $\partial f_1(0)+\partial f_2(0)=[-3,3]$. 但是, 由于

$$(f_1+f_2)(x)=-|x|$$

故有 $f^\circ(0;d)=|d|$, 所以 $\partial(f_1+f_2)(0)=[-1,1]$.

可以很容易地证明下面的推论:

推论 2.4 若局部 Lipschitz 连续函数 $f_i:\mathbf{R}^n\to\mathbf{R}$ $(i=1,\cdots,m)$ 均在点 $\boldsymbol{x}$ 处 Clarke 正则, 则式 (2.81) 成立.

下面的定理是关于凸函数的定理 2.50 的推广:

定理 2.61 设 $\mathcal{I}$ 为有限指标集, $f_i:\mathbf{R}^n\to\mathbf{R}$ $(i\in\mathcal{I})$ 为局部 Lipschitz 连续函数. 定义函数 $f:\mathbf{R}^n\to\mathbf{R}$ 为

$$f(\boldsymbol{x})=\max\left\{f_i(\boldsymbol{x})\,\middle|\,i\in\mathcal{I}\right\}$$

则对任意 $\boldsymbol{x}\in\mathbf{R}^n$ 均有

$$\partial f(\boldsymbol{x})\subseteq \mathrm{co}\left\{\partial f_i(\boldsymbol{x})\,\middle|\,i\in\mathcal{I}(\boldsymbol{x})\right\}$$

成立, 其中 $\mathcal{I}(\boldsymbol{x})=\{i\in\mathcal{I}\,|\,f(\boldsymbol{x})=f_i(\boldsymbol{x})\}$.

证明 首先注意：f 也是局部 Lipschitz 连续函数. 现设 $S = \text{co}\,\{\partial f_i(\boldsymbol{x})\,|\,i \in \mathcal{I}(\boldsymbol{x})\}$. 容易证明 S 为非空紧凸集, 并且

$$\max\left\{\langle \boldsymbol{\xi}, \boldsymbol{d}\rangle \,\middle|\, \boldsymbol{\xi} \in S\right\} = \max\left\{f_i^\circ(\boldsymbol{x}; \boldsymbol{d}) \,\middle|\, i \in \mathcal{I}(\boldsymbol{x})\right\}$$

成立, 故由式 (2.78) 只需证明

$$f^\circ(\boldsymbol{x}; \boldsymbol{d}) \leqslant \max\left\{f_i^\circ(\boldsymbol{x}; \boldsymbol{d}) \,\middle|\, i \in \mathcal{I}(\boldsymbol{x})\right\} \tag{2.82}$$

即可. 为此, 选取点列 $\{\boldsymbol{y}^k\}$ 及正数列 $\{t_k\}$ 满足 $\boldsymbol{y}^k \to \boldsymbol{x}$, $t_k \searrow 0$, 并且

$$f^\circ(\boldsymbol{x}; \boldsymbol{d}) = \lim_{k\to\infty} [f(\boldsymbol{y}^k + t_k\boldsymbol{d}) - f(\boldsymbol{y}^k)]/t_k$$

由于指标集 $\mathcal{I}$ 中元素的个数有限, 必要时选取适当的子列, 因此, 可不妨假设存在 $i^* \in \mathcal{I}$, 使得 $i^* \in \mathcal{I}(\boldsymbol{y}^k + t_k\boldsymbol{d})$ $(k = 1, 2, \cdots)$. 故对所有 k, 均有

$$[f(\boldsymbol{y}^k + t_k\boldsymbol{d}) - f(\boldsymbol{y}^k)]/t_k \leqslant [f_{i^*}(\boldsymbol{y}^k + t_k\boldsymbol{d}) - f_{i^*}(\boldsymbol{y}^k)]/t_k \tag{2.83}$$

成立. 令 $k \to \infty$, 则式 (2.83) 的左侧收敛于 $f^\circ(\boldsymbol{x}; \boldsymbol{d})$, 而由广义方向导数的定义知, 右侧不会超过 $f_{i^*}^\circ(\boldsymbol{x}; \boldsymbol{d})$ 的值, 由此可得

$$f^\circ(\boldsymbol{x}; \boldsymbol{d}) \leqslant f_{i^*}^\circ(\boldsymbol{x}; \boldsymbol{d})$$

由 f 与 f_{i^*} 的连续性可知, $i^* \in \mathcal{I}(\boldsymbol{x})$ 成立, 因此, 上述不等式即意味着式 (2.82) 成立. ■

由定理 2.50, 当 f_i $(i \in \mathcal{I})$ 为取有限值的凸函数时有

$$\partial f(\boldsymbol{x}) = \text{co}\left\{\partial f_i(\boldsymbol{x}) \,\middle|\, i \in \mathcal{I}(\boldsymbol{x})\right\}, \quad \boldsymbol{x} \in \mathbf{R}^n \tag{2.84}$$

成立. 然而, 如下例所示, 式 (2.84) 对于非凸函数未必成立. 与定理 2.60 的推论类似, 为了使得式 (2.84) 对非凸函数也成立, 有必要假定函数 f_i 的 Clarke 正则性.

例 2.24 利用例 2.23 中的函数 f_1, f_2 定义函数 $f: \mathbf{R} \to \mathbf{R}$ 如下：

$$f(x) = \max\left\{f_1(x), f_2(x)\right\}$$

则 $f(x) = f_1(x)$ $(x \in \mathbf{R})$, 故而有 $\partial f(0) = [-1, 1]$. 但是 $\mathcal{I}(0) = \{1, 2\}$, 因此, $\text{co}\,\{\partial f_1(0), \partial f_2(0)\} = [-2, 2]$, 这说明 $\partial f(0) \neq \text{co}\,\{\partial f_i(0)\,|\,i \in \mathcal{I}(0)\}$.

推论 2.5 设 $\mathcal{I}$ 为有限指标集, 并且局部 Lipschitz 连续函数 $f_i: \mathbf{R}^n \to \mathbf{R}$ $(i \in \mathcal{I})$ 均在 $\boldsymbol{x}$ 处 Clarke 正则, 则式 (2.84) 成立.

下面的定理是关于凸函数的次微分的定理 2.53 的推广.

定理 2.62　设 $f:\mathbf{R}^n \to \mathbf{R}$ 为局部 Lipschitz 连续函数. 对于满足 $\boldsymbol{x}^k \to \boldsymbol{x}$ 的点列 $\{\boldsymbol{x}^k\} \subset \mathbf{R}^n$, 若 $\boldsymbol{\xi}^k \in \partial f(\boldsymbol{x}^k)$ 且 $\boldsymbol{\xi}^k \to \boldsymbol{\xi}$, 则有 $\boldsymbol{\xi} \in \partial f(\boldsymbol{x})$ 成立.

证明　对任意 $\boldsymbol{d} \in \mathbf{R}^n$, 若 $\boldsymbol{\xi}^k \in \partial f(\boldsymbol{x}^k)$, 则有

$$f^\circ(\boldsymbol{x}^k;\boldsymbol{d}) \geqslant \langle \boldsymbol{\xi}^k, \boldsymbol{d}\rangle \tag{2.85}$$

成立. 由式 (2.74), 对任意 $\varepsilon_k > 0$ 必存在 $\boldsymbol{y}^k \in \mathbf{R}^n$ 及 $t_k > 0$, 使得 $\|\boldsymbol{y}^k - \boldsymbol{x}^k\| \leqslant \varepsilon_k$, $t_k < \varepsilon_k$, 并且

$$[f(\boldsymbol{y}^k + t_k\boldsymbol{d}) - f(\boldsymbol{y}^k)]/t_k \geqslant f^\circ(\boldsymbol{x}^k;\boldsymbol{d}) - \varepsilon_k \tag{2.86}$$

由式 (2.85) 与式 (2.86) 可得

$$[f(\boldsymbol{y}^k + t_k\boldsymbol{d}) - f(\boldsymbol{y}^k)]/t_k \geqslant \langle \boldsymbol{\xi}^k, \boldsymbol{d}\rangle - \varepsilon_k \tag{2.87}$$

令 $\varepsilon_k \to 0\ (k \to \infty)$, 易知 $\boldsymbol{y}^k \to \boldsymbol{x}$, 因此, 式 (2.87) 左侧的上极限不会超过 $f^\circ(\boldsymbol{x};\boldsymbol{d})$ 的值, 而式 (2.87) 右侧收敛于 $\langle \boldsymbol{\xi}, \boldsymbol{d}\rangle$. 由此可得

$$f^\circ(\boldsymbol{x};\boldsymbol{d}) \geqslant \langle \boldsymbol{\xi}, \boldsymbol{d}\rangle$$

由 $\boldsymbol{d} \in \mathbf{R}^n$ 的任意性以及 $\partial f(\boldsymbol{x})$ 的定义 (2.77) 即知 $\boldsymbol{\xi} \in \partial f(\boldsymbol{x})$. ■

由于次梯度的定义 (2.77) 中含有广义方向导数 $f^\circ(\boldsymbol{x};\boldsymbol{d})$, 所以, 在实际计算次梯度时并不适用. 本节接下来将给出更适用于计算的次梯度的特征.

众所周知, 局部 Lipschitz 连续函数 $f:\mathbf{R}^n \to \mathbf{R}$ 是几乎处处可微的① (**Rademacher 定理** (Rademacher's Theorem)). 记 f 可微的点 $\boldsymbol{x}$ 的全体构成的集合为 $\mathcal{D}_f$. 由

$$\partial_{\mathrm{B}} f(\boldsymbol{x}) = \left\{ \lim_{k\to\infty} \nabla f(\boldsymbol{x}^k) \,\middle|\, \lim_{k\to\infty} \boldsymbol{x}^k = \boldsymbol{x},\ \{\boldsymbol{x}^k\} \subseteq \mathcal{D}_f \right\} \tag{2.88}$$

定义的集合 $\partial_{\mathrm{B}} f(\boldsymbol{x})$ 称为 f 在 $\boldsymbol{x}$ 处的 **Bouligand 次微分** (Bouligand subdifferential) 或者 **B 次微分** (B subdifferential). 也就是说, B 次微分 $\partial_{\mathrm{B}} f(\boldsymbol{x})$ 为所有使得 $\nabla f(\boldsymbol{x}^k)$ 存在且收敛于 $\boldsymbol{x}$ 的点列 $\{\boldsymbol{x}^k\}$ 对应的梯度序列的全体聚点所构成的集合.

定理 2.63　局部 Lipschitz 连续函数 $f:\mathbf{R}^n \to \mathbf{R}$ 在 $\boldsymbol{x}$ 处的 (Clarke) 次微分与其 B 次微分之间有关系式

$$\partial f(\boldsymbol{x}) = \mathrm{co}\ \partial_{\mathrm{B}} f(\boldsymbol{x}) \tag{2.89}$$

成立.

证明　由于本定理的证明需要一些必要的预备知识, 故此处省略 (可参见文献 Clarke (1983)). ■

下面尝试利用式 (2.89) 计算一些简单的非凸函数的次微分.

---

① 意思是在空间 $\mathbf{R}^n$ 中使得 f 不可微的点的集合的 Lebesgue 测度为 0.

例 2.25　(1) 例 2.19 中的函数 $f:\mathbf{R}\to\mathbf{R}$ 在 $x=0$ 处的 B 次微分为

$$\partial_{\mathrm{B}} f(0)=\Big\{-1,0,2\Big\}$$

于是可得其次微分为 (见例 2.21)

$$\partial f(0)=\Big\{\xi\in\mathbf{R}\,\Big|\,-1\leqslant\xi\leqslant 2\Big\}$$

(2) 考虑下面的函数 $f:\mathbf{R}^2\to\mathbf{R}$ 在 $\boldsymbol{x}=\mathbf{0}$ 处的次微分:

$$f(\boldsymbol{x})=\min\Big\{\max\{x_1,x_2\},\,x_1+x_2\Big\}$$

按情形分析可得 f 的如下表示式:

$$f(\boldsymbol{x})=\begin{cases}x_1, & \boldsymbol{x}\in S_1=\{\boldsymbol{x}\in\mathbf{R}^2\,|\,x_1\geqslant x_2,\,x_2\geqslant 0\}\\ x_2, & \boldsymbol{x}\in S_2=\{\boldsymbol{x}\in\mathbf{R}^2\,|\,x_1\leqslant x_2,\,x_1\geqslant 0\}\\ x_1+x_2, & \boldsymbol{x}\in S_3=\{\boldsymbol{x}\in\mathbf{R}^2\,|\,x_1\leqslant 0\}\cup\{\boldsymbol{x}\in\mathbf{R}^2\,|\,x_2\leqslant 0\}\end{cases}$$

显然有 $S_1\cup S_2\cup S_3=\mathbf{R}^2$, 并且 f 在 S_1,S_2,S_3 的边界上不可微, 即 $\mathcal{D}_f=\mathrm{int}\ S_1\cup\mathrm{int}\ S_2\cup\mathrm{int}\ S_3$ 并且有

$$\nabla f(\boldsymbol{x})=\begin{cases}(1,0)^{\mathrm{T}}, & \boldsymbol{x}\in\mathrm{int}\ S_1\\ (0,1)^{\mathrm{T}}, & \boldsymbol{x}\in\mathrm{int}\ S_2\\ (1,1)^{\mathrm{T}}, & \boldsymbol{x}\in\mathrm{int}\ S_3\end{cases}$$

由于 $\mathbf{0}\in\mathrm{bd}\ S_1\cap\mathrm{bd}\ S_2\cap\mathrm{bd}\ S_3$, 所以

$$\partial_{\mathrm{B}} f(\mathbf{0})=\Big\{(1,0)^{\mathrm{T}},(0,1)^{\mathrm{T}},(1,1)^{\mathrm{T}}\Big\}$$

从而可得次微分的表示式为

$$\begin{aligned}\partial f(\mathbf{0})&=\mathrm{co}\,\Big\{(1,0)^{\mathrm{T}},(0,1)^{\mathrm{T}},(1,1)^{\mathrm{T}}\Big\}\\&=\Big\{(\alpha,\beta)^{\mathrm{T}}\in\mathbf{R}^2\,\Big|\,\alpha\leqslant 1,\,\beta\leqslant 1,\,\alpha+\beta\geqslant 1\Big\}\end{aligned}$$

利用式 (2.89) 可以很容易地将关于实值函数的次微分定义推广到向量值函数. 若 $F_i:\mathbf{R}^n\to\mathbf{R}$ $(i=1,\cdots,m)$ 为局部 Lipschitz 连续函数, 则称以它们为分量的向量值函数 $\boldsymbol{F}:\mathbf{R}^n\to\mathbf{R}^m$ 为局部 Lipschitz 连续. 由 Rademacher 定理, 局部 Lipschitz 连续的向量值函数也是几乎处处可微的. 与实值函数一样, 将函数 $\boldsymbol{F}$ 可微的点 $\boldsymbol{x}$ 的全体构成的集合记为 $\mathcal{D}_F$. 对任意点 $\boldsymbol{x}\in\mathbf{R}^n$, $\boldsymbol{F}$ 的 B 次微分可定义如下:

$$\partial_{\mathrm{B}}\boldsymbol{F}(\boldsymbol{x})=\Big\{\lim_{k\to\infty}\nabla\boldsymbol{F}(\boldsymbol{x}^k)\,\Big|\,\lim_{k\to\infty}\boldsymbol{x}^k=\boldsymbol{x},\,\{\boldsymbol{x}^k\}\subseteq\mathcal{D}_F\Big\}\subseteq\mathbf{R}^{n\times m}$$

其中 $\nabla \boldsymbol{F}(\boldsymbol{x}^k)$ 为 $\boldsymbol{F}$ 在 $\boldsymbol{x}^k$ 处的 Jacobi 矩阵①. 利用 B 次微分可定义 $\boldsymbol{F}$ 在 $\boldsymbol{x}$ 处的 (Clarke) 次微分为

$$\partial \boldsymbol{F}(\boldsymbol{x}) = \mathrm{co}\ \partial_{\mathrm{B}} \boldsymbol{F}(\boldsymbol{x})$$

并称集合 $\partial \boldsymbol{F}(\boldsymbol{x})$ 中的元素为 $\boldsymbol{F}$ 在 $\boldsymbol{x}$ 处的**广义 Jacobi 矩阵** (generalized Jacobian matrix).

例 2.26 考虑如下向量值函数 $\boldsymbol{F}: \mathbf{R}^2 \to \mathbf{R}^2$:

$$\boldsymbol{F}(\boldsymbol{x}) = \begin{pmatrix} F_1(\boldsymbol{x}) \\ F_2(\boldsymbol{x}) \end{pmatrix} = \begin{pmatrix} \max\{x_1, x_2\} \\ |x_1 + x_2| \end{pmatrix}$$

该函数 $\boldsymbol{F}$ 在两条直线 $x_1 - x_2 = 0$ 与 $x_1 + x_2 = 0$ 上不可微, 而在其他点处的 Jacobi 矩阵为

$$\nabla \boldsymbol{F}(\boldsymbol{x}) = \begin{cases} \begin{bmatrix} 1 & 1 \\ 0 & 1 \end{bmatrix}, & x_1 - x_2 > 0,\ x_1 + x_2 > 0 \\ \begin{bmatrix} 1 & -1 \\ 0 & -1 \end{bmatrix}, & x_1 - x_2 > 0,\ x_1 + x_2 < 0 \\ \begin{bmatrix} 0 & -1 \\ 1 & -1 \end{bmatrix}, & x_1 - x_2 < 0,\ x_1 + x_2 < 0 \\ \begin{bmatrix} 0 & 1 \\ 1 & 1 \end{bmatrix}, & x_1 - x_2 < 0,\ x_1 + x_2 > 0 \end{cases}$$

因此, $\boldsymbol{F}$ 在 $\boldsymbol{x} = \mathbf{0}$ 处的次微分可表示为

$$\partial \boldsymbol{F}(\mathbf{0}) = \mathrm{co} \left\{ \begin{bmatrix} 1 & 1 \\ 0 & 1 \end{bmatrix}, \begin{bmatrix} 1 & -1 \\ 0 & -1 \end{bmatrix}, \begin{bmatrix} 0 & -1 \\ 1 & -1 \end{bmatrix}, \begin{bmatrix} 0 & 1 \\ 1 & 1 \end{bmatrix} \right\}$$

定理 2.64 局部 Lipschitz 连续的向量值函数 $\boldsymbol{F}: \mathbf{R}^n \to \mathbf{R}^m$ 与其各个分量 $F_i: \mathbf{R}^n \to \mathbf{R}\ \ (i = 1, \cdots, m)$ 的次微分之间有关系式

$$\partial \boldsymbol{F}(\boldsymbol{x}) \subseteq [\partial F_1(\boldsymbol{x}) \cdots \partial F_m(\boldsymbol{x})] \tag{2.90}$$

成立, 其中式 (2.90) 的右侧表示以 $\partial F_i(\boldsymbol{x})$ 中的向量为第 i 列的 $n \times m$ 阶矩阵的全体构成的集合.

证明 由定理 2.63 以及 $\partial \boldsymbol{F}(\boldsymbol{x})$ 的定义即得. ■

例 2.26 中的函数 $\boldsymbol{F}$ 的分量函数 F_1 与 F_2 在 $\boldsymbol{x} = \mathbf{0}$ 处的次微分分别为

$$\partial F_1(\mathbf{0}) = \mathrm{co} \left\{ \begin{pmatrix} 1 \\ 0 \end{pmatrix}, \begin{pmatrix} 0 \\ 1 \end{pmatrix} \right\}, \quad \partial F_2(\mathbf{0}) = \mathrm{co} \left\{ \begin{pmatrix} 1 \\ 1 \end{pmatrix}, \begin{pmatrix} -1 \\ -1 \end{pmatrix} \right\}$$

① 如 2.6 节中的脚注所述, 一般将 $\nabla \boldsymbol{F}(\boldsymbol{x})$ 的转置矩阵称为 Jacobi 矩阵, 但本书中将 $\nabla \boldsymbol{F}(\boldsymbol{x})$ 称为 Jacobi 矩阵.

所以式 (2.90) 中的等号成立. 然而, 如下面的例子所示, 式 (2.90) 中的等号一般并不成立.

例 2.27　考虑如下向量值函数 $\boldsymbol{F}:\mathbf{R}^2\to\mathbf{R}^2$:

$$\boldsymbol{F}(\boldsymbol{x})=\begin{pmatrix}F_1(\boldsymbol{x})\\F_2(\boldsymbol{x})\end{pmatrix}=\begin{pmatrix}\max\{x_1,x_2\}\\|x_1-x_2|\end{pmatrix}$$

该函数在直线 $x_1-x_2=0$ 上不可微, 而在其他点处的 Jacobi 矩阵为

$$\nabla\boldsymbol{F}(\boldsymbol{x})=\begin{cases}\begin{bmatrix}1&1\\0&-1\end{bmatrix}, & x_1-x_2>0\\ \begin{bmatrix}0&-1\\1&1\end{bmatrix}, & x_1-x_2<0\end{cases}$$

因此, $\boldsymbol{F}$ 在 $\boldsymbol{x}=\mathbf{0}$ 处的次微分可表示为

$$\partial\boldsymbol{F}(\mathbf{0})=\mathrm{co}\left\{\begin{bmatrix}1&1\\0&-1\end{bmatrix},\begin{bmatrix}0&-1\\1&1\end{bmatrix}\right\}$$

但是, 由于分量函数 F_1 与 F_2 在 $\boldsymbol{x}=\mathbf{0}$ 处的次微分分别为

$$\partial F_1(\mathbf{0})=\mathrm{co}\left\{\begin{pmatrix}1\\0\end{pmatrix},\begin{pmatrix}0\\1\end{pmatrix}\right\},\quad \partial F_2(\mathbf{0})=\mathrm{co}\left\{\begin{pmatrix}1\\-1\end{pmatrix},\begin{pmatrix}-1\\1\end{pmatrix}\right\}$$

故式 (2.90) 中的等号不成立.

2.12　点 集 映 射

给定两个集合 $X\subseteq\mathbf{R}^n$ 与 $U\subseteq\mathbf{R}^p$. 将 U 中的各个点 $\boldsymbol{u}$ 对应于 X 的某个子集 $A(\boldsymbol{u})$ 的映射 A 称为由 U 到 X 的**点集映射** (point-to-set mapping), 表示为 $A:U\to\mathcal{P}(X)$ (图 2.24), 其中 $\mathcal{P}(X)$ 表示 X 的所有子集所构成的集合, 称为 X 的**幂集** (power set). 点集映射 $A:U\to\mathcal{P}(X)$ 的**图像** (graph) 定义为

$$\mathrm{graph}\,A=\left\{(\boldsymbol{u},\boldsymbol{x})^{\mathrm{T}}\in U\times X\,\middle|\,\boldsymbol{x}\in A(\boldsymbol{u})\right\}\subseteq\mathbf{R}^p\times\mathbf{R}^n$$

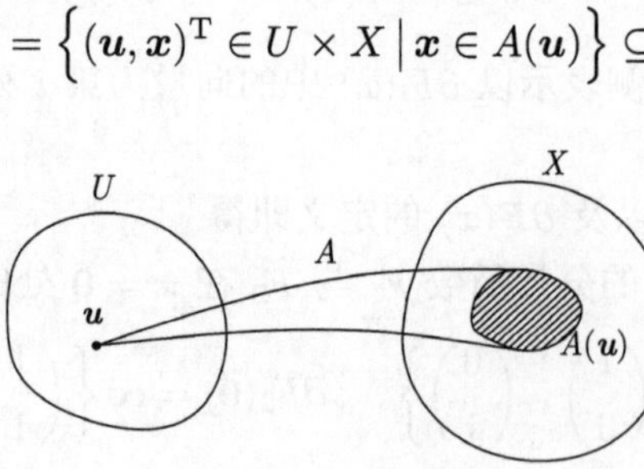

图 2.24　点集映射

例 2.28 下面的 A_1 与 A_2 均为由 $\mathbf{R}$ 到 $\mathbf{R}$ 的点集映射 (图 2.25):

$$A_1(u)=\begin{cases}\{x\in\mathbf{R}\,|\,0\leqslant x\leqslant 1\}, & u\leqslant 0\\ \{x\in\mathbf{R}\,|\,0\leqslant x\leqslant 1/u\}, & u>0\end{cases}$$

$$A_2(u)=\begin{cases}\{x\in\mathbf{R}\,|\,0\leqslant x\leqslant 1\}, & u<0\\ \{x\in\mathbf{R}\,|\,0\leqslant x\leqslant u/3+2\}, & u\geqslant 0\end{cases}$$

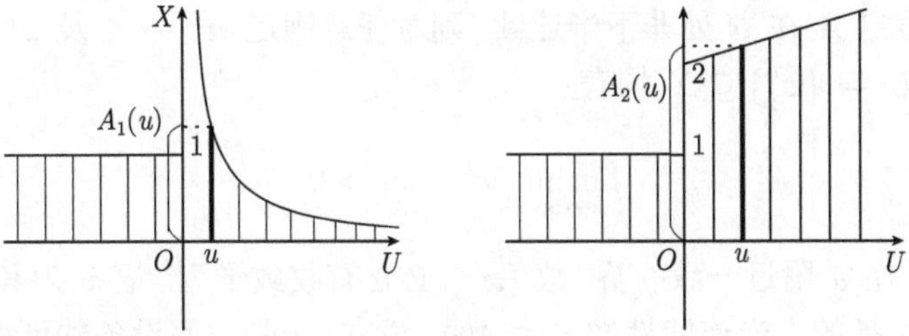

图 2.25 点集映射与半连续性

若存在点 $\overline{\boldsymbol{u}}\in U$ 的适当邻域 $\Omega\subseteq U$, 使得集合 $\bigcup\limits_{\boldsymbol{u}\in\Omega}A(\boldsymbol{u})\subseteq X$ 有界, 则称点集映射 $A:U\to\mathcal{P}(X)$ 在 $\overline{\boldsymbol{u}}$ 附近为**一致有界** (uniformly bounded). 然而, 即使在 Ω 中的每个点 $\boldsymbol{u}$ 处 $A(\boldsymbol{u})$ 均有界, 该映射也未必在 $\overline{\boldsymbol{u}}$ 附近一致有界, 这可在考虑例 2.28 中的映射 $A_1:\mathbf{R}\to\mathcal{P}(\mathbf{R})$ 在 $\overline{u}=0$ 处的情形时得到验证. 显然, 若集合 X 本身为有界集, 则 $A:U\to\mathcal{P}(X)$ 在任意 $\overline{\boldsymbol{u}}\in U$ 附近均为一致有界.

若点集映射 $A:U\to\mathcal{P}(X)$ 在点 $\overline{\boldsymbol{u}}\in U$ 附近一致有界, 并且对任意满足 $\boldsymbol{u}^k\to\overline{\boldsymbol{u}}$, $\boldsymbol{x}^k\to\overline{\boldsymbol{x}}$ 以及 $\boldsymbol{x}^k\in A(\boldsymbol{u}^k)$ $(k=1,2,\cdots)$ 的点列 $\{\boldsymbol{u}^k\}\subseteq U$ 与 $\{\boldsymbol{x}^k\}\subseteq X$ 均有 $\overline{\boldsymbol{x}}\in A(\overline{\boldsymbol{u}})$ 成立, 则称 A 在 $\overline{\boldsymbol{u}}$ 处**上半连续**. 另外, 若对任意满足 $\boldsymbol{u}^k\to\overline{\boldsymbol{u}}\in U$ 的点列 $\{\boldsymbol{u}^k\}\subseteq U$ 及满足 $\overline{\boldsymbol{x}}\in A(\overline{\boldsymbol{u}})$ 的点 $\overline{\boldsymbol{x}}\in X$, 均存在整数 $k_0>0$ 与点列 $\{\boldsymbol{x}^k\}\subseteq X$, 使得 $\boldsymbol{x}^k\to\overline{\boldsymbol{x}}$ 且 $\boldsymbol{x}^k\in A(\boldsymbol{u}^k)$ $(k\geqslant k_0)$ 成立, 则称 A 在 $\overline{\boldsymbol{u}}$ 处**下半连续**①. 进一步, 若 A 在 $\overline{\boldsymbol{u}}$ 处既为上半连续, 又为下半连续, 则称其在 $\overline{\boldsymbol{u}}$ 处**连续**.

称图像为闭集的点集映射 $A:U\to\mathcal{P}(X)$ 为**闭映射** (closed mapping), 即 A 为闭映射的充要条件是当 $\boldsymbol{u}^k\to\overline{\boldsymbol{u}}$, $\boldsymbol{x}^k\to\overline{\boldsymbol{x}}$ 且 $\boldsymbol{x}^k\in A(\boldsymbol{u}^k)$ $(k=1,2,\cdots)$ 时有 $\overline{\boldsymbol{x}}\in A(\overline{\boldsymbol{u}})$ 成立. 因此, 使得集合 $\bigcup\limits_{\boldsymbol{u}\in U}A(\boldsymbol{u})$ 有界的闭映射 A 在任意 $\boldsymbol{u}\in U$ 处均为上半连续的.

有必要将点集映射的半连续性与实值函数的半连续性 (见 2.6 节) 明确地区别开来. 事实上, 若将实值函数 $f:\mathbf{R}^n\to\mathbf{R}$ 看成是由 $A(\boldsymbol{u})=\{f(\boldsymbol{u})\}$ 定义的点集映射 $A:\mathbf{R}^n\to\mathcal{P}(\mathbf{R})$, 则当 f 有界, 即 $\sup\limits_{\boldsymbol{u}\in\mathbf{R}^n}|f(\boldsymbol{u})|<+\infty$ 时, A 的上半连续性与下半

① 下半连续性的定义中没必要假定一致有界性.

连续性均意味着 f 的连续性.

例 2.29　考虑例 2.28 中的点集映射 $A_i : \mathbf{R} \to \mathcal{P}(\mathbf{R})$ $(i = 1, 2)$. A_1 在 $u = 0$ 处下半连续, 但非上半连续, 而 A_2 在 $u = 0$ 处上半连续, 但非下半连续. 此外, A_1 和 A_2 均在 $u = 0$ 以外的点处连续.

如下面的引理所示, 上半连续的点集映射在函数值只含有一个元素时必连续.

引理 2.5　设点集映射 $A : U \to \mathcal{P}(X)$ 在 $\overline{\boldsymbol{u}} \in U$ 处上半连续. 若 $A(\overline{\boldsymbol{u}}) = \{\overline{\boldsymbol{x}}\}$, 则 A 在 $\overline{\boldsymbol{u}}$ 处连续.

证明　假定 A 在 $\overline{\boldsymbol{u}}$ 处非下半连续, 则对任意满足 $\boldsymbol{u}^k \to \overline{\boldsymbol{u}}$ 及 $\boldsymbol{x}^k \in A(\boldsymbol{u}^k)$ 的点列 $\{\boldsymbol{u}^k\} \subseteq U$ 与 $\{\boldsymbol{x}^k\} \subseteq X$ 均有

$$\liminf_{k\to\infty} \|\boldsymbol{x}^k - \overline{\boldsymbol{x}}\| > 0 \tag{2.91}$$

成立. 由于 A 在 $\overline{\boldsymbol{u}}$ 附近一致有界, 故 $\{\boldsymbol{x}^k\}$ 必含有收敛子列. 记 $\tilde{\boldsymbol{x}}$ 为其任意一个聚点. 由 A 在 $\overline{\boldsymbol{u}}$ 处的上半连续性知 $\tilde{\boldsymbol{x}} \in A(\overline{\boldsymbol{u}})$ 成立, 于是由假设条件可得 $\tilde{\boldsymbol{x}} = \overline{\boldsymbol{x}}$. 但由式 (2.91) 有 $\tilde{\boldsymbol{x}} \neq \overline{\boldsymbol{x}}$, 二者相矛盾. 因此, A 在 $\overline{\boldsymbol{u}}$ 处下半连续. ■

给定函数 $g_i : \mathbf{R}^n \times U \to \mathbf{R}$ $(i = 1, \cdots, m)$. 由

$$S(\boldsymbol{u}) = \left\{\boldsymbol{x} \in \mathbf{R}^n \,\middle|\, g_i(\boldsymbol{x}, \boldsymbol{u}) \leqslant 0,\ i = 1, \cdots, m\right\} \tag{2.92}$$

定义的点集映射 $S : U \to \mathcal{P}(\mathbf{R}^n)$ 在最优化理论中起着重要的作用.

定理 2.65　设式 (2.92) 中的点集映射 $S : U \to \mathcal{P}(\mathbf{R}^n)$ 在 $\overline{\boldsymbol{u}} \in U$ 附近一致有界, 并且函数 $g_i : \mathbf{R}^n \times U \to \mathbf{R}$ $(i = 1, \cdots, m)$ 在 $\mathbf{R}^n \times \{\overline{\boldsymbol{u}}\}$ 上为下半连续①, 则 S 在 $\overline{\boldsymbol{u}}$ 处上半连续.

证明　对任意满足 $\boldsymbol{u}^k \to \overline{\boldsymbol{u}}$ 的点列 $\{\boldsymbol{u}^k\} \subseteq U$, 欲证当 $\boldsymbol{x}^k \in S(\boldsymbol{u}^k)$ 且 $\boldsymbol{x}^k \to \overline{\boldsymbol{x}}$ 时有 $\overline{\boldsymbol{x}} \in S(\overline{\boldsymbol{u}})$ 成立. 事实上, 由 $\boldsymbol{x}^k \in S(\boldsymbol{u}^k)$ 知

$$g_i(\boldsymbol{x}^k, \boldsymbol{u}^k) \leqslant 0, \quad i = 1, \cdots, m$$

因此, 对任意 $\boldsymbol{x}$, 由 g_i 在 $(\boldsymbol{x}, \overline{\boldsymbol{u}})$ 处的下半连续性可得

$$g_i(\overline{\boldsymbol{x}}, \overline{\boldsymbol{u}}) \leqslant \liminf_{k\to\infty} g_i(\boldsymbol{x}^k, \boldsymbol{u}^k) \leqslant 0, \quad i = 1, \cdots, m$$

故 $\overline{\boldsymbol{x}} \in S(\overline{\boldsymbol{u}})$ 成立. ■

由定理 2.65, 对给定的下半连续函数 $g_i : \mathbf{R}^n \times U \to \mathbf{R}$ $(i = 1, \cdots, m)$ 及紧集 $\hat{X} \subseteq \mathbf{R}^n$, 由

$$\hat{S}(\boldsymbol{u}) = \hat{X} \cap \left\{\boldsymbol{x} \in \mathbf{R}^n \,\middle|\, g_i(\boldsymbol{x}, \boldsymbol{u}) \leqslant 0,\ i = 1, \cdots, m\right\}$$

① 这里指作为实值函数的半连续性.

定义的点集映射 $\hat{S}: U \to \mathcal{P}(\hat{X})$ 在任意 $\boldsymbol{u}$ 处均上半连续. 因此, 当限定变量的变化范围为紧集时, 通常将由实值函数的不等式定义的点集映射视为上半连续来考虑不会有什么影响, 但相对应地要保证式 (2.92) 中的点集映射 S 的下半连续性就没有这么容易了. 下面的定理说明, 对于 g_i 均为凸函数的情形, 在 3.3 节中介绍的 Slater 条件的推广条件以及一致有界性的假定下, S 是连续的.

定理 2.66 设式 (2.92) 中的点集映射 $S: U \to \mathcal{P}(\mathbf{R}^n)$ 在 $\overline{\boldsymbol{u}} \in U$ 附近一致有界, 而函数 $g_i: \mathbf{R}^n \times U \to \mathbf{R}$ $(i = 1, \cdots, m)$ 在 $\mathbf{R}^n \times \{\overline{\boldsymbol{u}}\}$ 上连续, 并且对任意固定的 $\boldsymbol{u} \in U$ 均为关于 $\boldsymbol{x}$ 的凸函数. 若存在 $\boldsymbol{x}^0 \in \mathbf{R}^n$, 使得 $g_i(\boldsymbol{x}^0, \overline{\boldsymbol{u}}) < 0$ $(i = 1, \cdots, m)$, 则 S 在 $\overline{\boldsymbol{u}}$ 处连续.

证明 由定理 2.65 知, S 为上半连续. 为了证明下半连续性, 任意选取满足 $\boldsymbol{u}^k \to \overline{\boldsymbol{u}}$ 的点列 $\{\boldsymbol{u}^k\} \subseteq U$ 及点 $\overline{\boldsymbol{x}} \in S(\overline{\boldsymbol{u}})$. 若 $g_i(\overline{\boldsymbol{x}}, \overline{\boldsymbol{u}}) < 0$ $(i = 1, \cdots, m)$, 则由 g_i 的连续性, 显然, 存在点列 $\{\boldsymbol{x}^k\}$ 满足 $\boldsymbol{x}^k \in S(\boldsymbol{u}^k)$ 及 $\boldsymbol{x}^k \to \overline{\boldsymbol{x}}$. 以下假定至少存在一个指标 i, 使得 $g_i(\overline{\boldsymbol{x}}, \overline{\boldsymbol{u}}) = 0$. 定义函数 $g: \mathbf{R}^n \times U \to \mathbf{R}$ 为

$$g(\boldsymbol{x}, \boldsymbol{u}) = \max\left\{g_i(\boldsymbol{x}, \boldsymbol{u}) \,\middle|\, i = 1, \cdots, m\right\}$$

则由定理 2.27 知, $g(\cdot, \boldsymbol{u}): \mathbf{R}^n \to \mathbf{R}$ 为凸函数, 并且有

$$S(\boldsymbol{u}) = \left\{\boldsymbol{x} \in \mathbf{R}^n \,\middle|\, g(\boldsymbol{x}, \boldsymbol{u}) \leqslant 0\right\}$$

另外, 由假设知, $g(\overline{\boldsymbol{x}}, \overline{\boldsymbol{u}}) = 0$ 成立. 对任意满足 $0 \leqslant \alpha_k \leqslant 1$ $(k = 1, 2, \cdots)$ 的数列 $\{\alpha_k\}$, 定义点列 $\{\boldsymbol{x}^k\}$ 为

$$\boldsymbol{x}^k = (1 - \alpha_k)\overline{\boldsymbol{x}} + \alpha_k \boldsymbol{x}^0$$

因 $g(\cdot, \boldsymbol{u}^k)$ 为凸函数, 故有

$$g(\boldsymbol{x}^k, \boldsymbol{u}^k) \leqslant (1 - \alpha_k) g(\overline{\boldsymbol{x}}, \boldsymbol{u}^k) + \alpha_k g(\boldsymbol{x}^0, \boldsymbol{u}^k)$$

成立. 令

$$\alpha_k = \max\left\{0, g(\overline{\boldsymbol{x}}, \boldsymbol{u}^k)/[g(\overline{\boldsymbol{x}}, \boldsymbol{u}^k) - g(\boldsymbol{x}^0, \boldsymbol{u}^k)]\right\}$$

则由 $g(\boldsymbol{x}^0, \overline{\boldsymbol{u}}) < 0$, $g(\overline{\boldsymbol{x}}, \overline{\boldsymbol{u}}) = 0$ 以及 g 的连续性知 $\alpha_k \to 0$ $(k \to \infty)$, 也即有 $\boldsymbol{x}^k \to \overline{\boldsymbol{x}}$ $(k \to \infty)$. 注意到当 k 充分大时有 $g(\boldsymbol{x}^k, \boldsymbol{u}^k) \leqslant 0$, 也即 $\boldsymbol{x}^k \in S(\boldsymbol{u}^k)$ 成立, 故 S 在 $\overline{\boldsymbol{u}}$ 处下半连续. ■

下面的例子说明, 只有 g 的连续性并不能保证 S 的连续性.

例 2.30 下面的函数 $g: \mathbf{R}^n \times U \to \mathbf{R}$ 均为连续函数:

(1) 对于 $x \in \mathbf{R}$ 及 $u \in U = [-1, 1] \subseteq \mathbf{R}$, 设

$$g(x, u) = x/(1 + x^2) - u/2$$

则式 (2.92) 中的点集映射 S 可表示为

$$S(u) = \begin{cases} \{x \in \mathbf{R} \,|\, x \leqslant \alpha\} \cup \{x \in \mathbf{R} \,|\, \beta \leqslant x\}, & 0 < u \leqslant 1 \\ \{x \in \mathbf{R} \,|\, x \leqslant 0\}, & u = 0 \\ \{x \in \mathbf{R} \,|\, \beta \leqslant x \leqslant \alpha\}, & -1 \leqslant u < 0 \end{cases}$$

其中 $\alpha = (1 - \sqrt{1-u^2})/u$, $\beta = (1 + \sqrt{1-u^2})/u$. 该映射 S 在 $u = 0$ 处下半连续, 但非上半连续.

(2) 对于 $x \in \mathbf{R}$ 及 $u \in U = \mathbf{R}$, 设

$$g(x,u) = \begin{cases} x^2 - 1 - u, & x \leqslant 1 \\ -u, & 1 < x \leqslant 2 \\ x - 2 - u, & x > 2 \end{cases}$$

则式 (2.92) 中的点集映射 S 可表示为

$$S(u) = \begin{cases} \varnothing, & u < -1 \\ \{x \in \mathbf{R} \,|\, -\sqrt{1+u} \leqslant x \leqslant \sqrt{1+u}\}, & -1 \leqslant u < 0 \\ \{x \in \mathbf{R} \,|\, -\sqrt{1+u} \leqslant x \leqslant u+2\}, & u \geqslant 0 \end{cases}$$

该映射 S 在 $u = 0$ 处上半连续, 但非下半连续.

2.13 单 调 映 射

给定由 $\mathbf{R}^n$ 到 $\mathbf{R}^n$ 自身的点集映射 $A : \mathbf{R}^n \to \mathcal{P}(\mathbf{R}^n)$ 及非空凸集 $S \subseteq \mathbf{R}^n$. 若

$$\boldsymbol{x}, \boldsymbol{y} \in S,\ \boldsymbol{\xi} \in A(\boldsymbol{x}),\ \boldsymbol{\eta} \in A(\boldsymbol{y}) \Rightarrow \langle \boldsymbol{x} - \boldsymbol{y}, \boldsymbol{\xi} - \boldsymbol{\eta} \rangle \geqslant 0 \tag{2.93}$$

成立, 则称 A 在 S 上**单调** (monotone). 若

$$\boldsymbol{x}, \boldsymbol{y} \in S,\ \boldsymbol{x} \neq \boldsymbol{y},\ \boldsymbol{\xi} \in A(\boldsymbol{x}),\ \boldsymbol{\eta} \in A(\boldsymbol{y}) \Rightarrow \langle \boldsymbol{x} - \boldsymbol{y}, \boldsymbol{\xi} - \boldsymbol{\eta} \rangle > 0 \tag{2.94}$$

成立, 则称 A 在 S 上**严格单调** (strictly monotone). 另外, 若存在常数 $\sigma > 0$, 使得

$$\boldsymbol{x}, \boldsymbol{y} \in S,\ \boldsymbol{\xi} \in A(\boldsymbol{x}),\ \boldsymbol{\eta} \in A(\boldsymbol{y}) \Rightarrow \langle \boldsymbol{x} - \boldsymbol{y}, \boldsymbol{\xi} - \boldsymbol{\eta} \rangle \geqslant \sigma \|\boldsymbol{x} - \boldsymbol{y}\|^2 \tag{2.95}$$

成立, 则称 A 在 S 上**强单调** (strongly monotone). 特别地, 当 $S = \mathbf{R}^n$ 时, 分别简单地称 A 为单调、严格单调、强单调. 由定义显然有强单调性蕴涵严格单调性, 而严格单调性又蕴涵单调性. 下面的例子说明, 当 $n = 1$ 时, 单调映射即对应着单调非减的 (广义) 实值函数.

例 2.31 考虑下面的映射 $A_i:\mathbf{R}\to\mathcal{P}(\mathbf{R})\ (i=1,2,3)$ (图 2.26):

$$A_1(x)=\begin{cases}\varnothing, & x<0\\ (-\infty,1], & x=0\\ \{1\}, & 0<x\leqslant 1\\ \{x\}, & x>1\end{cases}$$

$$A_2(x)=\begin{cases}\varnothing, & x<0\\ (-\infty,0], & x=0\\ \{x^2\}, & x>0\end{cases}$$

$$A_3(x)=\begin{cases}\varnothing, & x<0\\ (-\infty,0], & x=0\\ \{x\}, & x>0\end{cases}$$

映射 A_1 单调但非严格单调, 映射 A_2 严格单调但非强单调, 映射 A_3 为强单调.

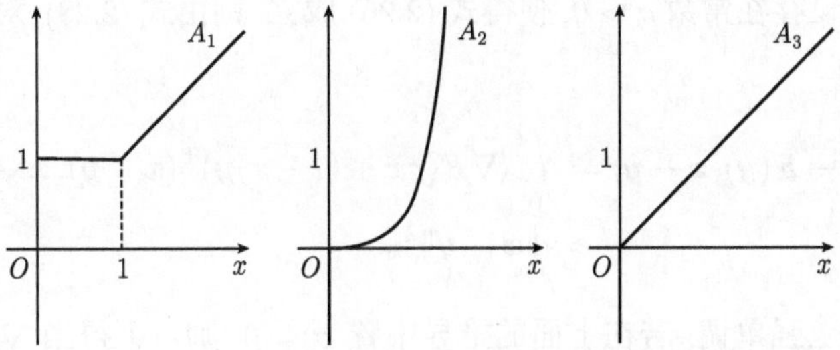

图 2.26 当 $n=1$ 时单调、严格单调、强单调映射的例子

对于 $A:\mathbf{R}\to\mathcal{P}(\mathbf{R}^n)$ 为点点映射, 即对任意 $\boldsymbol{x}\in\mathbf{R}^n$, 集合 $A(\boldsymbol{x})$ 只包含一个元素 $\boldsymbol{F}(\boldsymbol{x})\in\mathbf{R}^n$ 的情形, 分别将式 (2.93)~(2.95) 中的 $\langle\boldsymbol{x}-\boldsymbol{y},\boldsymbol{\xi}-\boldsymbol{\eta}\rangle$ 换成 $\langle\boldsymbol{x}-\boldsymbol{y},\boldsymbol{F}(\boldsymbol{x})-\boldsymbol{F}(\boldsymbol{y})\rangle$ 即可得到映射 $\boldsymbol{F}:\mathbf{R}^n\to\mathbf{R}^n$ 的单调性、严格单调性、强单调性的定义.

给定矩阵 $\boldsymbol{M}\in\mathbf{R}^{n\times n}$ 及向量 $\boldsymbol{q}\in\mathbf{R}^n$, 定义仿射 $\boldsymbol{F}:\mathbf{R}^n\to\mathbf{R}^n$ 为

$$\boldsymbol{F}(\boldsymbol{x})=\boldsymbol{M}\boldsymbol{x}+\boldsymbol{q}$$

其中矩阵 $\boldsymbol{M}$ 不必对称, 则有

$$\langle\boldsymbol{x}-\boldsymbol{y},\boldsymbol{F}(\boldsymbol{x})-\boldsymbol{F}(\boldsymbol{y})\rangle=\langle\boldsymbol{x}-\boldsymbol{y},\boldsymbol{M}(\boldsymbol{x}-\boldsymbol{y})\rangle$$

故 $\boldsymbol{F}$ 为单调 (严格单调) 映射的充要条件是 $\boldsymbol{M}$ 为半正定 (正定) 矩阵. 特别地, 由于

$$\langle\boldsymbol{x}-\boldsymbol{y},\boldsymbol{M}(\boldsymbol{x}-\boldsymbol{y})\rangle=\left\langle\boldsymbol{x}-\boldsymbol{y},\frac{1}{2}(\boldsymbol{M}+\boldsymbol{M}^{\mathrm{T}})(\boldsymbol{x}-\boldsymbol{y})\right\rangle$$

故当 $\boldsymbol{M}$ 正定时, 对称矩阵 $\frac{1}{2}(\boldsymbol{M}+\boldsymbol{M}^{\mathrm{T}})$ 也正定. 设其最小特征值为 $\sigma>0$, 于是有

$$\left\langle \boldsymbol{x}-\boldsymbol{y}, \frac{1}{2}(\boldsymbol{M}+\boldsymbol{M}^{\mathrm{T}})(\boldsymbol{x}-\boldsymbol{y})\right\rangle \geqslant \sigma\|\boldsymbol{x}-\boldsymbol{y}\|^2$$

因此, $\boldsymbol{F}$ 强单调. 这说明对于仿射来说, 严格单调性与强单调性是等价的.

下面的定理描述了可微向量值函数 $\boldsymbol{F}:\mathbf{R}^n\to\mathbf{R}^n$ 的单调性与 Jacobi 矩阵 $\nabla\boldsymbol{F}(\boldsymbol{x})$ 之间的关系.

定理 2.67　设 $\boldsymbol{F}:\mathbf{R}^n\to\mathbf{R}^n$ 为连续可微的向量值函数, $S\subseteq\mathbf{R}^n$ 为非空开凸集, 则 $\boldsymbol{F}$ 在 S 上单调的充要条件是 Jacobi 矩阵 $\nabla\boldsymbol{F}(\boldsymbol{x})\in\mathbf{R}^{n\times n}$ 对任意 $\boldsymbol{x}\in S$ 均为半正定. 而 $\boldsymbol{F}$ 在 S 上严格单调的充分条件是 $\nabla\boldsymbol{F}(\boldsymbol{x})$ 对任意 $\boldsymbol{x}\in S$ 均为正定. 此外, $\boldsymbol{F}$ 在 S 上强单调的充要条件是存在常数 $\sigma>0$ 满足

$$\langle \boldsymbol{d}, \nabla\boldsymbol{F}(\boldsymbol{x})\boldsymbol{d}\rangle \geqslant \sigma\|\boldsymbol{d}\|^2,\quad \boldsymbol{x}\in S,\ \boldsymbol{d}\in\mathbf{R}^n \tag{2.96}$$

证明　假设存在常数 $\sigma>0$, 使得式 (2.96) 成立, 则由式 (2.28), 对任意 $\boldsymbol{x},\boldsymbol{y}\in S$ 均有下式成立:

$$\begin{aligned}\langle \boldsymbol{F}(\boldsymbol{x})-\boldsymbol{F}(\boldsymbol{y}), \boldsymbol{x}-\boldsymbol{y}\rangle &= \int_0^1 \langle \nabla\boldsymbol{F}(\tau\boldsymbol{x}+(1-\tau)\boldsymbol{y})^{\mathrm{T}}(\boldsymbol{x}-\boldsymbol{y}), \boldsymbol{x}-\boldsymbol{y}\rangle \mathrm{d}\tau \\ &\geqslant \sigma\|\boldsymbol{x}-\boldsymbol{y}\|^2\end{aligned} \tag{2.97}$$

因此, $\boldsymbol{F}$ 在 S 上强单调. 若在上面的推导中置 $\sigma=0$, 则可证得当 $\nabla\boldsymbol{F}(\boldsymbol{x})$ 在 S 上处处半正定时, $\boldsymbol{F}$ 在 S 上必单调.

若 $\boldsymbol{F}$ 强单调, 则存在 $\sigma>0$, 使得对任意 $\boldsymbol{x}\in S$, $\boldsymbol{d}\in\mathbf{R}^n$ 及充分小的 $t\in\mathbf{R}$ 均有

$$\langle \boldsymbol{F}(\boldsymbol{x}+t\boldsymbol{d})-\boldsymbol{F}(\boldsymbol{x}), t\boldsymbol{d}\rangle \geqslant \sigma t^2\|\boldsymbol{d}\|^2$$

成立. 再由

$$\boldsymbol{F}(\boldsymbol{x}+t\boldsymbol{d})-\boldsymbol{F}(\boldsymbol{x}) = t\nabla\boldsymbol{F}(\boldsymbol{x})^{\mathrm{T}}\boldsymbol{d}+o(t)$$

可得

$$t^2\langle \nabla\boldsymbol{F}(\boldsymbol{x})^{\mathrm{T}}\boldsymbol{d}, \boldsymbol{d}\rangle + o(t^2) \geqslant \sigma t^2\|\boldsymbol{d}\|^2$$

上式两边同时除以 t^2, 并令 $t\to 0$ 可得

$$\langle \boldsymbol{d}, \nabla\boldsymbol{F}(\boldsymbol{x})\boldsymbol{d}\rangle = \langle \nabla\boldsymbol{F}(\boldsymbol{x})^{\mathrm{T}}\boldsymbol{d}, \boldsymbol{d}\rangle \geqslant \sigma\|\boldsymbol{d}\|^2$$

因此, 式 (2.96) 成立. 当 $\boldsymbol{F}$ 在 S 上单调时, 只需在上面的推导中置 $\sigma=0$ 即可证得 $\nabla\boldsymbol{F}(\boldsymbol{x})$ 的半正定性.

若 $\nabla \boldsymbol{F}(\boldsymbol{x})$ 对所有 $\boldsymbol{x} \in S$ 均正定, 则对任意满足 $\boldsymbol{x} \neq \boldsymbol{y}$ 的 $\boldsymbol{x}, \boldsymbol{y} \in S$, 与式 (2.97) 同样可证

$$\langle \boldsymbol{F}(\boldsymbol{x}) - \boldsymbol{F}(\boldsymbol{y}), \boldsymbol{x} - \boldsymbol{y} \rangle = \int_0^1 \langle \nabla \boldsymbol{F}(\tau \boldsymbol{x} + (1-\tau)\boldsymbol{y})^{\mathrm{T}}(\boldsymbol{x} - \boldsymbol{y}), \boldsymbol{x} - \boldsymbol{y} \rangle \mathrm{d}\tau > 0$$

成立, 因此, $\boldsymbol{F}$ 在 S 上严格单调. ■

然而, 矩阵 $\nabla \boldsymbol{F}(\boldsymbol{x})$ 处处正定并非 $\boldsymbol{F}$ 为严格单调的必要条件. 例如, 由 $F(x) = x^3$ 定义的映射 $F : \mathbf{R} \to \mathbf{R}$ 是严格单调的, 但 $\nabla F(0) = 0$ 显然不满足正定性条件.

将任意点 $\boldsymbol{x} \in \mathbf{R}^n$ 对应到函数 $f : \mathbf{R}^n \to (-\infty, +\infty]$ 的次微分 $\partial f(\boldsymbol{x})$ 的所谓**次微分映射** (subdifferential mapping) 是在最优化理论中起着重要作用的点集映射. 特别地, 如下面的定理所示, 次微分映射的单调性与函数的凸性之间存在着密切的联系:

定理 2.68 正常凸函数 $f : \mathbf{R}^n \to (-\infty, +\infty]$ 的次微分映射 $\partial f : \mathbf{R}^n \to \mathcal{P}(\mathbf{R}^n)$ 为单调映射. 若 f 为强凸函数 (严格凸函数), 则 ∂f 为强单调 (严格单调) 映射.

证明 首先假定 f 为强凸函数. 考虑任意满足 $\partial f(\boldsymbol{x}) \neq \varnothing$ 及 $\partial f(\boldsymbol{y}) \neq \varnothing$ 的点 $\boldsymbol{x}, \boldsymbol{y} \in \mathrm{dom}\, f$ 以及任意实数 $\alpha \in (0, 1)$. 由强凸函数的定义 (2.35) 有下面的不等式成立:

$$[f((1-\alpha)\boldsymbol{x} + \alpha \boldsymbol{y}) - f(\boldsymbol{x})]/\alpha + \frac{1}{2}\sigma(1-\alpha)\|\boldsymbol{x} - \boldsymbol{y}\|^2 \leqslant f(\boldsymbol{y}) - f(\boldsymbol{x}) \tag{2.98}$$

令 $\alpha \to 0$, 则由定理 2.47, 对任意 $\boldsymbol{\xi} \in \partial f(\boldsymbol{x})$ 均有

$$\langle \boldsymbol{\xi}, \boldsymbol{y} - \boldsymbol{x} \rangle + \frac{1}{2}\sigma\|\boldsymbol{x} - \boldsymbol{y}\|^2 \leqslant f(\boldsymbol{y}) - f(\boldsymbol{x})$$

成立. 同理, 对任意 $\boldsymbol{\eta} \in \partial f(\boldsymbol{y})$ 均有

$$\langle \boldsymbol{\eta}, \boldsymbol{x} - \boldsymbol{y} \rangle + \frac{1}{2}\sigma\|\boldsymbol{x} - \boldsymbol{y}\|^2 \leqslant f(\boldsymbol{x}) - f(\boldsymbol{y})$$

成立. 上述两个不等式相加即得

$$\langle \boldsymbol{\xi} - \boldsymbol{\eta}, \boldsymbol{x} - \boldsymbol{y} \rangle \geqslant \sigma\|\boldsymbol{x} - \boldsymbol{y}\|^2$$

这就证明了 ∂f 的强单调性.

在上面的推导中置 $\sigma = 0$ 即可说明当 f 为凸函数时 ∂f 单调. 对于 f 为严格凸函数的情形, 在式 (2.98) 中置 $\sigma = 0$, 则将不等号 $\leqslant$ 换成严格不等号 $<$ 后的结论仍然成立. 再者, 对任意 $\alpha > 0$ 均有

$$[f((1-\alpha)\boldsymbol{x} + \alpha \boldsymbol{y}) - f(\boldsymbol{x})]/\alpha \geqslant \langle \boldsymbol{\xi}, \boldsymbol{y} - \boldsymbol{x} \rangle$$

成立, 并且在 $\alpha \to 0$ 时的极限处也有严格不等号成立. 于是利用与前面类似的推导即可证明 ∂f 的严格单调性. ■

2.14 习 题

2.1 设 $S, T \subseteq \mathbf{R}^n$ 均为闭集, 并且 S 为紧集. 试证明 $S+T$ 为闭集.

2.2 在习题 2.1 中, 若没有紧性的假设, 则 $S+T$ 未必是闭集. 试举例说明之.

2.3 试证明对任意凸集 $S, T \subseteq \mathbf{R}^n$ 与任意数 $\alpha, \beta \in \mathbf{R}$, $\alpha S + \beta T$ 也是凸集.

2.4 试证明点 $\boldsymbol{x}^1, \cdots, \boldsymbol{x}^m \in \mathbf{R}^n$ 的凸包与这些点的凸组合全体所构成的集合是一致的.

2.5 对任意集合 $S \subseteq \mathbf{R}^n$, 试证明 $\mathrm{co}\ \mathrm{cl}\ S \subseteq \mathrm{cl}\ \mathrm{co}\ S$ 成立.

2.6 试证明两个锥 $C, D \subseteq \mathbf{R}^n$ 的交集 $C \cap D$ 及并集 $C \cup D$ 均为锥. 进一步, 当 C 与 D 均为凸锥时, $C \cap D$ 也为凸锥.

2.7 锥 $C \subseteq \mathbf{R}^n$ 为凸锥的充要条件是 $\boldsymbol{x} \in C$ 与 $\boldsymbol{y} \in C$ 蕴涵 $\boldsymbol{x}+\boldsymbol{y} \in C$, 试证明之. 试利用该结论说明例 2.7 中的 C_3 是凸锥.

2.8 非空集合 $C \subseteq \mathbf{R}^n$ 为凸锥的充要条件是当 $\boldsymbol{x} \in C$ 且 $\boldsymbol{y} \in C$ 时, 对任意 $\lambda \geqslant 0$ 及 $\mu \geqslant 0$ 均有 $\lambda \boldsymbol{x} + \mu \boldsymbol{y} \in C$ 成立. 试证明之.

2.9 试证明定理 2.23.

2.10 函数 $f: \mathbf{R}^n \to \mathbf{R}$ 为凸函数的充要条件是对任意 $\boldsymbol{x}, \boldsymbol{y} \in \mathbf{R}^n$, 由

$$g(\alpha) = \begin{cases} f((1-\alpha)\boldsymbol{x} + \alpha \boldsymbol{y}), & 0 \leqslant \alpha \leqslant 1 \\ +\infty, & \text{否则} \end{cases}$$

定义的函数 $g: \mathbf{R} \to (-\infty, +\infty]$ 为正常凸函数. 试证明之.

2.11 设函数 $f: \mathbf{R}^n \to \mathbf{R}$ 在任意点 $\boldsymbol{x} \in \mathbf{R}^n$ 沿任意方向 $\boldsymbol{d} \in \mathbf{R}^n$ 均存在方向导数 $f'(\boldsymbol{x}; \boldsymbol{d})$, 则 f 为凸函数的充要条件是

$$f(\boldsymbol{x}+\boldsymbol{d}) - f(\boldsymbol{x}) \geqslant f'(\boldsymbol{x}; \boldsymbol{d}), \quad f'(\boldsymbol{x}; \boldsymbol{d}) + f'(\boldsymbol{x}; -\boldsymbol{d}) \geqslant 0, \quad \boldsymbol{x} \in \mathbf{R}^n, \boldsymbol{d} \in \mathbf{R}^n$$

成立. 试证明之.

2.12 试证明例 2.10 中的函数 f_i $(i = 1, \cdots, 6)$ 均为正常凸函数.

2.13 试证明定理 2.40, 并说明该定理的逆不真. 对任意 $\alpha \in \mathbf{R}$, 水平集 $S_f(\alpha)$ 均为凸集的函数 f 称为**拟凸函数** (quasi-convex function)①. 试举出拟凸但非凸的函数的例子.

2.14 试证明对于可微的拟凸函数 $f: \mathbf{R}^n \to \mathbf{R}$ 有

$$f(\boldsymbol{y}) \leqslant f(\boldsymbol{x}) \Rightarrow \langle \nabla f(\boldsymbol{x}), \boldsymbol{y} - \boldsymbol{x} \rangle \leqslant 0$$

成立.

① 若 $-f$ 为拟凸函数, 则称 f 为**拟凹函数** (quasi-concave function).

2.15 对于可微函数 $f: \mathbf{R}^n \to \mathbf{R}$, 若

$$\langle \nabla f(\boldsymbol{x}), \boldsymbol{y} - \boldsymbol{x} \rangle \geqslant 0 \Rightarrow f(\boldsymbol{y}) \geqslant f(\boldsymbol{x})$$

成立, 则称 f 为**伪凸函数** (pseudo-convex function)①. 试证明可微的凸函数必为伪凸函数, 而伪凸函数必为拟凸函数.

2.16 对于包含原点 $\mathbf{0} \in \mathbf{R}^n$ 在其内部的凸集 $S \subseteq \mathbf{R}^n$, 由

$$m_S(\boldsymbol{x}) = \inf \left\{ \lambda \in \mathbf{R} \,\middle|\, \boldsymbol{x}/\lambda \in S, \lambda > 0 \right\}$$

定义的函数 m_S 称为 S 的 **Minkowski 函数** (Minkowski function). 试证明函数 m_S 为处处取有限值的正齐次凸函数.

2.17 试验证例 2.12 中的函数 f_i^* $(i = 1, \cdots, 6)$ 分别为例 2.10 中的函数 f_i $(i = 1, \cdots, 6)$ 的共轭函数, 其中在 f_2 中假设 $\alpha > 0$, 而在 f_6 中假设 $\boldsymbol{A} \succ \boldsymbol{O}$.

2.18 设 $f: \mathbf{R}^n \to (-\infty, +\infty]$ 为正常凸函数, 并且 $\boldsymbol{x} \in \operatorname{dom} f$. 试证明若 $\partial f(\boldsymbol{x}) = \varnothing$, 则存在向量 $\boldsymbol{d} \in \mathbf{R}^n$ $(\|\boldsymbol{d}\| = 1)$, 使得 $f'(\boldsymbol{x}; \boldsymbol{d}) = -\infty$. (提示: 利用定理 2.47.)

2.19 讨论下面的点集映射 $A: \mathbf{R} \to \mathcal{P}(\mathbf{R}^2)$ 在 $u = 0$ 处的连续性:

$$A(u) = \left\{ \boldsymbol{x} \in \mathbf{R}^2 \,\middle|\, x_1 + u x_2 = 0,\ x_1 = 0,\ -1 \leqslant x_2 \leqslant 1 \right\}$$

2.20 给定函数 $g_i: \mathbf{R}^n \to \mathbf{R}$ $(i = 1, \cdots, m)$. 定义两个点集映射 $S: \mathbf{R}^m \to \mathcal{P}(\mathbf{R}^n)$ 与 $S_0: \mathbf{R}^m \to \mathcal{P}(\mathbf{R}^n)$ 如下:

$$S(\boldsymbol{u}) = \left\{ \boldsymbol{x} \in \mathbf{R}^n \,\middle|\, g_i(\boldsymbol{x}) \leqslant u_i,\ i = 1, \cdots, m \right\}$$
$$S_0(\boldsymbol{u}) = \left\{ \boldsymbol{x} \in \mathbf{R}^n \,\middle|\, g_i(\boldsymbol{x}) < u_i,\ i = 1, \cdots, m \right\}$$

试证明若 g_i $(i = 1, \cdots, m)$ 为凸函数, 则当 $S_0(\boldsymbol{u}) \neq \varnothing$ 时有 $\operatorname{cl} S_0(\boldsymbol{u}) = S(\boldsymbol{u})$ 成立. 但当 g_i $(i = 1, \cdots, m)$ 为拟凸函数时, 上述结论不一定成立, 试举例说明之.

2.21 设函数 $f: \mathbf{R}^n \to \mathbf{R}$ 二阶连续可微, 则 f 为 (严格) 凸函数的充要条件是 $\nabla f: \mathbf{R}^n \to \mathbf{R}^n$ 为 (严格) 单调映射. 试证明之.

---

① 若 $-f$ 为伪凸函数, 则称 f 为**伪凹函数** (pseudo-concave function).

第 3 章　最优性条件

本章主要讲述非线性规划问题中可行解成为最优解的必要条件与充分条件. 首先, 将在 3.1 节中定义集合的切锥, 并给出基于切锥的最优性必要条件. 其次, 将在 3.2 节中针对不等式约束最优化问题在所谓约束规范的假设条件下推导出最具代表意义的最优性必要条件 ——Karush-Kuhn-Tucker 条件 (KKT 条件). 3.3 节将对各种约束规范进行讨论和比较. 3.4 节将从不同于 KKT 条件的观点出发给出基于 Lagrange 函数鞍点的最优性条件. 而 3.5 节将利用目标函数和约束函数的 Hesse 矩阵来考查二阶最优性条件. 3.6 节将介绍关于既含有不等式约束, 也含有等式约束的一般最优化问题的 KKT 条件和约束规范. 3.7 节则讲述最优性条件在含有不可微函数的最优化问题上的推广. 此外, 3.8 节将考查以对称矩阵为变量的所谓半定规划问题的最优性条件. 另外, 在研究最优化问题时, 有必要调查当系数发生变化时对问题的最优解会产生什么样的影响, 无论在理论方面, 还是在实际应用方面, 这都是非常重要的. 基于此, 3.9 节将考虑含有参变量的非线性规划问题, 并研究最优解关于参变量的连续性. 3.10 节将介绍非线性规划问题的灵敏度分析方法.

3.1　切锥与最优性条件

对于给定的函数 $f:\mathbf{R}^n\to\mathbf{R}$ 与集合 $S\subseteq\mathbf{R}^n$, 考虑如下最优化问题:

$$\begin{array}{ll}\min & f(\boldsymbol{x})\\ \text{s.t.} & \boldsymbol{x}\in S\end{array}\tag{3.1}$$

当 $S=\mathbf{R}^n$ 时, 问题 (3.1) 为无约束最优化问题. 除非特别声明, 本章讨论的函数仅限取有限值的实值函数.

给定可行解 $\overline{\boldsymbol{x}}\in S$, 若存在 $\varepsilon>0$, 使得

$$f(\boldsymbol{x})\geqslant f(\overline{\boldsymbol{x}}),\quad \boldsymbol{x}\in S\cap B(\overline{\boldsymbol{x}},\varepsilon)\tag{3.2}$$

成立, 则称 $\overline{\boldsymbol{x}}$ 为问题 (3.1) 的**局部最优解** (local optimal solution). 进一步, 若在 (3.2) 中当 $\boldsymbol{x}\neq\overline{\boldsymbol{x}}$ 时总有 $f(\boldsymbol{x})>f(\overline{\boldsymbol{x}})$ 成立, 则称 $\overline{\boldsymbol{x}}$ 为**严格局部最优解** (strict local optimal solution). 此外, 若存在 $\varepsilon>0$, 使得在球 $B(\overline{\boldsymbol{x}},\varepsilon)$ 内不存在 $\overline{\boldsymbol{x}}$ 之外的局部最优解, 则称 $\overline{\boldsymbol{x}}$ 为**孤立局部最优解** (isolated local optimal solution). 虽然多数情况下

严格局部最优解均为孤立局部最优解, 但下面的例 3.1 以及 3.5 节中的例 3.10 说明严格局部最优解并非总是孤立局部最优解.

例 3.1 在问题 (3.1) 中, 令 $S=\mathbf{R}$, 并定义函数 $f:\mathbf{R}\to\mathbf{R}$ 如下:

$$f(x)=\begin{cases}-\dfrac{1}{2}x+2^{-2k+1}, & 2^{-2k}<x\leqslant 2^{-2k+1},\ k=0,\pm1,\pm2,\cdots\\ \dfrac{5}{2}x-2^{-2k}, & 2^{-2k-1}<x\leqslant 2^{-2k},\ k=0,\pm1,\pm2,\cdots\\ -x, & x\leqslant 0\end{cases}$$

则 $x=2^{-2k-1}(k=0,\pm1,\pm2,\cdots)$ 均为孤立局部最优解, 而 $x=0$ 为严格局部最优解 (实际上是全局最优解). 由于在 $x=0$ 的任何邻域内均存在局部最优解, 因此, 它不是孤立局部最优解 (试通过描绘该函数的图像验证之).

若 (3.2) 对于任意 $\varepsilon>0$ 均成立, 即

$$f(\boldsymbol{x})\geqslant f(\overline{\boldsymbol{x}}),\quad \boldsymbol{x}\in S \tag{3.3}$$

成立, 则称 $\overline{\boldsymbol{x}}$ 为问题 (3.1) 的**全局最优解** (global optimal solution) 或简称为**最优解**. 全局最优解必为局部最优解, 反之则不然. 但是, 如下面的定理所示, 当目标函数为凸函数, 并且可行域为凸集时, 其逆也成立.

定理 3.1 设在问题 (3.1) 中 $f:\mathbf{R}^n\to\mathbf{R}$ 为凸函数, 而 $S\subseteq\mathbf{R}^n$ 为非空凸集, 则问题 (3.1) 的任意局部最优解均为全局最优解, 并且全体最优解的集合为凸集.

证明 假设 $\boldsymbol{x}\in S$ 为局部最优解, 但非全局最优解, 则存在 $\boldsymbol{y}\in S$, 使得 $f(\boldsymbol{y})<f(\boldsymbol{x})$ 成立. 由于 S 是凸集, 故对任意 $\alpha\in(0,1)$ 均有 $(1-\alpha)\boldsymbol{x}+\alpha\boldsymbol{y}\in S$. 又由于 f 为凸函数, 故

$$f((1-\alpha)\boldsymbol{x}+\alpha\boldsymbol{y})\leqslant(1-\alpha)f(\boldsymbol{x})+\alpha f(\boldsymbol{y})<f(\boldsymbol{x})$$

成立. 由于 $\alpha>0$ 可以任意小, 所以在 $\boldsymbol{x}$ 的任意邻域内均存在目标函数值比 $\boldsymbol{x}$ 处的目标函数值更小的可行解, 这与 $\boldsymbol{x}$ 为局部最优解矛盾.

当不存在最优解时, 由于空集也是凸集, 所以定理的后半部分显然成立. 假设问题存在最优解, 并设 $\overline{\boldsymbol{x}}$ 为任意一个最优解, 则最优解的集合可以用 f 的水平集表示为 $S_f(f(\overline{\boldsymbol{x}}))\cap S$, 因此, 定理的后半部分可直接由定理 2.40 得到. ■

定理 3.2 设在问题 (3.1) 中, $f:\mathbf{R}^n\to\mathbf{R}$ 为严格凸函数, 而 $S\subseteq\mathbf{R}^n$ 为非空闭凸集, 则问题 (3.1) 至多存在一个最优解. 进一步, 若 f 为强凸函数, 则问题 (3.1) 存在唯一最优解.

证明 问题 (3.1) 与广义实值函数 $f+\delta_S$ 在 $\mathbf{R}^n$ 上的最小化问题等价, 并且当 f 为严格凸 (强凸) 函数时, $f+\delta_S$ 也为严格凸 (强凸) 函数, 因此, 由定理 2.42 即得结论. ■

与问题 (1.1) 类似, 当约束条件能够用若干不等式或等式来表示, 并且相应的约束函数分别为凸函数或线性函数, 也即问题为凸规划时, 定理 3.1 中的假设条件必成立 (见定理 2.40). 然而, 非凸规划问题一般存在多个局部最优解, 因此, 实际判断全局最优解非常困难, 故对于没有凸性假设的一般问题, 需要重点考虑局部最优解.

考虑集合 $S \subseteq \mathbf{R}^n$ 中的一点 $\overline{\boldsymbol{x}}$. 若存在集合 S 中收敛于 $\overline{\boldsymbol{x}}$ 的点列 $\{\boldsymbol{x}^k\}$ 及非负数列 $\{\alpha_k\}$, 使得点列 $\{\alpha_k(\boldsymbol{x}^k - \overline{\boldsymbol{x}})\}$ 收敛于 $\boldsymbol{y} \in \mathbf{R}^n$, 则称 $\boldsymbol{y}$ 为集合 S 在点 $\overline{\boldsymbol{x}}$ 处的**切向量** (tangent vector). 集合 S 在点 $\overline{\boldsymbol{x}}$ 处的全体切向量构成的集合记为 $T_S(\overline{\boldsymbol{x}})$, 称为 S 在点 $\overline{\boldsymbol{x}}$ 处的**切锥** (tangent cone), 即

$$T_S(\overline{\boldsymbol{x}}) = \Big\{\boldsymbol{y} \in \mathbf{R}^n \,\Big|\, \lim_{k\to\infty} \alpha_k(\boldsymbol{x}^k - \overline{\boldsymbol{x}}) = \boldsymbol{y},\ \lim_{k\to\infty} \boldsymbol{x}^k = \overline{\boldsymbol{x}},\ \boldsymbol{x}^k \in S,\ \alpha_k \geqslant 0,\ k = 1, 2, \cdots\Big\} \tag{3.4}$$

切锥 $T_S(\overline{\boldsymbol{x}})$ 在某种意义上可以看成是集合 S 在点 $\overline{\boldsymbol{x}}$ 处的线性近似 (图 3.1).

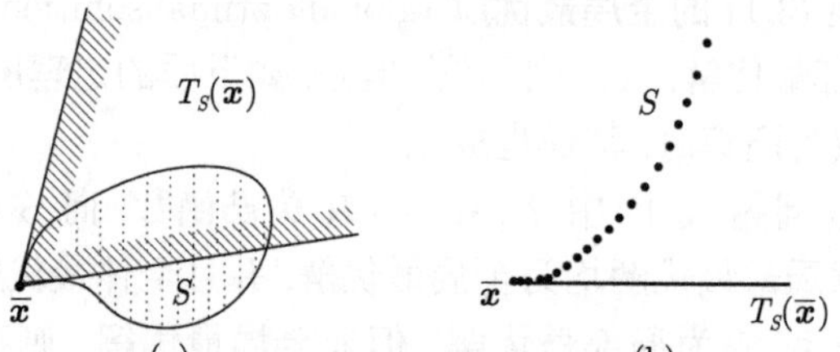

图 3.1　切锥 $T_S(\overline{\boldsymbol{x}})$ 的例子

引理 3.1　对于任意非空集合 $S \subseteq \mathbf{R}^n$ 及点 $\overline{\boldsymbol{x}} \in S$, $T_S(\overline{\boldsymbol{x}})$ 为非空闭锥.

证明　由定义,$T_S(\overline{\boldsymbol{x}})$ 显然是锥. 另外, 总有 $\mathbf{0} \in T_S(\overline{\boldsymbol{x}})$, 因此, $T_S(\overline{\boldsymbol{x}}) \neq \varnothing$. 欲证明 $T_S(\overline{\boldsymbol{x}})$ 是闭锥, 只需证明当 $\{\boldsymbol{y}^l\} \subseteq T_S(\overline{\boldsymbol{x}})$ 且 $\lim\limits_{l\to\infty} \boldsymbol{y}^l = \overline{\boldsymbol{y}}$ 时必有 $\overline{\boldsymbol{y}} \in T_S(\overline{\boldsymbol{x}})$ 成立即可. 事实上, 对任意 l, 由于 $\boldsymbol{y}^l \in T_S(\overline{\boldsymbol{x}})$, 则由切锥的定义知, 存在满足 $\lim\limits_{k\to\infty} \boldsymbol{x}^{l,k} = \overline{\boldsymbol{x}}$ 的点列 $\{\boldsymbol{x}^{l,k}\} \subseteq S$ 以及非负数列 $\{\alpha_{l,k}\}$, 使得 $\lim\limits_{k\to\infty} \alpha_{l,k}(\boldsymbol{x}^{l,k} - \overline{\boldsymbol{x}}) = \boldsymbol{y}^l$. 因此, 对每个 l, 均存在 $k(l)$ 满足 $\|\alpha_{l,k(l)}(\boldsymbol{x}^{l,k(l)} - \overline{\boldsymbol{x}}) - \boldsymbol{y}^l\| \leqslant 1/l$ 及 $\|\boldsymbol{x}^{l,k(l)} - \overline{\boldsymbol{x}}\| \leqslant 1/l$. 令 $\boldsymbol{x}^l = \boldsymbol{x}^{l,k(l)}$,$\alpha_l = \alpha_{l,k(l)}$, 则 $\lim\limits_{l\to\infty} \boldsymbol{x}^l = \overline{\boldsymbol{x}}$ 且 $\lim\limits_{l\to\infty} \alpha_l(\boldsymbol{x}^l - \overline{\boldsymbol{x}}) = \overline{\boldsymbol{y}}$, 故 $\overline{\boldsymbol{y}} \in T_S(\overline{\boldsymbol{x}})$ 成立. ■

当 S 为凸集时, 切锥可以表示成下面引理中的形式.

引理 3.2　设 $S \subseteq \mathbf{R}^n$ 为非空凸集, $\overline{\boldsymbol{x}} \in S$. 令

$$\mathrm{cone}[S, \overline{\boldsymbol{x}}] = \Big\{\boldsymbol{y} \in \mathbf{R}^n \,\Big|\, \boldsymbol{y} = \beta(\boldsymbol{x} - \overline{\boldsymbol{x}}),\ \boldsymbol{x} \in S, \beta > 0\Big\} \subseteq \mathbf{R}^n$$

则有

$$T_S(\bar{\boldsymbol{x}}) = \text{cl cone}[S, \bar{\boldsymbol{x}}] \tag{3.5}$$

证明 首先证明 $T_S(\bar{\boldsymbol{x}}) \subseteq \text{cl cone}[S, \bar{\boldsymbol{x}}]$. 任取 $\boldsymbol{y} \in T_S(\bar{\boldsymbol{x}})$, 则存在点列 $\{\boldsymbol{x}^k\} \subseteq S$ 及非负数列 $\{\alpha_k\}$, 使得 $\lim\limits_{k\to\infty} \boldsymbol{x}^k = \bar{\boldsymbol{x}}$ 且 $\boldsymbol{y} = \lim\limits_{k\to\infty} \alpha_k(\boldsymbol{x}^k - \bar{\boldsymbol{x}})$. 由 $\text{cone}[S, \bar{\boldsymbol{x}}]$ 的定义知 $\{\alpha_k(\boldsymbol{x}^k - \bar{\boldsymbol{x}})\} \subseteq \text{cone}[S, \bar{\boldsymbol{x}}]$, 故 $\boldsymbol{y} \in \text{cl cone}[S, \bar{\boldsymbol{x}}]$.

下面证明 $T_S(\bar{\boldsymbol{x}}) \supseteq \text{cl cone}[S, \bar{\boldsymbol{x}}]$. 由引理 3.1 知, $T_S(\bar{\boldsymbol{x}})$ 为闭集, 故只需证明 $\boldsymbol{y} \in \text{cone}[S, \bar{\boldsymbol{x}}]$ 蕴涵 $\boldsymbol{y} \in T_S(\bar{\boldsymbol{x}})$ 即可. 若 $\boldsymbol{y} \in \text{cone}[S, \bar{\boldsymbol{x}}]$, 则由定义, 存在 $\boldsymbol{x} \in S$ 及 $\beta > 0$, 使得 $\boldsymbol{y} = \beta(\boldsymbol{x} - \bar{\boldsymbol{x}})$. 任取满足 $\gamma_k \to +\infty$ 的正数列 $\{\gamma_k\}$, 并定义点列 $\{\boldsymbol{x}^k\}$ 为 $\boldsymbol{x}^k = \bar{\boldsymbol{x}} + (\boldsymbol{x} - \bar{\boldsymbol{x}})/\gamma_k$, 则 $\lim\limits_{k\to\infty} \boldsymbol{x}^k = \bar{\boldsymbol{x}}$ 且 $\boldsymbol{y} = \beta\gamma_k(\boldsymbol{x}^k - \bar{\boldsymbol{x}})(k = 1, 2, \cdots)$. 由于 S 为凸集, 故存在正整数 k_0, 使得 $\boldsymbol{x}^k \in S(k \geqslant k_0)$. 于是由切锥的定义可得 $\boldsymbol{y} \in T_S(\bar{\boldsymbol{x}})$. ■

切锥的极锥 $T_S(\bar{\boldsymbol{x}})^*$ 称为 S 在 $\bar{\boldsymbol{x}}$ 处的**法锥** (normal cone), 记为 $N_S(\bar{\boldsymbol{x}})$, 也即

$$N_S(\bar{\boldsymbol{x}}) = \left\{ \boldsymbol{z} \in \mathbf{R}^n \,\middle|\, \langle \boldsymbol{z}, \boldsymbol{y} \rangle \leqslant 0,\ \boldsymbol{y} \in T_S(\bar{\boldsymbol{x}}) \right\} \tag{3.6}$$

当 S 为凸集时, 由引理 3.2, 法锥可以表示为

$$N_S(\bar{\boldsymbol{x}}) = \left\{ \boldsymbol{z} \in \mathbf{R}^n \,\middle|\, \langle \boldsymbol{z}, \boldsymbol{x} - \bar{\boldsymbol{x}} \rangle \leqslant 0,\ \boldsymbol{x} \in S \right\} \tag{3.7}$$

属于 $N_S(\bar{\boldsymbol{x}})$ 的向量称为 S 在 $\bar{\boldsymbol{x}}$ 处的**法向量**. $N_S(\bar{\boldsymbol{x}})$ 必为非空闭凸锥.

下面的定理给出了问题 (3.1) 的最基本的最优性条件:

定理 3.3 设函数 $f: \mathbf{R}^n \to \mathbf{R}$ 在 $\bar{\boldsymbol{x}} \in S$ 处可微. 若 $\bar{\boldsymbol{x}}$ 为问题 (3.1) 的局部最优解, 则有

$$-\nabla f(\bar{\boldsymbol{x}}) \in N_S(\bar{\boldsymbol{x}}) \tag{3.8}$$

证明 任取 $\boldsymbol{y} \in T_S(\bar{\boldsymbol{x}})$, 则由切向量的定义, 存在满足 $\boldsymbol{x}^k \in S$ 与 $\boldsymbol{x}^k \to \bar{\boldsymbol{x}}$ 的点列 $\{\boldsymbol{x}^k\}$ 以及非负数列 $\{\alpha_k\}$, 使得 $\alpha_k(\boldsymbol{x}^k - \bar{\boldsymbol{x}}) \to \boldsymbol{y}$. 由于 f 在 $\bar{\boldsymbol{x}}$ 处可微, 故

$$f(\boldsymbol{x}^k) - f(\bar{\boldsymbol{x}}) = \langle \nabla f(\bar{\boldsymbol{x}}), \boldsymbol{x}^k - \bar{\boldsymbol{x}} \rangle + o(\|\boldsymbol{x}^k - \bar{\boldsymbol{x}}\|) \tag{3.9}$$

若 $\bar{\boldsymbol{x}}$ 为局部最优解, 则当 k 充分大时必有 $f(\boldsymbol{x}^k) \geqslant f(\bar{\boldsymbol{x}})$ 成立, 于是由式 (3.9) 可得

$$\langle \nabla f(\bar{\boldsymbol{x}}), \alpha_k(\boldsymbol{x}^k - \bar{\boldsymbol{x}}) \rangle + \frac{o(\|\boldsymbol{x}^k - \bar{\boldsymbol{x}}\|)}{\|\boldsymbol{x}^k - \bar{\boldsymbol{x}}\|} \cdot \alpha_k \|\boldsymbol{x}^k - \bar{\boldsymbol{x}}\| \geqslant 0$$

令 $k \to \infty$ 可得

$$\langle \nabla f(\bar{\boldsymbol{x}}), \boldsymbol{y} \rangle + 0 \cdot \|\boldsymbol{y}\| \geqslant 0$$

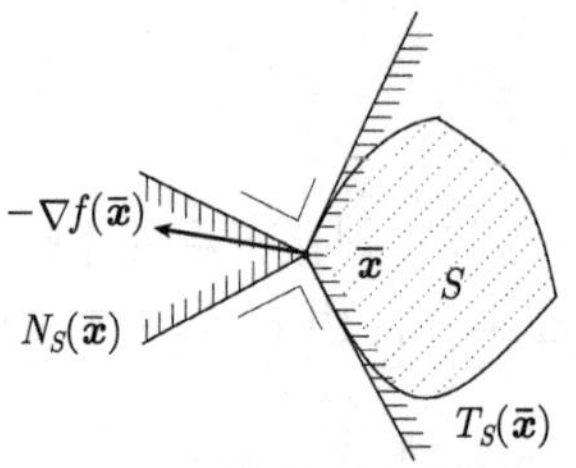

图 3.2　切锥与最优性条件

也即 $\langle -\nabla f(\bar{\boldsymbol{x}}), \boldsymbol{y} \rangle \leqslant 0$. 由 $\boldsymbol{y} \in T_S(\bar{\boldsymbol{x}})$ 的任意性即知 $-\nabla f(\bar{\boldsymbol{x}}) \in N_S(\bar{\boldsymbol{x}})$. ■

式 (3.8) 的几何意义如图 3.2 所示. 下面的例子说明式 (3.8) 只是 $\bar{\boldsymbol{x}}$ 为问题 (3.1) 的局部最优解的必要条件, 而非充分条件. 满足式 (3.8) 的点称为问题 (3.1) 的**稳定点** (stationary point).

例 3.2　在问题 (3.1) 中, 令 $S = \{\boldsymbol{x} \in \mathbf{R}^2 \,|\, x_1^2 - x_2 = 0\}, f(\boldsymbol{x}) = -x_2$, 则在点 $\bar{\boldsymbol{x}} = (0,0)^{\mathrm{T}}$ 处有 $T_S(\bar{\boldsymbol{x}}) = \{\boldsymbol{y} \in \mathbf{R}^2 \,|\, y_2 = 0\}, N_S(\bar{\boldsymbol{x}}) = \{\boldsymbol{z} \in \mathbf{R}^2 \,|\, z_1 = 0\}$. 由于 $\nabla f(\bar{\boldsymbol{x}}) = (0,-1)^{\mathrm{T}}$, 故 $\bar{\boldsymbol{x}}$ 满足式 (3.8), 但 $\bar{\boldsymbol{x}}$ 显然不是该问题的局部最优解.

定理 3.4　设 $S \subseteq \mathbf{R}^n$ 为非空闭凸集, $f: \mathbf{R}^n \to \mathbf{R}$ 为在 $\bar{\boldsymbol{x}} \in S$ 处可微的凸函数, 则式 (3.8) 是 $\bar{\boldsymbol{x}}$ 为问题 (3.1) 的全局最优解的充要条件.

证明　必要性由定理 3.3 显然, 而充分性由式 (3.7) 及定理 2.29 即得. ■

推论 3.1　设集合 $S \subseteq \mathbf{R}^n$ 的内部非空, 并且函数 $f: \mathbf{R}^n \to \mathbf{R}$ 在点 $\bar{\boldsymbol{x}} \in \mathrm{int}S$ 处可微. 若 $\bar{\boldsymbol{x}}$ 为问题 (3.1) 的局部最优解, 则必有 $\nabla f(\bar{\boldsymbol{x}}) = \mathbf{0}$ 成立. 进一步, 若 f 为凸函数且 S 为凸集, 则 $\nabla f(\bar{\boldsymbol{x}}) = \mathbf{0}$ 是 $\bar{\boldsymbol{x}}$ 为问题 (3.1) 的全局最优解的充要条件.

证明　由于当 $\bar{\boldsymbol{x}} \in \mathrm{int}S$ 时 $T_S(\bar{\boldsymbol{x}}) = \mathbf{R}^n$, 这意味着 $N_S(\bar{\boldsymbol{x}}) = \{\mathbf{0}\}$, 因此, 式 (3.8) 即为 $\nabla f(\bar{\boldsymbol{x}}) = \mathbf{0}$. ■

3.2　Karush-Kuhn-Tucker 条件

设问题 (3.1) 的可行域 S 可由函数 $g_i: \mathbf{R}^n \to \mathbf{R}\ (i = 1, \cdots, m)$ 表示为如下形式:

$$S = \left\{ \boldsymbol{x} \in \mathbf{R}^n \,\middle|\, g_i(\boldsymbol{x}) \leqslant 0, \quad i = 1, \cdots, m \right\} \tag{3.10}$$

此时问题 (3.1) 可以写成

$$\begin{aligned} \min \quad & f(\boldsymbol{x}) \\ \text{s.t.} \quad & g_i(\boldsymbol{x}) \leqslant 0, \quad i = 1, \cdots, m \end{aligned} \tag{3.11}$$

在可行解 $\bar{\boldsymbol{x}}$ 处满足 $g_i(\bar{\boldsymbol{x}}) = 0$ 的约束条件称为 $\bar{\boldsymbol{x}}$ 处的**有效约束** (active constraint), 记其指标集为 $\mathcal{I}(\bar{\boldsymbol{x}}) = \{i \,|\, g_i(\bar{\boldsymbol{x}}) = 0\} \subseteq \{1, 2, \cdots, m\}$.

3.1 节中作为集合 S 在 $\bar{\boldsymbol{x}}$ 处的线性近似而定义了切锥 $T_S(\bar{\boldsymbol{x}})$. 当 S 可以表示成 (3.10) 的形式, 并且函数 g_i 均在 $\bar{\boldsymbol{x}}$ 处可微时, 还可以考虑如下线性近似:

$$C_S(\bar{\boldsymbol{x}}) = \left\{ \boldsymbol{y} \in \mathbf{R}^n \,\middle|\, \langle \nabla g_i(\bar{\boldsymbol{x}}), \boldsymbol{y} \rangle \leqslant 0, i \in \mathcal{I}(\bar{\boldsymbol{x}}) \right\} \tag{3.12}$$

即 $C_S(\bar{\boldsymbol{x}})$ 是由与 $\bar{\boldsymbol{x}}$ 处的有效约束函数的梯度 $\nabla g_i(\bar{\boldsymbol{x}})(i\in\mathcal{I}(\bar{\boldsymbol{x}}))$ 的夹角均在 90° 以上的向量构成的集合. 显然, $C_S(\bar{\boldsymbol{x}})$ 为闭凸多面锥 (图 3.3). 称 $C_S(\bar{\boldsymbol{x}})$ 为 S 在 $\bar{\boldsymbol{x}}$ 处的**线性化锥** (linearizing cone).

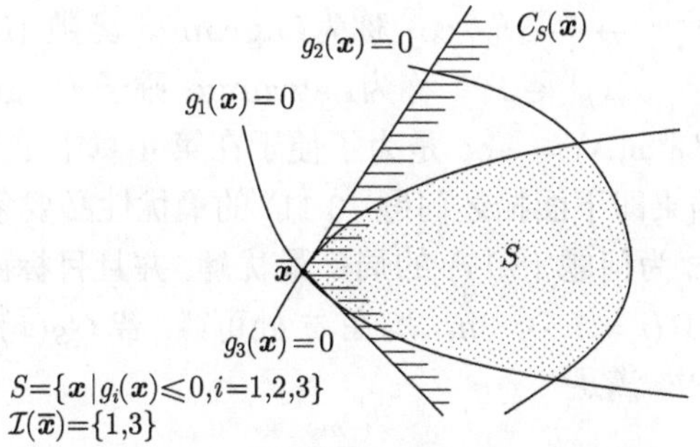

图 3.3 有效约束与线性化锥 $C_S(\bar{\boldsymbol{x}})$

切锥 $T_S(\bar{\boldsymbol{x}})$ 可由 S 直接定义, 而线性化锥 $C_S(\bar{\boldsymbol{x}})$ 则依赖于描述集合 S 的函数 g_i. 因此, 如下面的例子所示, 两者未必完全一致.

例 3.3 令 $S=\{x\in\mathbf{R}\,|\,x\leqslant 0\}$, $\bar{x}=0$, 则有 $T_S(\bar{x})=C_S(\bar{x})=\{y\in\mathbf{R}\,|\,y\leqslant 0\}$. 若将集合 S 改写成 $S=\{x\in\mathbf{R}\,|\,x^3\leqslant 0\}$, 则集合 S 的形状不变, 因此, $T_S(\bar{x})=\{y\in\mathbf{R}\,|\,y\leqslant 0\}$, 然而, $C_S(\bar{x})=\mathbf{R}$.

虽然 $T_S(\bar{\boldsymbol{x}})=C_S(\bar{\boldsymbol{x}})$ 不一定成立, 但包含关系 $T_S(\bar{\boldsymbol{x}})\subseteq C_S(\bar{\boldsymbol{x}})$ 却总是成立的.

引理 3.3 对于由式 (3.10) 定义的非空集合 $S\subseteq\mathbf{R}^n$ 及任意一点 $\bar{\boldsymbol{x}}\in S$, 恒有 $T_S(\bar{\boldsymbol{x}})\subseteq C_S(\bar{\boldsymbol{x}})$ 成立.

证明 设 $\boldsymbol{y}\in T_S(\bar{\boldsymbol{x}})$, 则由切向量的定义, 存在点列 $\{\boldsymbol{x}^k\}\subseteq S$ 及非负数列 $\{\alpha_k\}$ 满足 $\boldsymbol{x}^k\to\bar{\boldsymbol{x}}$ 且 $\alpha_k(\boldsymbol{x}^k-\bar{\boldsymbol{x}})\to\boldsymbol{y}$. 由于 $\boldsymbol{x}^k\in S$, 故对任意 i 均有

$$g_i(\boldsymbol{x}^k)=g_i(\bar{\boldsymbol{x}})+\langle\nabla g_i(\bar{\boldsymbol{x}}),\boldsymbol{x}^k-\bar{\boldsymbol{x}}\rangle+o(\|\boldsymbol{x}^k-\bar{\boldsymbol{x}}\|)\leqslant 0,\quad k=1,2,\cdots$$

特别地, 当 $i\in\mathcal{I}(\bar{\boldsymbol{x}})$ 时有 $g_i(\bar{\boldsymbol{x}})=0$. 因此,

$$\langle\nabla g_i(\bar{\boldsymbol{x}}),\boldsymbol{x}^k-\bar{\boldsymbol{x}}\rangle+o(\|\boldsymbol{x}^k-\bar{\boldsymbol{x}}\|)\leqslant 0,\quad k=1,2,\cdots$$

左侧乘以 α_k, 并令 $k\to\infty$ 可得

$$\begin{aligned}&\alpha_k\langle\nabla g_i(\bar{\boldsymbol{x}}),\boldsymbol{x}^k-\bar{\boldsymbol{x}}\rangle+\alpha_k o(\|\boldsymbol{x}^k-\bar{\boldsymbol{x}}\|)\\=&\langle\nabla g_i(\bar{\boldsymbol{x}}),\alpha_k(\boldsymbol{x}^k-\bar{\boldsymbol{x}})\rangle+\frac{o(\|\boldsymbol{x}^k-\bar{\boldsymbol{x}}\|)}{\|\boldsymbol{x}^k-\bar{\boldsymbol{x}}\|}\cdot\|\alpha_k(\boldsymbol{x}^k-\bar{\boldsymbol{x}})\|\ \to\ \langle\nabla g_i(\bar{\boldsymbol{x}}),\boldsymbol{y}\rangle\end{aligned}$$

综上可得 $\langle\nabla g_i(\bar{\boldsymbol{x}}),\boldsymbol{y}\rangle\leqslant 0(i\in\mathcal{I}(\bar{\boldsymbol{x}}))$, 也即 $\boldsymbol{y}\in C_S(\bar{\boldsymbol{x}})$. ■

对于问题 (3.11), 由

$$L_0(\boldsymbol{x},\boldsymbol{\lambda})=\begin{cases} f(\boldsymbol{x})+\sum_{i=1}^{m}\lambda_i g_i(\boldsymbol{x}), & \boldsymbol{\lambda}\geqslant \mathbf{0} \\ -\infty, & \boldsymbol{\lambda}\ngeqslant \mathbf{0} \end{cases} \tag{3.13}$$

定义的函数 $L_0:\mathbf{R}^{n+m}\to[-\infty,+\infty)$ 称为**Lagrange 函数** (Lagrangian function), 其中向量 $\boldsymbol{\lambda}=(\lambda_1,\cdots,\lambda_m)^{\mathrm{T}}\in\mathbf{R}^m$ 称为**Lagrange 乘子** (Lagrange multiplier). 这里当 $\boldsymbol{\lambda}\ngeqslant\mathbf{0}$ 时定义 $L_0(\boldsymbol{x},\boldsymbol{\lambda})=-\infty$ 是为了便于在第 4 章中定义对偶问题.

本节最重要的结果即下面描述问题 (3.11) 的最优性必要条件的定理:

定理 3.5 设 $\overline{\boldsymbol{x}}$ 为问题 (3.11) 的局部最优解, 并且目标函数 $f:\mathbf{R}^n\to\mathbf{R}$ 与约束函数 $g_i:\mathbf{R}^n\to\mathbf{R}(i=1,\cdots,m)$ 均在 $\overline{\boldsymbol{x}}$ 处可微. 若 $C_S(\overline{\boldsymbol{x}})\subseteq \mathrm{co}\, T_S(\overline{\boldsymbol{x}})$, 则存在 Lagrange 乘子 $\overline{\boldsymbol{\lambda}}\in\mathbf{R}^m$ 满足

$$\begin{aligned}&\nabla_{\boldsymbol{x}}L_0(\overline{\boldsymbol{x}},\overline{\boldsymbol{\lambda}})=\nabla f(\overline{\boldsymbol{x}})+\sum_{i=1}^{m}\overline{\lambda}_i\nabla g_i(\overline{\boldsymbol{x}})=\mathbf{0}\\ &\overline{\lambda}_i\geqslant 0,\quad g_i(\overline{\boldsymbol{x}})\leqslant 0,\quad \overline{\lambda}_i g_i(\overline{\boldsymbol{x}})=0,\quad i=1,\cdots,m\end{aligned} \tag{3.14}$$

证明 因 $\overline{\boldsymbol{x}}$ 为局部最优解, 由定理 3.3 可得 $-\nabla f(\overline{\boldsymbol{x}})\in N_S(\overline{\boldsymbol{x}})$. 由于 $C_S(\overline{\boldsymbol{x}})\subseteq \mathrm{co}\, T_S(\overline{\boldsymbol{x}})$, 则由定理 2.12 有

$$C_S(\overline{\boldsymbol{x}})^*\supseteq(\mathrm{co}\, T_S(\overline{\boldsymbol{x}}))^*=T_S(\overline{\boldsymbol{x}})^*=N_S(\overline{\boldsymbol{x}})$$

因此有 $-\nabla f(\overline{\boldsymbol{x}})\in C_S(\overline{\boldsymbol{x}})^*$. 由 $C_S(\overline{\boldsymbol{x}})$ 的定义 (3.12) 及定理 2.15, 存在 $\overline{\lambda}_i\geqslant 0(i\in\mathcal{I}(\overline{\boldsymbol{x}}))$ 满足

$$-\nabla f(\overline{\boldsymbol{x}})=\sum_{i\in\mathcal{I}(\overline{\boldsymbol{x}})}\overline{\lambda}_i\nabla g_i(\overline{\boldsymbol{x}})$$

令 $\overline{\lambda}_i=0(i\notin\mathcal{I}(\overline{\boldsymbol{x}}))$ 即得式 (3.14). ■

例 3.4 考虑问题

$$\begin{aligned}\min\quad & f(\boldsymbol{x})=-x_1-x_2\\ \text{s.t.}\quad & g_1(\boldsymbol{x})=x_1^2-x_2\leqslant 0\\ & g_2(\boldsymbol{x})=-x_1\leqslant 0\\ & g_3(\boldsymbol{x})=x_2-1\leqslant 0\end{aligned}$$

该问题的最优解为 $\overline{\boldsymbol{x}}=(1,1)^{\mathrm{T}}$, 有效约束指标集为 $\mathcal{I}(\overline{\boldsymbol{x}})=\{1,3\}$. 由于

$$T_S(\overline{\boldsymbol{x}})=C_S(\overline{\boldsymbol{x}})=\left\{\boldsymbol{y}\in\mathbf{R}^2\;\middle|\;2y_1-y_2\leqslant 0,\ y_2\leqslant 0\right\}$$

故有 $C_S(\overline{\boldsymbol{x}})\subseteq \mathrm{co}\, T_S(\overline{\boldsymbol{x}})$. 另外, 由于

$$\nabla f(\overline{\boldsymbol{x}})=(-1,-1)^{\mathrm{T}},\quad \nabla g_1(\overline{\boldsymbol{x}})=(2,-1)^{\mathrm{T}},\quad \nabla g_3(\overline{\boldsymbol{x}})=(0,1)^{\mathrm{T}}$$

取 $\overline{\boldsymbol{\lambda}}=(1/2,0,3/2)^{\mathrm{T}}$ 即有式 (3.14) 成立 (图 3.4).

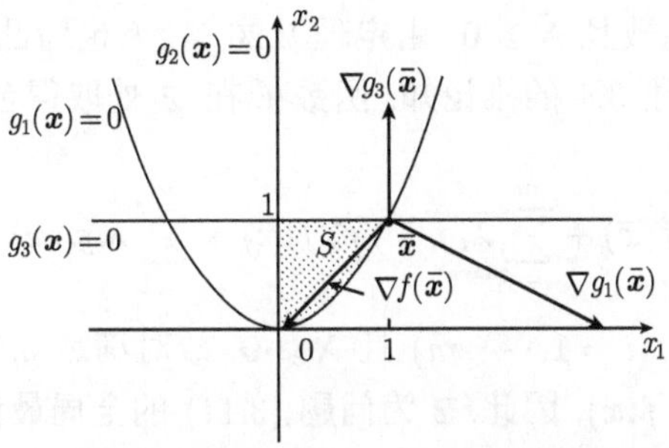

图 3.4 Karush-Kuhn-Tucker 条件 (例 3.4)

式 (3.14) 一般称为 **Karush-Kuhn-Tucker 条件** (Karush-Kuhn-Tucker conditions) 或者 **KKT 条件** (KKT conditions)①. 该条件是 $\bar{\boldsymbol{x}}$ 为问题 (3.11) 的局部最优解的必要条件, 但下面的例子说明它并不是充分条件.

例 3.5 考虑问题

$$\begin{aligned}\min \quad & f(\boldsymbol{x}) = -x_2 \\ \text{s.t.} \quad & g_1(\boldsymbol{x}) = -x_1^2 + x_2 \leqslant 0 \\ & g_2(\boldsymbol{x}) = x_1^2 + x_2^2 - 1 \leqslant 0\end{aligned}$$

令 $\bar{\boldsymbol{x}} = (0,0)^{\mathrm{T}}$, 则 $\mathcal{I}(\bar{\boldsymbol{x}}) = \{1\}$ 且 $T_S(\bar{\boldsymbol{x}}) = C_S(\bar{\boldsymbol{x}}) = \{\boldsymbol{y} \in \mathbf{R}^2 \mid y_2 \leqslant 0\}$, 因此, $C_S(\bar{\boldsymbol{x}}) \subseteq \operatorname{co} T_S(\bar{\boldsymbol{x}})$ 成立, 由于 $\nabla f(\bar{\boldsymbol{x}}) = (0,-1)^{\mathrm{T}}$, $\nabla g_1(\bar{\boldsymbol{x}}) = (0,1)^{\mathrm{T}}$, 若取 $\bar{\boldsymbol{\lambda}} = (1,0)^{\mathrm{T}}$, 则式 (3.14) 成立, 但 $\bar{\boldsymbol{x}}$ 并不是该问题的局部最优解.

KKT 条件 (3.14) 说明, 在局部最优解 $\bar{\boldsymbol{x}}$ 处目标函数的梯度 $\nabla f(\bar{\boldsymbol{x}})$ 乘以 -1 后得到的向量包含在由有效约束函数的梯度 $\nabla g_i(\bar{\boldsymbol{x}})(i \in \mathcal{I}(\bar{\boldsymbol{x}}))$ 所张成的凸多面锥中 (图 3.4). 特别地, 条件 $\bar{\lambda}_i g_i(\bar{\boldsymbol{x}}) = 0$ 表示无效约束对应的 Lagrange 乘子 $\bar{\lambda}_i$ 为 0, 称为**互补性条件** (complementarity condition).

定理 3.5 说明在 $C_S(\bar{\boldsymbol{x}}) \subseteq \operatorname{co} T_S(\bar{\boldsymbol{x}})$ 的假设条件下, KKT 条件是问题 (3.11) 的最优性必要条件. 一般称这样的假设条件为**约束规范** (constraint qualification), 它是 KKT 条件成为最优性必要条件不可或缺的条件. 3.3 节将详细介绍各种约束规范.

下面的定理说明, 在适当的凸性假设下, KKT 条件也是最优性充分条件.

定理 3.6 设问题 (3.11) 的目标函数 $f: \mathbf{R}^n \to \mathbf{R}$ 与约束函数 $g_i: \mathbf{R}^n \to \mathbf{R}$ $(i = 1, \cdots, m)$ 均为可微凸函数. 若存在 $\bar{\boldsymbol{x}} \in \mathbf{R}^n$ 与 $\bar{\boldsymbol{\lambda}} \in \mathbf{R}^m$ 满足式 (3.14), 则 $\bar{\boldsymbol{x}}$ 为问题 (3.11) 的全局最优解.

证明 固定 $\bar{\boldsymbol{\lambda}}$, 并定义函数 $\ell: \mathbf{R}^n \to \mathbf{R}$ 如下:

$$\ell(\boldsymbol{x}) = f(\boldsymbol{x}) + \sum_{i=1}^{m} \bar{\lambda}_i g_i(\boldsymbol{x})$$

① 有时也称为 **Kuhn-Tucker 条件** (Kuhn-Tucker conditions).

由于 f 与 g_i 均为凸函数且 $\overline{\boldsymbol{\lambda}} \geqslant \mathbf{0}$, 由定理 2.26 知, ℓ 也为凸函数. 式 (3.14) 说明 $\nabla\ell(\overline{\boldsymbol{x}}) = \mathbf{0}$, 于是由定理 3.4 的推论知, 函数 ℓ 在 $\overline{\boldsymbol{x}}$ 处取得全局最小值, 即对任意 $\boldsymbol{x} \in \mathbf{R}^n$ 均有

$$f(\overline{\boldsymbol{x}}) + \sum_{i=1}^{m} \overline{\lambda}_i g_i(\overline{\boldsymbol{x}}) \leqslant f(\boldsymbol{x}) + \sum_{i=1}^{m} \overline{\lambda}_i g_i(\boldsymbol{x})$$

成立. 由于 $\overline{\lambda}_i g_i(\overline{\boldsymbol{x}}) = 0\,(i = 1, \cdots, m)$ 且 $\overline{\boldsymbol{\lambda}} \geqslant \mathbf{0}$, 故对满足 $g_i(\boldsymbol{x}) \leqslant 0\,(i = 1, \cdots, m)$ 的任意 $\boldsymbol{x}$ 均有 $f(\overline{\boldsymbol{x}}) \leqslant f(\boldsymbol{x})$, 因此, $\overline{\boldsymbol{x}}$ 为问题 (3.11) 的全局最优解. ■

由定理 3.5 和定理 3.6 知, 当问题 (3.11) 为凸规划时, 在约束规范下, KKT 条件 (3.14) 为全局最优解的充要条件.

3.3 约束规范

定理 3.5 证明了在约束规范 $C_S(\overline{\boldsymbol{x}}) \subseteq \mathrm{co}\, T_S(\overline{\boldsymbol{x}})$ 下 KKT 条件为最优性必要条件. 本节将介绍约束规范的作用, 以及保证 KKT 条件为最优性必要条件的其他约束规范, 然后讨论它们之间的关系.

首先给出没有约束规范的情况下的最优性必要条件.

定理 3.7 设点 $\overline{\boldsymbol{x}}$ 为问题 (3.11) 的局部最优解, 目标函数 $f : \mathbf{R}^n \to \mathbf{R}$ 与约束函数 $g_i : \mathbf{R}^n \to \mathbf{R}(i = 1, \cdots, m)$ 均在 $\overline{\boldsymbol{x}}$ 处可微, 则存在 $\overline{\lambda}_0, \overline{\lambda}_1, \cdots, \overline{\lambda}_m$ 满足

$$\begin{aligned}
&\overline{\lambda}_0 \nabla f(\overline{\boldsymbol{x}}) + \sum_{i=1}^{m} \overline{\lambda}_i \nabla g_i(\overline{\boldsymbol{x}}) = \mathbf{0} \\
&g_i(\overline{\boldsymbol{x}}) \leqslant 0,\ \overline{\lambda}_i g_i(\overline{\boldsymbol{x}}) = 0, \quad i = 1, \cdots, m \\
&\overline{\lambda}_i \geqslant 0, \quad i = 0, 1, \cdots, m \\
&(\overline{\lambda}_0, \overline{\lambda}_1, \cdots, \overline{\lambda}_m)^{\mathrm{T}} \neq (0, 0, \cdots, 0)^{\mathrm{T}}
\end{aligned} \tag{3.15}$$

证明 为简单起见, 记 $\mathcal{I} = \mathcal{I}(\overline{\boldsymbol{x}})$. 定义集合

$$Y = \Big\{ \boldsymbol{y} \in \mathbf{R}^n \,\big|\, \langle \nabla f(\overline{\boldsymbol{x}}), \boldsymbol{y} \rangle < 0,\ \langle \nabla g_i(\overline{\boldsymbol{x}}), \boldsymbol{y} \rangle < 0\ (i \in \mathcal{I}) \Big\}$$

则有 $Y = \varnothing$. 事实上, 若存在 $\boldsymbol{y} \in Y$, 则容易证明当 $\alpha > 0$ 充分小时, $f(\overline{\boldsymbol{x}} + \alpha\boldsymbol{y}) < f(\overline{\boldsymbol{x}})$ 与 $g_i(\overline{\boldsymbol{x}} + \alpha\boldsymbol{y}) < 0\ (i = 1, \cdots, m)$ 均成立, 这与 $\overline{\boldsymbol{x}}$ 为局部最优解矛盾. 现定义凸锥 $C \subseteq \mathbf{R}^{n+1}$ 如下:

$$\begin{aligned}
C &= \Big\{ (y_0, \boldsymbol{y})^{\mathrm{T}} \in \mathbf{R}^{n+1} \,\big|\, y_0 + \langle \nabla f(\overline{\boldsymbol{x}}), \boldsymbol{y} \rangle \leqslant 0, y_0 + \langle \nabla g_i(\overline{\boldsymbol{x}}), \boldsymbol{y} \rangle \leqslant 0\ (i \in \mathcal{I}) \Big\} \\
&= \Big\{ (y_0, \boldsymbol{y})^{\mathrm{T}} \in \mathbf{R}^{n+1} \,\big|\, \langle (1, \nabla f(\overline{\boldsymbol{x}}))^{\mathrm{T}}, (y_0, \boldsymbol{y})^{\mathrm{T}} \rangle \leqslant 0, \langle (1, \nabla g_i(\overline{\boldsymbol{x}}))^{\mathrm{T}}, (y_0, \boldsymbol{y})^{\mathrm{T}} \rangle \\
&\qquad \leqslant 0\ (i \in \mathcal{I}) \Big\}
\end{aligned}$$

由于 $Y=\varnothing$, 则对任意 $(y_0,\boldsymbol{y})^{\mathrm{T}}\in C$ 必有 $y_0\leqslant 0$, 因此, $\langle(1,\boldsymbol{0})^{\mathrm{T}},(y_0,\boldsymbol{y})^{\mathrm{T}}\rangle=y_0\leqslant 0((y_0,\boldsymbol{y})^{\mathrm{T}}\in C)$, 这说明 $(1,\boldsymbol{0})^{\mathrm{T}}\in C^*$. 由定理 2.15, 存在 $\overline{\lambda}_i(i\in\{0\}\cup\mathcal{I})$ 满足

$$\overline{\lambda}_0\nabla f(\overline{\boldsymbol{x}})+\sum_{i\in\mathcal{I}}\overline{\lambda}_i\nabla g_i(\overline{\boldsymbol{x}})=\boldsymbol{0}$$

$$\overline{\lambda}_0+\sum_{i\in\mathcal{I}}\overline{\lambda}_i=1,\quad \overline{\lambda}_i\geqslant 0,\quad i\in\{0\}\cup\mathcal{I}$$

当 $i\notin\mathcal{I}$ 时, 令 $\overline{\lambda}_i=0$, 则 $\overline{\lambda}_0,\overline{\lambda}_1,\cdots,\overline{\lambda}_m$ 满足式 (3.15). ■

式 (3.15) 称为 **Fritz John 条件** (Fritz John conditions), KKT 条件 (3.14) 可以看成它的特殊情形 (即 $\overline{\lambda}_0>0$ 的情形). 实际上, 若式 (3.15) 中有 $\overline{\lambda}_0>0$, 则将 $\overline{\lambda}_i(i=0,1,\cdots,m)$ 换成 $\overline{\lambda}_i/\overline{\lambda}_0$ 即可推出 KKT 条件 (3.14). 为了弄清 KKT 条件及 Fritz John 条件与约束规范的关系, 考虑下面的例子:

例 3.6 考虑问题

$$\begin{aligned}\min\quad & f(\boldsymbol{x})=x_1-x_2\\ \text{s.t.}\quad & g_1(\boldsymbol{x})=-x_1^2+x_2\leqslant 0\\ & g_2(\boldsymbol{x})=-x_2\leqslant 0\\ & g_3(\boldsymbol{x})=x_1-1\leqslant 0\\ & g_4(\boldsymbol{x})=-x_1^3\leqslant 0\end{aligned}$$

它有两个最优解: $(1,1)^{\mathrm{T}}\in\mathbf{R}^2$ 与 $(0,0)^{\mathrm{T}}\in\mathbf{R}^2$ (图 3.5).

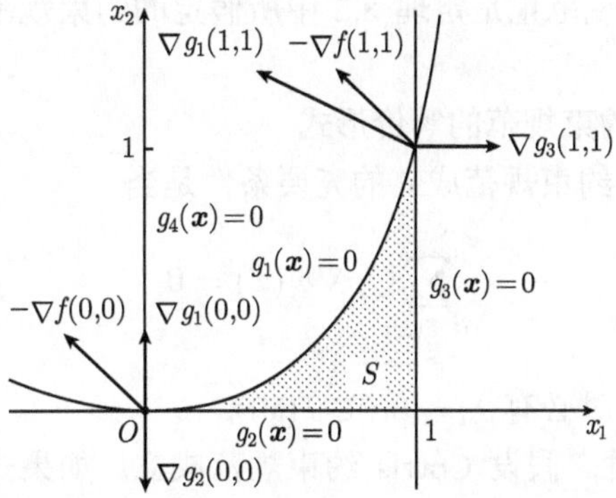

图 3.5 例 3.6 (图中对梯度的长度作了适当的缩小)

(1) 对 $\overline{\boldsymbol{x}}=(1,1)^{\mathrm{T}}$ 有 $\mathcal{I}(\overline{\boldsymbol{x}})=\{1,3\}$, $T_S(\overline{\boldsymbol{x}})=C_S(\overline{\boldsymbol{x}})=\{\boldsymbol{y}\in\mathbf{R}^2\mid -2y_1+y_2\leqslant 0,\ y_1\leqslant 0\}$. 因此, 若取 $\overline{\boldsymbol{\lambda}}=(1,0,1,0)^{\mathrm{T}}$, 则 KKT 条件 (3.14) 成立.

(2) 对 $\overline{\boldsymbol{x}}=(0,0)^{\mathrm{T}}$ 有 $\mathcal{I}(\overline{\boldsymbol{x}})=\{1,2,4\}$, $T_S(\overline{\boldsymbol{x}})=\{\boldsymbol{y}\in\mathbf{R}^2\mid y_2=0,\ y_1\geqslant 0\}$, $C_S(\overline{\boldsymbol{x}})=\{\boldsymbol{y}\in\mathbf{R}^2\mid y_2=0\}$, 并且不存在 $\overline{\boldsymbol{\lambda}}$ 满足 KKT 条件. 但令 $(\overline{\lambda}_0,\overline{\lambda}_1,\overline{\lambda}_2,\overline{\lambda}_3,\overline{\lambda}_4)^{\mathrm{T}}=(0,1,1,0,0)^{\mathrm{T}}$ 可知, Fritz John 条件 (3.15) 成立.

例 3.6 (2) 说明, 虽然当约束规范 $C_S(\overline{\boldsymbol{x}}) \subseteq \mathrm{co}\ T_S(\overline{\boldsymbol{x}})$ 不成立时有 Fritz John 条件成立, 但可能会发生 $\overline{\lambda}_0 = 0$ 的情况. 当 $\overline{\lambda}_0 = 0$ 时, Fritz John 条件中不包含目标函数的任何信息, 从而导致 Fritz John 条件对于任意目标函数均成立这样极不正常的后果. 例如, 考虑含有等式约束 $h(\boldsymbol{x}) = 0$ 的问题. 将该等式约束转换成 $h(\boldsymbol{x}) \leqslant 0$ 与 $-h(\boldsymbol{x}) \leqslant 0$ 即得不等式约束问题 (3.11). 若将约束条件 $h(\boldsymbol{x}) \leqslant 0$ 与 $-h(\boldsymbol{x}) \leqslant 0$ 对应的 Lagrange 乘子均取为 1, 而将 $\overline{\lambda}_0$ 与其他 Lagrange 乘子均取为 0, 则 Fritz John 条件在任意可行解处均成立 (并且与目标函数无关). 这说明 Fritz John 条件只有在 $\overline{\lambda}_0 > 0$ (也即它能够变为 KKT 条件) 时才是正常的最优性条件. 能够保证这一点的必要的假定条件就是约束规范.

截至目前已经提出了各种约束规范. 对于只包含不等式约束的问题 (3.11), 具有代表性的约束规范包括以下几种：

(1) **线性独立约束规范** (linear independence constraint qualification)：向量组 $\nabla g_i(\overline{\boldsymbol{x}})(i \in \mathcal{I}(\overline{\boldsymbol{x}}))$ 线性无关;

(2) **Slater 约束规范** (Slater's constraint qualification)：$g_i(i \in \mathcal{I}(\overline{\boldsymbol{x}}))$ 均为凸函数, 并且存在 $\boldsymbol{x}^0$ 满足 $g_i(\boldsymbol{x}^0) < 0(i = 1, \cdots, m)$;

(3) **Cottle 约束规范** (Cottle's constraint qualification)：存在向量 $\boldsymbol{y} \in \mathbf{R}^n$ 满足 $\langle \nabla g_i(\overline{\boldsymbol{x}}), \boldsymbol{y} \rangle < 0(i \in \mathcal{I}(\overline{\boldsymbol{x}}))$;

(4) **Abadie 约束规范** (Abadie's constraint qualification)：$C_S(\overline{\boldsymbol{x}}) \subseteq T_S(\overline{\boldsymbol{x}})$;

(5) **Guignard 约束规范** (Guignard's constraint qualification)：$C_S(\overline{\boldsymbol{x}}) \subseteq \mathrm{co}\ T_S(\overline{\boldsymbol{x}})$.

最后的 Guignard 约束规范正是定理 3.5 中所假定的约束规范. 下面研究这些约束规范之间的关系.

首先给出 Cottle 约束规范的等价形式.

引理 3.4 Cottle 约束规范成立的充要条件是当

$$\sum_{i \in \mathcal{I}(\overline{\boldsymbol{x}})} \lambda_i \nabla g_i(\overline{\boldsymbol{x}}) = \mathbf{0} \tag{3.16}$$

并且 $\lambda_i \geqslant 0\ (i \in \mathcal{I}(\overline{\boldsymbol{x}}))$ 时必有 $\lambda_i = 0(i \in \mathcal{I}(\overline{\boldsymbol{x}}))$.

证明 先证必要性. 假设 Cottle 约束规范成立. 如果式 (3.16) 成立且 $\lambda_i \geqslant 0(i \in \mathcal{I}(\overline{\boldsymbol{x}}))$, 但存在某个 i, 使得 $\lambda_i > 0$. 此时 Cottle 约束规范中的 $\boldsymbol{y}$ 与式 (3.16) 的左侧向量的内积为负, 而与式 (3.16) 右侧的内积为零, 二者相矛盾.

下证充分性. 考虑其逆命题. 为了叙述方便起见, 集合 $\mathcal{I}(\overline{\boldsymbol{x}})$ 的元素个数记为 $|\mathcal{I}|$, 以 $\lambda_i(i \in \mathcal{I}(\overline{\boldsymbol{x}}))$ 为分量的向量记为 $\boldsymbol{\lambda}_{\mathcal{I}} \in \mathbf{R}^{|\mathcal{I}|}$, 而以 $\nabla g_i(\overline{\boldsymbol{x}})(i \in \mathcal{I}(\overline{\boldsymbol{x}}))$ 为列向量的 $n \times |\mathcal{I}|$ 阶矩阵记为 $\boldsymbol{G}_{\mathcal{I}}$. Cottle 约束规范不成立意味着集合 $A = \{\boldsymbol{z} \in \mathbf{R}^{|\mathcal{I}|} \mid \boldsymbol{z} = \boldsymbol{G}_{\mathcal{I}}^{\mathrm{T}} \boldsymbol{y},\ \boldsymbol{y} \in \mathbf{R}^n\}$ 与集合 $B = \{\boldsymbol{z} \in \mathbf{R}^{|\mathcal{I}|} \mid \boldsymbol{z} < \mathbf{0}\}$ 的交集为空集, 从而由定理 2.11 知, 存在超平面分离集合 A 与集合 B, 也即存在向量 $\boldsymbol{\lambda}_{\mathcal{I}} \in \mathbf{R}^{|\mathcal{I}|}(\boldsymbol{\lambda}_{\mathcal{I}} \neq \mathbf{0})$, 使得

$$\langle \boldsymbol{\lambda}_{\mathcal{I}}, \boldsymbol{G}_{\mathcal{I}}^{\mathrm{T}} \boldsymbol{y} \rangle \geqslant \langle \boldsymbol{\lambda}_{\mathcal{I}}, \boldsymbol{z} \rangle, \quad \boldsymbol{y} \in \mathbf{R}^n, \boldsymbol{z} < \mathbf{0} \tag{3.17}$$

由于不等式 (3.17) 的左侧等于 $\langle \boldsymbol{G}_{\mathcal{I}} \boldsymbol{\lambda}_{\mathcal{I}}, \boldsymbol{y} \rangle$, 于是在右侧令向量 $\boldsymbol{z}$ 无限接近 $\mathbf{0}$ 可得

$$\langle \boldsymbol{G}_{\mathcal{I}} \boldsymbol{\lambda}_{\mathcal{I}}, \boldsymbol{y} \rangle \geqslant 0, \quad \boldsymbol{y} \in \mathbf{R}^n$$

这意味着下式成立:

$$\boldsymbol{G}_{\mathcal{I}} \boldsymbol{\lambda}_{\mathcal{I}} = \sum_{i \in \mathcal{I}(\overline{\boldsymbol{x}})} \lambda_i \nabla g_i(\overline{\boldsymbol{x}}) = \mathbf{0}$$

若存在 $\tilde{\boldsymbol{z}} < \mathbf{0}$, 使得 $\langle \boldsymbol{\lambda}_{\mathcal{I}}, \tilde{\boldsymbol{z}} \rangle > 0$, 则由于对任意 $\alpha > 0$ 均有 $\alpha \tilde{\boldsymbol{z}} < \mathbf{0}$, 于是式 (3.17) 的右侧可以任意大, 这是不可能的. 因此, 对所有 $\boldsymbol{z} < \mathbf{0}$ 均有 $\langle \boldsymbol{\lambda}_{\mathcal{I}}, \boldsymbol{z} \rangle \leqslant 0$, 从而有 $\boldsymbol{\lambda}_{\mathcal{I}} \geqslant \mathbf{0}$. 由于 $\boldsymbol{\lambda}_{\mathcal{I}} \neq \mathbf{0}$, 这说明式 (3.16) 与 $\boldsymbol{\lambda}_{\mathcal{I}} \geqslant \mathbf{0}$ 不能蕴涵 $\boldsymbol{\lambda}_{\mathcal{I}} = \mathbf{0}$, 于是逆命题得证. ■

引理 3.5 若线性独立约束规范或 Slater 约束规范成立, 则 Cottle 约束规范也成立.

证明 由引理 3.4, 显然, 线性独立约束规范 ⇒ Cottle 约束规范. 下面证明 Slater 约束规范 ⇒ Cottle 约束规范. 设 $\boldsymbol{x}^0$ 为满足 Slater 约束规范的点. 由于 $g_i(i \in \mathcal{I}(\overline{\boldsymbol{x}}))$ 为凸函数, 由定理 2.29 可得

$$\langle \nabla g_i(\overline{\boldsymbol{x}}), \boldsymbol{x}^0 - \overline{\boldsymbol{x}} \rangle \leqslant g_i(\boldsymbol{x}^0) - g_i(\overline{\boldsymbol{x}}) < 0, \quad i \in \mathcal{I}(\overline{\boldsymbol{x}})$$

令 $\boldsymbol{y} = \boldsymbol{x}^0 - \overline{\boldsymbol{x}}$ 即知 Cottle 约束规范成立. ■

例 3.7 即使线性独立约束规范或 Cottle 约束规范成立, 也未必有 Slater 约束规范成立. 这是由于前两个约束规范中并没有关于函数的凸性假设. 此外, 即使 Slater 约束规范或 Cottle 约束规范成立, 也未必有线性独立约束规范成立. 例如, 考虑集合 $S = \{\boldsymbol{x} \in \mathbf{R}^2 \,|\, (x_1 - 1)^2 + (x_2 - 1)^2 - 2 \leqslant 0, -x_1 \leqslant 0, -x_2 \leqslant 0\}$ 与点 $\overline{\boldsymbol{x}} = (0, 0)^{\mathrm{T}}$ 即得反例.

引理 3.6 若 Cottle 约束规范成立, 则 Abadie 约束规范也成立. 若 Abadie 约束规范成立, 则 Guignard 约束规范也成立.

证明 Abadie 约束规范 ⇒ Guignard 约束规范是显然的. 下面证明 Cottle 约束规范 ⇒ Abadie 约束规范. 为此, 令

$$C_S^0(\overline{\boldsymbol{x}}) = \left\{ \boldsymbol{y} \in \mathbf{R}^n \,\middle|\, \langle \nabla g_i(\overline{\boldsymbol{x}}), \boldsymbol{y} \rangle < 0, \ i \in \mathcal{I}(\overline{\boldsymbol{x}}) \right\}$$

则 Cottle 约束规范成立意味着 $C_S^0(\overline{\boldsymbol{x}}) \neq \varnothing$. 由 $C_S^0(\overline{\boldsymbol{x}}) \neq \varnothing$ 可知, $\mathrm{cl} C_S^0(\overline{\boldsymbol{x}}) = C_S(\overline{\boldsymbol{x}})$ 成立. 由于 $T_S(\overline{\boldsymbol{x}})$ 为闭集, 故欲证明 Abadie 约束规范成立, 只需证明 $C_S^0(\overline{\boldsymbol{x}}) \subseteq T_S(\overline{\boldsymbol{x}})$ 即可. 设 $\boldsymbol{y} \in C_S^0(\overline{\boldsymbol{x}})$, 则对任意 $i \in \mathcal{I}(\overline{\boldsymbol{x}})$ 以及充分小的 $\beta > 0$ 总有

$$g_i(\overline{\boldsymbol{x}} + \beta \boldsymbol{y}) = g_i(\overline{\boldsymbol{x}}) + \beta \langle \nabla g_i(\overline{\boldsymbol{x}}), \boldsymbol{y} \rangle + o(\beta) < 0$$

成立. 而当 $i \notin \mathcal{I}(\bar{\boldsymbol{x}})$ 时, 由 g_i 的连续性, 当 $\beta > 0$ 充分小时, $g_i(\bar{\boldsymbol{x}} + \beta \boldsymbol{y}) < 0$ 仍然成立. 综上即有 $\boldsymbol{y} \in T_S(\bar{\boldsymbol{x}})$. ■

例 3.8　如下所示, 引理 3.6 的逆未必成立:

(1) 对于集合 $S = \{\boldsymbol{x} \in \mathbf{R}^2 \mid x_1^3 - x_2 \leqslant 0, -x_1^3 + x_2 \leqslant 0\}$ 与点 $\bar{\boldsymbol{x}} = (0,0)^{\mathrm{T}}$, Abadie 约束规范成立, 但 Cottle 约束规范不成立.

(2) 对于集合 $S = \{\boldsymbol{x} \in \mathbf{R}^2 \mid x_1 x_2 \leqslant 0, -x_1 \leqslant 0, -x_2 \leqslant 0\}$ 与点 $\bar{\boldsymbol{x}} = (0,0)^{\mathrm{T}}$, 则有 $C_S(\bar{\boldsymbol{x}}) = \{\boldsymbol{y} \in \mathbf{R}^2 \mid y_1 \geqslant 0, y_2 \geqslant 0\}$. 由于 S 为半直线 $\{\boldsymbol{x} \in \mathbf{R}^2 \mid x_1 \geqslant 0, x_2 = 0\}$ 与 $\{\boldsymbol{x} \in \mathbf{R}^2 \mid x_1 = 0, x_2 \geqslant 0\}$ 的并集, 于是有 $T_S(\bar{\boldsymbol{x}}) = \{\boldsymbol{y} \in \mathbf{R}^2 \mid y_1 \geqslant 0, y_2 = 0\} \cup \{\boldsymbol{y} \in \mathbf{R}^2 \mid y_1 = 0, y_2 \geqslant 0\}$, 因此, Abadie 约束规范不成立. 然而, 由于 $\mathrm{co}\, T_S(\bar{\boldsymbol{x}}) = \{\boldsymbol{y} \in \mathbf{R}^2 \mid y_1 \geqslant 0, y_2 \geqslant 0\}$, 故 Guignard 约束规范成立.

图 3.6 综合了引理 3.5 与引理 3.6 的结果.

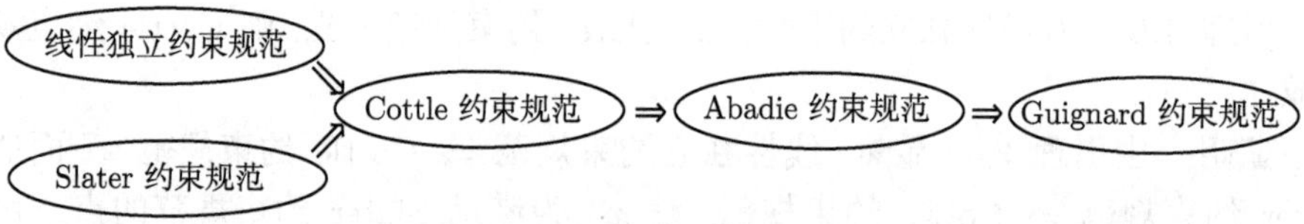

图 3.6　不等式约束问题的约束规范之间的关系

定理 3.8　设 $\bar{\boldsymbol{x}}$ 为问题 (3.11) 的局部最优解, 目标函数 $f : \mathbf{R}^n \to \mathbf{R}$ 与约束函数 $g_i : \mathbf{R}^n \to \mathbf{R}(i = 1, \cdots, m)$ 均在 $\bar{\boldsymbol{x}}$ 处可微. 若线性独立约束规范、Slater 约束规范、Cottle 约束规范、Abadie 约束规范、Guignard 约束规范中任意之一成立, 则存在 Lagrange 乘子 $\bar{\boldsymbol{\lambda}} \in \mathbf{R}^m$ 满足 KKT 条件 (3.14).

证明　由引理 3.5 及引理 3.6, 只需考虑 Guignard 约束规范的情形即可, 而这正是定理 3.5. ■

在引理 3.5 与引理 3.6 中考虑的 5 个约束规范中, Guignard 约束规范是最弱的条件. 虽然到目前为止也提出过其他一些约束规范, 但已经证明不存在比 Guignard 约束规范更弱的约束规范. 因此, 从理论上来讲, Guignard 约束规范是最好的. 但遗憾的是该约束规范对于实际问题不太容易验证, 因此, 并不实用. 有鉴于此, 在实际中较易验证的线性独立约束规范、Slater 约束规范、Cottle 约束规范使用得比较多. 进一步, 如下面的定理所示, 线性独立约束规范、Cottle 约束规范能够保证 Lagrange 乘子具有较好的性质.

定理 3.9　设 $\bar{\boldsymbol{x}}$ 为问题 (3.11) 的局部最优解, 目标函数 $f : \mathbf{R}^n \to \mathbf{R}$ 与约束函数 $g_i : \mathbf{R}^n \to \mathbf{R}(i = 1, \cdots, m)$ 均在 $\bar{\boldsymbol{x}}$ 处可微. 若线性独立约束规范成立, 则满足 KKT 条件 (3.14) 的 Lagrange 乘子 $\bar{\boldsymbol{\lambda}} \in \mathbf{R}^m$ 是唯一存在的. 若 Cottle 约束规范成立, 则满足 KKT 条件 (3.14) 的 Lagrange 乘子 $\bar{\boldsymbol{\lambda}} \in \mathbf{R}^m$ 的集合为有界集.

证明　由定理 3.8 知, 存在 Lagrange 乘子 $\bar{\boldsymbol{\lambda}}$ 满足 KKT 条件 (3.14), 并且当

$i \notin \mathcal{I}(\overline{\boldsymbol{x}})$ 时有 $\overline{\lambda}_i = 0$, 而当 $i \in \mathcal{I}(\overline{\boldsymbol{x}})$ 时有

$$\nabla f(\overline{\boldsymbol{x}}) + \sum_{i \in \mathcal{I}(\overline{\boldsymbol{x}})} \overline{\lambda}_i \nabla g_i(\overline{\boldsymbol{x}}) = \mathbf{0} \tag{3.18}$$

若 $\nabla g_i(\overline{\boldsymbol{x}})(i \in \mathcal{I}(\overline{\boldsymbol{x}}))$ 线性无关, 则满足 (3.18) 的 $\overline{\lambda}_i(i \in \mathcal{I}(\overline{\boldsymbol{x}}))$ 显然是唯一的. 下面假定 Cottle 约束规范成立, 并记满足 (3.18) 的 $\overline{\boldsymbol{\lambda}}_{\mathcal{I}}$ 的集合为 $\overline{\Lambda} \subseteq \mathbf{R}^{|\mathcal{I}|}$, 其中 $\overline{\boldsymbol{\lambda}}_{\mathcal{I}}$ 表示以 $\overline{\lambda}_i(i \in \mathcal{I}(\overline{\boldsymbol{x}}))$ 为分量的向量. 下面假设存在点列 $\{\overline{\boldsymbol{\lambda}}_{\mathcal{I}}^k\} \subseteq \overline{\Lambda}$ 满足 $\overline{\boldsymbol{\lambda}}_{\mathcal{I}}^k \geqslant \mathbf{0}$ 及 $\|\overline{\boldsymbol{\lambda}}_{\mathcal{I}}^k\| \to +\infty$, 然后推出矛盾. 在 (3.18) 中代入 $\overline{\boldsymbol{\lambda}}_{\mathcal{I}} = \overline{\boldsymbol{\lambda}}_{\mathcal{I}}^k$, 然后两侧同时除以 $\|\overline{\boldsymbol{\lambda}}_{\mathcal{I}}^k\|$, 并考虑当 $k \to \infty$ 时的极限. 由于点列 $\{\overline{\boldsymbol{\lambda}}_{\mathcal{I}}^k/\|\overline{\boldsymbol{\lambda}}_{\mathcal{I}}^k\|\}$ 有界, 所以存在收敛子列, 设其聚点为 $\hat{\boldsymbol{\lambda}}_{\mathcal{I}}$. 由式 (3.18) 可得

$$\sum_{i \in \mathcal{I}(\overline{\boldsymbol{x}})} \hat{\lambda}_i \nabla g_i(\overline{\boldsymbol{x}}) = \mathbf{0}$$

注意到 $\hat{\boldsymbol{\lambda}}_{\mathcal{I}} \geqslant \mathbf{0}$ 且 $\|\hat{\boldsymbol{\lambda}}_{\mathcal{I}}\| = 1$ 成立. 由引理 3.4, 这与 Cottle 约束规范相矛盾. ■

3.4 鞍点定理

本节以问题 (3.11) 中目标函数 f 与约束函数 $g_i(i = 1, \cdots, m)$ 的凸性假设取代前面关于这些函数的可微性假设, 并利用 Lagrange 函数的鞍点推导出关于问题 (3.11) 的最优性条件. 该条件在函数可微的假设条件下与 3.2 节中得到的 KKT 条件是等价的.

考虑由式 (3.13) 定义的 Lagrange 函数 $L_0 : \mathbf{R}^{n+m} \to [-\infty, +\infty]$. 若存在 $\overline{\boldsymbol{x}} \in \mathbf{R}^n$ 与 $\overline{\boldsymbol{\lambda}} \in \mathbf{R}^m$ 满足

$$L_0(\overline{\boldsymbol{x}}, \boldsymbol{\lambda}) \leqslant L_0(\overline{\boldsymbol{x}}, \overline{\boldsymbol{\lambda}}) \leqslant L_0(\boldsymbol{x}, \overline{\boldsymbol{\lambda}}), \quad \boldsymbol{x} \in \mathbf{R}^n, \boldsymbol{\lambda} \in \mathbf{R}^m \tag{3.19}$$

则称 $(\overline{\boldsymbol{x}}, \overline{\boldsymbol{\lambda}})^{\mathrm{T}} \in \mathbf{R}^{n+m}$ 为 L_0 的**鞍点** (saddle point). 式 (3.19) 意味着, 若固定 $\boldsymbol{x}$ 为 $\overline{\boldsymbol{x}}$, 则关于 $\boldsymbol{\lambda}$ 的函数 $L_0(\overline{\boldsymbol{x}}, \boldsymbol{\lambda})$ 在 $\boldsymbol{\lambda} = \overline{\boldsymbol{\lambda}}$ 处达到最大; 而若固定 $\boldsymbol{\lambda}$ 为 $\overline{\boldsymbol{\lambda}}$, 则关于 $\boldsymbol{x}$ 的函数 $L_0(\boldsymbol{x}, \overline{\boldsymbol{\lambda}})$ 在 $\boldsymbol{x} = \overline{\boldsymbol{x}}$ 处达到最小.

下面的定理利用 Lagrange 函数的鞍点刻画了凸规划问题的最优性条件, 称为**鞍点定理** (saddle point theorem).

定理 3.10 设问题 (3.11) 中的目标函数 $f : \mathbf{R}^n \to \mathbf{R}$ 与约束函数 $g_i : \mathbf{R}^n \to \mathbf{R}(i = 1, \cdots, m)$ 均为凸函数, 并且存在 $\boldsymbol{x}^0$ 满足 $g_i(\boldsymbol{x}^0) < 0(i = 1, \cdots, m)$ (即 Slater 约束规范成立), 则 $\overline{\boldsymbol{x}} \in \mathbf{R}^n$ 为最优解的充要条件是存在 $\overline{\boldsymbol{\lambda}} \geqslant \mathbf{0}$, 使得 $(\overline{\boldsymbol{x}}, \overline{\boldsymbol{\lambda}})^{\mathrm{T}} \in \mathbf{R}^{n+m}$ 为 Lagrange 函数 L_0 的鞍点.

证明 首先证明充分性. 假设 $(\overline{\boldsymbol{x}}, \overline{\boldsymbol{\lambda}})^{\mathrm{T}} \in \mathbf{R}^{n+m}$ 为 Lagrange 函数 L_0 的鞍点. 由式 (3.13) 与式 (3.19) 可得如下不等式:

$$\sum_{i=1}^{m} \lambda_i g_i(\overline{\boldsymbol{x}}) \leqslant \sum_{i=1}^{m} \overline{\lambda}_i g_i(\overline{\boldsymbol{x}}), \quad \boldsymbol{\lambda} \geqslant \boldsymbol{0} \tag{3.20}$$

$$f(\overline{\boldsymbol{x}}) + \sum_{i=1}^{m} \overline{\lambda}_i g_i(\overline{\boldsymbol{x}}) \leqslant f(\boldsymbol{x}) + \sum_{i=1}^{m} \overline{\lambda}_i g_i(\boldsymbol{x}), \quad \boldsymbol{x} \in \mathbf{R}^n \tag{3.21}$$

由式 (3.20) 易知 $g_i(\overline{\boldsymbol{x}}) \leqslant 0 (i = 1, \cdots, m)$, 并且当 $g_i(\overline{\boldsymbol{x}}) < 0$ 时有 $\overline{\lambda}_i = 0$. 因此, $\overline{\lambda}_i g_i(\overline{\boldsymbol{x}}) = 0 (i = 1, \cdots, m)$ 成立. 再由式 (3.21) 知, 当 $\boldsymbol{x}$ 满足 $g_i(\boldsymbol{x}) \leqslant 0\ (i = 1, \cdots, m)$ 时有 $f(\overline{\boldsymbol{x}}) \leqslant f(\boldsymbol{x})$ 成立, 即 $\overline{\boldsymbol{x}}$ 为问题 (3.11) 的最优解①.

下面证明必要性. 分别定义 $\mathbf{R}^{m+1}$ 的子集 A 与 B 如下:

$$A = \left\{ (z_0, \boldsymbol{z})^{\mathrm{T}} \in \mathbf{R}^{m+1} \,\middle|\, z_0 \geqslant f(\boldsymbol{x}),\ z_i \geqslant g_i(\boldsymbol{x}),\ i = 1, \cdots, m,\ \boldsymbol{x} \in \mathbf{R}^n \right\}$$
$$B = \left\{ (z_0, \boldsymbol{z})^{\mathrm{T}} \in \mathbf{R}^{m+1} \,\middle|\, z_0 < f(\overline{\boldsymbol{x}}),\ z_i < 0,\ i = 1, \cdots, m \right\}$$

其中 $\boldsymbol{z} = (z_1, \cdots, z_m)^{\mathrm{T}}$. 设 $\overline{\boldsymbol{x}}$ 为 (全局) 最优解, 则 $A \cap B = \varnothing$ (图 3.7). 由于 f 与 $g_i\ (i = 1, \cdots, m)$ 均为凸函数, 故 A 为凸集, 而 B 显然也是凸集. 于是由分离定理 2.11, 存在向量 $(\overline{\lambda}_0, \overline{\boldsymbol{\lambda}})^{\mathrm{T}} = (\overline{\lambda}_0, \overline{\lambda}_1, \cdots, \overline{\lambda}_m)^{\mathrm{T}} \neq \boldsymbol{0} \in \mathbf{R}^{m+1}$, 使得

$$\overline{\lambda}_0 z_0 + \langle \overline{\boldsymbol{\lambda}}, \boldsymbol{z} \rangle \geqslant \overline{\lambda}_0 z_0' + \langle \overline{\boldsymbol{\lambda}}, \boldsymbol{z}' \rangle, \quad (z_0, \boldsymbol{z})^{\mathrm{T}} \in A,\ (z_0', \boldsymbol{z}')^{\mathrm{T}} \in B \tag{3.22}$$

由 B 的定义知, z_0' 和 $\boldsymbol{z}'$ 的分量可以任意小, 因此, 只有当 $\overline{\lambda}_0 \geqslant 0$ 且 $\overline{\boldsymbol{\lambda}} \geqslant \boldsymbol{0}$ 时, 式 (3.22) 才能成立.

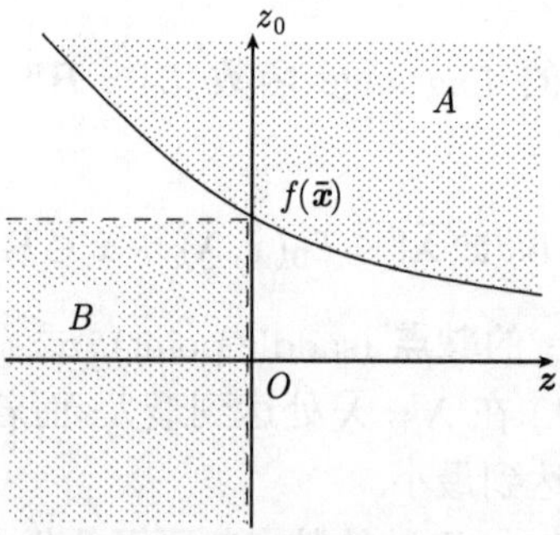

图 3.7 定理 3.10 的证明中的集合 A 与 B

任取 $\boldsymbol{x} \in \mathbf{R}^n$ 及 $\varepsilon > 0$, 并令 $(z_0, \boldsymbol{z})^{\mathrm{T}} = (f(\boldsymbol{x}), g_1(\boldsymbol{x}), \cdots, g_m(\boldsymbol{x}))^{\mathrm{T}}$, $(z_0', \boldsymbol{z}')^{\mathrm{T}} = (f(\overline{\boldsymbol{x}}) - \varepsilon, -\varepsilon, \cdots, -\varepsilon)^{\mathrm{T}}$, 则由集合 A 与 B 的定义知 $(z_0, \boldsymbol{z})^{\mathrm{T}} \in A$, $(z_0', \boldsymbol{z}')^{\mathrm{T}} \in B$, 从而由式 (3.22) 有

$$\overline{\lambda}_0 f(\boldsymbol{x}) + \sum_{i=1}^{m} \overline{\lambda}_i g_i(\boldsymbol{x}) \geqslant \overline{\lambda}_0 f(\overline{\boldsymbol{x}}) - \varepsilon \sum_{i=0}^{m} \overline{\lambda}_i$$

① 充分性的证明中并不要求凸性和约束规范等条件.

成立. 由 $\varepsilon > 0$ 的任意性可得

$$\overline{\lambda}_0 f(\boldsymbol{x}) + \sum_{i=1}^{m} \overline{\lambda}_i g_i(\boldsymbol{x}) \geqslant \overline{\lambda}_0 f(\overline{\boldsymbol{x}}) \tag{3.23}$$

假定 $\overline{\lambda}_0 = 0$, 则对任意 $\boldsymbol{x}$ 均有

$$\sum_{i=1}^{m} \overline{\lambda}_i g_i(\boldsymbol{x}) \geqslant 0$$

但由 $\overline{\boldsymbol{\lambda}} \geqslant \mathbf{0}$, $\overline{\boldsymbol{\lambda}} \neq \mathbf{0}$ 以及 Slater 约束规范的假设知, 该不等式不可能成立, 故必有 $\overline{\lambda}_0 > 0$. 不失一般性, 可假设 $\overline{\lambda}_0 = 1$, 则式 (3.23) 即为

$$f(\boldsymbol{x}) + \sum_{i=1}^{m} \overline{\lambda}_i g_i(\boldsymbol{x}) \geqslant f(\overline{\boldsymbol{x}}) \tag{3.24}$$

令 $\boldsymbol{x} = \overline{\boldsymbol{x}}$ 可得 $\sum_{i=1}^{m} \overline{\lambda}_i g_i(\overline{\boldsymbol{x}}) \geqslant 0$. 由于 $\overline{\lambda}_i \geqslant 0$ 且 $g_i(\overline{\boldsymbol{x}}) \leqslant 0$, 所以有

$$\sum_{i=1}^{m} \overline{\lambda}_i g_i(\overline{\boldsymbol{x}}) = 0 \tag{3.25}$$

进而由式 (3.24) 及式 (3.25) 得到

$$f(\boldsymbol{x}) + \sum_{i=1}^{m} \overline{\lambda}_i g_i(\boldsymbol{x}) \geqslant f(\overline{\boldsymbol{x}}) + \sum_{i=1}^{m} \overline{\lambda}_i g_i(\overline{\boldsymbol{x}}), \quad \boldsymbol{x} \in \mathbf{R}^n$$

此即 (3.19) 中的右侧不等式.

下面证明 (3.19) 中的左侧不等式. 当 $\boldsymbol{\lambda} \ngeqslant \mathbf{0}$ 时, 由 L_0 的定义 (3.13), 结论显然成立. 下设 $\boldsymbol{\lambda} \geqslant \mathbf{0}$, 则由 $g_i(\overline{\boldsymbol{x}}) \leqslant 0$ 及式 (3.25) 有

$$\sum_{i=1}^{m} \lambda_i g_i(\overline{\boldsymbol{x}}) \leqslant 0 = \sum_{i=1}^{m} \overline{\lambda}_i g_i(\overline{\boldsymbol{x}})$$

因此, (3.19) 的左侧不等式

$$f(\overline{\boldsymbol{x}}) + \sum_{i=1}^{m} \lambda_i g_i(\overline{\boldsymbol{x}}) \leqslant f(\overline{\boldsymbol{x}}) + \sum_{i=1}^{m} \overline{\lambda}_i g_i(\overline{\boldsymbol{x}}), \quad \boldsymbol{\lambda} \geqslant \mathbf{0}$$

成立. 综上可知, $(\overline{\boldsymbol{x}}, \overline{\boldsymbol{\lambda}})^{\mathrm{T}}$ 为 Lagrange 函数 L_0 的鞍点. ■

对于可微凸规划问题, 由定理 3.10 可得 KKT 条件和鞍点条件的等价性.

推论 3.2 设问题 (3.11) 满足定理 3.10 的条件, 并且函数 f 与 $g_i(i = 1, \cdots, m)$ 均可微, 则 $\overline{\boldsymbol{x}} \in \mathbf{R}^n$ 和 $\overline{\boldsymbol{\lambda}} \in \mathbf{R}^m$ 满足 KKT 条件 (3.14) 的充要条件是 $(\overline{\boldsymbol{x}}, \overline{\boldsymbol{\lambda}})^{\mathrm{T}} \in \mathbf{R}^{n+m}$ 为 Lagrange 函数 L_0 的鞍点.

3.5 二阶最优性条件

本节考查问题 (3.11) 的**二阶最优性条件** (second-order optimality conditions), 也即使用目标函数和约束函数的二阶微分来刻画的最优性条件. 本节中起重要作用的将是 Lagrange 函数 L_0 在 $\boldsymbol{x}$ 处的 Hesse 矩阵

$$\nabla_{\boldsymbol{x}}^2 L_0(\boldsymbol{x},\boldsymbol{\lambda}) = \nabla^2 f(\boldsymbol{x}) + \sum_{i=1}^{m} \lambda_i \nabla^2 g_i(\boldsymbol{x})$$

对应地, 由于 KKT 条件和 Fritz John 条件均由一阶微分来刻画, 所以称为**一阶最优性条件** (first-order optimality conditions).

考虑二阶最优性条件时一般均以一阶最优性条件成立为前提, 故此以下假定 $\overline{\boldsymbol{x}} \in \mathbf{R}^n$ 及 $\overline{\boldsymbol{\lambda}} \in \mathbf{R}^m$ 满足 KKT 条件 (3.14). 点 $\overline{\boldsymbol{x}}$ 处的有效约束指标集记为 $\mathcal{I} = \{i \,|\, g_i(\overline{\boldsymbol{x}}) = 0\}$, 并利用 Lagrange 乘子 $\overline{\boldsymbol{\lambda}}$ 定义指标集 $\tilde{\mathcal{I}} = \{i \,|\, \overline{\lambda}_i > 0\}$, 则由 KKT 条件 (3.14) 的互补性条件 $\overline{\lambda}_i g_i(\overline{\boldsymbol{x}}) = 0 (i = 1, \cdots, m)$ 知包含关系 $\tilde{\mathcal{I}} \subseteq \mathcal{I}$ 恒成立. 特别地, 当 $\tilde{\mathcal{I}} = \mathcal{I}$ 时, 称**严格互补性** (strict complementarity) 条件成立. 严格互补性条件意味着对每个 $i = 1, \cdots, m$, 均有 $g_i(\overline{\boldsymbol{x}}) = 0 < \overline{\lambda}_i$ 或者 $g_i(\overline{\boldsymbol{x}}) < 0 = \overline{\lambda}_i$ 成立.

利用指标集 $\tilde{\mathcal{I}}$ 定义问题 (3.11) 的可行域 $S = \{\boldsymbol{x} \in \mathbf{R}^n \,|\, g_i(\boldsymbol{x}) \leqslant 0, i = 1, \cdots, m\}$ 的子集为

$$\tilde{S} = S \cap \left\{\boldsymbol{x} \in \mathbf{R}^n \,\middle|\, g_i(\boldsymbol{x}) = 0, i \in \tilde{\mathcal{I}}\right\}$$

并记集合 $\tilde{S}$ 在 $\overline{\boldsymbol{x}}$ 处的切锥为 $T_{\tilde{S}}(\overline{\boldsymbol{x}})$. 另一方面, 由

$$C_{\tilde{S}}(\overline{\boldsymbol{x}}) = \left\{\boldsymbol{y} \in \mathbf{R}^n \,\middle|\, \langle \nabla g_i(\overline{\boldsymbol{x}}), \boldsymbol{y}\rangle = 0,\ i \in \tilde{\mathcal{I}}, \langle \nabla g_i(\overline{\boldsymbol{x}}), \boldsymbol{y}\rangle \leqslant 0,\ i \in \mathcal{I},\ i \notin \tilde{\mathcal{I}}\right\}$$

定义的闭凸多面锥 $C_{\tilde{S}}(\overline{\boldsymbol{x}})$ 为 S 在 $\overline{\boldsymbol{x}}$ 处的线性化锥 $C_S(\overline{\boldsymbol{x}}) = \{\boldsymbol{y} \in \mathbf{R}^n \,|\, \langle \nabla g_i(\overline{\boldsymbol{x}}), \boldsymbol{y}\rangle \leqslant 0, i \in \mathcal{I}\}$ 的子集. 特别地, 当严格互补性条件成立时, $C_{\tilde{S}}(\overline{\boldsymbol{x}})$ 为线性子空间.

在上述准备的基础上可描述**二阶必要性条件** (second-order necessary conditions) 如下:

定理 3.11 设 $\overline{\boldsymbol{x}} \in \mathbf{R}^n$ 为问题 (3.11) 的局部最优解, $\overline{\boldsymbol{\lambda}} \in \mathbf{R}^m$ 为满足 KKT 条件 (3.14) 的 Lagrange 乘子, 目标函数 $f : \mathbf{R}^n \to \mathbf{R}$ 与约束函数 $g_i : \mathbf{R}^n \to \mathbf{R} (i = 1, \cdots, m)$ 均在 $\overline{\boldsymbol{x}}$ 处二阶可微. 若 $C_{\tilde{S}}(\overline{\boldsymbol{x}}) \subseteq T_{\tilde{S}}(\overline{\boldsymbol{x}})$, 则有如下不等式成立:

$$\langle \boldsymbol{y}, \nabla_{\boldsymbol{x}}^2 L_0(\overline{\boldsymbol{x}}, \overline{\boldsymbol{\lambda}})\boldsymbol{y}\rangle \geqslant 0, \quad \boldsymbol{y} \in C_{\tilde{S}}(\overline{\boldsymbol{x}}) \tag{3.26}$$

证明 任取向量 $\boldsymbol{y} \in C_{\tilde{S}}(\overline{\boldsymbol{x}})$, 则由 $C_{\tilde{S}}(\overline{\boldsymbol{x}}) \subseteq T_{\tilde{S}}(\overline{\boldsymbol{x}})$ 知 $\boldsymbol{y} \in T_{\tilde{S}}(\overline{\boldsymbol{x}})$. 由切锥的定义, 存在点列 $\{\boldsymbol{x}^k\} \subseteq \tilde{S}$ 及非负数列 $\{\alpha_k\}$, 使得 $\alpha_k(\boldsymbol{x}^k - \overline{\boldsymbol{x}}) \to \boldsymbol{y}$ 且 $\boldsymbol{x}^k \to \overline{\boldsymbol{x}}$. 由假

设知, $L_0(\cdot,\overline{\boldsymbol{\lambda}}):\mathbf{R}^n\to\mathbf{R}$ 在 $\overline{\boldsymbol{x}}$ 处二阶可微, 故有

$$L_0(\boldsymbol{x}^k,\overline{\boldsymbol{\lambda}})=L_0(\overline{\boldsymbol{x}},\overline{\boldsymbol{\lambda}})+\langle\nabla_{\boldsymbol{x}}L_0(\overline{\boldsymbol{x}},\overline{\boldsymbol{\lambda}}),\boldsymbol{x}^k-\overline{\boldsymbol{x}}\rangle+\frac{1}{2}\langle\boldsymbol{x}^k-\overline{\boldsymbol{x}},\nabla^2_{\boldsymbol{x}}L_0(\overline{\boldsymbol{x}},\overline{\boldsymbol{\lambda}})(\boldsymbol{x}^k-\overline{\boldsymbol{x}})\rangle+o(\|\boldsymbol{x}^k-\overline{\boldsymbol{x}}\|^2) \tag{3.27}$$

由 $\boldsymbol{x}^k\in\tilde{S}$ 知 $g_i(\boldsymbol{x}^k)=0(i\in\tilde{\mathcal{I}})$. 又因为 $\overline{\lambda}_i=0(i\notin\tilde{\mathcal{I}})$, 故 $\overline{\lambda}_ig_i(\boldsymbol{x}^k)=0(i=1,\cdots,m)$, 于是

$$L_0(\boldsymbol{x}^k,\overline{\boldsymbol{\lambda}})=f(\boldsymbol{x}^k)+\sum_{i=1}^m\overline{\lambda}_ig_i(\boldsymbol{x}^k)=f(\boldsymbol{x}^k)$$

此外, 由式 (3.14) 知, $\nabla_{\boldsymbol{x}}L_0(\overline{\boldsymbol{x}},\overline{\boldsymbol{\lambda}})=\mathbf{0}$ 且 $\overline{\lambda}_ig_i(\overline{\boldsymbol{x}})=0(i=1,\cdots,m)$. 综上所述, 式 (3.27) 变成

$$f(\boldsymbol{x}^k)=f(\overline{\boldsymbol{x}})+\frac{1}{2}\langle\boldsymbol{x}^k-\overline{\boldsymbol{x}},\nabla^2_{\boldsymbol{x}}L_0(\overline{\boldsymbol{x}},\overline{\boldsymbol{\lambda}})(\boldsymbol{x}^k-\overline{\boldsymbol{x}})\rangle+o(\|\boldsymbol{x}^k-\overline{\boldsymbol{x}}\|^2) \tag{3.28}$$

由 $\boldsymbol{x}^k\in S$ 及 $\boldsymbol{x}^k\to\overline{\boldsymbol{x}}$ 知, 当 k 充分大时有 $f(\boldsymbol{x}^k)\geqslant f(\overline{\boldsymbol{x}})$ 成立. 因此, 由式 (3.28) 知

$$\frac{1}{2}\langle\boldsymbol{x}^k-\overline{\boldsymbol{x}},\nabla^2_{\boldsymbol{x}}L_0(\overline{\boldsymbol{x}},\overline{\boldsymbol{\lambda}})(\boldsymbol{x}^k-\overline{\boldsymbol{x}})\rangle+o(\|\boldsymbol{x}^k-\overline{\boldsymbol{x}}\|^2)\geqslant 0$$

对充分大的 k 均成立. 两侧同时乘以 $2\alpha_k^2$, 并令 $k\to\infty$, 则由 $\alpha_k(\boldsymbol{x}^k-\overline{\boldsymbol{x}})\to\boldsymbol{y}$ 可得

$$\langle\boldsymbol{y},\nabla^2_{\boldsymbol{x}}L_0(\overline{\boldsymbol{x}},\overline{\boldsymbol{\lambda}})\boldsymbol{y}\rangle\geqslant 0$$

即不等式 (3.26) 成立. ■

定理 3.11 中假定 $C_{\tilde{S}}(\overline{\boldsymbol{x}})\subseteq T_{\tilde{S}}(\overline{\boldsymbol{x}})$ 成立. 由于 $C_{\tilde{S}}(\overline{\boldsymbol{x}})$ 可看成集合 $\tilde{S}$ 在 $\overline{\boldsymbol{x}}$ 处的线性化锥, 因此, 该假定相当于将可行域限制为 $\tilde{S}$ 时的 Abadie 约束规范. 然而, 下面的例子表明这个假定与关于 KKT 条件的约束规范 (如 Abadie 约束规范 $C_S(\overline{\boldsymbol{x}})\subseteq T_S(\overline{\boldsymbol{x}})$) 一般来说没有关系.

例 3.9　考虑问题

$$\begin{aligned}\min\quad & f(\boldsymbol{x})=x_2\\ \text{s.t.}\quad & g_1(\boldsymbol{x})=x_1^6-x_2^3\leqslant 0\\ & g_2(\boldsymbol{x})=-x_1^2-(x_2+1)^2+1\leqslant 0\end{aligned}$$

其最优解为 $\overline{\boldsymbol{x}}=(0,0)^{\mathrm{T}}$, 并且 $\nabla g_1(\overline{\boldsymbol{x}})=(0,0)^{\mathrm{T}}$, $\nabla g_2(\overline{\boldsymbol{x}})=(0,-2)^{\mathrm{T}}$. 由于 $\mathcal{I}=\{1,2\}$, 所以 $C_S(\overline{\boldsymbol{x}})=T_S(\overline{\boldsymbol{x}})=\{\boldsymbol{y}\in\mathbf{R}^2\,|\,y_2\geqslant 0\}$, 因此, Abadie 约束规范 $C_S(\overline{\boldsymbol{x}})\subseteq T_S(\overline{\boldsymbol{x}})$ 成立. 另一方面, 满足 KKT 条件的 Lagrange 乘子可表示成 $\overline{\boldsymbol{\lambda}}=(\alpha,1/2)^{\mathrm{T}}$, 其中 α 为任意非负实数, 故有 $\tilde{\mathcal{I}}=\{2\}$ 或者 $\tilde{\mathcal{I}}=\{1,2\}$. 由于在任何情况下均有 $\tilde{S}=\{\boldsymbol{x}\in\mathbf{R}^2\,|\,\boldsymbol{x}=\mathbf{0}\}$, $T_{\tilde{S}}(\overline{\boldsymbol{x}})=\{\boldsymbol{y}\in\mathbf{R}^2\,|\,\boldsymbol{y}=\mathbf{0}\}$, $C_{\tilde{S}}(\overline{\boldsymbol{x}})=\{\boldsymbol{y}\in\mathbf{R}^2\,|\,y_2=0\}$, 因此, $C_{\tilde{S}}(\overline{\boldsymbol{x}})\subseteq T_{\tilde{S}}(\overline{\boldsymbol{x}})$ 不成立.

与例 3.9 结论相反, 也存在 $C_{\tilde{S}}(\overline{\boldsymbol{x}}) \subseteq T_{\tilde{S}}(\overline{\boldsymbol{x}})$ 成立, 但 $C_S(\overline{\boldsymbol{x}}) \subseteq T_S(\overline{\boldsymbol{x}})$ 不成立的例子 (见习题 3.7). 为了有别于 KKT 条件的约束规范, 称前者为**二阶约束规范** (second-order constraint qualification). 虽然二阶约束规范的实际验证并不容易, 但如下面的定理所示, 当 3.3 节中讲述的线性独立约束规范成立时二阶约束规范也成立. 这表明线性独立约束规范不仅容易验证, 而且还具有既适用于一阶必要性条件, 又适用于二阶必要性条件的良好性质.

定理 3.12　设函数 $g_i : \mathbf{R}^n \to \mathbf{R}(i = 1, \cdots, m)$ 在点 $\overline{\boldsymbol{x}}$ 处连续可微. 若 $\nabla g_i(\overline{\boldsymbol{x}})(i \in \mathcal{I})$ 线性无关, 则 $C_{\tilde{S}}(\overline{\boldsymbol{x}}) \subseteq T_{\tilde{S}}(\overline{\boldsymbol{x}})$ 成立.

证明　只需证明对任意 $\boldsymbol{y} \in C_{\tilde{S}}(\overline{\boldsymbol{x}})$ 均存在曲线 $\boldsymbol{x}(\cdot) : \mathbf{R} \to \mathbf{R}^n$ 及常数 $\overline{\theta} > 0$, 使得 $\boldsymbol{x}(0) = \overline{\boldsymbol{x}}$, $\boldsymbol{x}'(0) = \boldsymbol{y}$①, 并且 $\boldsymbol{x}(\theta) \in \tilde{S}(\theta \in [0, \overline{\theta}])$. 事实上, 若该结论成立, 则对于满足 $\theta_k \to 0$ 的正数列 $\{\theta_k\}$, 只需令 $\boldsymbol{x}^k = \boldsymbol{x}(\theta_k)$ 及 $\alpha_k = 1/\theta_k$, 即有 $\boldsymbol{x}^k \to \overline{\boldsymbol{x}}$ 且 $\alpha_k(\boldsymbol{x}^k - \overline{\boldsymbol{x}}) \to \boldsymbol{y}$ 成立, 从而可证得 $\boldsymbol{y} \in T_{\tilde{S}}(\overline{\boldsymbol{x}})$.

设 $\boldsymbol{y} \in C_{\tilde{S}}(\overline{\boldsymbol{x}})$. 令 $\mathcal{I}_0 = \{i \in \mathcal{I} \mid \langle \nabla g_i(\overline{\boldsymbol{x}}), \boldsymbol{y} \rangle = 0\}$, 则由 $C_{\tilde{S}}(\overline{\boldsymbol{x}})$ 的定义有 $\tilde{\mathcal{I}} \subseteq \mathcal{I}_0$. 记 $\nabla g_i(\boldsymbol{x})(i \in \mathcal{I}_0)$ 为列向量的 $n \times |\mathcal{I}_0|$ 阶矩阵为 $\boldsymbol{G}(\boldsymbol{x})$, 则由 $\mathcal{I}_0$ 的定义可得 $\boldsymbol{G}(\overline{\boldsymbol{x}})^{\mathrm{T}}\boldsymbol{y} = \mathbf{0}$. 由 $\nabla g_i(\overline{\boldsymbol{x}})(i \in \mathcal{I})$ 的线性无关性、$\nabla g_i(\cdot)$ 的连续性以及 $\mathcal{I}_0 \subseteq \mathcal{I}$ 知, 当 $\|\boldsymbol{x} - \overline{\boldsymbol{x}}\|$ 充分小时, 矩阵 $\boldsymbol{G}(\boldsymbol{x})^{\mathrm{T}}\boldsymbol{G}(\boldsymbol{x})$ 可逆, 于是可定义 $n \times n$ 阶矩阵 $\boldsymbol{P}(\boldsymbol{x})$② 如下:

$$\boldsymbol{P}(\boldsymbol{x}) = \boldsymbol{I} - \boldsymbol{G}(\boldsymbol{x})[\boldsymbol{G}(\boldsymbol{x})^{\mathrm{T}}\boldsymbol{G}(\boldsymbol{x})]^{-1}\boldsymbol{G}(\boldsymbol{x})^{\mathrm{T}}$$

显然有 $\boldsymbol{P}(\overline{\boldsymbol{x}})\boldsymbol{y} = \boldsymbol{y}$ 成立. 考虑微分方程

$$\boldsymbol{x}'(\theta) = \boldsymbol{P}(\boldsymbol{x}(\theta))\boldsymbol{y}, \quad \boldsymbol{x}(0) = \overline{\boldsymbol{x}}$$

该微分方程存在解 $\boldsymbol{x}(\theta)(\theta \in [0, \overline{\theta}])$, 其中 $\overline{\theta} > 0$. 下面证明 $\boldsymbol{x}(\theta)$ 即为所求.

由定义显然有 $\boldsymbol{x}(0) = \overline{\boldsymbol{x}}$ 及 $\boldsymbol{x}'(0) = \boldsymbol{P}(\overline{\boldsymbol{x}})\boldsymbol{y} = \boldsymbol{y}$, 因此, 只需说明当 $\theta > 0$ 充分小时 $\boldsymbol{x}(\theta) \in \tilde{S}$ 即可. 由于当 $i \notin \mathcal{I}$ 时有 $g_i(\overline{\boldsymbol{x}}) < 0$, 所以, 当 θ 充分小时有 $g_i(\boldsymbol{x}(\theta)) < 0$ 成立. 当 $i \in \mathcal{I}$ 且 $i \notin \mathcal{I}_0$ 时, $g_i(\overline{\boldsymbol{x}}) = 0$ 且 $\langle \nabla g_i(\overline{\boldsymbol{x}}), \boldsymbol{y} \rangle < 0$, 因此, 当 θ 充分小时仍有 $g_i(\boldsymbol{x}(\theta)) < 0$ 成立. 最后, 当 $i \in \mathcal{I}_0$ 时, 由中值定理 2.19, 存在 $\tau \in (0, 1)$, 使得

$$\begin{aligned} g_i(\boldsymbol{x}(\theta)) &= g_i(\boldsymbol{x}(0)) + \theta \frac{\mathrm{d}g_i(\boldsymbol{x}(\tau\theta))}{\mathrm{d}\theta} \\ &= g_i(\overline{\boldsymbol{x}}) + \theta \langle \nabla g_i(\boldsymbol{x}(\tau\theta)), \boldsymbol{x}'(\tau\theta) \rangle \end{aligned}$$

因 $\boldsymbol{x}'(\tau\theta) = \boldsymbol{P}(\boldsymbol{x}(\tau\theta))\boldsymbol{y}$ 与 $\nabla g_i(\boldsymbol{x}(\tau\theta))$ 正交, 故 $g_i(\boldsymbol{x}(\theta)) = 0$. 由于 $\tilde{\mathcal{I}} \subseteq \mathcal{I}_0$, 综合上面的讨论即知, 当 $\theta > 0$ 充分小时必有 $\boldsymbol{x}(\theta) \in \tilde{S}$. ∎

① $\boldsymbol{x}'(\theta)$ 表示向量 $(x_1'(\theta), \cdots, x_n'(\theta))^{\mathrm{T}} \in \mathbf{R}^n$.

② 对任意 $\boldsymbol{z} \in \mathbf{R}^n$, $\boldsymbol{P}(\boldsymbol{x})\boldsymbol{z}$ 包含于由 $\nabla g_i(\boldsymbol{x})(i \in \mathcal{I}_0)$ 张成的线性子空间的正交补空间 M 内. 称矩阵 $\boldsymbol{P}(\boldsymbol{x})$ 为到线性子空间 M 上的**投影矩阵** (projection matrix).

下面考虑**二阶充分性条件** (second-order sufficient conditions). 由于没有定理 3.6 中那样关于函数的凸性假设, 所以下面所得到的结论仅是局部的. 但是该充分性条件在讨论计算最优解的数值算法时常常起着重要的作用.

定理 3.13 设问题 (3.11) 的目标函数 $f: \mathbf{R}^n \to \mathbf{R}$ 与约束函数 $g_i: \mathbf{R}^n \to \mathbf{R}(i=1,\cdots,m)$ 均在 $\overline{\boldsymbol{x}} \in \mathbf{R}^n$ 处二阶可微. 若 $\overline{\boldsymbol{x}}$ 与 $\overline{\boldsymbol{\lambda}} \in \mathbf{R}^m$ 满足 KKT 条件 (3.14), 并且有

$$\langle \boldsymbol{y}, \nabla_{\boldsymbol{x}}^2 L_0(\overline{\boldsymbol{x}}, \overline{\boldsymbol{\lambda}})\boldsymbol{y}\rangle > 0, \quad \boldsymbol{y} \in C_{\tilde{S}}(\overline{\boldsymbol{x}}), \boldsymbol{y} \neq \boldsymbol{0} \tag{3.29}$$

成立, 则 $\overline{\boldsymbol{x}}$ 为问题 (3.11) 的严格局部最优解.

证明 假设 $\overline{\boldsymbol{x}}$ 不是严格局部最优解, 则存在点列 $\{\boldsymbol{x}^k\} \subseteq S\setminus\{\overline{\boldsymbol{x}}\}$, 使得 $\boldsymbol{x}^k \to \overline{\boldsymbol{x}}$ 且 $f(\boldsymbol{x}^k) \leqslant f(\overline{\boldsymbol{x}})(k=1,2,\cdots)$. 令 $\theta_k = \|\boldsymbol{x}^k - \overline{\boldsymbol{x}}\|$, $\boldsymbol{y}^k = (\boldsymbol{x}^k - \overline{\boldsymbol{x}})/\theta_k$, 由于 $\|\boldsymbol{y}^k\| = 1$, 所以 $\{\boldsymbol{y}^k\}$ 存在收敛子列, 并且其每个聚点 $\boldsymbol{y}$ 均满足 $\|\boldsymbol{y}\| = 1$. 不失一般性, 假定 $\boldsymbol{y}^k \to \boldsymbol{y}$. 在 $f(\boldsymbol{x}^k) - f(\overline{\boldsymbol{x}}) \leqslant 0$ 与 $g_i(\boldsymbol{x}^k) - g_i(\overline{\boldsymbol{x}}) \leqslant 0(i \in \mathcal{I})$ 的两侧同时乘以 θ_k^{-1}, 并令 $k \to \infty$ 可得

$$\langle \nabla f(\overline{\boldsymbol{x}}), \boldsymbol{y}\rangle \leqslant 0, \quad \langle \nabla g_i(\overline{\boldsymbol{x}}), \boldsymbol{y}\rangle \leqslant 0, \quad i \in \mathcal{I}$$

假定存在 $i \in \tilde{\mathcal{I}}\ (\subseteq \mathcal{I})$, 使得 $\langle \nabla g_i(\overline{\boldsymbol{x}}), \boldsymbol{y}\rangle < 0$, 则由 $\tilde{\mathcal{I}}$ 的定义及 KKT 条件 (3.14) 得

$$\langle \nabla f(\overline{\boldsymbol{x}}), \boldsymbol{y}\rangle = -\sum_{i\in\tilde{\mathcal{I}}} \overline{\lambda}_i \langle \nabla g_i(\overline{\boldsymbol{x}}), \boldsymbol{y}\rangle > 0$$

这与 $\langle \nabla f(\overline{\boldsymbol{x}}), \boldsymbol{y}\rangle \leqslant 0$ 矛盾. 因此, 必有

$$\langle \nabla g_i(\overline{\boldsymbol{x}}), \boldsymbol{y}\rangle = 0, \quad i \in \tilde{\mathcal{I}}$$

即 $\boldsymbol{y} \in C_{\tilde{S}}(\overline{\boldsymbol{x}})$.

另一方面, 由 $\overline{\lambda}_i \geqslant 0$, $g_i(\boldsymbol{x}^k) \leqslant g_i(\overline{\boldsymbol{x}}) = 0(i \in \mathcal{I})$ 以及 $f(\boldsymbol{x}^k) \leqslant f(\overline{\boldsymbol{x}})$ 有

$$L_0(\boldsymbol{x}^k, \overline{\boldsymbol{\lambda}}) = f(\boldsymbol{x}^k) + \sum_{i\in\mathcal{I}} \overline{\lambda}_i g_i(\boldsymbol{x}^k) \leqslant f(\overline{\boldsymbol{x}}) = L_0(\overline{\boldsymbol{x}}, \overline{\boldsymbol{\lambda}})$$

故

$$\begin{aligned} L_0(\boldsymbol{x}^k, \overline{\boldsymbol{\lambda}}) - L_0(\overline{\boldsymbol{x}}, \overline{\boldsymbol{\lambda}}) &= \theta_k \langle \nabla_{\boldsymbol{x}} L_0(\overline{\boldsymbol{x}}, \overline{\boldsymbol{\lambda}}), \boldsymbol{y}^k\rangle + \frac{1}{2}\theta_k^2 \langle \boldsymbol{y}^k, \nabla_{\boldsymbol{x}}^2 L_0(\overline{\boldsymbol{x}}, \overline{\boldsymbol{\lambda}})\boldsymbol{y}^k\rangle + o(\theta_k^2\|\boldsymbol{y}^k\|^2) \\ &\leqslant 0 \end{aligned}$$

另外, 由 KKT 条件 (3.14) 知 $\nabla_{\boldsymbol{x}} L_0(\overline{\boldsymbol{x}}, \overline{\boldsymbol{\lambda}}) = \boldsymbol{0}$, 于是在上述不等式两侧同时乘以 θ_k^{-2}, 并取极限可得

$$\langle \boldsymbol{y}, \nabla_{\boldsymbol{x}}^2 L_0(\overline{\boldsymbol{x}}, \overline{\boldsymbol{\lambda}})\boldsymbol{y}\rangle \leqslant 0$$

由于 $\boldsymbol{y} \in C_{\tilde{S}}(\overline{\boldsymbol{x}})$ 且 $\|\boldsymbol{y}\| = 1$, 所以上式与式 (3.29) 矛盾, 故 $\overline{\boldsymbol{x}}$ 必为严格局部最优解. ■

推论 3.3　假设定理 3.13 中的条件均成立, 定义集合 $D_{\tilde{S}}(\boldsymbol{\bar{x}})$ 为

$$D_{\tilde{S}}(\boldsymbol{\bar{x}}) = \left\{ \boldsymbol{y} \in \mathbf{R}^n \,\middle|\, \langle \nabla g_i(\boldsymbol{\bar{x}}), \boldsymbol{y} \rangle = 0,\ i \in \tilde{\mathcal{I}} \right\}$$

若

$$\langle \boldsymbol{y}, \nabla^2_{\boldsymbol{x}} L_0(\boldsymbol{\bar{x}}, \boldsymbol{\bar{\lambda}}) \boldsymbol{y} \rangle > 0, \quad \boldsymbol{y} \in D_{\tilde{S}}(\boldsymbol{\bar{x}}),\ \boldsymbol{y} \neq \boldsymbol{0} \tag{3.30}$$

成立, 则 $\boldsymbol{\bar{x}}$ 为问题 (3.11) 的严格局部最优解.

证明　因 $C_{\tilde{S}}(\boldsymbol{\bar{x}}) \subseteq D_{\tilde{S}}(\boldsymbol{\bar{x}})$, 故式 (3.30) 蕴涵式 (3.29), 因此, 该推论由定理 3.13 即得. ■

条件 (3.30) 是比 (3.29) 稍强的充分性条件, 但由于 $D_{\tilde{S}}(\boldsymbol{\bar{x}})$ 为线性子空间, 条件 (3.30) 比较容易操作, 因此, 在实际中经常被使用. 当严格互补性条件 $\mathcal{I} = \tilde{\mathcal{I}}$ 成立时, (3.29) 显然与 (3.30) 等价.

此外, 如下面的例子所示, 在定理 3.13 的假设条件下并不能保证 $\boldsymbol{\bar{x}}$ 为孤立局部最优解.

例 3.10　考虑问题

$$\begin{array}{ll} \min & x^2 \\ \text{s.t.} & g(x) \leqslant 0 \\ & x^2 - 1 \leqslant 0 \end{array}$$

其中 $g : \mathbf{R} \to \mathbf{R}$ 定义如下:

$$g(x) = \begin{cases} x^6 \sin \dfrac{1}{|x|}, & x \neq 0 \\ 0, & x = 0 \end{cases}$$

该函数可微且 $\nabla g(0) = 0$. 容易验证 $\bar{x} = 0$ 与 $\boldsymbol{\bar{\lambda}} = (\alpha, 0)^{\mathrm{T}}$ (对任意 $\alpha \geqslant 0$) 满足 KKT 条件. 另外有 $C_{\tilde{S}}(\bar{x}) = \mathbf{R}$, 并且由 $\nabla^2 f(\bar{x}) = 2$ 及 $\nabla^2 g(\bar{x}) = 0$ 可得 $\nabla^2_x L_0(\bar{x}, \boldsymbol{\bar{\lambda}}) = 2 > 0$, 故二阶充分性条件成立. 所以 $\bar{x} = 0$ 为严格局部最优解. 但由于可行域

$$S = \bigcup_{k=1}^{\infty} \left\{ x \in \mathbf{R} \,\middle|\, \frac{1}{2k\pi} \leqslant |x| \leqslant \frac{1}{(2k-1)\pi} \right\} \cup \{0\}$$

因此, 集合 $\{1/(2k\pi) \,|\, k = \pm 1, \pm 2, \pm 3, \cdots\}$ 中的每个点均为局部最优解, 并且在 $\bar{x} = 0$ 的任意邻域内均存在这样的点, 所以 $\bar{x} = 0$ 不是孤立局部最优解.

二阶必要性条件 (3.26) 与二阶充分性条件 (3.29), (3.30) 意味着 Lagrange 函数关于 $\boldsymbol{x}$ 的 Hesse 矩阵 $\nabla^2_{\boldsymbol{x}} L_0(\boldsymbol{\bar{x}}, \boldsymbol{\bar{\lambda}})$ 具有某种特定的半正定性或正定性. 特别地, 若 $\nabla^2_{\boldsymbol{x}} L_0(\boldsymbol{\bar{x}}, \boldsymbol{\bar{\lambda}})$ 半正定, 则条件 (3.26) 成立; 若其为正定, 则条件 (3.29) 与 (3.30) 成立. 但是, 如下例所示, 在 $\nabla^2_{\boldsymbol{x}} L_0(\boldsymbol{\bar{x}}, \boldsymbol{\bar{\lambda}})$ 既非半正定又非正定的情况下, 二阶最优性条件仍然会常常成立.

例 3.11 考虑问题

$$
\begin{aligned}
\min \quad & f(\boldsymbol{x}) = -2x_1x_2^2 \\
\text{s.t.} \quad & g_1(\boldsymbol{x}) = \frac{1}{2}x_1^2 + x_2^2 - \frac{3}{2} \leqslant 0 \\
& g_2(\boldsymbol{x}) = -x_1 \leqslant 0
\end{aligned}
$$

容易判断 $\overline{\boldsymbol{x}} = (1,1)^{\mathrm{T}}$ 与 $\overline{\boldsymbol{\lambda}} = (2,0)^{\mathrm{T}}$ 满足 KKT 条件. 特别地, 有 $\mathcal{I} = \tilde{\mathcal{I}} = \{1\}$, 并且严格互补性条件成立. 因 $\nabla g_1(\overline{\boldsymbol{x}}) = (1,2)^{\mathrm{T}}$, 故

$$
C_{\tilde{S}}(\overline{\boldsymbol{x}}) = \left\{\boldsymbol{y} \in \mathbf{R}^2 \,\middle|\, \langle \nabla g_1(\overline{\boldsymbol{x}}), \boldsymbol{y}\rangle = 0\right\} = \left\{\boldsymbol{y} \in \mathbf{R}^2 \,\middle|\, y_1 + 2y_2 = 0\right\}
$$

另外, Lagrange 函数的 Hesse 矩阵为

$$
\nabla_{\boldsymbol{x}}^2 L_0(\overline{\boldsymbol{x}}, \overline{\boldsymbol{\lambda}}) = \begin{bmatrix} 2 & -4 \\ -4 & 0 \end{bmatrix}
$$

它既非半正定又非正定. 然而, 由于 $C_{\tilde{S}}(\overline{\boldsymbol{x}})$ 中的任意向量均可表示为 $\boldsymbol{y} = (2t, -t)^{\mathrm{T}}$ $(t \in \mathbf{R})$, 所以

$$
\langle \boldsymbol{y}, \nabla_{\boldsymbol{x}}^2 L_0(\overline{\boldsymbol{x}}, \overline{\boldsymbol{\lambda}})\boldsymbol{y}\rangle = 2y_1^2 - 8y_1y_2 = 24t^2 \geqslant 0, \quad \boldsymbol{y} \in C_{\tilde{S}}(\overline{\boldsymbol{x}})
$$

故 (3.26) 与 (3.29) 均成立. 进一步, 由定理 3.13 知, $\overline{\boldsymbol{x}}$ 为严格局部最优解.

3.6 等式与不等式约束优化问题

本节将把前面关于不等式约束问题的结果推广到如下也包含等式约束的问题:

$$
\begin{aligned}
\min \quad & f(\boldsymbol{x}) \\
\text{s.t.} \quad & g_i(\boldsymbol{x}) \leqslant 0, \quad i = 1, \cdots, m \\
& h_j(\boldsymbol{x}) = 0, \quad j = 1, \cdots, l
\end{aligned}
\tag{3.31}
$$

同前面一样, 将可行域记为

$$
S = \left\{\boldsymbol{x} \in \mathbf{R}^n \,\middle|\, g_i(\boldsymbol{x}) \leqslant 0,\, i = 1, \cdots, m,\ h_j(\boldsymbol{x}) = 0,\, j = 1, \cdots, l\right\}
$$

S 在 $\overline{\boldsymbol{x}}$ 处的切锥记为 $T_S(\overline{\boldsymbol{x}})$, 并定义线性化锥为

$$
C_S(\overline{\boldsymbol{x}}) = \left\{\boldsymbol{y} \in \mathbf{R}^n \,\middle|\, \langle \nabla g_i(\overline{\boldsymbol{x}}), \boldsymbol{y}\rangle \leqslant 0, i \in \mathcal{I}, \langle \nabla h_j(\overline{\boldsymbol{x}}), \boldsymbol{y}\rangle = 0, j = 1, \cdots, l\right\}
$$

其中 $\mathcal{I}$ 表示 $\overline{\boldsymbol{x}}$ 处的有效不等式约束指标集 $\mathcal{I}(\overline{\boldsymbol{x}}) = \{i \,|\, g_i(\overline{\boldsymbol{x}}) = 0\} \subseteq \{1, \cdots, m\}$. 进一步, 定义问题 (3.31) 的 Lagrange 函数 $L_0 : \mathbf{R}^{n+m+l} \to [-\infty, +\infty)$ 如下:

$$L_0(\boldsymbol{x},\boldsymbol{\lambda},\boldsymbol{\mu})=\begin{cases} f(\boldsymbol{x})+\sum_{i=1}^{m}\lambda_i g_i(\boldsymbol{x})+\sum_{j=1}^{l}\mu_j h_j(\boldsymbol{x}), & \boldsymbol{\lambda}\geqslant \mathbf{0}\\ -\infty, & \boldsymbol{\lambda}\ngeqslant \mathbf{0}\end{cases}$$

其中 $\boldsymbol{\lambda}=(\lambda_1,\cdots,\lambda_m)^{\mathrm{T}}$, $\boldsymbol{\mu}=(\mu_1,\cdots,\mu_l)^{\mathrm{T}}$.

下面的定理是关于不等式约束问题的最优性必要条件的定理 3.5 在问题 (3.31) 上的推广.

定理 3.14 设 $\overline{\boldsymbol{x}}$ 为问题 (3.31) 的局部最优解, 目标函数 $f:\mathbf{R}^n\to\mathbf{R}$ 与约束函数 $g_i:\mathbf{R}^n\to\mathbf{R}(i=1,\cdots,m)$, $h_j:\mathbf{R}^n\to\mathbf{R}(j=1,\cdots,l)$ 均在 $\overline{\boldsymbol{x}}$ 处可微. 若 $C_S(\overline{\boldsymbol{x}})\subseteq \mathrm{co}\ T_S(\overline{\boldsymbol{x}})$, 则存在 Lagrange 乘子 $\overline{\boldsymbol{\lambda}}\in\mathbf{R}^m$, $\overline{\boldsymbol{\mu}}\in\mathbf{R}^l$ 满足

$$\begin{aligned}&\nabla_{\boldsymbol{x}}L_0(\overline{\boldsymbol{x}},\overline{\boldsymbol{\lambda}},\overline{\boldsymbol{\mu}})=\nabla f(\overline{\boldsymbol{x}})+\sum_{i=1}^{m}\overline{\lambda}_i\nabla g_i(\overline{\boldsymbol{x}})+\sum_{j=1}^{l}\overline{\mu}_j\nabla h_j(\overline{\boldsymbol{x}})=\mathbf{0}\\ &\overline{\lambda}_i\geqslant 0,\ g_i(\overline{\boldsymbol{x}})\leqslant 0, \overline{\lambda}_i g_i(\overline{\boldsymbol{x}})=0,\quad i=1,\cdots,m\\ &h_j(\overline{\boldsymbol{x}})=0,\quad j=1,\cdots,l\end{aligned} \tag{3.32}$$

证明 同定理 3.5 可证: 若 $\overline{\boldsymbol{x}}$ 为局部最优解且 $C_S(\overline{\boldsymbol{x}})\subseteq \mathrm{co}\ T_S(\overline{\boldsymbol{x}})$ 成立, 则有 $-\nabla f(\overline{\boldsymbol{x}})\in C_S(\overline{\boldsymbol{x}})^*$, 于是由定理 2.15 的推论知, 存在 $\overline{\lambda}_i\geqslant 0(i\in\mathcal{I})$ 及 $\overline{\mu}_j$ $(j=1,\cdots,l)$ 满足

$$-\nabla f(\overline{\boldsymbol{x}})=\sum_{i\in\mathcal{I}}\overline{\lambda}_i\nabla g_i(\overline{\boldsymbol{x}})+\sum_{j=1}^{l}\overline{\mu}_j\nabla h_j(\overline{\boldsymbol{x}})$$

令 $\overline{\lambda}_i=0(i\notin\mathcal{I})$ 即得式 (3.32). ■

式 (3.32) 称为问题 (3.31) 的 **Karush-Kuhn-Tucker 条件或者 KKT 条件**. 条件 $C_S(\overline{\boldsymbol{x}})\subseteq \mathrm{co}\ T_S(\overline{\boldsymbol{x}})$ 是关于问题 (3.11) 的 Guignard 约束规范的推广. 保证 KKT 条件为问题 (3.32) 的最优性必要条件的其他约束规范还包括如下几个:

(1) **线性独立约束规范**: $h_j(j=1,\cdots,l)$ 在 $\overline{\boldsymbol{x}}$ 处连续可微, 并且向量组 $\nabla g_i(\overline{\boldsymbol{x}})(i\in\mathcal{I})$, $\nabla h_j(\overline{\boldsymbol{x}})(j=1,\cdots,l)$ 线性无关;

(2) **Slater 约束规范**: $g_i(i\in\mathcal{I})$ 为凸函数, 而 $h_j(j=1,\cdots,l)$ 为仿射函数, 并且存在 $\boldsymbol{x}^0$, 使得 $g_i(\boldsymbol{x}^0)<0(i=1,\cdots,m)$ 且 $h_j(\boldsymbol{x}^0)=0(j=1,\cdots,l)$;

(3) **Mangasarian-Fromovitz (M-F) 约束规范**: $h_j(j=1,\cdots,l)$ 在 $\overline{\boldsymbol{x}}$ 处连续可微, $\nabla h_j(\overline{\boldsymbol{x}})$ $(j=1,\cdots,l)$ 线性无关, 并且存在 $\boldsymbol{y}\in\mathbf{R}^n$, 使得 $\langle\nabla g_i(\overline{\boldsymbol{x}}),\boldsymbol{y}\rangle<0(i\in\mathcal{I})$ 且 $\langle\nabla h_j(\overline{\boldsymbol{x}}),\boldsymbol{y}\rangle=0$ $(j=1,\cdots,l)$;

(4) **Abadie 约束规范**: $C_S(\overline{\boldsymbol{x}})\subseteq T_S(\overline{\boldsymbol{x}})$;

(5) **Guignard 约束规范**: $C_S(\overline{\boldsymbol{x}})\subseteq \mathrm{co}\ T_S(\overline{\boldsymbol{x}})$.

这些约束规范是 3.3 节中所讨论的关于不等式约束的约束规范到等式与不等式约束情形的推广. 特别地, Mangasarian-Fromovitz 约束规范对应于 Cottle 约束规范.

引理 3.7 若线性独立约束规范或 Slater 约束规范成立, 则 M-F 约束规范成立.

证明 留作习题 3.8. ■

引理 3.8 若 M-F 约束规范成立, 则 Abadie 约束规范成立; 若 Abadie 约束规范成立, 则 Guignard 约束规范成立.

证明 定理的后半部分显然, 下面只证前半部分. 为此, 设

$$C_S^0(\overline{\boldsymbol{x}}) = \left\{\boldsymbol{y} \in \mathbf{R}^n \,\middle|\, \langle \nabla g_i(\overline{\boldsymbol{x}}), \boldsymbol{y}\rangle < 0, i \in \mathcal{I}, \langle \nabla h_j(\overline{\boldsymbol{x}}), \boldsymbol{y}\rangle = 0, j = 1, \cdots, l\right\}$$

若 M-F 约束规范成立, 则 $C_S^0(\overline{\boldsymbol{x}}) \neq \varnothing$, 而 $C_S^0(\overline{\boldsymbol{x}}) \neq \varnothing$ 又蕴涵 $\mathrm{cl}C_S^0(\overline{\boldsymbol{x}}) = C_S(\overline{\boldsymbol{x}})$. 由于切锥 $T_S(\overline{\boldsymbol{x}})$ 为闭集, 故欲证明 Abadie 约束规范成立, 只需证明 $C_S^0(\overline{\boldsymbol{x}}) \subseteq T_S(\overline{\boldsymbol{x}})$ 即可. 为此, 只需证明对任意 $\boldsymbol{y} \in C_S^0(\overline{\boldsymbol{x}})$, 均存在曲线 $\boldsymbol{x}(\cdot) : \mathbf{R} \to \mathbf{R}^n$ 及 $\overline{\theta} > 0$, 使得 $\boldsymbol{x}(0) = \overline{\boldsymbol{x}}, \boldsymbol{x}'(0) = \boldsymbol{y}$, 并且 $\boldsymbol{x}(\theta) \in S(\theta \in [0, \overline{\theta}])$.

假定 $\boldsymbol{y} \in C_S^0(\overline{\boldsymbol{x}})$. 记 $\nabla h_j(\boldsymbol{x})(j = 1, \cdots, l)$ 为列向量的 $n \times l$ 阶矩阵为 $\boldsymbol{H}(\boldsymbol{x})$, 则由 $C_S^0(\overline{\boldsymbol{x}})$ 的定义有 $\boldsymbol{H}(\overline{\boldsymbol{x}})^{\mathrm{T}}\boldsymbol{y} = \boldsymbol{0}$. 由 $\nabla h_j(\overline{\boldsymbol{x}})(j = 1, \cdots, l)$ 的线性无关性及 $\nabla h_j(\cdot)$ 的连续性知, 当 $\|\boldsymbol{x} - \overline{\boldsymbol{x}}\|$ 充分小时, 矩阵 $\boldsymbol{H}(\boldsymbol{x})^{\mathrm{T}}\boldsymbol{H}(\boldsymbol{x})$ 可逆. 于是可定义 $n \times n$ 阶矩阵 (投影矩阵) $\boldsymbol{P}(\boldsymbol{x})$ 为

$$\boldsymbol{P}(\boldsymbol{x}) = \boldsymbol{I} - \boldsymbol{H}(\boldsymbol{x})[\boldsymbol{H}(\boldsymbol{x})^{\mathrm{T}}\boldsymbol{H}(\boldsymbol{x})]^{-1}\boldsymbol{H}(\boldsymbol{x})^{\mathrm{T}}$$

显然有 $\boldsymbol{P}(\overline{\boldsymbol{x}})\boldsymbol{y} = \boldsymbol{y}$ 成立. 考虑微分方程

$$\boldsymbol{x}'(\theta) = \boldsymbol{P}(\boldsymbol{x}(\theta))\boldsymbol{y}, \quad \boldsymbol{x}(0) = \overline{\boldsymbol{x}}$$

该微分方程存在解 $\boldsymbol{x}(\theta)(\theta \in [0, \overline{\theta}])$, 其中 $\overline{\theta} > 0$. 下面说明 $\boldsymbol{x}(\theta)$ 即为所求.

由定义显然有 $\boldsymbol{x}(0) = \overline{\boldsymbol{x}}$ 及 $\boldsymbol{x}'(0) = \boldsymbol{P}(\overline{\boldsymbol{x}})\boldsymbol{y} = \boldsymbol{y}$, 因此, 只要说明当 $\theta > 0$ 充分小时 $\boldsymbol{x}(\theta) \in S$ 即可. 对于不等式约束, 若 $i \notin \mathcal{I}$, 则当 θ 充分小时即有 $g_i(\boldsymbol{x}(\theta)) < 0$ 成立; 而若 $i \in \mathcal{I}$, 则有 $g_i(\overline{\boldsymbol{x}}) = 0$ 且

$$\left.\frac{\mathrm{d}g_i(\boldsymbol{x}(\theta))}{\mathrm{d}\theta}\right|_{\theta=0} = \langle \nabla g_i(\overline{\boldsymbol{x}}), \boldsymbol{y}\rangle < 0$$

故当 θ 充分小时也有 $g_i(\boldsymbol{x}(\theta)) < 0$ 成立. 对于等式约束, 由中值定理 2.19, 存在 $\tau \in (0, 1)$, 使得

$$\begin{aligned} h_j(\boldsymbol{x}(\theta)) &= h_j(\boldsymbol{x}(0)) + \theta\frac{\mathrm{d}h_j(\boldsymbol{x}(\tau\theta))}{\mathrm{d}\theta} \\ &= h_j(\overline{\boldsymbol{x}}) + \theta\langle \nabla h_j(\boldsymbol{x}(\tau\theta)), \boldsymbol{x}'(\tau\theta)\rangle \end{aligned}$$

由于 $\boldsymbol{x}'(\tau\theta) = \boldsymbol{P}(\boldsymbol{x}(\tau\theta))\boldsymbol{y}$ 与 $\nabla h_j(\boldsymbol{x}(\tau\theta))$ 正交, 因此 $h_j(\boldsymbol{x}(\theta)) = h_j(\overline{\boldsymbol{x}}) = 0(\theta \in [0, \overline{\theta}])$. 综合上面的讨论即知, 当 θ 充分小时必有 $\boldsymbol{x}(\theta) \in S$. ■

图 3.8 揭示了关于等式与不等式约束的约束规范之间的关系.

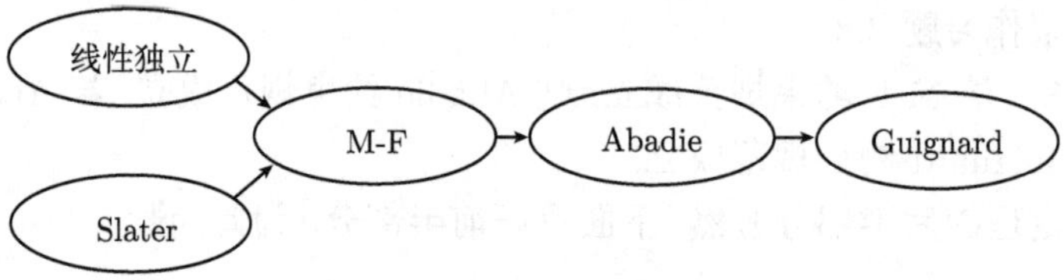

图 3.8 等式与不等式约束的约束规范之间的关系

定理 3.15 设 $\bar{\boldsymbol{x}}$ 为问题 (3.31) 的局部最优解, 目标函数 $f:\mathbf{R}^n\to\mathbf{R}$ 与约束函数 $g_i:\mathbf{R}^n\to\mathbf{R}(i=1,\cdots,m)$,$h_j:\mathbf{R}^n\to\mathbf{R}(j=1,\cdots,l)$ 均在 $\bar{\boldsymbol{x}}$ 处可微. 若线性独立约束规范、Slater 约束规范、M-F 约束规范、Abadie 约束规范、Guignard 约束规范中任意之一成立, 则存在 Lagrange 乘子 $\overline{\boldsymbol{\lambda}}\in\mathbf{R}^m$ 及 $\overline{\boldsymbol{\mu}}\in\mathbf{R}^l$ 满足 KKT 条件 (3.32).

证明 由定理 3.14 与引理 3.7、引理 3.8, 结论显然成立. ■

只含不等式约束问题中有关 KKT 条件的 Lagrange 乘子的唯一性和有界性的结论 (定理 3.9) 可以自然地推广到一般情形.

定理 3.16 设 $\bar{\boldsymbol{x}}$ 为问题 (3.31) 的局部最优解, 目标函数 $f:\mathbf{R}^n\to\mathbf{R}$ 与约束函数 $g_i:\mathbf{R}^n\to\mathbf{R}(i=1,\cdots,m)$,$h_j:\mathbf{R}^n\to\mathbf{R}(j=1,\cdots,l)$ 均在 $\bar{\boldsymbol{x}}$ 处可微. 若线性独立约束规范成立, 则满足 KKT 条件 (3.32) 的 Lagrange 乘子 $\overline{\boldsymbol{\lambda}}\in\mathbf{R}^m$ 与 $\overline{\boldsymbol{\mu}}\in\mathbf{R}^l$ 是唯一存在的. 若 M-F 约束规范成立, 则满足 KKT 条件 (3.32) 的 Lagrange 乘子 $\overline{\boldsymbol{\lambda}}\in\mathbf{R}^m$ 与 $\overline{\boldsymbol{\mu}}\in\mathbf{R}^l$ 的集合为有界集.

证明 注意到关于 Cottle 约束规范的引理 3.4 可以推广到 M-F 约束规范的情形 (留作习题 3.9), 同定理 3.9 可证. ■

下面的定理说明, 当问题 (3.31) 为凸规划时, KKT 条件 (3.32) 也为最优性充分条件. 这正是定理 3.6 的推广.

定理 3.17 设问题 (3.31) 中的目标函数 $f:\mathbf{R}^n\to\mathbf{R}$ 与不等式约束函数 $g_i:\mathbf{R}^n\to\mathbf{R}(i=1,\cdots,m)$ 均为可微凸函数, 而等式约束函数 $h_j:\mathbf{R}^n\to\mathbf{R}(j=1,\cdots,l)$ 均为仿射函数. 若存在 $\bar{\boldsymbol{x}}\in\mathbf{R}^n$, $\overline{\boldsymbol{\lambda}}\in\mathbf{R}^m$,$\overline{\boldsymbol{\mu}}\in\mathbf{R}^l$ 满足 KKT 条件 (3.32), 则 $\bar{\boldsymbol{x}}$ 为问题 (3.31) 的全局最优解.

证明 证明同定理 3.6, 此处省略. ■

3.5 节中讲述的有关二阶最优性条件的结果也可以自然地推广到问题 (3.31). 以下假定 $\bar{\boldsymbol{x}}\in\mathbf{R}^n$,$\overline{\boldsymbol{\lambda}}\in\mathbf{R}^m$,$\overline{\boldsymbol{\mu}}\in\mathbf{R}^l$ 满足 KKT 条件 (3.32), 并记指标集 $\{i\,|\,\bar{\lambda}_i>0\}$ 为 $\tilde{\mathcal{I}}$. 由互补性条件知 $\tilde{\mathcal{I}}\subseteq\mathcal{I}$ 成立. 设 $T_{\tilde{S}}(\bar{\boldsymbol{x}})$ 为集合 $\tilde{S}=S\cap\{\boldsymbol{x}\in\mathbf{R}^n\,|\,g_i(\boldsymbol{x})=0,\ i\in\tilde{\mathcal{I}}\}$

在 $\overline{\boldsymbol{x}}$ 处的切锥, $C_{\tilde{S}}(\overline{\boldsymbol{x}})$ 为由下式定义的闭凸多面锥:

$$
\begin{aligned}
C_{\tilde{S}}(\overline{\boldsymbol{x}}) = \Big\{ \boldsymbol{y} \in \mathbf{R}^n \,\Big|\, & \langle \nabla g_i(\overline{\boldsymbol{x}}), \boldsymbol{y} \rangle = 0,\ i \in \tilde{\mathcal{I}}, \\
& \langle \nabla g_i(\overline{\boldsymbol{x}}), \boldsymbol{y} \rangle \leqslant 0,\ i \in \mathcal{I},\ i \notin \tilde{\mathcal{I}}, \\
& \langle \nabla h_j(\overline{\boldsymbol{x}}), \boldsymbol{y} \rangle = 0,\ j = 1, \cdots, l \Big\}
\end{aligned}
$$

下面两个定理分别为 3.5 节中的定理 3.11 与定理 3.13 的推广. 由于证明相同, 故此处省略.

定理 3.18 设 $\overline{\boldsymbol{x}} \in \mathbf{R}^n$ 为问题 (3.31) 的局部最优解, $\overline{\boldsymbol{\lambda}} \in \mathbf{R}^m$ 与 $\overline{\boldsymbol{\mu}} \in \mathbf{R}^l$ 为满足 KKT 条件 (3.32) 的 Lagrange 乘子, 目标函数 $f: \mathbf{R}^n \to \mathbf{R}$ 与约束函数 $g_i: \mathbf{R}^n \to \mathbf{R}(i = 1, \cdots, m)$, $h_j: \mathbf{R}^n \to \mathbf{R}(j = 1, \cdots, l)$ 均在 $\overline{\boldsymbol{x}}$ 处二阶可微. 若 $C_{\tilde{S}}(\overline{\boldsymbol{x}}) \subseteq T_{\tilde{S}}(\overline{\boldsymbol{x}})$, 则

$$
\langle \boldsymbol{y}, \nabla_{\boldsymbol{x}}^2 L_0(\overline{\boldsymbol{x}}, \overline{\boldsymbol{\lambda}}, \overline{\boldsymbol{\mu}}) \boldsymbol{y} \rangle \geqslant 0, \quad \boldsymbol{y} \in C_{\tilde{S}}(\overline{\boldsymbol{x}})
$$

定理 3.19 设问题 (3.31) 的目标函数 $f: \mathbf{R}^n \to \mathbf{R}$ 与约束函数 $g_i: \mathbf{R}^n \to \mathbf{R}(i = 1, \cdots, m)$, $h_j: \mathbf{R}^n \to \mathbf{R}(j = 1, \cdots, l)$ 均在 $\overline{\boldsymbol{x}} \in \mathbf{R}^n$ 处二阶可微. 若 $\overline{\boldsymbol{x}}$, $\overline{\boldsymbol{\lambda}} \in \mathbf{R}^m$,$\overline{\boldsymbol{\mu}} \in \mathbf{R}^l$ 满足 KKT 条件 (3.32), 并且

$$
\langle \boldsymbol{y}, \nabla_{\boldsymbol{x}}^2 L_0(\overline{\boldsymbol{x}}, \overline{\boldsymbol{\lambda}}, \overline{\boldsymbol{\mu}}) \boldsymbol{y} \rangle > 0, \quad \boldsymbol{y} \in C_{\tilde{S}}(\overline{\boldsymbol{x}}),\ \boldsymbol{y} \neq \mathbf{0}
$$

成立, 则 $\overline{\boldsymbol{x}}$ 为问题 (3.31) 的严格局部最优解.

定理 3.18 中的约束规范 $C_{\tilde{S}}(\overline{\boldsymbol{x}}) \subseteq T_{\tilde{S}}(\overline{\boldsymbol{x}})$ 可以换成线性独立约束规范. 另外, 若在定理 3.19 中, 将 $C_{\tilde{S}}(\overline{\boldsymbol{x}})$ 换成集合

$$
D_{\tilde{S}}(\overline{\boldsymbol{x}}) = \Big\{ \boldsymbol{y} \in \mathbf{R}^n \,\Big|\, \langle \nabla g_i(\overline{\boldsymbol{x}}), \boldsymbol{y} \rangle = 0,\ i \in \tilde{\mathcal{I}}, \langle \nabla h_j(\overline{\boldsymbol{x}}), \boldsymbol{y} \rangle = 0,\ j = 1, \cdots, l \Big\}
$$

则结论仍然成立.

注意到问题 (3.31) 的等式约束 $h_j(\boldsymbol{x}) = 0$ 等价于两个不等式约束 $h_j(\boldsymbol{x}) \leqslant 0$ 与 $-h_j(\boldsymbol{x}) \leqslant 0$, 因此, 若分别定义 $2l$ 个新的约束函数 $g_{m+j}(j = 1, \cdots, 2l)$ 为 $g_{m+j} = h_j$, $g_{m+l+j} = -h_j(j = 1, \cdots, l)$, 则问题 (3.31) 变成只含不等式约束的问题

$$
\begin{array}{ll}
\min & f(\boldsymbol{x}) \\
\text{s.t.} & g_i(\boldsymbol{x}) \leqslant 0, \quad i = 1, \cdots, m + 2l
\end{array}
\tag{3.33}
$$

虽然问题 (3.33) 与问题 (3.31) 等价, 但在将 3.2 节 ~ 3.4 节中有关不等式约束问题的结论应用到问题 (3.33) 时需要稍加注意. 例如, 对于问题 (3.33) 的任意一个可行解 $\boldsymbol{x} \in S$, 由于约束条件 $g_i(\boldsymbol{x}) \leqslant 0$ $(i = m + 1, \cdots, m + 2l)$ 均为有效约束, 因此, 线

性独立约束规范与 Cottle 约束规范肯定不成立, 而 Slater 约束规范显然也不成立, 所以对于问题 (3.33) 而言, 上述的约束规范没有任何意义. 但是, 由于可行域 S 的线性化锥 $C_S(\overline{\boldsymbol{x}})$ 是不变的, 所以 Abadie 约束规范与 Guignard 约束规范对于问题 (3.33) 仍然有效.

3.7 不可微最优化问题

本节将利用 2.11 节中定义的 Clarke 次微分把 3.2 节中的结果推广到包含不可微函数的非线性规划问题. 对于凸函数的情形, Clarke 次微分与 2.10 节中定义的次微分是一致的. 首先考虑无约束优化问题

$$\min_{\boldsymbol{x}} \quad f(\boldsymbol{x}) \tag{3.34}$$

其中 $f:\mathbf{R}^n \to \mathbf{R}$. 下面的定理是可微情形 (即定理 3.4 的推论) 的自然推广.

定理 3.20 设函数 $f:\mathbf{R}^n \to \mathbf{R}$ 局部 Lipschitz 连续. 若 $\overline{\boldsymbol{x}} \in \mathbf{R}^n$ 为问题 (3.34) 的局部最优解, 则 $\mathbf{0} \in \partial f(\overline{\boldsymbol{x}})$. 进一步, 若 f 为凸函数, 则 $\mathbf{0} \in \partial f(\overline{\boldsymbol{x}})$ 是 $\overline{\boldsymbol{x}}$ 为问题 (3.34) 的全局最优解的充要条件.

证明 设 $\overline{\boldsymbol{x}} \in \mathbf{R}^n$ 为问题 (3.34) 的局部最优解. 由广义方向导数的定义 (2.74), 对任意 $\boldsymbol{d} \in \mathbf{R}^n$ 均有

$$\begin{aligned} f^\circ(\overline{\boldsymbol{x}};\boldsymbol{d}) &= \limsup_{\substack{\boldsymbol{y}\to\overline{\boldsymbol{x}}\\ t\searrow 0}} [f(\boldsymbol{y}+t\boldsymbol{d}) - f(\boldsymbol{y})]/t \\ &\geqslant \limsup_{t\searrow 0} [f(\overline{\boldsymbol{x}}+t\boldsymbol{d}) - f(\overline{\boldsymbol{x}})]/t \\ &\geqslant 0 \end{aligned}$$

从而由 (2.77) 即知 $\mathbf{0} \in \partial f(\overline{\boldsymbol{x}})$. 若 f 为凸函数, 则由凸函数的次微分定义 (2.58) 知, $\mathbf{0} \in \partial f(\overline{\boldsymbol{x}})$ 等价于

$$f(\boldsymbol{x}) - f(\overline{\boldsymbol{x}}) \geqslant \langle \mathbf{0}, \boldsymbol{x}-\overline{\boldsymbol{x}}\rangle = 0, \quad \boldsymbol{x} \in \mathbf{R}^n$$

因此, $\overline{\boldsymbol{x}}$ 为问题 (3.34) 的全局最优解. ■

下面来推导关于不等式约束最优化问题

$$\begin{aligned} \min \quad & f(\boldsymbol{x}) \\ \text{s.t.} \quad & g_i(\boldsymbol{x}) \leqslant 0, \quad i=1,\cdots,m \end{aligned} \tag{3.35}$$

的 **Karush-Kuhn-Tucker 条件**. 给定问题 (3.35) 的局部最优解 $\overline{\boldsymbol{x}}$, 定义以 $\boldsymbol{u} = (u_1,\cdots,u_m)^{\mathrm{T}}$ 为变量的函数 $\phi:\mathbf{R}^m \to [-\infty,+\infty]$ 为

$$\phi(\boldsymbol{u}) = \inf\left\{ f(\boldsymbol{x}) \,\middle|\, g_i(\boldsymbol{x}) \leqslant u_i,\ i=1,\cdots,m,\ \boldsymbol{x} \in B(\overline{\boldsymbol{x}},\varepsilon)\right\} \tag{3.36}$$

其中 $\varepsilon > 0$ 为常数.

定理 3.21 设函数 $f : \mathbf{R}^n \to \mathbf{R}$ 与 $g_i : \mathbf{R}^n \to \mathbf{R}(i = 1, \cdots, m)$ 均为局部 Lipschitz 连续, $\overline{\boldsymbol{x}} \in \mathbf{R}^n$ 为问题 (3.35) 的局部最优解, 并设 $\varepsilon > 0$ 充分小, 而函数 ϕ 由式 (3.36) 给出. 若存在 $\gamma > 0$, 使得

$$\liminf_{\boldsymbol{u} \to \mathbf{0}} [\phi(\boldsymbol{u}) - \phi(\mathbf{0})]/\|\boldsymbol{u}\| \geqslant -\gamma \tag{3.37}$$

则存在 Lagrange 乘子 $\overline{\boldsymbol{\lambda}} \in \mathbf{R}^m$ 满足

$$\begin{aligned} &\mathbf{0} \in \partial f(\overline{\boldsymbol{x}}) + \sum_{i=1}^{m} \overline{\lambda}_i \partial g_i(\overline{\boldsymbol{x}}) \\ &\overline{\lambda}_i \geqslant 0,\ g_i(\overline{\boldsymbol{x}}) \leqslant 0,\ \overline{\lambda}_i g_i(\overline{\boldsymbol{x}}) = 0, \quad i = 1, \cdots, m \end{aligned} \tag{3.38}$$

证明 首先利用反证法证明存在充分大的常数 $M > 0$, 使得 $\overline{\boldsymbol{x}}$ 为如下定义的函数 $p_M : \mathbf{R}^n \to \mathbf{R}$ 的局部最小点①:

$$p_M(\boldsymbol{x}) = f(\boldsymbol{x}) + M \sum_{i=1}^{m} g_i^+(\boldsymbol{x}) \tag{3.39}$$

其中 $g_i^+ : \mathbf{R}^n \to [0, \infty)$ 为如下定义的函数:

$$g_i^+(\boldsymbol{x}) = \max\left\{0, g_i(\boldsymbol{x})\right\} \tag{3.40}$$

事实上, 若不存在 $M > 0$, 使得 $\overline{\boldsymbol{x}}$ 为 p_M 的局部最小点, 由于 $g_i^+(\overline{\boldsymbol{x}}) = 0\ (i = 1, \cdots, m)$, 则存在收敛于 $\overline{\boldsymbol{x}}$ 的点列 $\{\boldsymbol{x}^k\}$, 使得对任意 $k = 1, 2, \cdots$ 均有

$$f(\boldsymbol{x}^k) + k \sum_{i=1}^{m} g_i^+(\boldsymbol{x}^k) < f(\overline{\boldsymbol{x}}) \tag{3.41}$$

定义点列 $\{\boldsymbol{u}^k\} \subseteq \mathbf{R}^m$ 为 $u_i^k = g_i^+(\boldsymbol{x}^k)(i = 1, \cdots, m)$, 则有

$$\|\boldsymbol{u}^k\| \leqslant \sum_{i=1}^{m} |u_i^k| = \sum_{i=1}^{m} g_i^+(\boldsymbol{x}^k)$$

故当 $k \to +\infty$ 时有 $\boldsymbol{u}^k \to \mathbf{0}$. 由函数 ϕ 的定义 (3.36), 当 k 充分大时有 $\phi(\boldsymbol{u}^k) \leqslant f(\boldsymbol{x}^k)$, 并且 $\phi(\mathbf{0}) = f(\overline{\boldsymbol{x}})$. 由式 (3.41), 当 k 充分大时有

$$\phi(\boldsymbol{u}^k) + k\|\boldsymbol{u}^k\| < \phi(\mathbf{0})$$

令 $k \to +\infty$ 可得

① 这意味着约束优化问题 (3.35) 可以转化为以 p_M 为目标函数的无约束优化问题. 这种将约束优化问题转化为无约束优化问题时所使用的函数称为**罚函数** (penalty function).

$$[\phi(\boldsymbol{u}^k) - \phi(\mathbf{0})]/\|\boldsymbol{u}^k\| \to -\infty$$

这与式 (3.37) 矛盾.

因此, 当 $M > 0$ 充分大时, $\overline{\boldsymbol{x}}$ 必为 p_M 的局部最小点. 由定理 3.20 有

$$\mathbf{0} \in \partial p_M(\overline{\boldsymbol{x}}) \tag{3.42}$$

再由式 (3.39) 及定理 2.60 得

$$\partial p_M(\overline{\boldsymbol{x}}) \subseteq \partial f(\overline{\boldsymbol{x}}) + M\sum_{i=1}^{m} \partial g_i^+(\overline{\boldsymbol{x}}) \tag{3.43}$$

对 (3.40) 应用定理 2.61, 则当 $i \in \mathcal{I}(\overline{\boldsymbol{x}}) = \{i \,|\, g_i(\overline{\boldsymbol{x}}) = 0\}$ 时有

$$\begin{aligned}\partial g_i^+(\overline{\boldsymbol{x}}) &\subseteq \mathrm{co}\left\{\mathbf{0}, \partial g_i(\overline{\boldsymbol{x}})\right\} \\ &= \left\{\mu_i \boldsymbol{\xi}^i \in \mathbf{R}^n \,\middle|\, 0 \leqslant \mu_i \leqslant 1,\ \boldsymbol{\xi}^i \in \partial g_i(\overline{\boldsymbol{x}})\right\}\end{aligned}$$

而当 $i \notin \mathcal{I}(\overline{\boldsymbol{x}})$ 时有

$$\partial g_i^+(\overline{\boldsymbol{x}}) = \{\mathbf{0}\}$$

由式 (3.42) 及式 (3.43), 存在 $\boldsymbol{\xi}^0 \in \partial f(\overline{\boldsymbol{x}})$, $\boldsymbol{\xi}^i \in \partial g_i(\overline{\boldsymbol{x}})$, $0 \leqslant \mu_i \leqslant 1 (i \in \mathcal{I}(\overline{\boldsymbol{x}}))$, 使得

$$\mathbf{0} = \boldsymbol{\xi}^0 + M\sum_{i \in \mathcal{I}(\overline{\boldsymbol{x}})} \mu_i \boldsymbol{\xi}^i$$

令 $\overline{\lambda}_i = M\mu_i (i \in \mathcal{I}(\overline{\boldsymbol{x}}))$ 及 $\overline{\lambda}_i = 0 (i \notin \mathcal{I}(\overline{\boldsymbol{x}}))$ 即得式 (3.38). ■

条件 (3.37) 意味着约束条件右端项的微小变化所引起的目标函数最小值的改变量与右端项的改变量成正比, 称为问题 (3.35) 的**平稳性** (calmness) 条件. 平稳性条件是保证广义 KKT 条件 (3.38) 为最优性必要条件的一种约束规范.

例 3.12 考虑问题

$$\begin{aligned} \min \quad & f(x) = -x^2 + 2x + |x| \\ \text{s.t.} \quad & g_1(x) = -x \leqslant 0 \\ & g_2(x) = x - 1 \leqslant 0 \end{aligned}$$

其最优解为 $\overline{x} = 0$. 当 $\|\boldsymbol{u}\|$ 充分小时, 函数 ϕ 可表示为

$$\phi(\boldsymbol{u}) = \begin{cases} -u_1^2 - u_1, & u_1 \geqslant 0 \\ -u_1^2 - 3u_1, & u_1 < 0 \end{cases}$$

故平稳性条件 (3.37) 对任意 $\gamma \geqslant 1$ 均成立. 因此, 由定理 3.21, 存在满足 KKT 条件 (3.38) 的 Lagrange 乘子 $\overline{\boldsymbol{\lambda}} = (\overline{\lambda}_1, \overline{\lambda}_2)^{\mathrm{T}}$. 实际上, 由于

$$\partial f(0) = \left\{\xi \in \mathbf{R} \,\middle|\, 1 \leqslant \xi \leqslant 3\right\}, \quad \partial g_1(0) = \{-1\}, \quad \partial g_2(0) = \{1\}$$

KKT 条件 (3.38) 对满足 $1 \leqslant \overline{\lambda}_1 \leqslant 3$ 的任意 $\overline{\lambda}_1$ 及 $\overline{\lambda}_2 = 0$ 均成立.

例 3.13 考虑问题

$$\begin{aligned}\min\quad & f(x)=x\\ \text{s.t.}\quad & g_1(x)=-x^3\leqslant 0\\ & g_2(x)=x-1\leqslant 0\end{aligned}$$

其最优解为 $\overline{x}=0$. 当 $\|\boldsymbol{u}\|$ 充分小时, 函数 ϕ 可表示为 $\phi(\boldsymbol{u})=-u_1^{1/3}$. 由于

$$\liminf_{\boldsymbol{u}\to\boldsymbol{0}}\ [\phi(\boldsymbol{u})-\phi(\boldsymbol{0})]/\|\boldsymbol{u}\|=\liminf_{\boldsymbol{u}\to\boldsymbol{0}}\ -u_1^{1/3}/(u_1^2+u_2^2)^{1/2}=-\infty$$

故平稳性条件 (3.37) 不成立. 容易验证满足 KKT 条件 (3.38) 的 Lagrange 乘子也不存在.

下面来推导除了不等式约束之外, 还包含形如 $\boldsymbol{x}\in C$ 的约束条件的凸规划问题

$$\begin{aligned}\min\quad & f(\boldsymbol{x})\\ \text{s.t.}\quad & g_i(\boldsymbol{x})\leqslant 0,\quad i=1,\cdots,m\\ & \boldsymbol{x}\in C\end{aligned}\tag{3.44}$$

的 KKT 条件, 其中 $f:\mathbf{R}^n\to\mathbf{R}$ 与 $g_i:\mathbf{R}^n\to\mathbf{R}\ (i=1,\cdots,m)$ 均为凸函数, $C\subseteq\mathbf{R}^n$ 为非空闭凸集. 对于问题 (3.44), 仿照式 (3.36) 定义函数 $\phi_0:\mathbf{R}^m\to[-\infty,+\infty]$①如下:

$$\phi_0(\boldsymbol{u})=\inf\Big\{f(\boldsymbol{x})\,\Big|\,g_i(\boldsymbol{x})\leqslant u_i,\ i=1,\cdots,m,\ \boldsymbol{x}\in C\Big\}\tag{3.45}$$

对于凸规划问题 (3.44), 可以证明函数 ϕ_0 为凸函数, 并且平稳性条件 (3.37) 等价于

$$\phi_0(\boldsymbol{u})-\phi_0(\boldsymbol{0})\geqslant-\gamma\|\boldsymbol{u}\|,\quad \boldsymbol{u}\in\mathbf{R}^m$$

于是由定理 2.48, 上述条件等价于函数 ϕ_0 在 $\boldsymbol{u}=\boldsymbol{0}$ 处次可微. 特别地, 若问题 (3.44) 存在最优解 $\overline{\boldsymbol{x}}$, 并且 (广义的) Slater 约束规范

$$\Big\{\boldsymbol{x}\in\mathbf{R}^n\,\Big|\,g_i(\boldsymbol{x})<0,\ i=1,\cdots,m\Big\}\cap C\neq\varnothing\tag{3.46}$$

成立, 则有 $\boldsymbol{0}\in\operatorname{int}\operatorname{dom}\phi_0$, 进而由定理 2.48 可得 $\partial\phi_0(\boldsymbol{0})\neq\varnothing$.

定理 3.22 设函数 $f:\mathbf{R}^n\to\mathbf{R}$ 与 $g_i:\mathbf{R}^n\to\mathbf{R}\ (i=1,\cdots,m)$ 均为凸函数, $C\subseteq\mathbf{R}^n$ 为非空闭凸集. 设 $\overline{\boldsymbol{x}}\in\mathbf{R}^n$ 为问题 (3.44) 的最优解, 而函数 ϕ_0 由式 (3.45) 给出. 若 $\partial\phi_0(\boldsymbol{0})\neq\varnothing$, 则存在 Lagrange 乘子 $\overline{\boldsymbol{\lambda}}\in\mathbf{R}^m$ 满足

$$\begin{aligned}&\boldsymbol{0}\in\partial f(\overline{\boldsymbol{x}})+\sum_{i=1}^m\overline{\lambda}_i\partial g_i(\overline{\boldsymbol{x}})+N_C(\overline{\boldsymbol{x}})\\ &\overline{\lambda}_i\geqslant 0,\ g_i(\overline{\boldsymbol{x}})\leqslant 0,\ \overline{\lambda}_i g_i(\overline{\boldsymbol{x}})=0,\quad i=1,\cdots,m\end{aligned}\tag{3.47}$$

① 式 (3.36) 中的函数 ϕ 依赖于问题 (3.37) 的某个特定的局部最优解 $\overline{\boldsymbol{x}}$. 由于现在考虑的问题 (3.44) 是凸规划, 所以有可能像式 (3.45) 这样从整体上来定义函数 ϕ_0.

其中 $N_C(\overline{\boldsymbol{x}})$ 表示集合 C 在 $\overline{\boldsymbol{x}}$ 处的法锥. 特别地, 若 Slater 约束规范 (3.46) 成立, 则必存在 $\overline{\boldsymbol{\lambda}} \in \mathbf{R}^m$ 满足条件 (3.47).

证明　由于证明方法与定理 3.21 基本相同, 故只给出大概思路. 定义凸函数 $p_M : \mathbf{R}^n \to (-\infty, +\infty]$ 为

$$p_M(\boldsymbol{x}) = f(\boldsymbol{x}) + M\sum_{i=1}^{m} g_i^+(\boldsymbol{x}) + \delta_C(\boldsymbol{x})$$

其中 $\delta_C : \mathbf{R}^n \to (-\infty, +\infty]$ 表示集合 C 的示性函数. 同式 (3.42) 可证, 当 $M > 0$ 充分大时有

$$\mathbf{0} \in \partial p_M(\overline{\boldsymbol{x}})$$

成立. 利用定理 2.51 可得如下表达式:

$$\partial p_M(\boldsymbol{x}) = \partial f(\boldsymbol{x}) + M\sum_{i=1}^{m} \partial g_i^+(\boldsymbol{x}) + \partial \delta_C(\boldsymbol{x})$$

由示性函数与次梯度的定义以及凸集的法锥的表示式 (3.7), 对任意 $\boldsymbol{x} \in C$ 均有

$$\partial \delta_C(\boldsymbol{x}) = \left\{\boldsymbol{z} \in \mathbf{R}^n \,\middle|\, \langle \boldsymbol{z}, \boldsymbol{x}' - \boldsymbol{x}\rangle \leqslant 0,\ \boldsymbol{x}' \in C\right\} = N_C(\boldsymbol{x})$$

由此即得式 (3.47). ■

最后证明对于凸规划问题, KKT 条件 (3.38) 也是最优性充分条件, 并且与可微情形一样, 充分性也不要求约束规范.

定理 3.23　设问题 (3.44) 中的目标函数 $f : \mathbf{R}^n \to \mathbf{R}$ 与约束函数 $g_i : \mathbf{R}^n \to \mathbf{R} (i = 1, \cdots, m)$ 均为凸函数, $C \subseteq \mathbf{R}^n$ 为非空闭凸集. 若存在 $\overline{\boldsymbol{x}} \in \mathbf{R}^n$ 及 $\overline{\boldsymbol{\lambda}} \in \mathbf{R}^m$ 满足式 (3.47), 则 $\overline{\boldsymbol{x}}$ 为问题 (3.44) 的全局最优解.

证明　对给定的 $\overline{\boldsymbol{\lambda}} \geqslant \mathbf{0}$, 定义凸函数 $\ell : \mathbf{R}^n \to (-\infty, +\infty]$ 为

$$\ell(\boldsymbol{x}) = f(\boldsymbol{x}) + \sum_{i=1}^{m} \overline{\lambda}_i g_i(\boldsymbol{x}) + \delta_C(\boldsymbol{x})$$

则由定理 2.51 得

$$\partial \ell(\boldsymbol{x}) = \partial f(\boldsymbol{x}) + \sum_{i=1}^{m} \overline{\lambda}_i \partial g_i(\boldsymbol{x}) + \partial \delta_C(\boldsymbol{x})$$

与定理 3.6 类似可证结论成立. ■

3.8　半定规划问题

前面讨论的问题均以 n 维向量为变量, 本节考查以 $n \times n$ 阶矩阵 $\boldsymbol{X} \in \mathcal{S}^n$ 为变量的问题

$$\begin{aligned} \min \quad & \mathrm{tr}[\boldsymbol{A}_0\boldsymbol{X}] \\ \text{s.t.} \quad & b_i - \mathrm{tr}[\boldsymbol{A}_i\boldsymbol{X}] \leqslant 0, \quad i=1,\cdots,m \\ & \boldsymbol{X} \succeq \boldsymbol{O},\ \boldsymbol{X} \in \mathcal{S}^n \end{aligned} \tag{3.48}$$

的最优性条件, 其中 $\boldsymbol{A}_i \in \mathcal{S}^n(i=0,1,\cdots,m)$, $b_i \in \mathbf{R}(i=1,\cdots,m)$, $\boldsymbol{X} \succeq \boldsymbol{O}$ 则表示 $\boldsymbol{X}$ 为半正定矩阵. 一般地, 称这种含有半正定约束条件的数学规划问题为**半定规划问题**.

设 $\boldsymbol{A}=[a_{jk}] \in \mathcal{S}^n$, $\boldsymbol{X}=[x_{jk}] \in \mathcal{S}^n$, 由矩阵的对称性可得

$$\mathrm{tr}[\boldsymbol{A}\boldsymbol{X}] = \sum_{j=1}^{n}\sum_{k=1}^{n} a_{jk}x_{jk}$$

类似于 n 维向量 $\boldsymbol{a}=(a_1,\cdots,a_n)^{\mathrm{T}}$ 与 $\boldsymbol{x}=(x_1,\cdots,x_n)^{\mathrm{T}}$ 的内积 $\langle \boldsymbol{a}, \boldsymbol{x} \rangle = \sum_{j=1}^{n} a_j x_j$, 可定义矩阵 $\boldsymbol{A} \in \mathcal{S}^n$ 与 $\boldsymbol{X} \in \mathcal{S}^n$ 的内积为

$$\langle \boldsymbol{A}, \boldsymbol{X} \rangle = \mathrm{tr}[\boldsymbol{A}\boldsymbol{X}]$$

于是问题 (3.48) 可以写成

$$\begin{aligned} \min \quad & \langle \boldsymbol{A}_0, \boldsymbol{X} \rangle \\ \text{s.t.} \quad & b_i - \langle \boldsymbol{A}_i, \boldsymbol{X} \rangle \leqslant 0, \quad i=1,\cdots,m \\ & \boldsymbol{X} \succeq \boldsymbol{O},\ \boldsymbol{X} \in \mathcal{S}^n \end{aligned} \tag{3.49}$$

该问题虽然看上去与线性规划问题相似, 但由于半正定条件 $\boldsymbol{X} \succeq \boldsymbol{O}$ 不能用有限个线性不等式来表示, 因此, 它并不是线性规划问题. 然而, 由 $\boldsymbol{X} \succeq \boldsymbol{O}$ 确定的集合是被称为半正定矩阵锥的闭凸锥 (见 2.5 节), 因此, 问题 (3.49) 为凸规划问题. 分别定义目标函数 $f: \mathcal{S}^n \to \mathbf{R}$ 与约束函数 $g_i: \mathcal{S}^n \to \mathbf{R}(i=1,\cdots,m)$ 为

$$\begin{aligned} f(\boldsymbol{X}) &= \langle \boldsymbol{A}_0, \boldsymbol{X} \rangle \\ g_i(\boldsymbol{X}) &= b_i - \langle \boldsymbol{A}_i, \boldsymbol{X} \rangle, \quad i=1,\cdots,m \end{aligned}$$

并记半正定矩阵锥为

$$C = \left\{ \boldsymbol{X} \in \mathcal{S}^n \,\middle|\, \boldsymbol{X} \succeq \boldsymbol{O} \right\} \tag{3.50}$$

于是问题 (3.49) 变成了问题 (3.44) 的形式. 利用定理 3.22 即可推导出问题 (3.49) 的最优性条件①.

首先证明下面的引理:

---

① 虽然定理 3.22 中考虑的是以 n 维向量 $\boldsymbol{x}$ 为变量的问题, 但对于以 n 阶对称矩阵为变量的问题仍然有同样的结论成立.

引理 3.9　由式 (3.50) 定义的闭凸锥 $C \subseteq \mathcal{S}^n$ 在 $\overline{\boldsymbol{X}} \in C$ 处的法锥 $N_C(\overline{\boldsymbol{X}})$ 可由下式给出：

$$N_C(\overline{\boldsymbol{X}}) = \left\{ -\boldsymbol{\varXi} \in \mathcal{S}^n \,\middle|\, \langle \boldsymbol{\varXi}, \overline{\boldsymbol{X}} \rangle = 0,\ \boldsymbol{\varXi} \succeq \boldsymbol{O} \right\} \tag{3.51}$$

证明　首先证明对任意 $\boldsymbol{\varXi} \in -N_C(\overline{\boldsymbol{X}})$ 均有 $\boldsymbol{\varXi} \succeq \boldsymbol{O}$. 利用反证法, 假定 $\boldsymbol{\varXi} \not\succeq \boldsymbol{O}$, 则 $\boldsymbol{\varXi}$ 至少存在一个负特征值. 设 $\boldsymbol{\varXi} = \boldsymbol{Q}^{\mathrm{T}} \mathbf{diag}\,[\xi_1, \cdots, \xi_n] \boldsymbol{Q}$, 其中 $\boldsymbol{Q}$ 为正交矩阵. 不失一般性, 可设 $\xi_1 < 0$. 由法锥的定义有

$$\langle -\boldsymbol{\varXi}, \boldsymbol{X} - \overline{\boldsymbol{X}} \rangle \leqslant 0, \quad \boldsymbol{X} \succeq \boldsymbol{O}$$

即

$$\langle \boldsymbol{\varXi}, \overline{\boldsymbol{X}} \rangle \leqslant \langle \boldsymbol{\varXi}, \boldsymbol{X} \rangle, \quad \boldsymbol{X} \succeq \boldsymbol{O} \tag{3.52}$$

取 $\boldsymbol{X} = \boldsymbol{Q}^{\mathrm{T}} \mathbf{diag}\,[t, 0, \cdots, 0] \boldsymbol{Q}$ $(t > 0)$, 则 $\boldsymbol{X} \succeq \boldsymbol{O}$, 并且

$$\begin{aligned}
\langle \boldsymbol{\varXi}, \boldsymbol{X} \rangle &= \mathrm{tr}\left[\boldsymbol{Q}^{\mathrm{T}} \mathbf{diag}\,[\xi_1, \cdots, \xi_n] \mathbf{diag}\,[t, 0, \cdots, 0] \boldsymbol{Q} \right] \\
&= \mathrm{tr}\left[\boldsymbol{Q}\boldsymbol{Q}^{\mathrm{T}} \mathbf{diag}\,[\xi_1, \cdots, \xi_n] \mathbf{diag}\,[t, 0, \cdots, 0] \right] \\
&= t\xi_1 \\
&< 0
\end{aligned}$$

令 $t \to +\infty$ 可得 $\langle \boldsymbol{\varXi}, \boldsymbol{X} \rangle \to -\infty$. 另一方面, 由于式 (3.52) 对任意 $t > 0$ 所对应的 $\boldsymbol{X}$ 均成立, 由此可得矛盾, 从而必有 $\boldsymbol{\varXi} \succeq \boldsymbol{O}$ 成立. 在式 (3.52) 中分别取 $\boldsymbol{X} = 2\overline{\boldsymbol{X}}$ 及 $\boldsymbol{X} = \dfrac{1}{2}\overline{\boldsymbol{X}}$ 即可得到 $\langle \boldsymbol{\varXi}, \overline{\boldsymbol{X}} \rangle = 0$. 上述事实说明 $N_C(\overline{\boldsymbol{X}})$ 包含于 (3.51) 的右端集合中.

由于半正定矩阵乘积的迹非负 (见 2.1 节), 故对任意满足 $\langle \boldsymbol{\varXi}, \overline{\boldsymbol{X}} \rangle = 0$ 且 $\boldsymbol{\varXi} \succeq \boldsymbol{O}$ 的 $\boldsymbol{\varXi} \in \mathcal{S}^n$ 均有式 (3.52) 成立, 这说明式 (3.51) 的右端集合也包含于 $N_C(\overline{\boldsymbol{X}})$ 中. ■

下面的定理给出了半定规划问题 (3.49) 的 KKT 条件:

定理 3.24　对于问题 (3.49), 假设 Slater 约束规范

$$\left\{ \boldsymbol{X} \in \mathcal{S}^n \,\middle|\, b_i - \langle \boldsymbol{A}_i, \boldsymbol{X} \rangle < 0,\ i = 1, \cdots, m \right\} \cap \left\{ \boldsymbol{X} \in \mathcal{S}^n \,\middle|\, \boldsymbol{X} \succeq \boldsymbol{O} \right\} \neq \varnothing$$

成立. 若 $\overline{\boldsymbol{X}} \in \mathcal{S}^n$ 为问题 (3.49) 的最优解, 则存在 Lagrange 乘子 $\overline{\boldsymbol{\lambda}} \in \mathbf{R}^m$ 及 $\overline{\boldsymbol{\varXi}} \in \mathcal{S}^n$ 满足

$$\boldsymbol{A}_0 - \sum_{i=1}^{m} \overline{\lambda}_i \boldsymbol{A}_i = \overline{\boldsymbol{\varXi}}$$

$$\overline{\lambda}_i \geqslant 0,\ b_i - \langle \boldsymbol{A}_i, \overline{\boldsymbol{X}} \rangle \leqslant 0,\ \overline{\lambda}_i (b_i - \langle \boldsymbol{A}_i, \overline{\boldsymbol{X}} \rangle) = 0, \quad i = 1, \cdots, m$$

$$\overline{\boldsymbol{X}} \succeq \boldsymbol{O},\ \overline{\boldsymbol{\varXi}} \succeq \boldsymbol{O},\ \langle \overline{\boldsymbol{X}}, \overline{\boldsymbol{\varXi}} \rangle = 0$$

证明 由于 $\nabla f(\boldsymbol{X})=\boldsymbol{A}_0$ 且 $\nabla g_i(\boldsymbol{X})=-\boldsymbol{A}_i(i=1,\cdots,m)$, 定理的结论由定理 3.22 及引理 3.9 即得. ■

若集合 $\{\boldsymbol{X}\in\mathcal{S}^n\,|\,b_i-\langle\boldsymbol{A}_i,\boldsymbol{X}\rangle<0,\,i=1,\cdots,m\}$ 非空, 则定理 3.24 中假定的 Slater 约束规范等价于

$$\Big\{\boldsymbol{X}\in\mathcal{S}^n\,\Big|\,b_i-\langle\boldsymbol{A}_i,\boldsymbol{X}\rangle\leqslant 0,\,i=1,\cdots,m\Big\}\cap\Big\{\boldsymbol{X}\in\mathcal{S}^n\,\Big|\,\boldsymbol{X}\succ\boldsymbol{O}\Big\}\neq\varnothing$$

该条件可以自然地推广到等式约束的情形, 因此, 在实际中比较常用. 下面的定理给出了带有等式约束的半定规划问题:

$$\begin{aligned}\min\quad&\langle\boldsymbol{A}_0,\boldsymbol{X}\rangle\\ \text{s.t.}\quad&b_i-\langle\boldsymbol{A}_i,\boldsymbol{X}\rangle=0,\quad i=1,\cdots,m\\ &\boldsymbol{X}\succeq\boldsymbol{O},\ \boldsymbol{X}\in\mathcal{S}^n\end{aligned}\tag{3.53}$$

的 KKT 条件.

定理 3.25 假设对于问题 (3.53) 有

$$\Big\{\boldsymbol{X}\in\mathcal{S}^n\,\Big|\,b_i-\langle\boldsymbol{A}_i,\boldsymbol{X}\rangle=0,\,i=1,\cdots,m\Big\}\cap\Big\{\boldsymbol{X}\in\mathcal{S}^n\,\Big|\,\boldsymbol{X}\succ\boldsymbol{O}\Big\}\neq\varnothing$$

成立[①]. 若 $\overline{\boldsymbol{X}}\in\mathcal{S}^n$ 为问题 (3.53) 的最优解, 则存在 Lagrange 乘子 $\overline{\boldsymbol{\lambda}}\in\mathbf{R}^m$ 及 $\overline{\boldsymbol{\varXi}}\in\mathcal{S}^n$ 满足

$$\begin{aligned}&\boldsymbol{A}_0-\sum_{i=1}^m\overline{\lambda}_i\boldsymbol{A}_i=\overline{\boldsymbol{\varXi}}\\ &b_i-\langle\boldsymbol{A}_i,\overline{\boldsymbol{X}}\rangle=0,\quad i=1,\cdots,m\\ &\overline{\boldsymbol{X}}\succeq\boldsymbol{O},\ \overline{\boldsymbol{\varXi}}\succeq\boldsymbol{O},\ \langle\overline{\boldsymbol{X}},\overline{\boldsymbol{\varXi}}\rangle=0\end{aligned}\tag{3.54}$$

证明 留作习题 4.11. ■

由于半定规划问题为凸规划问题, 由定理 3.23 知, 定理 3.24 或定理 3.25 中的 KKT 条件也是最优性充分条件.

3.9 最优解的连续性

考虑含参变量 $\boldsymbol{u}\in U\subseteq\mathbf{R}^p$ 的最优化问题

$$\begin{aligned}\min\quad&f(\boldsymbol{x},\boldsymbol{u})\\ \text{s.t.}\quad&\boldsymbol{x}\in S(\boldsymbol{u})\end{aligned}\tag{3.55}$$

其中 $f:\mathbf{R}^n\times U\to\mathbf{R}$, 而 $S:U\to\mathcal{P}(\mathbf{R}^n)$ 是被称为**约束映射** (constraint mapping) 的点集映射. 问题 (3.55) 即固定参变量 $\boldsymbol{u}$ 为某个值后求解目标函数关于变量 $\boldsymbol{x}$

① 满足该条件的问题称为**严格可行** (strictly feasible) 的.

的最小值问题. 这种含参变量的问题称为**含参优化问题** (parametric optimization problem).

问题 (3.55) 的可行域 $S(\boldsymbol{u})$ 在多数情况下可以像式 (2.92) 那样由含参变量函数的等式或不等式来表示, 本节则忽略如何定义集合 $S(\boldsymbol{u})$ 的问题.

对于问题 (3.55), 分别定义函数 $\phi: U \to [-\infty, +\infty]$ 与点集映射 $\Phi: U \to \mathcal{P}(\mathbf{R}^n)$ 如下:

$$\phi(\boldsymbol{u}) = \inf\left\{f(\boldsymbol{x}, \boldsymbol{u}) \,\middle|\, \boldsymbol{x} \in S(\boldsymbol{u})\right\} \tag{3.56}$$

$$\Phi(\boldsymbol{u}) = \left\{\boldsymbol{x} \in S(\boldsymbol{u}) \,\middle|\, \phi(\boldsymbol{u}) = f(\boldsymbol{x}, \boldsymbol{u})\right\} \tag{3.57}$$

这里假设当 $S(\boldsymbol{u}) = \varnothing$ 时, $\phi(\boldsymbol{u}) = +\infty$. 由式 (3.56) 与式 (3.57) 定义的 ϕ 与 Φ 分别称为问题 (3.55) 的**最优值函数** (optimal value function) 与**最优集映射** (optimal set mapping). 研究最优值函数与最优集映射的连续性是**稳定性理论** (stability theory) 的中心内容.

定理 3.26　设问题 (3.55) 中的约束映射 $S: U \to \mathcal{P}(\mathbf{R}^n)$ 在 $\overline{\boldsymbol{u}} \in U$ 处上半连续, 而目标函数 $f: \mathbf{R}^n \times U \to \mathbf{R}$ 在 $S(\overline{\boldsymbol{u}}) \times \{\overline{\boldsymbol{u}}\}$ 上为下半连续. 若 $S(\overline{\boldsymbol{u}}) \neq \varnothing$ 且 $\phi(\overline{\boldsymbol{u}}) > -\infty$, 则最优值函数 ϕ 在 $\overline{\boldsymbol{u}}$ 处下半连续.

证明　欲证明对任意满足 $\boldsymbol{u}^k \to \overline{\boldsymbol{u}}$ 的点列 $\{\boldsymbol{u}^k\} \subseteq U$ 均有 $\phi(\overline{\boldsymbol{u}}) \leqslant \liminf\limits_{k\to\infty} \phi(\boldsymbol{u}^k)$ 成立. 由于当 $S(\boldsymbol{u}^k) = \varnothing$ 时, $\phi(\boldsymbol{u}^k) = +\infty$, 故不失一般性, 可假设对任意 k 均有 $S(\boldsymbol{u}^k) \neq \varnothing$.

首先证明至多存在有限个 k, 使得 $\phi(\boldsymbol{u}^k) = -\infty$ 成立. 利用反证法, 假定满足 $\phi(\boldsymbol{u}^k) = -\infty$ 的 k 有无限多个, 则对于每个这样的 k 均存在 $\boldsymbol{x}^k \in S(\boldsymbol{u}^k)$, 使得

$$f(\boldsymbol{x}^k, \boldsymbol{u}^k) \leqslant -k \tag{3.58}$$

由 S 的一致有界性知, $\{\boldsymbol{x}^k\}$ 存在收敛子列, 不失一般性, 可设 $\boldsymbol{x}^k \to \overline{\boldsymbol{x}}$. 由 S 在 $\overline{\boldsymbol{u}}$ 处的上半连续性有 $\overline{\boldsymbol{x}} \in S(\overline{\boldsymbol{u}})$ 成立. 因 f 在 $(\overline{\boldsymbol{x}}, \overline{\boldsymbol{u}})$ 处下半连续, 由式 (3.58) 可得

$$f(\overline{\boldsymbol{x}}, \overline{\boldsymbol{u}}) \leqslant \liminf_{k\to\infty} f(\boldsymbol{x}^k, \boldsymbol{u}^k) = -\infty$$

这与 $f(\overline{\boldsymbol{x}}, \overline{\boldsymbol{u}}) \geqslant \phi(\overline{\boldsymbol{u}}) > -\infty$ 相矛盾. 因此, 满足 $\phi(\boldsymbol{u}^k) = -\infty$ 的 k 至多只有有限个, 故必存在 $\overline{k}$, 使得当 $k \geqslant \overline{k}$ 时有 $\phi(\boldsymbol{u}^k) > -\infty$ 成立.

由最优值函数 ϕ 的定义, 当 $k \geqslant \overline{k}$ 时, 对任意 $\varepsilon > 0$, 均存在 $\boldsymbol{x}^k \in S(\boldsymbol{u}^k)$, 使得

$$f(\boldsymbol{x}^k, \boldsymbol{u}^k) \leqslant \phi(\boldsymbol{u}^k) + \varepsilon. \tag{3.59}$$

由 S 的一致有界性及上半连续性, 不失一般性, 可假设 $\boldsymbol{x}^k \to \overline{\boldsymbol{x}} \in S(\overline{\boldsymbol{u}})$. 再由 f 的下半连续性及式 (3.59) 可得

$$\phi(\overline{\boldsymbol{u}}) \leqslant f(\overline{\boldsymbol{x}}, \overline{\boldsymbol{u}}) \leqslant \liminf_{k\to\infty} f(\boldsymbol{x}^k, \boldsymbol{u}^k) \leqslant \liminf_{k\to\infty} \phi(\boldsymbol{u}^k) + \varepsilon$$

由 $\varepsilon > 0$ 的任意性即知, ϕ 在 $\overline{\boldsymbol{u}}$ 处下半连续. ■

定理 3.27 设问题 (3.55) 中的约束映射 $S: U \to \mathcal{P}(\mathbf{R}^n)$ 在 $\overline{\boldsymbol{u}} \in U$ 处下半连续, 而目标函数 $f: \mathbf{R}^n \times U \to \mathbf{R}$ 在 $S(\overline{\boldsymbol{u}}) \times \{\overline{\boldsymbol{u}}\}$ 上为上半连续. 若 $S(\overline{\boldsymbol{u}}) \neq \varnothing$ 且 $\phi(\overline{\boldsymbol{u}}) > -\infty$, 则最优值函数 ϕ 在 $\overline{\boldsymbol{u}}$ 处上半连续.

证明 任取满足 $\boldsymbol{u}^k \to \overline{\boldsymbol{u}}$ 的点列 $\{\boldsymbol{u}^k\} \subseteq U$ 及 $\varepsilon > 0$, 考虑满足

$$f(\overline{\boldsymbol{x}}, \overline{\boldsymbol{u}}) \leqslant \phi(\overline{\boldsymbol{u}}) + \varepsilon \tag{3.60}$$

的 $\overline{\boldsymbol{x}} \in S(\overline{\boldsymbol{u}})$. 由 S 的下半连续性, 必存在满足 $\boldsymbol{x}^k \in S(\boldsymbol{u}^k)$ 且 $\boldsymbol{x}^k \to \overline{\boldsymbol{x}}$ 的点列 $\{\boldsymbol{x}^k\}$. 再由 f 的上半连续性可得

$$f(\overline{\boldsymbol{x}}, \overline{\boldsymbol{u}}) \geqslant \limsup_{k\to\infty} f(\boldsymbol{x}^k, \boldsymbol{u}^k) \geqslant \limsup_{k\to\infty} \phi(\boldsymbol{u}^k) \tag{3.61}$$

由 $\varepsilon > 0$ 的任意性, 式 (3.60) 与式 (3.61) 即意味着 ϕ 在 $\overline{\boldsymbol{u}}$ 处上半连续. ■

由定理 3.26 与定理 3.27 即得下面的定理 (证明略).

定理 3.28 设问题 (3.55) 中的约束映射 $S: U \to \mathcal{P}(\mathbf{R}^n)$ 在 $\overline{\boldsymbol{u}} \in U$ 处连续, 目标函数 $f: \mathbf{R}^n \times U \to \mathbf{R}$ 在 $S(\overline{\boldsymbol{u}}) \times \{\overline{\boldsymbol{u}}\}$ 上连续. 若 $S(\overline{\boldsymbol{u}}) \neq \varnothing$ 且 $\phi(\overline{\boldsymbol{u}}) > -\infty$, 则最优值函数 ϕ 在 $\overline{\boldsymbol{u}}$ 处连续.

下面的例子揭示了约束映射的不连续对于最优值函数的连续性会产生怎样的影响.

例 3.14 设 $x \in \mathbf{R}$, $u \in \mathbf{R}$. 考虑问题

$$\begin{array}{ll} \min & -x \\ \text{s.t.} & g(x) \leqslant u \end{array}$$

其中 $g: \mathbf{R} \to \mathbf{R}$ 定义如下 (图 3.9(a)):

$$g(x) = \begin{cases} -x-5, & x \leqslant -3 \\ x+1, & -3 < x \leqslant -2 \\ -1, & -2 < x \leqslant -1 \\ x, & -1 < x \leqslant 1 \\ 1/x, & x > 1 \end{cases}$$

则 $S(u) = \{x \in \mathbf{R} \mid g(x) \leqslant u\}$ 可表示为

$$S(u) = \begin{cases} [-u-5, +\infty), & u \geqslant 1 \\ [-u-5, u] \cup [1/u, +\infty), & 0 < u < 1 \\ [-u-5, u], & -1 \leqslant u \leqslant 0 \\ [-u-5, u-1], & -2 \leqslant u < -1 \\ \varnothing, & u < -2 \end{cases}$$

因此, $S:\mathbf{R}\to\mathcal{P}(\mathbf{R})$ 在 $u=0$ 处非上半连续, 而在 $u=-1$ 处非下半连续. 最优值函数 $\phi:\mathbf{R}\to[-\infty,+\infty]$ 可表示为

$$\phi(u)=\begin{cases}-\infty, & u>0\\ -u, & -1\leqslant u\leqslant 0\\ -u+1, & -2\leqslant u<-1\\ +\infty, & u<-2\end{cases}$$

它在 $u=0$ 处非下半连续, 而在 $u=-1$ 处非上半连续 (图 3.9(b)).

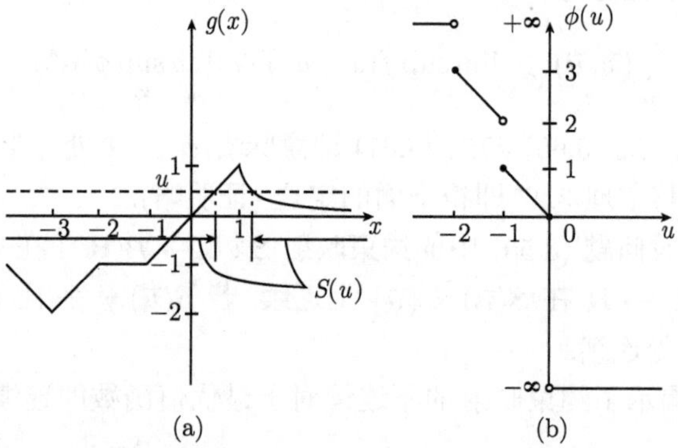

图 3.9　例 3.14 中的约束映射 $S(u)$ 与最优值函数 $\phi(u)$

下面的定理给出了最优集映射为上半连续的充分条件.

定理 3.29　设问题 (3.55) 中的约束映射 $S:U\to\mathcal{P}(\mathbf{R}^n)$ 在 $\overline{\boldsymbol{u}}\in U$ 处连续, 目标函数 $f:\mathbf{R}^n\times U\to\mathbf{R}$ 在 $S(\overline{\boldsymbol{u}})\times\{\overline{\boldsymbol{u}}\}$ 上连续. 若 $\varPhi(\overline{\boldsymbol{u}})\neq\varnothing$, 则最优集映射 $\varPhi:U\to\mathcal{P}(\mathbf{R}^n)$ 在 $\overline{\boldsymbol{u}}$ 处上半连续.

证明　由于对任意 $\boldsymbol{u}$ 均有 $\varPhi(\boldsymbol{u})\subseteq S(\boldsymbol{u})$, 并且 S 上半连续, 所以 $\varPhi$ 在 $\overline{\boldsymbol{u}}$ 附近一致有界. 考虑满足 $\boldsymbol{u}^k\to\overline{\boldsymbol{u}}$, $\boldsymbol{x}^k\in\varPhi(\boldsymbol{u}^k)$ 且 $\boldsymbol{x}^k\to\overline{\boldsymbol{x}}$ 的点列 $\{\boldsymbol{u}^k\}\subseteq U$ 与 $\{\boldsymbol{x}^k\}\subseteq\mathbf{R}^n$. 由定理 3.28, 最优值函数 ϕ 在 $\overline{\boldsymbol{u}}$ 处连续. 由 S 的连续性知 $\bar{\boldsymbol{x}}\in S(\bar{\boldsymbol{u}})$, 故 f 在 $(\overline{\boldsymbol{x}},\overline{\boldsymbol{u}})$ 处连续, 故有

$$\phi(\overline{\boldsymbol{u}})=\lim_{k\to\infty}\phi(\boldsymbol{u}^k)=\lim_{k\to\infty}f(\boldsymbol{x}^k,\boldsymbol{u}^k)=f(\overline{\boldsymbol{x}},\overline{\boldsymbol{u}})$$

成立. 这说明 $\overline{\boldsymbol{x}}\in\varPhi(\overline{\boldsymbol{u}})$, 故 $\varPhi$ 在 $\overline{\boldsymbol{u}}$ 处上半连续. ■

下面的例子说明, 在定理 3.29 的条件下, 最优集映射 $\varPhi$ 在 $\overline{\boldsymbol{u}}$ 处未必连续.

例 3.15　设 $\boldsymbol{x}\in\mathbf{R}^2$, $u\in U=(-1,+\infty)$. 考虑问题

$$\begin{array}{ll}\min & f(\boldsymbol{x},u)=-(1+u)x_1-x_2\\ \text{s.t.} & x_1+x_2\leqslant 1,\ x_1\geqslant 0,\ x_2\geqslant 0\end{array}$$

定理 3.29 的假设条件在任意 $\overline{u}\in U$ 处均成立. 然而, 由于

$$\Phi(u)=\begin{cases}\{\boldsymbol{x}\in\mathbf{R}^2\,|\,x_1=0,x_2=1\}, & -1<u<0\\ \{\boldsymbol{x}\in\mathbf{R}^2\,|\,x_1+x_2=1,x_1\geqslant 0,x_2\geqslant 0\}, & u=0\\ \{\boldsymbol{x}\in\mathbf{R}^2\,|\,x_1=1,x_2=0\}, & u>0\end{cases}$$

故 $\Phi:U\to\mathcal{P}(\mathbf{R}^2)$ 在 $\overline{u}=0$ 处上半连续, 但非下半连续.

欲保证最优集映射的连续性, 需要像下述定理中那样更强的假设条件:

定理 3.30 设问题 (3.55) 中的约束映射 $S:U\to\mathcal{P}(\mathbf{R}^n)$ 在 $\overline{\boldsymbol{u}}\in U$ 处连续, 目标函数 $f:\mathbf{R}^n\times U\to\mathbf{R}$ 在 $S(\overline{\boldsymbol{u}})\times\{\overline{\boldsymbol{u}}\}$ 上连续. 若问题 (3.55) 当 $\boldsymbol{u}=\overline{\boldsymbol{u}}$ 时存在唯一解 $\overline{\boldsymbol{x}}$, 则最优集映射 $\Phi:U\to\mathcal{P}(\mathbf{R}^n)$ 在 $\overline{\boldsymbol{u}}$ 处连续.

证明 由定理 3.29 知, Φ 在 $\overline{\boldsymbol{u}}$ 处上半连续. 由假设 $\Phi(\overline{\boldsymbol{u}})=\{\overline{\boldsymbol{x}}\}$, 于是由引理 2.5 知, Φ 在 $\overline{\boldsymbol{u}}$ 处连续. ■

3.10 灵敏度分析

3.9 节讨论了含参优化问题最优解的连续性, 本节考查最优解与最优值函数关于参变量 $\boldsymbol{u}$ 变化率的估计方法. 这种定量的估计方法一般称为**灵敏度分析** (sensitivity analysis).

首先考虑只有目标函数包含参变量的问题

$$\begin{array}{ll}\min & f(\boldsymbol{x},\boldsymbol{u})\\ \text{s.t.} & \boldsymbol{x}\in S\end{array}\tag{3.62}$$

这里假定函数 $f:\mathbf{R}^n\times U\to\mathbf{R}$ 连续,$\nabla_{\boldsymbol{u}}f(\cdot,\cdot)$ 存在且在 $\mathbf{R}^n\times U$ 上连续, 可行域 $S\subseteq\mathbf{R}^n$ 为非空闭集, 而参变量的集合 U 为 $\mathbf{R}^p$ 的开子集. 类似于式 (3.56) 与式 (3.57), 分别定义问题 (3.62) 的最优值函数 $\phi:U\to[-\infty,+\infty]$ 与最优集映射 $\Phi:U\to\mathcal{P}(\mathbf{R}^n)$ 如下:

$$\phi(\boldsymbol{u})=\inf\left\{f(\boldsymbol{x},\boldsymbol{u})\,\middle|\,\boldsymbol{x}\in S\right\}\tag{3.63}$$

$$\Phi(\boldsymbol{u})=\left\{\boldsymbol{x}\in S\,\middle|\,\phi(\boldsymbol{u})=f(\boldsymbol{x},\boldsymbol{u})\right\}\tag{3.64}$$

于是有下面的定理成立.

定理 3.31 设问题 (3.62) 的最优值函数 ϕ 与最优集映射 Φ 分别由式 (3.63) 及式 (3.64) 给出. 给定 $\boldsymbol{u}\in U$, 若 Φ 在 $\boldsymbol{u}\in U$ 附近非空且一致有界, 则最优值函数 ϕ 在 $\boldsymbol{u}$ 处沿任意方向 $\boldsymbol{d}\in\mathbf{R}^p$ 的方向导数 $\phi'(\boldsymbol{u};\boldsymbol{d})$ 均存在, 并且有

$$\phi'(\boldsymbol{u};\boldsymbol{d})=\inf\left\{\langle\nabla_{\boldsymbol{u}}f(\boldsymbol{x},\boldsymbol{u}),\boldsymbol{d}\rangle\,\middle|\,\boldsymbol{x}\in\Phi(\boldsymbol{u})\right\}\tag{3.65}$$

进一步, 若 $\Phi(\boldsymbol{u})$ 为单点集, 即 $\Phi(\boldsymbol{u})=\{\boldsymbol{x}(\boldsymbol{u})\}$, 则函数 ϕ 在 $\boldsymbol{u}$ 处连续可微, 并且有

$$\nabla\phi(\boldsymbol{u})=\nabla_{\boldsymbol{u}}f(\boldsymbol{x}(\boldsymbol{u}),\boldsymbol{u}) \tag{3.66}$$

证明　设 $\boldsymbol{d}\in\mathbf{R}^p$ 为任意向量, 则由 $\Phi(\boldsymbol{u})$ 的定义, 对充分小的 $t>0$ 均有

$$\phi(\boldsymbol{u}+t\boldsymbol{d})-\phi(\boldsymbol{u})\leqslant f(\boldsymbol{x},\boldsymbol{u}+t\boldsymbol{d})-f(\boldsymbol{x},\boldsymbol{u}),\quad \boldsymbol{x}\in\Phi(\boldsymbol{u})$$

成立. 两侧同时除以 $t>0$, 并令 $t\to0$ 可得

$$\limsup_{t\searrow0}[\phi(\boldsymbol{u}+t\boldsymbol{d})-\phi(\boldsymbol{u})]/t\leqslant\inf\left\{\langle\nabla_{\boldsymbol{u}}f(\boldsymbol{x},\boldsymbol{u}),\boldsymbol{d}\rangle\;\middle|\;\boldsymbol{x}\in\Phi(\boldsymbol{u})\right\} \tag{3.67}$$

另一方面, 置 $\boldsymbol{u}(t)=\boldsymbol{u}+t\boldsymbol{d}$, 并设 $\boldsymbol{x}^t$ 为 $\Phi(\boldsymbol{u}(t))$ 中的任意向量, 则有

$$\phi(\boldsymbol{u}+t\boldsymbol{d})-\phi(\boldsymbol{u})\geqslant f(\boldsymbol{x}^t,\boldsymbol{u}(t))-f(\boldsymbol{x}^t,\boldsymbol{u}) \tag{3.68}$$

由中值定理 2.19, 存在 $t_1\in(0,t)$, 使得

$$f(\boldsymbol{x}^t,\boldsymbol{u}(t))-f(\boldsymbol{x}^t,\boldsymbol{u})=\langle\nabla_{\boldsymbol{u}}f(\boldsymbol{x}^t,\boldsymbol{u}(t_1)),t\boldsymbol{d}\rangle$$

于是由 (3.68) 可得

$$[\phi(\boldsymbol{u}+t\boldsymbol{d})-\phi(\boldsymbol{u})]/t\geqslant\langle\nabla_{\boldsymbol{u}}f(\boldsymbol{x}^t,\boldsymbol{u}(t_1)),\boldsymbol{d}\rangle,\quad \boldsymbol{x}^t\in\Phi(\boldsymbol{u}(t))$$

由 Φ 的一致有界性, 可不妨假定问题 (3.62) 的可行域 S 有界. 由定理 3.29 知, 最优集映射 Φ 上半连续, 故当 $t\to0$, 即 $\boldsymbol{u}(t)\to\boldsymbol{u}$ 时, $\{\boldsymbol{x}^t\}$ 存在聚点, 并且其每个聚点均包含于 $\Phi(\boldsymbol{u})$, 从而由上面的不等式可得

$$\liminf_{t\searrow0}[\phi(\boldsymbol{u}+t\boldsymbol{d})-\phi(\boldsymbol{u})]/t\geqslant\inf\left\{\langle\nabla_{\boldsymbol{u}}f(\boldsymbol{x},\boldsymbol{u}),\boldsymbol{d}\rangle\;\middle|\;\boldsymbol{x}\in\Phi(\boldsymbol{u})\right\} \tag{3.69}$$

式 (3.67) 与式 (3.69) 即说明式 (3.65) 成立.

以下设 $\Phi(\boldsymbol{u})=\{\boldsymbol{x}(\boldsymbol{u})\}$, 由 (3.65) 可得

$$\phi'(\boldsymbol{u};\boldsymbol{d})=\langle\nabla_{\boldsymbol{u}}f(\boldsymbol{x}(\boldsymbol{u}),\boldsymbol{u}),\boldsymbol{d}\rangle,\quad \boldsymbol{d}\in\mathbf{R}^n$$

因此, 式 (3.66) 成立①. 再由定理 3.30 知, $\boldsymbol{x}(\cdot)$ 连续, 故 $\nabla\phi(\boldsymbol{u})=\nabla_{\boldsymbol{u}}f(\boldsymbol{x}(\boldsymbol{u}),\boldsymbol{u})$ 在 $\boldsymbol{u}$ 处连续. ■

接下来考虑目标函数与约束函数均包含参变量 $\boldsymbol{u}$ 的问题

$$\begin{aligned}\min\quad & f(\boldsymbol{x},\boldsymbol{u})\\ \text{s.t.}\quad & g_i(\boldsymbol{x},\boldsymbol{u})\leqslant0,\quad i=1,\cdots,m\end{aligned} \tag{3.70}$$

① 这意味着 ϕ 是 Gateaux 可微的. Gateaux 可微性比 2.6 节中定义的 (Fréchet) 可微性要稍弱一些.

假定目标函数 $f:\mathbf{R}^n\times U\to\mathbf{R}$ 与约束函数 $g_i:\mathbf{R}^n\times U\to\mathbf{R}(i=1,\cdots,m)$ 均在 $\mathbf{R}^n\times U$ 上二阶连续可微. 对于问题 (3.70), 定义 Lagrange 函数 $L_0:\mathbf{R}^n\times\mathbf{R}^m\times U\to\mathbf{R}$ 如下①:

$$L_0(\boldsymbol{x},\boldsymbol{\lambda},\boldsymbol{u})=f(\boldsymbol{x},\boldsymbol{u})+\sum_{i=1}^m\lambda_i g_i(\boldsymbol{x},\boldsymbol{u})$$

以下假定对于某个 $\overline{\boldsymbol{u}}\in U$, 问题 (3.70) 的局部最优解 $\overline{\boldsymbol{x}}$ 满足下面三个条件:

(1) **二阶充分性条件**: 存在满足 KKT 条件

$$\nabla_{\boldsymbol{x}}L_0(\overline{\boldsymbol{x}},\overline{\boldsymbol{\lambda}},\overline{\boldsymbol{u}})=\nabla_{\boldsymbol{x}}f(\overline{\boldsymbol{x}},\overline{\boldsymbol{u}})+\sum_{i=1}^m\overline{\lambda}_i\nabla_{\boldsymbol{x}}g_i(\overline{\boldsymbol{x}},\overline{\boldsymbol{u}})=\mathbf{0}$$
$$\overline{\lambda}_i\geqslant 0,\ g_i(\overline{\boldsymbol{x}},\overline{\boldsymbol{u}})\leqslant 0,\ \overline{\lambda}_i g_i(\overline{\boldsymbol{x}},\overline{\boldsymbol{u}})=0,\quad i=1,\cdots,m$$

的 Lagrange 乘子 $\overline{\boldsymbol{\lambda}}\in\mathbf{R}^m$, 并且成立

$$\langle\boldsymbol{y},\nabla^2_{\boldsymbol{x}}L_0(\overline{\boldsymbol{x}},\overline{\boldsymbol{\lambda}},\overline{\boldsymbol{u}})\boldsymbol{y}\rangle>0,\quad \boldsymbol{y}\in C_{\tilde{S}}(\overline{\boldsymbol{x}},\overline{\boldsymbol{u}}),\ \boldsymbol{y}\neq\mathbf{0} \tag{3.71}$$

其中

$$\mathcal{I}=\Big\{i\,\Big|\,g_i(\overline{\boldsymbol{x}},\overline{\boldsymbol{u}})=0\Big\},\quad \tilde{\mathcal{I}}=\Big\{i\,\Big|\,\overline{\lambda}_i>0\Big\}$$

$$C_{\tilde{S}}(\overline{\boldsymbol{x}},\overline{\boldsymbol{u}})=\Big\{\boldsymbol{y}\in\mathbf{R}^n\,\Big|\,\langle\nabla_{\boldsymbol{x}}g_i(\overline{\boldsymbol{x}},\overline{\boldsymbol{u}}),\boldsymbol{y}\rangle=0,i\in\tilde{\mathcal{I}},\langle\nabla_{\boldsymbol{x}}g_i(\overline{\boldsymbol{x}},\overline{\boldsymbol{u}}),\boldsymbol{y}\rangle\leqslant 0,i\in\mathcal{I},\,i\notin\tilde{\mathcal{I}}\Big\}$$

(2) **线性独立约束规范**: 向量组 $\nabla_{\boldsymbol{x}}g_i(\overline{\boldsymbol{x}},\overline{\boldsymbol{u}})(i\in\mathcal{I})$ 线性无关.

(3) **严格互补性**: $\mathcal{I}=\tilde{\mathcal{I}}$, 即当 $g_i(\overline{\boldsymbol{x}},\overline{\boldsymbol{u}})=0$ 时有 $\overline{\lambda}_i>0$ 成立.

下面引理中的结果在灵敏度分析中起着重要的作用, 并且经常被用来讨论各种非线性优化算法的收敛性.

引理 3.10 假定对于给定的 $\overline{\boldsymbol{u}}\in U\subseteq\mathbf{R}^p$, 问题 (3.70) 的局部最优解 $\overline{\boldsymbol{x}}\in\mathbf{R}^n$ 及相应的 Lagrange 乘子 $\overline{\boldsymbol{\lambda}}\in\mathbf{R}^m$ 满足二阶充分性条件、线性独立约束规范以及严格互补性条件, 则如下定义的 $(n+m)\times(n+m)$ 阶矩阵 $\overline{\boldsymbol{M}}$ 非奇异:

$$\overline{\boldsymbol{M}}=\begin{bmatrix}\nabla^2_{\boldsymbol{x}}L_0(\overline{\boldsymbol{x}},\overline{\boldsymbol{\lambda}},\overline{\boldsymbol{u}}) & \nabla_{\boldsymbol{x}}g_1(\overline{\boldsymbol{x}},\overline{\boldsymbol{u}}) & \cdots & \nabla_{\boldsymbol{x}}g_m(\overline{\boldsymbol{x}},\overline{\boldsymbol{u}})\\ \overline{\lambda}_1\nabla_{\boldsymbol{x}}g_1(\overline{\boldsymbol{x}},\overline{\boldsymbol{u}})^{\mathrm{T}} & g_1(\overline{\boldsymbol{x}},\overline{\boldsymbol{u}}) & & \mathbf{0}\\ \vdots & & \ddots & \\ \overline{\lambda}_m\nabla_{\boldsymbol{x}}g_m(\overline{\boldsymbol{x}},\overline{\boldsymbol{u}})^{\mathrm{T}} & \mathbf{0} & & g_m(\overline{\boldsymbol{x}},\overline{\boldsymbol{u}})\end{bmatrix} \tag{3.72}$$

① 与 3.2 节中式 (3.13) 所定义的 Lagrange 函数不同, 本节所定义的 Lagrange 函数 L_0 即使在 $\boldsymbol{\lambda}\ngeqslant\mathbf{0}$ 时也取有限值.

证明　只需证明关于 $\boldsymbol{v}\in\mathbf{R}^n$ 与 $\boldsymbol{w}\in\mathbf{R}^m$ 的线性方程组

$$\overline{\boldsymbol{M}}\begin{pmatrix}\boldsymbol{v}\\ \boldsymbol{w}\end{pmatrix}=\mathbf{0} \tag{3.73}$$

即

$$\nabla^2_{\boldsymbol{x}}L_0(\overline{\boldsymbol{x}},\overline{\boldsymbol{\lambda}},\overline{\boldsymbol{u}})\boldsymbol{v}+\sum_{i=1}^m w_i\nabla_{\boldsymbol{x}}g_i(\overline{\boldsymbol{x}},\overline{\boldsymbol{u}})=\mathbf{0} \tag{3.74}$$

$$\overline{\lambda}_i\langle\nabla_{\boldsymbol{x}}g_i(\overline{\boldsymbol{x}},\overline{\boldsymbol{u}}),\boldsymbol{v}\rangle+w_ig_i(\overline{\boldsymbol{x}},\overline{\boldsymbol{u}})=0,\quad i=1,\cdots,m \tag{3.75}$$

只有零解.

首先, 由严格互补性条件及式 (3.75) 可得

$$\begin{aligned}w_i=0,&\quad i\notin\mathcal{I}\\ \langle\nabla_{\boldsymbol{x}}g_i(\overline{\boldsymbol{x}},\overline{\boldsymbol{u}}),\boldsymbol{v}\rangle=0,&\quad i\in\mathcal{I}\end{aligned} \tag{3.76}$$

在式 (3.73) 的两侧同时左乘向量 $(\boldsymbol{v}^{\mathrm{T}},\boldsymbol{w}^{\mathrm{T}})$, 并利用式 (3.76) 可得

$$\begin{aligned}(\boldsymbol{v}^{\mathrm{T}},\boldsymbol{w}^{\mathrm{T}})\,\overline{\boldsymbol{M}}\begin{pmatrix}\boldsymbol{v}\\ \boldsymbol{w}\end{pmatrix}&=\langle\boldsymbol{v},\nabla^2_{\boldsymbol{x}}L_0(\overline{\boldsymbol{x}},\overline{\boldsymbol{\lambda}},\overline{\boldsymbol{u}})\boldsymbol{v}\rangle+\sum_{i=1}^m w_i\overline{\lambda}_i\langle\nabla_{\boldsymbol{x}}g_i(\overline{\boldsymbol{x}},\overline{\boldsymbol{u}}),\boldsymbol{v}\rangle\\ &\quad+\sum_{i=1}^m w_i\langle\boldsymbol{v},\nabla_{\boldsymbol{x}}g_i(\overline{\boldsymbol{x}},\overline{\boldsymbol{u}})\rangle+\sum_{i=1}^m w_i^2g_i(\overline{\boldsymbol{x}},\overline{\boldsymbol{u}})\\ &=\langle\boldsymbol{v},\nabla^2_{\boldsymbol{x}}L_0(\overline{\boldsymbol{x}},\overline{\boldsymbol{\lambda}},\overline{\boldsymbol{u}})\boldsymbol{v}\rangle=0\end{aligned} \tag{3.77}$$

因 $\langle\nabla_{\boldsymbol{x}}g_i(\overline{\boldsymbol{x}},\overline{\boldsymbol{u}}),\boldsymbol{v}\rangle=0(i\in\mathcal{I})$, 而由严格互补性条件知 $\mathcal{I}=\tilde{\mathcal{I}}$, 故 $\boldsymbol{v}$ 必属于 $C_{\tilde{S}}(\overline{\boldsymbol{x}},\overline{\boldsymbol{u}})$, 于是由二阶充分性条件 (3.71) 及式 (3.77) 可得 $\boldsymbol{v}=\mathbf{0}$.

将 $\boldsymbol{v}=\mathbf{0}$ 代入式 (3.74), 则利用 (3.76) 可得

$$\sum_{i\in\mathcal{I}}w_i\nabla_{\boldsymbol{x}}g_i(\overline{\boldsymbol{x}},\overline{\boldsymbol{u}})=\mathbf{0}$$

于是由线性独立约束规范知 $w_i=0(i\in\mathcal{I})$, 再结合式 (3.76) 即得到 $\boldsymbol{w}=\mathbf{0}$. ■

利用引理 3.10 即可证明灵敏度分析中的基本定理.

定理 3.32　假定对于给定的 $\overline{\boldsymbol{u}}\in U\subseteq\mathbf{R}^p$, 问题 (3.70) 的局部最优解 $\overline{\boldsymbol{x}}\in\mathbf{R}^n$ 及相应的 Lagrange 乘子 $\overline{\boldsymbol{\lambda}}\in\mathbf{R}^m$ 满足二阶充分性条件、线性独立约束规范以及严格互补性条件, 则在 $\overline{\boldsymbol{u}}$ 的某个邻域 $\Omega\subseteq U$ 内存在连续可微函数 $\boldsymbol{x}(\cdot):\Omega\to\mathbf{R}^n$ 及 $\boldsymbol{\lambda}(\cdot):\Omega\to\mathbf{R}^m$ 满足 $\boldsymbol{x}(\overline{\boldsymbol{u}})=\overline{\boldsymbol{x}}$ 与 $\boldsymbol{\lambda}(\overline{\boldsymbol{u}})=\overline{\boldsymbol{\lambda}}$. 另外, 对任意 $\boldsymbol{u}\in\Omega$, $\boldsymbol{x}(\boldsymbol{u})$ 与 $\boldsymbol{\lambda}(\boldsymbol{u})$ 均满足问题 (3.70) 的二阶充分性条件、线性独立约束规范以及严格互补性条件.

证明 考虑联立方程组

$$\begin{aligned}&\nabla_{\boldsymbol{x}} L_0(\boldsymbol{x},\boldsymbol{\lambda},\boldsymbol{u})=\mathbf{0}\\&\lambda_i g_i(\boldsymbol{x},\boldsymbol{u})=0,\quad i=1,\cdots,m\end{aligned}\tag{3.78}$$

若将式 (3.78) 左侧看成由 $\mathbf{R}^{n+m+p}$ 到 $\mathbf{R}^{n+m}$ 的函数, 则式 (3.72) 中的矩阵 $\overline{\boldsymbol{M}}$ 正是该函数关于 $(\boldsymbol{x},\boldsymbol{\lambda})$ 的 Jacobi 矩阵在 $(\overline{\boldsymbol{x}},\overline{\boldsymbol{\lambda}},\overline{\boldsymbol{u}})$ 处的值. 由引理 3.10 知, $\overline{\boldsymbol{M}}$ 为非奇异矩阵. 对式 (3.78) 应用隐函数定理 2.21, 则存在连续可微函数 $\boldsymbol{x}(\cdot):\Omega\to\mathbf{R}^n$ 及 $\boldsymbol{\lambda}(\cdot):\Omega\to\mathbf{R}^m$, 使得 $\boldsymbol{x}(\overline{\boldsymbol{u}})=\overline{\boldsymbol{x}}$, $\boldsymbol{\lambda}(\overline{\boldsymbol{u}})=\overline{\boldsymbol{\lambda}}$, 并且对任意 $\boldsymbol{u}\in\Omega\subseteq U$ 均有

$$\begin{aligned}&\nabla_{\boldsymbol{x}} L_0(\boldsymbol{x}(\boldsymbol{u}),\boldsymbol{\lambda}(\boldsymbol{u}),\boldsymbol{u})=\mathbf{0}\\&\lambda_i(\boldsymbol{u}) g_i(\boldsymbol{x}(\boldsymbol{u}),\boldsymbol{u})=0,\quad i=1,\cdots,m\end{aligned}\tag{3.79}$$

成立, 其中 $\Omega\subseteq U$ 为 $\overline{\boldsymbol{u}}$ 的某个邻域. 令 $\mathcal{I}(\boldsymbol{u})=\{i\,|\,g_i(\boldsymbol{x}(\boldsymbol{u}),\boldsymbol{u})=0\}$, $\tilde{\mathcal{I}}(\boldsymbol{u})=\{i\,|\,\lambda_i(\boldsymbol{u})>0\}$. 由于所有函数均连续, 故可选择充分小的邻域 Ω, 使得对于 $\Omega\subseteq U$ 内的每个点 $\boldsymbol{u}$, 均有 $\mathcal{I}(\boldsymbol{u})=\tilde{\mathcal{I}}(\boldsymbol{u})=\mathcal{I}=\tilde{\mathcal{I}}$ 与

$$\langle \boldsymbol{y},\nabla^2_{\boldsymbol{x}} L_0(\boldsymbol{x}(\boldsymbol{u}),\boldsymbol{\lambda}(\boldsymbol{u}),\boldsymbol{u})\boldsymbol{y}\rangle>0,\quad \boldsymbol{y}\in C_{\tilde{S}}(\boldsymbol{x}(\boldsymbol{u}),\boldsymbol{u}),\ \boldsymbol{y}\neq\mathbf{0}$$

并且向量组 $\nabla_{\boldsymbol{x}} g_i(\boldsymbol{x}(\boldsymbol{u}),\boldsymbol{u})(i\in\mathcal{I})$ 线性无关. 这就说明 $(\boldsymbol{x}(\boldsymbol{u}),\boldsymbol{\lambda}(\boldsymbol{u}))(\boldsymbol{u}\in\Omega)$ 满足关于问题 (3.70) 的二阶充分性条件、线性独立约束规范以及严格互补性条件. ■

定理 3.32 说明, 在三个基本假设条件下, 当参变量发生微小变化时, 局部最优解与相应的 Lagrange 乘子都是局部唯一存在的, 并且各自的变化曲线也都是光滑的. 证明定理 3.32 时所用的工具就是经典的隐函数定理, 并且前述三个条件在证明中缺一不可. 实际上, 这些条件经过适当弱化后也能保证局部最优解的存在唯一性, 以及关于参变量的连续性, 但这需要相当复杂的理论铺垫, 本书不作更深入的讨论 (可参见文献 Robinson (1982)).

下面考虑问题 (3.70) 的最优值函数的变化情况. 这里只考虑局部最优解, 函数 ϕ 表示如下对应某特定局部最优解 $\overline{\boldsymbol{x}}$ 的目标函数值:

$$\phi(\boldsymbol{u})=\inf\left\{f(\boldsymbol{x},\boldsymbol{u})\,\middle|\,g_i(\boldsymbol{x},\boldsymbol{u})\leqslant 0,\ i=1,\cdots,m,\ \boldsymbol{x}\in B(\overline{\boldsymbol{x}},\varepsilon)\right\}$$

其中 $\varepsilon>0$ 为充分小的常数.

首先, 由定理 3.32 可得下面的定理:

定理 3.33 设定理 3.32 中的假设条件均成立, 则对 $\overline{\boldsymbol{u}}$ 的适当邻域 $\Omega\subseteq U$ 内任意一点 $\boldsymbol{u}$ 均有下式成立:

$$\begin{aligned}\nabla\phi(\boldsymbol{u})&=\nabla_{\boldsymbol{u}} L_0(\boldsymbol{x}(\boldsymbol{u}),\boldsymbol{\lambda}(\boldsymbol{u}),\boldsymbol{u})\\&=\nabla_{\boldsymbol{u}} f(\boldsymbol{x}(\boldsymbol{u}),\boldsymbol{u})+\sum_{i=1}^m\lambda_i(\boldsymbol{u})\nabla_{\boldsymbol{u}} g_i(\boldsymbol{x}(\boldsymbol{u}),\boldsymbol{u})\end{aligned}\tag{3.80}$$

其中 $\boldsymbol{x}(\boldsymbol{u})$ 与 $\boldsymbol{\lambda}(\boldsymbol{u})$ 分别为对应 $\boldsymbol{u} \in \Omega$ 的问题 (3.70) 的局部最优解与 Lagrange 乘子.

证明 由定理 3.32 有 $\phi(\boldsymbol{u}) = f(\boldsymbol{x}(\boldsymbol{u}),\boldsymbol{u})(\boldsymbol{u} \subset \Omega)$, 再由互补性条件知 $\lambda_i(\boldsymbol{u})g_i(\boldsymbol{x}(\boldsymbol{u}),\boldsymbol{u}) = 0(i=1,\cdots,m)$, 于是有

$$\phi(\boldsymbol{u}) = L_0(\boldsymbol{x}(\boldsymbol{u}),\boldsymbol{\lambda}(\boldsymbol{u}),\boldsymbol{u}), \quad \boldsymbol{u} \in \Omega$$

对 $\boldsymbol{u}$ 求微分可得

$$\begin{aligned}\nabla\phi(\boldsymbol{u}) = & \nabla\boldsymbol{x}(\boldsymbol{u})\nabla_{\boldsymbol{x}}L_0(\boldsymbol{x}(\boldsymbol{u}),\boldsymbol{\lambda}(\boldsymbol{u}),\boldsymbol{u}) + \nabla\boldsymbol{\lambda}(\boldsymbol{u})\nabla_{\boldsymbol{\lambda}}L_0(\boldsymbol{x}(\boldsymbol{u}),\boldsymbol{\lambda}(\boldsymbol{u}),\boldsymbol{u}) \\ & + \nabla_{\boldsymbol{u}}L_0(\boldsymbol{x}(\boldsymbol{u}),\boldsymbol{\lambda}(\boldsymbol{u}),\boldsymbol{u})\end{aligned} \tag{3.81}$$

其中 $\nabla\boldsymbol{x}(\boldsymbol{u}) = [\partial x_j(\boldsymbol{u})/\partial u_s] \in \mathbf{R}^{p\times n}$,$\nabla\boldsymbol{\lambda}(\boldsymbol{u}) = [\partial\lambda_i(\boldsymbol{u})/\partial u_s] \in \mathbf{R}^{p\times m}$. 另外, 由 KKT 条件有

$$\nabla_{\boldsymbol{x}}L_0(\boldsymbol{x}(\boldsymbol{u}),\boldsymbol{\lambda}(\boldsymbol{u}),\boldsymbol{u}) = \mathbf{0} \tag{3.82}$$

再由严格互补性条件得

$$\begin{aligned}\nabla\lambda_i(\boldsymbol{u}) = \mathbf{0}, \quad & i \notin \mathcal{I} \\ \nabla_{\lambda_i}L_0(\boldsymbol{x}(\boldsymbol{u}),\boldsymbol{\lambda}(\boldsymbol{u}),\boldsymbol{u}) = g_i(\boldsymbol{x}(\boldsymbol{u}),\boldsymbol{u}) = 0, \quad & i \in \mathcal{I}\end{aligned}$$

因此有

$$\nabla\boldsymbol{\lambda}(\boldsymbol{u})\nabla_{\boldsymbol{\lambda}}L_0(\boldsymbol{x}(\boldsymbol{u}),\boldsymbol{\lambda}(\boldsymbol{u}),\boldsymbol{u}) = \sum_{i=1}^{m}\nabla\lambda_i(\boldsymbol{u})\nabla_{\lambda_i}L_0(\boldsymbol{x}(\boldsymbol{u}),\boldsymbol{\lambda}(\boldsymbol{u}),\boldsymbol{u}) = \mathbf{0} \tag{3.83}$$

从而由式 (3.81)~(3.83) 知

$$\nabla\phi(\boldsymbol{u}) = \nabla_{\boldsymbol{u}}L_0(\boldsymbol{x}(\boldsymbol{u}),\boldsymbol{\lambda}(\boldsymbol{u}),\boldsymbol{u})$$

成立. ■

当问题 (3.70) 为如下只在约束条件的右端包含参变量时, $\nabla\phi(\boldsymbol{u})$ 有更简单的表示式:

$$\begin{aligned}\min \quad & f(\boldsymbol{x}) \\ \text{s.t.} \quad & g_i(\boldsymbol{x}) \leqslant u_i, \quad i=1,\cdots,m\end{aligned} \tag{3.84}$$

其中目标函数 $f:\mathbf{R}^n \to \mathbf{R}$ 与约束函数 $g_i:\mathbf{R}^n \to \mathbf{R}(i=1,\cdots,m)$ 均为二阶连续可微. 记问题 (3.84) 的最优值函数为 $\phi_0: U \to [-\infty,+\infty]$, 则由定理 3.32 可得下面的定理:

定理 3.34 设问题 (3.84) 满足定理 3.32 中的假设条件, 则对 $\overline{\boldsymbol{u}}$ 的适当邻域 $\Omega \subseteq U$ 内任意一点 $\boldsymbol{u}$ 均有下式成立:

$$\nabla\phi_0(\boldsymbol{u}) = -\boldsymbol{\lambda}(\boldsymbol{u}) \tag{3.85}$$

证明 记 $g_i(\boldsymbol{x},\boldsymbol{u})=g_i(\boldsymbol{x})-u_i(i=1,\cdots,m)$, 则有 $\nabla_{\boldsymbol{u}}g_i(\boldsymbol{x},\boldsymbol{u})=-\boldsymbol{e}^i$, 其中 $\boldsymbol{e}^i$ 表示第 i 个分量为 1, 其余分量均为 0 的单位向量. 于是由式 (3.80) 即得式 (3.85). ■

式 (3.85) 在灵敏度分析中有重要意义. 设 $\overline{\boldsymbol{x}}\in\mathbf{R}^n$ 与 $\overline{\boldsymbol{\lambda}}\in\mathbf{R}^m$ 分别为对应 $\boldsymbol{u}=\overline{\boldsymbol{u}}$ 的问题 (3.84) 的局部最优解与 Lagrange 乘子. 假设参变量 $\boldsymbol{u}$ 在 $\overline{\boldsymbol{u}}$ 处作微小改变而得到 $\overline{\boldsymbol{u}}+\Delta\boldsymbol{u}$, 其中 $\Delta\boldsymbol{u}=(\Delta u_1,\cdots,\Delta u_m)^{\mathrm{T}}$ 为相应的增量, 则由式 (3.85) 可得问题 (3.84) 最小值的近似值

$$\begin{aligned}\phi_0(\overline{\boldsymbol{u}}+\Delta\boldsymbol{u})&\approx\phi_0(\overline{\boldsymbol{u}})-\langle\overline{\boldsymbol{\lambda}},\Delta\boldsymbol{u}\rangle\\&=\phi_0(\overline{\boldsymbol{u}})-\sum_{i=1}^m\overline{\lambda}_i\Delta u_i\end{aligned}\tag{3.86}$$

式 (3.86) 表明, 对于无效约束, 由于其对应的乘子 $\overline{\lambda}_i=0$, 因此, 约束条件右端项 u_i 的微小变化并不影响问题的最小值; 而对于有效约束, 其对应的乘子 $\overline{\lambda}_i$ 越大, 则右端项 u_i 的变化对问题的最小值的影响就越大.

举例说明上述事实如下: 假设问题 (3.84) 为在原料可使用量的约束条件下, 欲使总生产费用最小而得到的生产计划问题. 下面以 $\boldsymbol{x}\in\mathbf{R}^n$ 表示生产活动水平的向量, $f(\boldsymbol{x})$ 与 $g_i(\boldsymbol{x})(i=1,\cdots,m)$ 分别表示当生产活动水平为 $\boldsymbol{x}$ 时的总生产费用, 以及对第 i 种原料的实际使用量, u_i 表示第 i 种原料的可使用量. 此时, $\overline{\boldsymbol{x}}$ 即原料可使用量为 $\overline{\boldsymbol{u}}=(\overline{u}_1,\cdots,\overline{u}_m)^{\mathrm{T}}$ 时的最优生产活动; 而式 (3.86) 说明, 如果第 i 种原料的可使用量从 $\overline{u}_i$ 增加一个单位, 则最优总生产费用能够减少 $\overline{\lambda}_i$. 另外, 如果某个约束条件在最优解处不起作用, 即 $g_i(\overline{\boldsymbol{x}})<\overline{u}_i$, 则说明该种原料还有一部分没有被使用, 此时, 由互补性条件知 $\overline{\lambda}_i=0$, 因此, 该种原料的可使用量 $\overline{u}_i$ 即使稍作改变也绝不会影响到最优总生产费用. 由以上分析可知, $\overline{\lambda}_i$ 可以表示第 i 种原料在该问题中的价值, 因此, 通常被称为**影子价格** (shadow price). 影子价格一般与该原料的市场价格并不一致. 因此, 在制订生产计划时的一种有效策略是将求解现有 $\overline{\boldsymbol{u}}$ 对应的问题而得到的影子价格 $\overline{\boldsymbol{\lambda}}$ 与实际的市场价格进行比较, 进而通过调整原料的可使用量 $\boldsymbol{u}$ 来改善最优总生产费用.

例 3.16 考虑含有参变量 $\boldsymbol{u}=(u_1,u_2,u_3)^{\mathrm{T}}$ 的问题

$$\begin{aligned}\min\quad&x_1-x_2\\\text{s.t.}\quad&x_1^2+x_2^2-1\leqslant u_1\\&-x_1\leqslant u_2\\&-x_2\leqslant u_3\end{aligned}$$

当 $\overline{\boldsymbol{u}}=\mathbf{0}$ 时问题的最优解为 $\overline{\boldsymbol{x}}=(0,1)^{\mathrm{T}}$, 相应的 Lagrange 乘子为 $\overline{\boldsymbol{\lambda}}=(1/2,1,0)^{\mathrm{T}}$. 由于定理 3.32 的所有条件均成立, 故由式 (3.85) 可得 $\nabla\phi_0(\overline{\boldsymbol{u}})=(-1/2,-1,0)^{\mathrm{T}}$.

3.11 习　题

3.1 对于非空凸集 $S \subseteq \mathbf{R}^n$ 及任意点 $\bar{\boldsymbol{x}} \in S$, 试证明切锥 $T_S(\bar{\boldsymbol{x}})$ 为闭凸锥.

3.2 试推导如下线性规划问题的 KKT 条件:

$$\begin{aligned} \min \quad & \langle \boldsymbol{c}, \boldsymbol{x} \rangle \\ \text{s.t.} \quad & \boldsymbol{A}\boldsymbol{x} \leqslant \boldsymbol{b}, \quad \boldsymbol{x} \geqslant \boldsymbol{0} \end{aligned}$$

3.3 试推导如下二次规划问题的 KKT 条件:

$$\begin{aligned} \min \quad & \langle \boldsymbol{c}, \boldsymbol{x} \rangle + \frac{1}{2}\langle \boldsymbol{x}, \boldsymbol{Q}\boldsymbol{x} \rangle \\ \text{s.t.} \quad & \boldsymbol{A}\boldsymbol{x} = \boldsymbol{b}, \quad \boldsymbol{x} \geqslant \boldsymbol{0} \end{aligned}$$

其中 $\boldsymbol{Q}$ 为对称矩阵.

3.4 设在问题 (3.11) 中 f 为可微的伪凸函数, 而 g_i $(i = 1, \cdots, m)$ 为可微的拟凸函数. 试证明 KKT 条件 (3.14) 是 $\bar{\boldsymbol{x}}$ 为全局最优解的充分条件.

3.5 设在问题 (3.11) 中函数 $g_i(i \in \mathcal{I}(\bar{\boldsymbol{x}}))$ 在 $\bar{\boldsymbol{x}}$ 处可微, 并且对满足

$$\langle \nabla g_i(\bar{\boldsymbol{x}}), \boldsymbol{y} \rangle < 0, \quad i \in \mathcal{I}(\bar{\boldsymbol{x}})$$

的任意向量 $\boldsymbol{y}$ 均存在函数 $\boldsymbol{x}(\cdot) : \mathbf{R} \to \mathbf{R}^n$, 使得如下三个条件成立①:

(1) $\boldsymbol{x}(0) = \bar{\boldsymbol{x}}$;

(2) $g_i(\boldsymbol{x}(\theta)) \leqslant 0, \quad \theta \in [0, 1], i = 1, \cdots, m$;

(3) $\boldsymbol{x}(\cdot)$ 在 $\theta = 0$ 处可微, 并且存在常数 $\alpha > 0$, 使得 $\boldsymbol{x}'(0) = \alpha \boldsymbol{y}$ 成立.

试证明 Abadie 约束规范成立.

3.6 对于问题 (3.11), 记 $g_i(i \in \mathcal{I}(\bar{\boldsymbol{x}}))$ 中仿射函数的指标集为 $\mathcal{J}(\bar{\boldsymbol{x}})$. 试证明若存在 $\boldsymbol{z}$ 满足

$$\begin{aligned} \langle \nabla g_i(\bar{\boldsymbol{x}}), \boldsymbol{z} \rangle \leqslant 0, \quad & i \in \mathcal{J}(\bar{\boldsymbol{x}}) \\ \langle \nabla g_i(\bar{\boldsymbol{x}}), \boldsymbol{z} \rangle < 0, \quad & i \in \mathcal{I}(\bar{\boldsymbol{x}}), i \notin \mathcal{J}(\bar{\boldsymbol{x}}) \end{aligned}$$

则 Abadie 约束规范成立②.

3.7 考虑问题

$$\begin{aligned} \min \quad & f(\boldsymbol{x}) = x_1 \\ \text{s.t.} \quad & g_1(\boldsymbol{x}) = x_1^2 + (x_2 - 1)^2 - 1 \leqslant 0 \\ & g_2(\boldsymbol{x}) = x_1^2 + (x_2 + 1)^2 - 1 \leqslant 0 \\ & g_3(\boldsymbol{x}) = -x_1 \leqslant 0 \end{aligned}$$

① 该条件称为 **Kuhn-Tucker 约束规范** (Kuhn-Tucker constraint qualification).

② 这说明若 $g_i(i \in \mathcal{I}(\bar{\boldsymbol{x}}))$ 均为仿射函数, 则 Abadie 约束规范恒成立.

试验证在最优解 $\bar{\boldsymbol{x}}=(0,0)^{\mathrm{T}}$ 处, 二阶约束规范 $C_{\tilde{S}}(\bar{\boldsymbol{x}})\subseteq T_{\tilde{S}}(\bar{\boldsymbol{x}})$ 成立, 但 (一阶) Abadie 约束规范 $C_S(\bar{\boldsymbol{x}})\subseteq T_S(\bar{\boldsymbol{x}})$ 不成立.

3.8 试证明引理 3.7.

3.9 试证明 Mangasarian-Fromovitz 约束规范等价于如下条件: $h_j(j=1,\cdots,l)$ 在 $\bar{\boldsymbol{x}}$ 处连续可微, $\nabla h_j(\bar{\boldsymbol{x}})(j=1,\cdots,l)$ 线性无关, 并且当 $\sum\limits_{i\in\mathcal{I}}\lambda_i\nabla g_i(\bar{\boldsymbol{x}})+\sum\limits_{j=1}^{l}\mu_j\nabla h_j(\bar{\boldsymbol{x}})=\mathbf{0}$ 且 $\lambda_i\geqslant 0\ (i\in\mathcal{I})$ 时有 $\lambda_i=0\ (i\in\mathcal{I})$ 及 $\mu_j=0\ (j=1,\cdots,l)$ 成立.

3.10 定义问题 (3.34) 中的目标函数 $f:\mathbf{R}^n\to\mathbf{R}$ 为

$$f(\boldsymbol{x})=\max\left\{\langle\boldsymbol{a}^i,\boldsymbol{x}\rangle+\alpha_i\,\middle|\,i=1,\cdots,m\right\}$$

其中 $\boldsymbol{a}^i\in\mathbf{R}^n$, $\alpha_i\in\mathbf{R}(i=1,\cdots,m)$. 试给出 $\bar{\boldsymbol{x}}$ 为问题 (3.34) 的全局最优解的充要条件.

3.11 设函数 $f:\mathbf{R}^n\to\mathbf{R}$ 局部 Lipschitz 连续. 试证明当 $\bar{\boldsymbol{x}}=\mathbf{0}$ 为问题

$$\begin{array}{ll}\min & f(\boldsymbol{x})\\ \text{s.t.} & \boldsymbol{x}\geqslant\mathbf{0}\end{array}$$

的局部最优解时有下式成立:

$$\partial f(\mathbf{0})\cap\left\{\boldsymbol{\xi}\in\mathbf{R}^n\,\middle|\,\boldsymbol{\xi}\geqslant\mathbf{0}\right\}\neq\varnothing$$

3.12 求如下问题的最优解:

$$\begin{array}{ll}\min & \max\left\{\mathrm{e}^x,-x^2-2x+1\right\}\\ \text{s.t.} & x\geqslant 0\end{array}$$

并给出满足 KKT 条件 (3.38) 的 Lagrange 乘子 $\bar{\lambda}$ 的取值范围.

3.13 考虑如下以 n 阶对称矩阵 $\boldsymbol{X}$ 为变量的问题:

$$\begin{array}{ll}\min & \dfrac{1}{2}\langle\boldsymbol{X},\boldsymbol{X}\rangle\\ \text{s.t.} & \langle\boldsymbol{A},\boldsymbol{X}\rangle\geqslant b,\ \boldsymbol{X}\in\mathcal{S}^n\end{array}$$

其中 $\boldsymbol{A}\in\mathcal{S}^n$ 为常数矩阵, $b\in\mathbf{R}$ 为常数. 试利用该问题的 KKT 条件求出其最优解.

3.14 考虑如下以 n 阶对称矩阵 $\boldsymbol{X}$ 为变量的问题:

$$\begin{array}{ll}\min & \dfrac{1}{2}\langle\boldsymbol{X}-\boldsymbol{C},\boldsymbol{X}-\boldsymbol{C}\rangle\\ \text{s.t.} & \boldsymbol{X}\succeq\boldsymbol{O},\quad\boldsymbol{X}\in\mathcal{S}^n\end{array}$$

其中 $C \in \mathcal{S}^n$ 为满足 $\boldsymbol{C} \not\succeq \boldsymbol{O}$ 的常数矩阵. 试写出该问题的 KKT 条件.

3.15 对于例 3.15 中的问题, 试讨论其最优值函数 $\phi_0 : \mathbf{R} \to [-\infty, +\infty]$ 的连续性与半连续性.

3.16 试讨论含有参变量 $u \in \mathbf{R}$ 的二次规划问题

$$\begin{aligned} \min \quad & (x_1-2)^2+(x_2-2)^2 \\ \text{s.t.} \quad & ux_1+x_2=1 \\ & 2ux_1+x_2=1 \\ & -1 \leqslant x_1 \leqslant 1,\ 0 \leqslant x_2 \leqslant 2 \end{aligned}$$

的最优值函数 $\phi : \mathbf{R} \to [-\infty, +\infty]$ 及最优集映射 $\Phi : \mathbf{R} \to \mathcal{P}(\mathbf{R}^2)$ 在 $u = 0$ 处的连续性与半连续性.

3.17 试计算含有参变量 $\boldsymbol{u} \in \mathbf{R}^2$ 的问题

$$\begin{aligned} \min \quad & -x_1-u_1x_2 \\ \text{s.t.} \quad & x_1^2+x_2^2 \leqslant 1-u_2 \end{aligned}$$

的最优值函数 $\phi : \mathbf{R}^2 \to [-\infty, +\infty]$ 在 $\boldsymbol{u} = (1, 0)^{\mathrm{T}}$ 及 $\boldsymbol{u} = (0, 0)^{\mathrm{T}}$ 处 $\phi(\boldsymbol{u})$ 与 $\nabla\phi(\boldsymbol{u})$ 的值.

第 4 章 对偶性理论

对偶定理在线性规划中的重要性已无需赘述, 在非线性规划中, 对偶性理论在构造求解方法等方面也是极为有用的. 本章的目的即定义一般非线性规划问题的对偶问题, 并讨论其性质. 首先, 4.1 节就极大极小问题及其鞍点进行讨论, 在 4.2 节与 4.3 节讲解非线性规划问题的 Lagrange 对偶性. 其次, 4.4 节介绍由 Lagrange 对偶性推广而来的对偶性理论, 4.5 节讨论针对凸规划问题的 Fenchel 对偶性. 最后, 4.6 节介绍关于半定规划问题的对偶性理论.

4.1 极大极小问题与鞍点

设 Y 与 Z 分别为 $\mathbf{R}^n$ 与 $\mathbf{R}^m$ 的非空子集. 给定以 $Y\times Z$ 为定义域的函数 $K: Y\times Z\to[-\infty,+\infty]$, 定义两个函数 $\eta: Y\to[-\infty,+\infty]$ 与 $\zeta: Z\to[-\infty,+\infty]$ 如下:

$$\eta(\boldsymbol{y})=\sup\left\{K(\boldsymbol{y},\boldsymbol{z})\,\middle|\,\boldsymbol{z}\in Z\right\}$$
$$\zeta(\boldsymbol{z})=\inf\left\{K(\boldsymbol{y},\boldsymbol{z})\,\middle|\,\boldsymbol{y}\in Y\right\}$$

本节的目的是研究问题

$$\begin{array}{ll}\min & \eta(\boldsymbol{y})\\ \text{s.t.} & \boldsymbol{y}\in Y\end{array}\tag{4.1}$$

与

$$\begin{array}{ll}\max & \zeta(\boldsymbol{z})\\ \text{s.t.} & \boldsymbol{z}\in Z\end{array}\tag{4.2}$$

之间的关系. 在问题 (4.1) 中, 首先固定 $\boldsymbol{y}$, 并将 $K(\boldsymbol{y},\boldsymbol{z})$ 关于变量 $\boldsymbol{z}$ 最大化, 然后将该最大值视为 $\boldsymbol{y}$ 的函数, 并将其关于 $\boldsymbol{y}$ 最小化. 问题 (4.2) 中顺序正好相反. 下面的引理揭示了问题 (4.1) 的最小值绝不会比问题 (4.2) 的最大值更小的事实.

引理 4.1 对任意 $\boldsymbol{y}\in Y$ 与 $\boldsymbol{z}\in Z$ 均有 $\zeta(\boldsymbol{z})\leqslant\eta(\boldsymbol{y})$ 成立. 进一步, 还有

$$\sup\left\{\zeta(\boldsymbol{z})\,\middle|\,\boldsymbol{z}\in Z\right\}\leqslant\inf\left\{\eta(\boldsymbol{y})\,\middle|\,\boldsymbol{y}\in Y\right\}$$

证明 由函数 η 与 ζ 的定义, 对任意 $\boldsymbol{y}\in Y$ 与 $\boldsymbol{z}\in Z$, 均有

$$\zeta(\boldsymbol{z})\leqslant K(\boldsymbol{y},\boldsymbol{z})\leqslant\eta(\boldsymbol{y})$$

成立. 由该不等式立即可以得到引理的结论. ■

若点 $(\overline{\boldsymbol{y}}, \overline{\boldsymbol{z}}) \in Y \times Z$ 满足

$$K(\overline{\boldsymbol{y}}, \boldsymbol{z}) \leqslant K(\overline{\boldsymbol{y}}, \overline{\boldsymbol{z}}) \leqslant K(\boldsymbol{y}, \overline{\boldsymbol{z}}), \quad \boldsymbol{y} \in Y, \boldsymbol{z} \in Z \tag{4.3}$$

则称 $(\overline{\boldsymbol{y}}, \overline{\boldsymbol{z}})$ 为函数 K 的**鞍点** (见 3.4 节). 下面的定理证明了 K 的鞍点与问题 (4.1) 及问题 (4.2) 的最优解的等价性.

定理 4.1 点 $(\overline{\boldsymbol{y}}, \overline{\boldsymbol{z}}) \in Y \times Z$ 为函数 $K : Y \times Z \to [-\infty, +\infty]$ 的鞍点的充要条件是 $\overline{\boldsymbol{y}} \in Y$ 与 $\overline{\boldsymbol{z}} \in Z$ 满足

$$\eta(\overline{\boldsymbol{y}}) = \inf \left\{ \eta(\boldsymbol{y}) \,\middle|\, \boldsymbol{y} \in Y \right\} = \sup \left\{ \zeta(\boldsymbol{z}) \,\middle|\, \boldsymbol{z} \in Z \right\} = \zeta(\overline{\boldsymbol{z}}) \tag{4.4}$$

证明 设 $(\overline{\boldsymbol{y}}, \overline{\boldsymbol{z}})$ 为 K 的鞍点, 则由式 (4.3) 知

$$\eta(\overline{\boldsymbol{y}}) = \sup \left\{ K(\overline{\boldsymbol{y}}, \boldsymbol{z}) \,\middle|\, \boldsymbol{z} \in Z \right\} = K(\overline{\boldsymbol{y}}, \overline{\boldsymbol{z}}) = \inf \left\{ K(\boldsymbol{y}, \overline{\boldsymbol{z}}) \,\middle|\, \boldsymbol{y} \in Y \right\} = \zeta(\overline{\boldsymbol{z}})$$

成立, 因此有

$$\inf \left\{ \eta(\boldsymbol{y}) \,\middle|\, \boldsymbol{y} \in Y \right\} \leqslant \eta(\overline{\boldsymbol{y}}) = \zeta(\overline{\boldsymbol{z}}) \leqslant \sup \left\{ \zeta(\boldsymbol{z}) \,\middle|\, \boldsymbol{z} \in Z \right\}$$

而由引理 4.1 知

$$\inf \left\{ \eta(\boldsymbol{y}) \,\middle|\, \boldsymbol{y} \in Y \right\} \geqslant \sup \left\{ \zeta(\boldsymbol{z}) \,\middle|\, \boldsymbol{z} \in Z \right\}$$

故有式 (4.4) 成立.

下面证明充分性. 由于显然有

$$\eta(\overline{\boldsymbol{y}}) = \sup \left\{ K(\overline{\boldsymbol{y}}, \boldsymbol{z}) \,\middle|\, \boldsymbol{z} \in Z \right\} \geqslant K(\overline{\boldsymbol{y}}, \overline{\boldsymbol{z}}) \geqslant \inf \left\{ K(\boldsymbol{y}, \overline{\boldsymbol{z}}) \,\middle|\, \boldsymbol{y} \in Y \right\} = \zeta(\overline{\boldsymbol{z}})$$

从而由式 (4.4) 可得

$$\sup \left\{ K(\overline{\boldsymbol{y}}, \boldsymbol{z}) \,\middle|\, \boldsymbol{z} \in Z \right\} = K(\overline{\boldsymbol{y}}, \overline{\boldsymbol{z}}) = \inf \left\{ K(\boldsymbol{y}, \overline{\boldsymbol{z}}) \,\middle|\, \boldsymbol{y} \in Y \right\}$$

这说明 $(\overline{\boldsymbol{y}}, \overline{\boldsymbol{z}}) \in Y \times Z$ 是 $K : Y \times Z \to [-\infty, +\infty]$ 的鞍点. ■

由定理 4.1, 若 K 存在鞍点, 则问题 (4.1) 与问题 (4.2) 都存在最优解. 鞍点的存在性问题在博弈论中是一个尤其重要的课题. 截至目前, 已经讨论了有关鞍点的各种各样的存在性条件, 这里只介绍其中最基本的存在性定理 (证明省略). 该定理称为 von Neumann **极大极小定理** (minimax theorem)①.

---

① 在定理 4.2 中, 将凸函数换成拟凸函数、凹函数换成拟凹函数后, 结论仍然成立. 这个结果称为 Sion 极大极小定理, 参见文献 Berge (1959).

定理 4.2 设 Y 与 Z 分别为 $\mathbf{R}^n$ 与 $\mathbf{R}^m$ 中的非空紧凸集, K 是以 $Y\times Z$ 为定义域的实值函数. 假设对任意固定的 $\boldsymbol{z}\in Z$ 函数 $K(\cdot,\boldsymbol{z}):Y\to\mathbf{R}$ 均为下半连续的凸函数, 而对任意固定的 $\boldsymbol{y}\in Y$ 函数 $K(\boldsymbol{y},\cdot):Z\to\mathbf{R}$ 均为上半连续的凹函数, 则 K 存在鞍点 $(\overline{\boldsymbol{y}},\overline{\boldsymbol{z}})\in Y\times Z$.

证明 参见文献 Berge (1959). ■

4.2 Lagrange 对偶问题

考虑如下非线性规划问题:

$$\begin{array}{ll} \min & f(\boldsymbol{x}) \\ \text{s.t.} & g_i(\boldsymbol{x})\leqslant 0,\quad i=1,\cdots,m \end{array} \tag{4.5}$$

其中 $f:\mathbf{R}^n\to\mathbf{R}$, $g_i:\mathbf{R}^n\to\mathbf{R}$ $(i=1,\cdots,m)$. 对于问题 (4.5) 与 (3.13) 同样可定义 Lagrange 函数 $L_0:\mathbf{R}^{n+m}\to[-\infty,+\infty)$ 为

$$L_0(\boldsymbol{x},\boldsymbol{\lambda})=\begin{cases} f(\boldsymbol{x})+\displaystyle\sum_{i=1}^{m}\lambda_i g_i(\boldsymbol{x}), & \boldsymbol{\lambda}\geqslant\mathbf{0} \\ -\infty, & \boldsymbol{\lambda}\ngeqslant\mathbf{0} \end{cases} \tag{4.6}$$

然后利用 L_0 分别定义函数 $\theta:\mathbf{R}^n\to(-\infty,+\infty]$ 与 $\omega_0:\mathbf{R}^m\to[-\infty,+\infty)$ 为

$$\theta(\boldsymbol{x})=\sup\left\{L_0(\boldsymbol{x},\boldsymbol{\lambda})\,\middle|\,\boldsymbol{\lambda}\in\mathbf{R}^m\right\} \tag{4.7}$$

$$\omega_0(\boldsymbol{\lambda})=\inf\left\{L_0(\boldsymbol{x},\boldsymbol{\lambda})\,\middle|\,\boldsymbol{x}\in\mathbf{R}^n\right\} \tag{4.8}$$

记问题 (4.5) 的可行域为

$$S=\left\{\boldsymbol{x}\in\mathbf{R}^n\,\middle|\,g_i(\boldsymbol{x})\leqslant 0,\quad i=1,\cdots,m\right\}$$

则由 Lagrange 函数 L_0 的定义有

$$\theta(\boldsymbol{x})=f(\boldsymbol{x})+\delta_S(\boldsymbol{x}) \tag{4.9}$$

成立, 其中 δ_S 表示 S 的示性函数 (见 2.9 节). 于是问题 (4.5) 与如下貌似无约束的问题等价:

(P) $\quad\displaystyle\min_{\boldsymbol{x}}\ \theta(\boldsymbol{x})$

以下将问题 (4.5) 称为问题 (P).

接下来, 考虑式 (4.8) 所定义的函数 ω_0 的最大化问题

(D_0) $\quad\displaystyle\max_{\boldsymbol{\lambda}}\ \omega_0(\boldsymbol{\lambda})$

问题 (D_0) 虽然看上去也是无约束的问题, 但是由 Lagrange 函数 L_0 的定义知, 当 $\boldsymbol{\lambda} \ngeqslant \mathbf{0}$ 时有 $\omega_0(\boldsymbol{\lambda}) = -\infty$, 因此, 实质上含有 $\boldsymbol{\lambda} \geqslant \mathbf{0}$ 这样的约束. 称问题 (D_0) 为问题 (P) 的 **Lagrange 对偶问题** (Lagrangian dual problem), 或者简单地称为**对偶问题** (dual problem). 与之相对应地, 称问题 (P) 为**原始问题** (primal problem).

下面的引理说明, 不管原始问题 (P) 如何, 对偶问题 (D_0) 总是关于凹函数的最大化问题.

引理 4.2　对偶问题 (D_0) 的目标函数 $\omega_0 : \mathbf{R}^m \to [-\infty, +\infty)$ 为上半连续的凹函数.

证明　由于对任意固定的 $\boldsymbol{x} \in \mathbf{R}^n$, 函数 $L_0(\boldsymbol{x}, \cdot) : \mathbf{R}^m \to [-\infty, +\infty)$ 均为上半连续的凹函数, 并注意到下半连续性与上半连续性、凸性与凹性以及 sup 与 inf 的对称性, 则由函数 ω_0 的定义 (4.8) 以及定理 2.18 与定理 2.27 即知, ω_0 为上半连续的凹函数. ■

例 4.1　考虑线性规划问题

$$\begin{aligned} \min \quad & \langle \boldsymbol{c}, \boldsymbol{x} \rangle \\ \text{s.t.} \quad & \boldsymbol{A}\boldsymbol{x} \geqslant \boldsymbol{b} \end{aligned}$$

该问题对应的 Lagrange 函数为

$$L_0(\boldsymbol{x}, \boldsymbol{\lambda}) = \begin{cases} \langle \boldsymbol{c}, \boldsymbol{x} \rangle + \langle \boldsymbol{\lambda}, \boldsymbol{b} - \boldsymbol{A}\boldsymbol{x} \rangle, & \boldsymbol{\lambda} \geqslant \mathbf{0} \\ -\infty, & \boldsymbol{\lambda} \ngeqslant \mathbf{0} \end{cases}$$

由于当 $\boldsymbol{\lambda} \geqslant \mathbf{0}$ 时, 对偶问题的目标函数为

$$\begin{aligned} \omega_0(\boldsymbol{\lambda}) &= \inf \left\{ \langle \boldsymbol{c}, \boldsymbol{x} \rangle + \langle \boldsymbol{\lambda}, \boldsymbol{b} - \boldsymbol{A}\boldsymbol{x} \rangle \;\middle|\; \boldsymbol{x} \in \mathbf{R}^n \right\} \\ &= \langle \boldsymbol{\lambda}, \boldsymbol{b} \rangle + \inf \left\{ \langle \boldsymbol{c} - \boldsymbol{A}^{\mathrm{T}}\boldsymbol{\lambda}, \boldsymbol{x} \rangle \;\middle|\; \boldsymbol{x} \in \mathbf{R}^n \right\} \\ &= \begin{cases} \langle \boldsymbol{\lambda}, \boldsymbol{b} \rangle, & \boldsymbol{c} - \boldsymbol{A}^{\mathrm{T}}\boldsymbol{\lambda} = \mathbf{0} \\ -\infty, & \boldsymbol{c} - \boldsymbol{A}^{\mathrm{T}}\boldsymbol{\lambda} \neq \mathbf{0} \end{cases} \end{aligned}$$

而当 $\boldsymbol{\lambda} \ngeqslant \mathbf{0}$ 时有 $\omega_0(\boldsymbol{\lambda}) = -\infty$, 故对偶问题 (D_0) 可表示为

$$\begin{aligned} \max \quad & \langle \boldsymbol{b}, \boldsymbol{\lambda} \rangle \\ \text{s.t.} \quad & \boldsymbol{A}^{\mathrm{T}}\boldsymbol{\lambda} = \boldsymbol{c}, \ \boldsymbol{\lambda} \geqslant \mathbf{0} \end{aligned}$$

为了书写方便起见, 引入记号如下:

$$\begin{aligned} \inf\,(\mathrm{P}) &= \inf \left\{ \theta(\boldsymbol{x}) \;\middle|\; \boldsymbol{x} \in \mathbf{R}^n \right\} \\ \sup\,(\mathrm{D}_0) &= \sup \left\{ \omega_0(\boldsymbol{\lambda}) \;\middle|\; \boldsymbol{\lambda} \in \mathbf{R}^m \right\} \end{aligned}$$

进一步, 当存在 $\overline{\boldsymbol{x}} \in \mathbf{R}^n$, 使得 $-\infty < \theta(\overline{\boldsymbol{x}}) = \inf(\mathrm{P}) < +\infty$ 时, 将 $\inf(\mathrm{P})$ 记为 $\min(\mathrm{P})$; 当存在 $\overline{\boldsymbol{\lambda}} \in \mathbf{R}^m$, 使得 $-\infty < \omega_0(\overline{\boldsymbol{\lambda}}) = \sup(\mathrm{D}_0) < +\infty$ 时, 则将 $\sup(\mathrm{D}_0)$ 记为 $\max(\mathrm{D}_0)$.

若问题 (P) 为凸规划问题, 并且满足 Slater 约束规范, 则 $\overline{\boldsymbol{x}}$ 为问题 (P) 的全局最优解的充要条件是存在 $\overline{\boldsymbol{\lambda}}$, 使得 Lagrange 函数 L_0 满足鞍点条件 (3.19) (定理 3.10). 下面的定理证明了上述 $\overline{\boldsymbol{\lambda}}$ 正是对偶问题 (D_0) 的最优解, 但该定理并没有原始问题为凸规划问题或者约束规范成立这样的假设.

定理 4.3 满足 $\lambda \geqslant 0$ 的点 $(\overline{\boldsymbol{x}}, \overline{\boldsymbol{\lambda}})^{\mathrm{T}} \in \mathbf{R}^{n+m}$ 为 Lagrange 函数 $L_0 : \mathbf{R}^{n+m} \to [-\infty, +\infty)$ 的鞍点的充要条件是 $\theta(\overline{\boldsymbol{x}}) = \min(\mathrm{P}) = \max(\mathrm{D}_0) = \omega_0(\overline{\boldsymbol{\lambda}})$ 成立.

证明 由定理 4.1 结论显然. ■

推论 4.1 设问题 (P) 中的目标函数 $f : \mathbf{R}^n \to \mathbf{R}$ 与约束函数 $g_i : \mathbf{R}^n \to \mathbf{R}$ $(i = 1, \cdots, m)$ 均为可微凸函数, 则 $\overline{\boldsymbol{x}} \in \mathbf{R}^n$ 与 $\overline{\boldsymbol{\lambda}} \in \mathbf{R}^m$ 满足 $-\infty < \theta(\overline{\boldsymbol{x}}) = \omega_0(\overline{\boldsymbol{\lambda}}) < +\infty$ 的充要条件是 $\overline{\boldsymbol{x}}$ 与 $\overline{\boldsymbol{\lambda}}$ 满足 KKT 条件 (3.14).

证明 由定理 3.10 的推论及定理 4.3 可得. ■

下面的定理利用对偶问题 (D_0) 的最优解来刻画原始问题 (P) 的最优解.

定理 4.4 设对偶问题 (D_0) 存在最优解, 并且满足 $-\infty < \max(\mathrm{D}_0) < +\infty$, 则对于问题 (D_0) 的任意一个最优解 $\overline{\boldsymbol{\lambda}} \in \mathbf{R}^m$, 满足

$$L_0(\overline{\boldsymbol{x}}, \overline{\boldsymbol{\lambda}}) = \min\left\{L_0(\boldsymbol{x}, \overline{\boldsymbol{\lambda}}) \,\middle|\, \boldsymbol{x} \in \mathbf{R}^n\right\}$$

$$\overline{\lambda}_i g_i(\overline{\boldsymbol{x}}) = 0,\ g_i(\overline{\boldsymbol{x}}) \leqslant 0, \quad i = 1, \cdots, m$$

的向量 $\overline{\boldsymbol{x}} \in \mathbf{R}^n$ 必为原始问题 (P) 的最优解.

证明 由假设知, $\overline{\boldsymbol{x}}$ 为原始问题 (P) 的可行解, 并且有

$$f(\overline{\boldsymbol{x}}) \leqslant f(\boldsymbol{x}) + \sum_{i=1}^{m} \overline{\lambda}_i g_i(\boldsymbol{x}), \quad \boldsymbol{x} \in \mathbf{R}^n \tag{4.10}$$

成立. 再由 $\overline{\boldsymbol{\lambda}} \geqslant \mathbf{0}$ 知, 对于问题 (P) 的每个可行解 $\boldsymbol{x}$, 均有 $\overline{\lambda}_i g_i(\boldsymbol{x}) \leqslant 0$ $(i = 1, \cdots, m)$, 从而由式 (4.10) 知, $f(\overline{\boldsymbol{x}}) \leqslant f(\boldsymbol{x})$ 对问题 (P) 的任意可行解 $\boldsymbol{x}$ 均成立. ■

4.3 Lagrange 对偶性

本节将讨论使得原始问题与对偶问题之间的所谓**对偶性** (duality) 关系 $\inf(\mathrm{P}) = \sup(\mathrm{D}_0)$ 成立的条件以及对偶问题存在最优解的条件等内容.

考虑如下与问题 (P) 相关的含参优化问题:

$$\begin{array}{ll} \min & f(\boldsymbol{x}) \\ \text{s.t.} & g_i(\boldsymbol{x}) \leqslant u_i, \quad i=1,\cdots,m \end{array} \tag{4.11}$$

以 $\boldsymbol{u}=(u_1,\cdots,u_m)^{\mathrm{T}}\in\mathbf{R}^m$ 表示参数向量, 并分别定义问题 (4.11) 的约束映射 $S:\mathbf{R}^m\to\mathcal{P}(\mathbf{R}^n)$ 与最优值函数 $\phi_0:\mathbf{R}^m\to[-\infty,+\infty]$ 如下:

$$S(\boldsymbol{u})=\left\{\boldsymbol{x}\in\mathbf{R}^n \,\middle|\, g_i(\boldsymbol{x})\leqslant u_i, i=1,\cdots,m\right\} \tag{4.12}$$

$$\phi_0(\boldsymbol{u})=\inf\left\{f(\boldsymbol{x}) \,\middle|\, \boldsymbol{x}\in S(\boldsymbol{u})\right\} \tag{4.13}$$

特别地, 当 $S(\boldsymbol{u})=\varnothing$ 时, 令 $\phi_0(\boldsymbol{u})=+\infty$. 下面的引理给出了最优值函数 ϕ_0 的基本性质:

引理 4.3 问题 (4.11) 的最优值函数 $\phi_0:\mathbf{R}^m\to[-\infty,+\infty]$ 为单调非增函数. 此外, 当目标函数 $f:\mathbf{R}^n\to\mathbf{R}$ 与约束函数 $g_i:\mathbf{R}^n\to\mathbf{R}$ $(i=1,\cdots,m)$ 均为凸函数时, ϕ_0 也为凸函数.

证明 由式 (4.12) 知, 若 $u_i\leqslant v_i$ $(i=1,\cdots,m)$, 则 $S(\boldsymbol{u})\subseteq S(\boldsymbol{v})$, 再由 ϕ_0 的定义 (4.13) 有 $\phi_0(\boldsymbol{u})\geqslant\phi_0(\boldsymbol{v})$, 故 ϕ_0 为单调非增函数. 关于引理的后半部分, 只需证明对任意 $(\boldsymbol{u}^k,\mu_k)^{\mathrm{T}}\in\operatorname{epi}\phi_0$ $(k=1,2)$ 与 $\alpha\in(0,1)$ 均有 $(\boldsymbol{u}^\alpha,\mu_\alpha)\in\operatorname{epi}\phi_0$, 其中 $\boldsymbol{u}^\alpha=(1-\alpha)\boldsymbol{u}^1+\alpha\boldsymbol{u}^2$, $\mu_\alpha=(1-\alpha)\mu_1+\alpha\mu_2$. 事实上, 因 $(\boldsymbol{u}^k,\mu_k)^{\mathrm{T}}\in\operatorname{epi}\phi_0$ $(k=1,2)$, 则对任意 $\varepsilon>0$, 均存在 $\boldsymbol{x}^k\in\mathbf{R}^n$ $(k=1,2)$, 使得 $f(\boldsymbol{x}^k)\leqslant\mu_k+\varepsilon$ 且 $g_i(\boldsymbol{x}^k)\leqslant u_i^k$ $(i=1,\cdots,m)$ 成立. 又因 f 与 g_i 均为凸函数, 令 $\boldsymbol{x}^\alpha=(1-\alpha)\boldsymbol{x}^1+\alpha\boldsymbol{x}^2$ 可得

$$\begin{aligned} f(\boldsymbol{x}^\alpha)&\leqslant(1-\alpha)f(\boldsymbol{x}^1)+\alpha f(\boldsymbol{x}^2)\leqslant\mu_\alpha+\varepsilon \\ g_i(\boldsymbol{x}^\alpha)&\leqslant(1-\alpha)g_i(\boldsymbol{x}^1)+\alpha g_i(\boldsymbol{x}^2)\leqslant u_i^\alpha, \quad i=1,\cdots,m \end{aligned}$$

故有 $\phi_0(\boldsymbol{u}^\alpha)\leqslant f(\boldsymbol{x}^\alpha)\leqslant\mu_\alpha+\varepsilon$. 由 $\varepsilon>0$ 的任意性知, $(\boldsymbol{u}^\alpha,\mu_\alpha)\in\operatorname{epi}\phi_0$ 成立. ■

现定义函数 $F_0:\mathbf{R}^{n+m}\to(-\infty,+\infty]$ 为

$$F_0(\boldsymbol{x},\boldsymbol{u})=\begin{cases} f(\boldsymbol{x}), & \boldsymbol{x}\in S(\boldsymbol{u}) \\ +\infty, & \boldsymbol{x}\notin S(\boldsymbol{u}) \end{cases} \tag{4.14}$$

由于问题 (4.11) 等价于固定 $\boldsymbol{u}$ 后将 F_0 关于 $\boldsymbol{x}$ 最小化, 因此, 显然有

$$\phi_0(\boldsymbol{u})=\inf\left\{F_0(\boldsymbol{x},\boldsymbol{u}) \,\middle|\, \boldsymbol{x}\in\mathbf{R}^n\right\} \tag{4.15}$$

而当 $\boldsymbol{u}=\mathbf{0}$ 时, 问题 (4.11) 与问题 (4.5) 一致, 于是由式 (4.9) 及式 (4.14) 有下面的

关系式成立:

$$F_0(\boldsymbol{x},\boldsymbol{0})=\theta(\boldsymbol{x}) \tag{4.16}$$

$$\inf(\mathrm{P}) = \phi_0(\boldsymbol{0})=\inf\left\{F_0(\boldsymbol{x},\boldsymbol{0})\,\middle|\,\boldsymbol{x}\in\mathbf{R}^n\right\} \tag{4.17}$$

引理 4.4 对任意固定的 $\boldsymbol{x}\in\mathbf{R}^n$, $F_0(\boldsymbol{x},\cdot):\mathbf{R}^m\to(-\infty,+\infty]$ 为下半连续的凸函数. 此外, 当 $f:\mathbf{R}^n\to\mathbf{R}$ 与 $g_i:\mathbf{R}^n\to\mathbf{R}$ $(i=1,\cdots,m)$ 均为凸函数时, $F_0:\mathbf{R}^{n+m}\to(-\infty,+\infty]$ 为下半连续的凸函数.

证明 引理的前半部分只需证明 $\mathrm{epi}\ F_0(\boldsymbol{x},\cdot)\subseteq\mathbf{R}^{m+1}$ 为闭凸集, 而后半部分则只需证明 $\mathrm{epi}\ F_0\subseteq\mathbf{R}^{n+m+1}$ 为闭凸集 (留作习题 4.5). ■

经过上面的准备, 现在来调查原始问题 (P) 与对偶问题 (D_0) 之间的关系. 下面的定理一般称为**弱对偶定理** (weak duality theorem).

定理 4.5 关于原始问题 (P) 与对偶问题 (D_0), 有如下关系式成立:

$$\inf(\mathrm{P})\geqslant\sup(\mathrm{D}_0)$$

证明 由函数 θ 与 ω_0 的定义以及引理 4.1 即得. ■

定理 4.5 说明, 对任意 $\boldsymbol{x}\in\mathbf{R}^n$ 及 $\boldsymbol{\lambda}\in\mathbf{R}^m$, 总有关系式

$$\theta(\boldsymbol{x})\geqslant\omega_0(\boldsymbol{\lambda}),\quad \inf(\mathrm{P})\geqslant\omega_0(\boldsymbol{\lambda}),\quad \theta(\boldsymbol{x})\geqslant\sup(\mathrm{D}_0) \tag{4.18}$$

成立. 式 (4.18) 虽然简单, 但在实际中却非常有用. 例如, 给定任意一个满足 $\omega_0(\boldsymbol{\lambda})>-\infty$ 的 $\boldsymbol{\lambda}$, 若能够计算 $\omega_0(\boldsymbol{\lambda})$ 的值①, 则可保证得到原始问题的最小值 inf (P) 的一个下界. 另外, 若对于充分小的 $\varepsilon>0$ 能够找到满足 $\theta(\boldsymbol{x})-\omega_0(\boldsymbol{\lambda})<\varepsilon$ 的 $\boldsymbol{x}$ 与 $\boldsymbol{\lambda}$, 则这样的 $\boldsymbol{x}$ 与 $\boldsymbol{\lambda}$ 可分别视为原始问题 (P) 与对偶问题 (D_0) 的不错的近似解. 这种观点在对偶问题 (D_0) 的目标函数 ω_0 较易计算时常常被用来估计原始问题 (P) 的近似解.

例 4.2 假定问题 (4.5) 中的目标函数 $f:\mathbf{R}^n\to\mathbf{R}$ 与约束函数 $g_i:\mathbf{R}^n\to\mathbf{R}$ $(i=1,\cdots,m)$ 均为可微凸函数, 并且由

$$\hat{S}=\left\{\boldsymbol{x}\in\mathbf{R}^n\,\middle|\,g_i(\boldsymbol{x})<0,\ i=1,\cdots,m\right\}$$

定义的集合 $\hat{S}\subseteq\mathbf{R}^n$ 非空, 则称由

$$\gamma_t(\boldsymbol{x})=\begin{cases} f(\boldsymbol{x})-t\displaystyle\sum_{i=1}^{m}\ln(-g_i(\boldsymbol{x})), & \boldsymbol{x}\in\hat{S}\\ +\infty, & \boldsymbol{x}\notin\hat{S}\end{cases} \tag{4.19}$$

定义的函数 $\gamma_t:\mathbf{R}^n\to(-\infty,+\infty]$ 为问题 (4.5) 的**障碍函数** (barrier function), 其中 $t>0$ 为参数. $\hat{S}=\mathrm{dom}\ \gamma_t$ 表示问题 (4.5) 的可行域内部且为开凸集, 而当点 $\boldsymbol{x}$ 由可行域内部逐渐接近边界时, $\gamma_t(\boldsymbol{x})$ 的值将趋向 $+\infty$. 下面考虑问题

① 满足 $\omega_0(\boldsymbol{\lambda})>-\infty$ 的 $\boldsymbol{\lambda}$ 实际上是对偶问题 (D_0) 的可行解 (见例 4.1).

$$\begin{aligned} \min \quad & \gamma_t(\boldsymbol{x}) \\ \text{s.t.} \quad & \boldsymbol{x} \in \hat{S} \end{aligned} \tag{4.20}$$

由前面叙述的性质, 该问题实质上可看成是无约束问题. 进一步, 若记其最优解为 $\boldsymbol{x}^t$, 则由定理 3.4 的推论有

$$\begin{aligned} \mathbf{0} &= \nabla \gamma_t(\boldsymbol{x}^t) \\ &= \nabla f(\boldsymbol{x}^t) - t\sum_{i=1}^{m} \frac{1}{g_i(\boldsymbol{x}^t)} \nabla g_i(\boldsymbol{x}^t) \end{aligned}$$

令 $\lambda_i^t = -t/g_i(\boldsymbol{x}^t)$ $(i = 1, \cdots, m)$ 可得

$$\nabla f(\boldsymbol{x}^t) + \sum_{i=1}^{m} \lambda_i^t \nabla g_i(\boldsymbol{x}^t) = \mathbf{0} \tag{4.21}$$

由于 f 与 g_i $(i = 1, \cdots, m)$ 均为凸函数, 并且 $\boldsymbol{\lambda}^t = (\lambda_1^t, \cdots, \lambda_m^t)^{\mathrm{T}} > \mathbf{0}$, 根据 Lagrange 函数 L_0 的定义 (4.6), 式 (4.21) 说明 $L_0(\cdot, \boldsymbol{\lambda}^t)$ 在 $\boldsymbol{x}^t$ 处取得最小值, 进而由式 (4.8) 知

$$\begin{aligned} \omega_0(\boldsymbol{\lambda}^t) &= L_0(\boldsymbol{x}^t, \boldsymbol{\lambda}^t) \\ &= f(\boldsymbol{x}^t) + \sum_{i=1}^{m} \lambda_i^t g_i(\boldsymbol{x}^t) \\ &= f(\boldsymbol{x}^t) - mt \end{aligned} \tag{4.22}$$

成立, 其中最后的等式源自 $\lambda_i^t = -t/g_i(\boldsymbol{x}^t)$ $(i = 1, \cdots, m)$. 因此, 若记 $\inf(\mathrm{P})$ 为问题 (4.5) 的目标函数的最小值, 则由式 (4.18) 及式 (4.22) 可得

$$\inf(\mathrm{P}) \geqslant f(\boldsymbol{x}^t) - mt \tag{4.23}$$

这说明由问题 (4.20) 的最优解 $\boldsymbol{x}^t$ 可以明确地估计 $\inf(\mathrm{P})$ 的下界. 另外, 由于显然有 $f(\boldsymbol{x}^t) \geqslant \inf(\mathrm{P})$, 故由式 (4.23) 知, 当 $t \to 0$ 时, $f(\boldsymbol{x}^t)$ 收敛于 $\inf(\mathrm{P})$.

下面考查使得原始问题 (P) 与对偶问题 (D_0) 之间满足更强对偶性的条件. 下面的引理说明了式 (4.6) 定义的 Lagrange 函数 L_0 与式 (4.14) 定义的函数 F_0 之间的关系:

引理 4.5　Lagrange 函数 $L_0 : \mathbf{R}^{n+m} \to [-\infty, +\infty)$ 与函数 $F_0 : \mathbf{R}^{n+m} \to (-\infty, +\infty]$ 之间有如下关系成立:

$$L_0(\boldsymbol{x}, \boldsymbol{\lambda}) = \inf\left\{ F_0(\boldsymbol{x}, \boldsymbol{u}) + \langle \boldsymbol{\lambda}, \boldsymbol{u} \rangle \mid \boldsymbol{u} \in \mathbf{R}^m \right\} \tag{4.24}$$

$$F_0(\boldsymbol{x}, \boldsymbol{u}) = \sup\left\{ L_0(\boldsymbol{x}, \boldsymbol{\lambda}) - \langle \boldsymbol{\lambda}, \boldsymbol{u} \rangle \mid \boldsymbol{\lambda} \in \mathbf{R}^m \right\} \tag{4.25}$$

证明　考虑到集合 $S(\boldsymbol{u})$ 的定义 (4.12), 则结论由函数 L_0 与 F_0 的定义 (4.6) 及 (4.14) 即得. ■

2.8 节中已经定义了凸函数的共轭函数, 并讨论了它的性质, 现在将其推广到一般的非线性函数 $\psi:\mathbf{R}^n\to[-\infty,+\infty]$. 与式 (2.42) 同样, 共轭函数定义为

$$\psi^*(\boldsymbol{\xi})=\sup\left\{\langle\boldsymbol{x},\boldsymbol{\xi}\rangle-\psi(\boldsymbol{x})\,\middle|\,\boldsymbol{x}\in\mathbf{R}^n\right\}$$

另外, 对于函数 ψ, 称满足 epi $\hat{g}$ = cl co epi ψ 的函数 $\hat{g}:\mathbf{R}^n\to[-\infty,+\infty]$ 为 ψ 的**闭凸包** (closed convex hull), 并记其为 cl co ψ.

下面的引理是定理 2.38 与定理 2.39 的推广, 它揭示了非凸函数的共轭函数或闭凸包具有与凸函数的共轭函数或闭包相同的性质 (图 4.1).

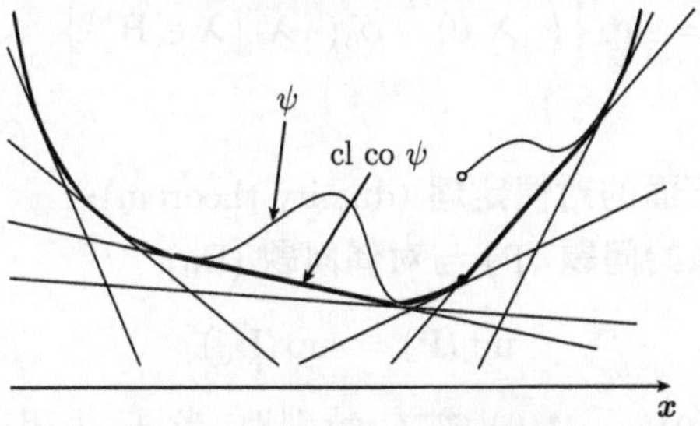

图 4.1 非凸函数 ψ 的闭凸包 cl co ψ

引理 4.6 若函数 $\psi:\mathbf{R}^n\to(-\infty,+\infty]$ 的闭凸包 cl co ψ 为闭正常凸函数, 则共轭函数 $\psi^*:\mathbf{R}^n\to(-\infty,+\infty]$ 也为闭正常凸函数, 并且闭凸包 cl co $\psi:\mathbf{R}^n\to(-\infty,+\infty]$ 可以表示为

$$\text{cl co}\,\psi(\boldsymbol{x})=\sup\left\{h(\boldsymbol{x})\,\middle|\,h\in\mathcal{L}[\psi]\right\}$$

其中 $\mathcal{L}[\psi]$ 表示处处满足 $\psi(\boldsymbol{x})\geqslant h(\boldsymbol{x})$ 的仿射函数 $h:\mathbf{R}^n\to\mathbf{R}$ 的全体构成的集合. 此外, 若记 ψ 的双重共轭函数为 ψ^{**}, 则有 $\psi^{**}=\text{cl co}\,\psi$ 成立.

证明 利用与定理 2.38 和定理 2.39 同样的方法可证明该结论. ■

下面的引理揭示了对偶问题 (D_0) 的目标函数 ω_0 与原始问题 (P) 的最优值函数 ϕ_0 之间实质上存在共轭关系.

引理 4.7 对任意 $\boldsymbol{\lambda}\in\mathbf{R}^m$, 均有关系式

$$\omega_0(\boldsymbol{\lambda})=-\phi_0^*(-\boldsymbol{\lambda})$$

成立.

证明 由式 (4.8), (4.15), (4.24) 可得

$$\begin{aligned}\omega_0(\boldsymbol{\lambda})&=\inf\left\{L_0(\boldsymbol{x},\boldsymbol{\lambda})\,\middle|\,\boldsymbol{x}\in\mathbf{R}^n\right\}\\&=\inf\left\{F_0(\boldsymbol{x},\boldsymbol{u})+\langle\boldsymbol{\lambda},\boldsymbol{u}\rangle\,\middle|\,\boldsymbol{x}\in\mathbf{R}^n,\boldsymbol{u}\in\mathbf{R}^m\right\}\\&=\inf\left\{\phi_0(\boldsymbol{u})+\langle\boldsymbol{\lambda},\boldsymbol{u}\rangle\,\middle|\,\boldsymbol{u}\in\mathbf{R}^m\right\}\;=\;-\phi_0^*(-\boldsymbol{\lambda})\end{aligned}$$

结论得证. ■

下面的引理说明了对偶问题 (D_0) 的最大值可由原始问题 (P) 的最优值函数来表示:

引理 4.8　关于对偶问题 (D_0) 的最大值, 有下式成立:

$$\sup(D_0) = \phi_0^{**}(\mathbf{0})$$

证明　由引理 4.7 知

$$\begin{aligned}\sup(D_0) &= \sup\left\{\omega_0(\boldsymbol{\lambda}) \,\middle|\, \boldsymbol{\lambda} \in \mathbf{R}^m\right\} \\ &= \sup\left\{\langle -\boldsymbol{\lambda}, \mathbf{0}\rangle - \phi_0^*(-\boldsymbol{\lambda}) \,\middle|\, \boldsymbol{\lambda} \in \mathbf{R}^m\right\} = \phi_0^{**}(\mathbf{0})\end{aligned}$$

成立. ■

由上述结果可得下面的**对偶定理** (duality theorem):

定理 4.6　对于原始问题 (P) 与对偶问题 (D_0),

$$\inf(P) = \sup(D_0)$$

成立的充要条件是 $\phi_0(\mathbf{0}) = \phi_0^{**}(\mathbf{0})$ 成立. 特别地, 当 ϕ_0 为闭正常凸函数时, 后者必成立.

证明　前半部分由引理 4.8 及式 (4.17) 可得, 后半部分由定理 2.39 可得. ■

定理 4.6 是非常普通的结果, 它对于 inf (P) 或 sup (D_0) 的有限性以及最优解的存在性均没有涉及. 关于原始问题 (P), 如在目标函数连续且可行域为非空紧集的情况下, 可保证最优解的存在性. 下面讨论使得对偶问题 (D_0) 存在有限最优解的条件:

定理 4.7　对偶问题 (D_0) 存在最优解, 并且

$$\inf(P) = \max(D_0)$$

成立的充要条件是 inf (P) 有限且存在 $\overline{\boldsymbol{\lambda}} \in \mathbf{R}^m$ 满足

$$\phi_0(\boldsymbol{u}) \geqslant \phi_0(\mathbf{0}) - \langle \overline{\boldsymbol{\lambda}}, \boldsymbol{u}\rangle, \quad \boldsymbol{u} \in \mathbf{R}^m \tag{4.26}$$

并且此时的 $\overline{\boldsymbol{\lambda}}$ 就是对偶问题 (D_0) 的最优解. 另外, 若 ϕ_0 为正常凸函数, 则上述条件等价于 $\partial\phi_0(\mathbf{0}) \neq \varnothing$, 同时还有关系式

$$-\partial\phi_0(\mathbf{0}) = \left\{\overline{\boldsymbol{\lambda}} \in \mathbf{R}^m \,\middle|\, \omega_0(\overline{\boldsymbol{\lambda}}) = \max(D_0)\right\}$$

成立.

证明　式 (4.26) 等价于

$$\phi_0(\mathbf{0}) = \min\left\{\phi_0(\boldsymbol{u}) + \langle \overline{\boldsymbol{\lambda}}, \boldsymbol{u}\rangle \,\middle|\, \boldsymbol{u} \in \mathbf{R}^m\right\} = -\phi_0^*(-\overline{\boldsymbol{\lambda}})$$

由引理 4.7 与式 (4.17), 这又等价于

$$\inf(\mathrm{P}) = \omega_0(\overline{\boldsymbol{\lambda}})$$

再由定理 4.5, 它又进一步等价于 $\overline{\boldsymbol{\lambda}}$ 为对偶问题 (D_0) 的最优解, 并且 $\inf(\mathrm{P}) = \max(\mathrm{D}_0)$. 定理的最后一部分由次梯度的定义即得. ■

推论 4.2 设原始问题 (P) 中的 $f:\mathbf{R}^n \to \mathbf{R}$ 与 $g_i:\mathbf{R}^n \to \mathbf{R}\ \ (i=1,\cdots,m)$ 均为可微凸函数, 则 $\overline{\boldsymbol{x}} \in \mathbf{R}^n$ 与 $\overline{\boldsymbol{\lambda}} \in \mathbf{R}^m$ 满足问题 (P) 的 KKT 条件 (3.14) 的充要条件是 $\overline{\boldsymbol{x}}$ 为问题 (P) 的最优解, 并且式 (4.26) 成立.

证明 由推论 4.1 与定理 4.7 即得. ■

式 (4.26) 的含义是函数 ϕ_0 的上图 epi ϕ_0 在点 $(\mathbf{0}, \phi_0(\mathbf{0}))^{\mathrm{T}} \in \mathbf{R}^{m+1}$ 处具有非垂直的支撑超平面. 下面分别给出了对偶性条件成立和不成立的两个例子.

例 4.3 考虑下面的原始问题 (P):

$$\begin{aligned} &\min \quad f(x) \\ &\text{s.t.} \quad x \leqslant 0, \quad x \in \mathbf{R} \end{aligned}$$

其中 $f:\mathbf{R} \to \mathbf{R}$ 为如下定义的函数:

$$f(x) = \begin{cases} (x-1)^2, & x \leqslant 2 \\ -x+3, & x > 2 \end{cases}$$

该问题的最优值函数 $\phi_0:\mathbf{R} \to \mathbf{R}$ 为

$$\phi_0(u) = \begin{cases} (u-1)^2, & u \leqslant 1 \\ 0, & 1 < u \leqslant 3 \\ -u+3, & u > 3 \end{cases}$$

则 cl co ϕ 可表示为 (图 4.2)

$$\operatorname{cl}\operatorname{co}\phi_0(u) = \begin{cases} (u-1)^2, & u \leqslant 1/2 \\ -u+3/4, & u > 1/2 \end{cases}$$

因此有

$$\phi_0(0) = \operatorname{cl}\operatorname{co}\phi_0(0) = 1$$

由引理 4.6 及定理 4.6 有 $\inf(\mathrm{P}) = \sup(\mathrm{D}_0)$ 成立. 另外, 由于

$$\phi_0(u) \geqslant \phi_0(0) - 2u, \quad u \in \mathbf{R}$$

成立, 故由定理 4.7 知, $\lambda = 2$ 为对偶问题 (D_0) 的最优解. 实际上, 由式 (4.8), 对偶问题 (D_0) 的目标函数 $\omega_0:\mathbf{R} \to [-\infty, +\infty)$ 可表示为

$$\omega_0(\lambda) = \begin{cases} -\lambda^2/4 + \lambda, & \lambda \geqslant 1 \\ -\infty, & \lambda < 1 \end{cases}$$

因此, $\omega_0(\lambda)$ 的确在 $\lambda = 2$ 处取得最大值.

例 4.4　考虑下面的原始问题 (P):

$$\begin{aligned} \min \quad & f(x) \\ \text{s.t.} \quad & x \leqslant 0, \quad x \in \mathbf{R} \end{aligned}$$

其中 $f: \mathbf{R} \to \mathbf{R}$ 为如下定义的函数:

$$f(x) = \begin{cases} -x^2 - x + 3/4, & |x| \leqslant 1/2 \\ x^2 - x + 1/4, & |x| > 1/2 \end{cases}$$

该问题的最优值函数 $\phi_0: \mathbf{R} \to \mathbf{R}$ 及其闭凸包 $\operatorname{cl} \operatorname{co} \phi$ 分别为 (图 4.3)

$$\phi_0(u) = \begin{cases} u^2 - u + 1/4, & u < -1/2 \\ -u^2 - u + 3/4, & |u| \leqslant 1/2 \\ 0, & u > 1/2 \end{cases}$$

$$\operatorname{cl} \operatorname{co} \phi_0(u) = \begin{cases} u^2 - u + 1/4, & u < -1/2 \\ -u + 1/2, & |u| \leqslant 1/2 \\ 0, & u > 1/2 \end{cases}$$

于是有

$$\inf(\mathrm{P}) = \frac{3}{4} > \frac{1}{2} = \sup(\mathrm{D}_0)$$

因此, 对偶性条件不成立.

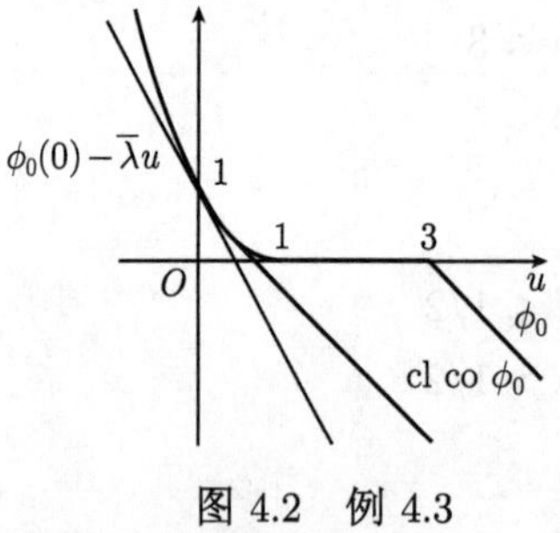

图 4.2　例 4.3

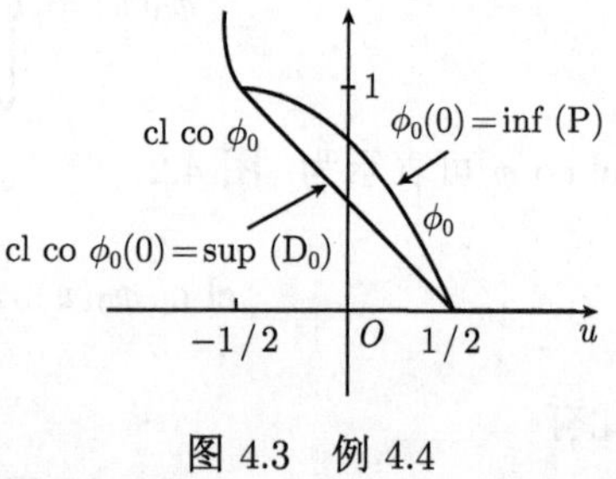

图 4.3　例 4.4

像例 4.4 那样, 当 $\inf(\mathrm{P}) > \sup(\mathrm{D}_0)$ 时, 则称**对偶间隙** (duality gap) 存在. 当最优值函数 ϕ_0 不是凸函数时, 虽然也有像例 4.3 那样 $\inf(\mathrm{P}) = \sup(\mathrm{D}_0)$ 成立的情况, 但一般来说, 对偶间隙是存在的.

由引理 4.3, 当问题 (P) 中的目标函数 f 与约束函数 g_i $(i = 1, \cdots, m)$ 都是凸函数时, 最优值函数 ϕ_0 也是凸函数, 并且由定理 4.7, 当 $\partial\phi_0(\mathbf{0}) \neq \varnothing$ 时, 对偶问题 (D_0) 存在最优解, 并有 $\inf(\mathrm{P}) = \max(\mathrm{D}_0)$ 成立. 类似于定理 2.48 可证凸函数 ϕ_0 在 $\boldsymbol{u} = \mathbf{0}$ 处存在次梯度的充要条件是 $\phi_0(\mathbf{0})$ 有限且存在 $\gamma > 0$ 满足

$$\phi_0(\boldsymbol{u}) - \phi_0(\mathbf{0}) \geqslant -\gamma\|\boldsymbol{u}\|, \quad \boldsymbol{u} \in \mathbf{R}^m \tag{4.27}$$

特别地, 若 $\phi_0(\mathbf{0})$ 有限, 并存在 $\boldsymbol{x}^0 \in \mathbf{R}^n$ 满足 Slater 条件

$$g_i(\boldsymbol{x}^0) < 0, \quad i = 1, \cdots, m \tag{4.28}$$

则有 $\mathbf{0} \in \operatorname{int} \operatorname{dom} \phi_0$, 从而由定理 2.48 知, $\partial\phi_0(\mathbf{0}) \neq \varnothing$ 成立.

综上可得下述关于凸规划问题的对偶定理:

定理 4.8 设原始问题 (P) 中的目标函数 f 与约束函数 g_i $(i = 1, \cdots, m)$ 均为凸函数, 则对偶问题 (D_0) 存在最优解, 并满足

$$\inf(\mathrm{P}) = \max(\mathrm{D}_0)$$

的充要条件是 $\phi_0(\mathbf{0})$ 有限, 并存在 $\gamma > 0$ 满足式 (4.27). 特别地, 若 $\phi_0(\mathbf{0})$ 有限且存在 $\boldsymbol{x}^0 \in \mathbf{R}^n$ 满足 Slater 条件 (4.28), 则后者必成立.

对于凸规划问题的情形, 定理 4.8 中的条件绝对称不上严厉, 所以对偶间隙存在的可能性不大. 实际上, 凸规划问题只是在如下一些特殊的情况下才存在对偶间隙:

例 4.5 考虑下面的原始问题 (P):

$$\begin{aligned} \min \quad & f(x) \\ \text{s.t.} \quad & x \leqslant 0, \quad x \in \mathbf{R} \end{aligned}$$

其中 $f: \mathbf{R} \to (-\infty, +\infty]$ 为如下定义的函数:

$$f(x) = \begin{cases} -\sqrt{x}, & x > 0 \\ 1, & x = 0 \\ +\infty, & x < 0 \end{cases}$$

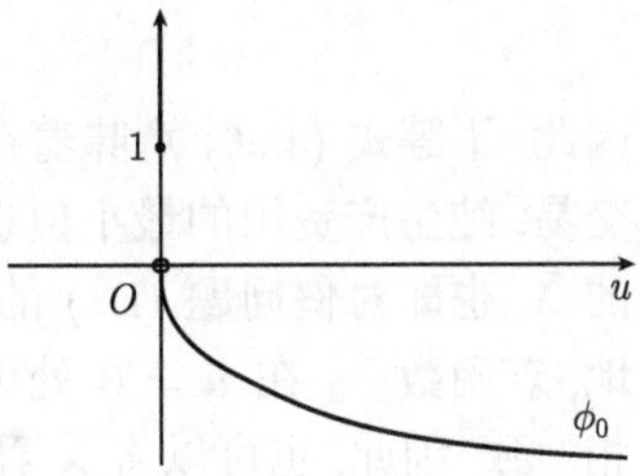

图 4.4 例 4.5

该问题的最优值函数 $\phi_0: \mathbf{R} \to (-\infty, +\infty]$ 可表示为 (图 4.4)

$$\phi_0(u) = \begin{cases} -\sqrt{u}, & u > 0 \\ 1, & u = 0 \\ +\infty, & u < 0 \end{cases}$$

对偶问题 (D_0) 的目标函数 $\omega_0: \mathbf{R} \to [-\infty, +\infty)$ 为

$$\omega_0(\lambda) = \begin{cases} -\dfrac{1}{4\lambda}, & \lambda > 0 \\ -\infty, & \lambda \leqslant 0 \end{cases}$$

因此有

$$\inf(\mathrm{P}) = 1 > 0 = \sup(\mathrm{D}_0)$$

即存在对偶间隙.

例 4.6　在例 4.5 中重新定义目标函数 f 为

$$f(x) = \begin{cases} -\sqrt{x}, & x \geqslant 0 \\ +\infty, & x < 0 \end{cases}$$

对偶问题 (D_0) 的目标函数 ω_0 没有变化, 但最优值函数 ϕ_0 变为

$$\phi_0(u) = \begin{cases} -\sqrt{u}, & u \geqslant 0 \\ +\infty, & u < 0 \end{cases}$$

因此, 对偶性条件

$$\inf(\mathrm{P}) = 0 = \sup(\mathrm{D}_0)$$

成立. 然而, 由于 $\partial\phi_0(0) = \varnothing$, 对偶问题 (D_0) 没有最优解.

最后, 考查式 (4.26) 的含义来结束本节的讨论. 作为原始问题 (P), 考虑 3.10 节中提出的关于原材料可使用量的约束条件下最小化总生产费用的问题. 对于该生产规划问题, 含参规划问题 (4.11) 可看成求解对第 i 种原料只交易 u_i ($u_i < 0$ 意味着卖出, $u_i > 0$ 意味着买进) 而得到的约束条件 $g_i(\boldsymbol{x}) \leqslant u_i$ $(i = 1, \cdots, m)$ 下的最小生产费用问题. 现设第 i 种原料的价格为 λ_i, 则将原材料的交易收益也考虑在内的净生产费用, 也即纯生产费用的最小值可表示为

$$\phi_0(\boldsymbol{u}) + \sum_{i=1}^{m} \lambda_i u_i$$

因此, 不等式 (4.26) 意味着在价格 $\overline{\boldsymbol{\lambda}} = (\overline{\lambda}_1, \cdots, \overline{\lambda}_m)^{\mathrm{T}}$ 的条件下不管将原材料如何交易, 纯生产费用的最小值也不会比现在的值更小. 由于这个原因, 满足式 (4.26) 的 $\overline{\boldsymbol{\lambda}}$, 也即对偶问题 (D_0) 的最优解, 常常称为**均衡价格** (equilibrium price). 特别地, 若函数 ϕ_0 在 $\boldsymbol{u} = \boldsymbol{0}$ 处可微, 则式 (4.26) 意味着 $\overline{\boldsymbol{\lambda}} = -\nabla\phi_0(\boldsymbol{0})$, 这与式 (3.85) 相一致, 因此, 也可以将 $\overline{\boldsymbol{\lambda}}$ 看成 3.10 节中所介绍的原料的影子价格.

4.4　Lagrange 对偶性的推广

正如 4.3 节所指出的, 当原始问题 (P) 为非凸规划问题时, Lagrange 对偶问题 (D_0) 存在对偶间隙的可能性较大. 本节将通过推广 Lagrange 函数的定义来构筑新的对偶问题, 然后说明利用这种新的对偶问题能够消除很多非凸规划问题的对偶间隙.

对于原始问题 (P), 考虑函数 $F : \mathbf{R}^{n+M} \to (-\infty, +\infty]$, 使得对任意固定的 $\boldsymbol{x} \in \mathbf{R}^n$, $F(\boldsymbol{x}, \cdot) : \mathbf{R}^M \to (-\infty, +\infty]$ 均为闭正常凸函数, 并且满足

$$F(\boldsymbol{x}, \boldsymbol{0}) = \theta(\boldsymbol{x}), \quad \boldsymbol{x} \in \mathbf{R}^n \tag{4.29}$$

其中 M 为参变量的维数, 它与前面几节中的参变量 $\boldsymbol{u}$ 的维数 m 不一定相同. 但为了简便起见, 本节中的参变量仍用 $\boldsymbol{u}$ 来表示.

例 4.7 设 $M=m$, 考虑式 (4.14) 中的函数 $F_0:\mathbf{R}^{n+m}\to(-\infty,+\infty]$. 利用满足 $q(\mathbf{0})=0$ 的闭正常凸函数 $q:\mathbf{R}^m\to(-\infty,+\infty]$ 定义函数 $F:\mathbf{R}^{n+m}\to(-\infty,+\infty]$ 如下:

$$F(\boldsymbol{x},\boldsymbol{u})=F_0(\boldsymbol{x},\boldsymbol{u})+q(\boldsymbol{u}) \tag{4.30}$$

则由式 (4.16) 及引理 4.4 知, 函数 F 满足前面的性质.

由式 (4.29) 有

$$\inf(\mathrm{P})=\inf\left\{\theta(\boldsymbol{x})\,\middle|\,\boldsymbol{x}\in\mathbf{R}^n\right\}=\inf\left\{F(\boldsymbol{x},\mathbf{0})\,\middle|\,\boldsymbol{x}\in\mathbf{R}^n\right\}$$

成立, 因此, 问题 (P) 可以嵌入含参规划问题

$$\min_{\boldsymbol{x}}\quad F(\boldsymbol{x},\boldsymbol{u}) \tag{4.31}$$

定义问题 (4.31) 的最优值函数 $\phi:\mathbf{R}^M\to[-\infty,+\infty]$ 为

$$\phi(\boldsymbol{u})=\inf\left\{F(\boldsymbol{x},\boldsymbol{u})\,\middle|\,\boldsymbol{x}\in\mathbf{R}^n\right\} \tag{4.32}$$

引理 4.9 若 $F:\mathbf{R}^{n+M}\to(-\infty,+\infty]$ 为凸函数, 则 $\phi:\mathbf{R}^M\to[-\infty,+\infty]$ 也为凸函数.

证明 对任意 $(\boldsymbol{u}^k,\mu_k)^{\mathrm{T}}\in\operatorname{epi}\phi\ (k=1,2)$ 及 $\alpha\in(0,1)$, 置 $\boldsymbol{u}^\alpha=(1-\alpha)\boldsymbol{u}^1+\alpha\boldsymbol{u}^2$, $\mu_\alpha=(1-\alpha)\mu_1+\alpha\mu_2$. 欲证 $(\boldsymbol{u}^\alpha,\mu_\alpha)^{\mathrm{T}}\in\operatorname{epi}\phi$. 事实上, 因 $\phi(\boldsymbol{u}^k)\leqslant\mu_k\ (k=1,2)$, 则由式 (4.32) 知, 对任意 $\varepsilon>0$, 存在 $\boldsymbol{x}^k\in\mathbf{R}^n\ (k=1,2)$ 满足 $F(\boldsymbol{x}^k,\boldsymbol{u}^k)\leqslant\mu_k+\varepsilon$ $(k=1,2)$. 令 $\boldsymbol{x}^\alpha=(1-\alpha)\boldsymbol{x}^1+\alpha\boldsymbol{x}^2$. 因 F 为凸函数, 故有下式成立:

$$\begin{aligned}\phi(\boldsymbol{u}^\alpha)&\leqslant F(\boldsymbol{x}^\alpha,\boldsymbol{u}^\alpha)\leqslant(1-\alpha)F(\boldsymbol{x}^1,\boldsymbol{u}^1)+\alpha F(\boldsymbol{x}^2,\boldsymbol{u}^2)\\&\leqslant(1-\alpha)\mu_1+\alpha\mu_2+\varepsilon=\mu_\alpha+\varepsilon\end{aligned}$$

由 $\varepsilon>0$ 的任意性可得 $(\boldsymbol{u}^\alpha,\mu_\alpha)^{\mathrm{T}}\in\operatorname{epi}\phi$. ■

基于 Lagrange 函数 L_0 与函数 F_0 之间的关系式 (4.24), 可以利用函数 F 定义**广义 Lagrange 函数** (extended Lagrangian) $L:\mathbf{R}^{n+M}\to[-\infty,+\infty]$ 如下:

$$L(\boldsymbol{x},\boldsymbol{\lambda})=\inf\left\{F(\boldsymbol{x},\boldsymbol{u})+\langle\boldsymbol{\lambda},\boldsymbol{u}\rangle\,\middle|\,\boldsymbol{u}\in\mathbf{R}^M\right\} \tag{4.33}$$

由假设知, $F(\boldsymbol{x},\cdot):\mathbf{R}^M\to(-\infty,+\infty]$ 为闭正常凸函数, 因此, 有与式 (4.25) 同样的关系式

$$F(\boldsymbol{x},\boldsymbol{u})=\sup\left\{L(\boldsymbol{x},\boldsymbol{\lambda})-\langle\boldsymbol{\lambda},\boldsymbol{u}\rangle\,\middle|\,\boldsymbol{\lambda}\in\mathbf{R}^M\right\}$$

成立.

引理 4.10 对于广义 Lagrange 函数 $L:\mathbf{R}^{n+M}\to[-\infty,+\infty]$, 函数 $L(\boldsymbol{x},\cdot):\mathbf{R}^M\to[-\infty,+\infty]$ 对任意固定的 $\boldsymbol{x}\in\mathbf{R}^n$ 均为上半连续的凹函数. 另外, 若 $F:\mathbf{R}^{n+M}\to(-\infty,+\infty]$ 为凸函数, 则函数 $L(\cdot,\boldsymbol{\lambda}):\mathbf{R}^n\to[-\infty,+\infty]$ 对任意固定的 $\boldsymbol{\lambda}\in\mathbf{R}^M$ 均为凸函数.

证明 先固定 $\boldsymbol{x}$. 因 $F(\boldsymbol{x},\boldsymbol{u})+\langle\boldsymbol{\lambda},\boldsymbol{u}\rangle$ 关于 $\boldsymbol{\lambda}$ 为上半连续的凹函数, 故由式 (4.33), 定理 2.18 和定理 2.27 知, $L(\boldsymbol{x},\boldsymbol{\lambda})$ 关于 $\boldsymbol{\lambda}$ 为上半连续的凹函数. 现设 F 为凸函数, 则 $F(\boldsymbol{x},\boldsymbol{u})+\langle\boldsymbol{\lambda},\boldsymbol{u}\rangle$ 关于 $(\boldsymbol{x},\boldsymbol{u})$ 为凸函数, 于是利用与证明引理 4.9 同样的方法可证 $L(\cdot,\boldsymbol{\lambda})$ 为凸函数. ■

仿照 4.2 节中利用 Lagrange 函数 L_0 定义对偶问题 (D_0) 的方式, 首先定义函数 $\omega:\mathbf{R}^M\to[-\infty,+\infty]$ 为

$$\omega(\boldsymbol{\lambda})=\inf\left\{L(\boldsymbol{x},\boldsymbol{\lambda})\,\middle|\,\boldsymbol{x}\in\mathbf{R}^n\right\} \tag{4.34}$$

再利用该函数定义**对偶问题**如下:

$$(\mathrm{D}) \qquad \max_{\boldsymbol{\lambda}} \quad \omega(\boldsymbol{\lambda})$$

引理 4.11 对偶问题 (D) 的目标函数 $\omega:\mathbf{R}^M\to[-\infty,+\infty]$ 为上半连续的凹函数, 并且与最优值函数 $\phi:\mathbf{R}^M\to[-\infty,+\infty]$ 之间有下面的关系式成立:

$$\omega(\boldsymbol{\lambda})=-\phi^*(-\boldsymbol{\lambda}),\quad \boldsymbol{\lambda}\in\mathbf{R}^M$$

证明 由引理 4.10 知, $L(\boldsymbol{x},\cdot)$ 为上半连续的凹函数, 于是前半部分同引理 4.2 可证. 利用式 (4.32) 及式 (4.33), 后半部分同引理 4.7 可证. ■

引理 4.12 关于原始问题 (P) 的最小值与对偶问题 (D) 的最大值, 有下式成立:

$$\inf(\mathrm{P})=\phi(\mathbf{0}),\quad \sup(\mathrm{D})=\phi^{**}(\mathbf{0})$$

证明 由引理 4.11 即得. ■

下面叙述的定理 4.9~定理 4.12 分别为定理 4.5~定理 4.8 到基于广义 Lagrange 函数 L 而定义的对偶问题 (D) 的推广. 依据引理 4.9, 引理 4.11 及引理 4.12, 利用与前面定理几乎同样的方法即可证明这些定理, 故此处省略其证明.

定理 4.9 原始问题 (P) 与对偶问题 (D) 之间有下面的关系式成立:

$$\inf(\mathrm{P})\geqslant\sup(\mathrm{D})$$

定理 4.10 对于原始问题 (P) 与对偶问题 (D),

$$\inf(\mathrm{P})=\sup(\mathrm{D})$$

成立的充要条件是 $\phi(\mathbf{0})=\phi^{**}(\mathbf{0})$ 成立. 特别地, 当 ϕ 为闭正常凸函数时, 后者必成立.

定理 4.11 对偶问题 (D) 存在最优解且满足

$$\inf(\mathrm{P}) = \max(\mathrm{D})$$

的充要条件是 inf (P) 有限且存在 $\overline{\boldsymbol{\lambda}} \in \mathbf{R}^M$ 满足

$$\phi(\boldsymbol{u}) \geqslant \phi(\mathbf{0}) - \langle \overline{\boldsymbol{\lambda}}, \boldsymbol{u} \rangle, \quad \boldsymbol{u} \in \mathbf{R}^M \tag{4.35}$$

并且此时的 $\overline{\boldsymbol{\lambda}}$ 就是对偶问题 (D) 的最优解. 此外, 若 ϕ 为正常凸函数, 则上述条件等价于 $\partial\phi(\mathbf{0}) \neq \varnothing$, 同时还有关系式

$$-\partial\phi(\mathbf{0}) = \left\{ \overline{\boldsymbol{\lambda}} \in \mathbf{R}^M \mid \omega(\overline{\boldsymbol{\lambda}}) = \max(\mathrm{D}) \right\}$$

成立.

定理 4.12 设函数 $F : \mathbf{R}^{n+M} \to (-\infty, +\infty]$ 为凸函数, 则对偶问题 (D) 存在最优解, 并且满足

$$\inf(\mathrm{P}) = \max(\mathrm{D})$$

的充要条件是 inf (P) 有限, 并且对于最优值函数 ϕ, 存在 $\gamma > 0$ 满足

$$\phi(\boldsymbol{u}) - \phi(\mathbf{0}) \geqslant -\gamma \|\boldsymbol{u}\|, \quad \boldsymbol{u} \in \mathbf{R}^M$$

特别地, 若 inf (P) 有限, 并且 $\mathbf{0} \in \mathrm{ri\ dom}\ \phi$, 则后者必成立.

关于函数 F 只有两个假设条件: 一是要求式 (4.29) 成立, 二是要求 $F(\boldsymbol{x}, \boldsymbol{u})$ 关于 $\boldsymbol{u}$ 为闭正常凸函数. 因此, 对应于函数 F 的不同选择可以构造出各种各样的对偶问题. 特别地, 如果函数 F 选择得当, 即使对于通常的 Lagrange 对偶问题 (D_0) 对偶性条件不成立, 也有可能通过考虑对偶问题 (D) 消除掉对偶间隙. 下面介绍构造这种对偶问题的具体方法.

给定常数 $r > 0$, 利用式 (4.14) 中的函数 $F_0 : \mathbf{R}^{n+m} \to (-\infty, +\infty]$ 定义函数 $F_r : \mathbf{R}^{n+m} \to (-\infty, +\infty]$ 如下:

$$F_r(\boldsymbol{x}, \boldsymbol{u}) = F_0(\boldsymbol{x}, \boldsymbol{u}) + r\|\boldsymbol{u}\|^2 \tag{4.36}$$

函数 F_r 是式 (4.30) 所定义的函数 F 的特殊形式, 并且具有构造对偶问题时所有应有的性质. 由式 (4.33), 对应该函数的广义 Lagrange 函数 $L_r : \mathbf{R}^{n+m} \to \mathbf{R}$ 可表示为 (留作习题 4.9)

$$L_r(\boldsymbol{x}, \boldsymbol{\lambda}) = f(\boldsymbol{x}) + \sum_{i=1}^{m} \vartheta_r(\lambda_i, g_i(\boldsymbol{x})) \tag{4.37}$$

其中函数 $\vartheta_r : \mathbf{R}^2 \to \mathbf{R}$ 由下式给出:

$$\vartheta_r(\alpha, \beta) = \begin{cases} \alpha\beta + r\beta^2, & \beta \geqslant -\alpha/(2r) \\ -\alpha^2/(4r), & \beta < -\alpha/(2r) \end{cases} \tag{4.38}$$

利用广义 Lagrange 函数 L_r 定义函数 $\omega_r:\mathbf{R}^m\to[-\infty,+\infty)$ 为

$$\omega_r(\boldsymbol{\lambda})=\inf\left\{L_r(\boldsymbol{x},\boldsymbol{\lambda})\,\middle|\,\boldsymbol{x}\in\mathbf{R}^n\right\}\tag{4.39}$$

则对偶问题可表示为

$$(\mathrm{D}_r)\qquad \max_{\boldsymbol{\lambda}}\quad \omega_r(\boldsymbol{\lambda})$$

将定理 4.11 应用于对偶问题 (D_r) 可得下面的定理:

定理 4.13　对偶问题 (D_r) 存在最优解, 并且满足

$$\inf(\mathrm{P})=\max(\mathrm{D}_r)$$

的充要条件是 $\inf(\mathrm{P})$ 有限, 并且对于式 (4.13) 所定义的最优值函数 ϕ_0, 存在 $\overline{\boldsymbol{\lambda}}\in\mathbf{R}^m$, 使得

$$\phi_0(\boldsymbol{u})\geqslant\phi_0(\boldsymbol{0})-\langle\overline{\boldsymbol{\lambda}},\boldsymbol{u}\rangle-r\|\boldsymbol{u}\|^2,\quad \boldsymbol{u}\in\mathbf{R}^m\tag{4.40}$$

成立. 特别地, 满足式 (4.40) 的 $\overline{\boldsymbol{\lambda}}$ 就是对偶问题 (D_r) 的最优解.

证明　只需证明式 (4.35), 即式 (4.40) 即可. 定义函数 $\phi_r:\mathbf{R}^m\to[-\infty,+\infty]$ 为

$$\phi_r(\boldsymbol{u})=\inf\left\{F_r(\boldsymbol{x},\boldsymbol{u})\,\middle|\,\boldsymbol{x}\in\mathbf{R}^n\right\}$$

则有

$$\begin{aligned}\phi_r(\boldsymbol{u})&=\inf\left\{F_0(\boldsymbol{x},\boldsymbol{u})+r\|\boldsymbol{u}\|^2\,\middle|\,\boldsymbol{x}\in\mathbf{R}^n\right\}\\&=\phi_0(\boldsymbol{u})+r\|\boldsymbol{u}\|^2\end{aligned}$$

将 $\phi=\phi_r$ 代入式 (4.35) 即得式 (4.40). ■

定理 4.13 的一个重要之处就在于利用式 (4.13) 所定义的最优值函数 ϕ_0 来刻画对偶问题 (D_r) 的对偶性条件. 现在来比较式 (4.40) 与 Lagrange 对偶问题 (D_0) 所对应的条件 (4.26). 正如在定理 4.7 之后所指出的, 式 (4.26) 表示函数 ϕ_0 的上图 epi ϕ_0 在点 $(\boldsymbol{0},\phi_0(\boldsymbol{0}))^{\mathrm{T}}$ 处具有非垂直的支撑超平面. 相对地, 式 (4.40) 意味着 epi ϕ_0 在点 $(\boldsymbol{0},\phi_0(\boldsymbol{0}))^{\mathrm{T}}$ 处存在对称轴垂直的抛物型二次支撑超曲面 (图 4.5). 由于当 r 增大时, 二次超曲面的曲率也变大, 所以在 r 很大时, 超曲面能够支撑起 epi ϕ_0 的可能性也较大. 因此, 即使通常的 Lagrange 对偶问题 (D_0) 存在对偶间隙, 当 r 取值很大时, 能够消除对偶问题 (D_r) 的对偶间隙的情况并不少见.

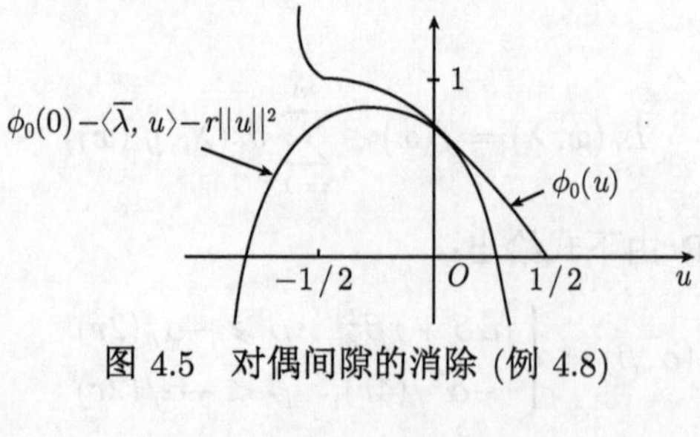

图 4.5　对偶间隙的消除 (例 4.8)

例 4.8 考虑例 4.4 中的问题. 由于

$$\phi_0(u) = \begin{cases} u^2 - u + 1/4, & u < -1/2 \\ -u^2 - u + 3/4, & |u| < 1/2 \\ 0, & u > 1/2 \end{cases}$$

因此, 不存在 $\overline{\lambda}$ 满足式 (4.26). 但若令 $r \geqslant 1$, 则式 (4.40) 在 $\overline{\lambda} = 1$ 时成立 (图 4.5), 因此, 对偶问题 (D_r) 在 $r \geqslant 1$ 时有最优解 $\overline{\lambda} = 1$, 并且

$$\min(\mathrm{P}) = \frac{3}{4} = \max(\mathrm{D}_r)$$

成立. 实际上, 若考虑 $r = 2$ 的情形, 则由式 (4.37)~(4.39) 可得对偶问题 (D_2) 的目标函数为

$$\omega_2(\lambda) = \begin{cases} -\lambda^2/8, & \lambda < -2 \\ \lambda/2 + 1/2, & -2 \leqslant \lambda < 0 \\ -(\lambda-1)^2/4 + 3/4, & 0 \leqslant \lambda < 2 \\ -\lambda/2 + 3/2, & 2 \leqslant \lambda < 4 \\ -(\lambda-1)^2/12 + 1/4, & \lambda \geqslant 4 \end{cases}$$

故 $\omega_2(\lambda)$ 在 $\lambda = 1$ 处取得最大值, 其最大值为 3/4.

最后介绍关于原始问题 (P) 与对偶问题 (D_r) 的对偶性条件成立的充分条件的定理 (证明省略). 该定理表明, 在适当条件下, 满足问题 (P) 的 KKT 条件的 Lagrange 乘子 $\boldsymbol{\lambda}$ 当 $r > 0$ 充分大时为对偶问题 (D_r) 的最优解.

定理 4.14 设问题 (P) 中的目标函数 f 与约束函数 $g_i\ (i = 1, \cdots, m)$ 均为二阶连续可微, 而 $\overline{\boldsymbol{x}} \in \mathbf{R}^n$ 为满足二阶充分性条件的唯一最优解. 假定水平集 $\{\boldsymbol{x} \in \mathbf{R}^n \mid f(\boldsymbol{x}) \leqslant \alpha, g_i(\boldsymbol{x}) \leqslant u_i\ (i = 1, \cdots, m)\}$ 对任意 $\alpha \in \mathbf{R}$ 及 $\boldsymbol{u} \in \mathbf{R}^m$ 均为紧集, 并且函数

$$L_r(\boldsymbol{x}, \mathbf{0}) = f(\boldsymbol{x}) + r\sum_{i=1}^{m}[\max\{0, g_i(\boldsymbol{x})\}]^2$$

当 $r > 0$ 充分大时有下界, 则有

$$\min(\mathrm{P}) = \max(\mathrm{D}_r)$$

成立, 并且满足 KKT 条件 (3.14) 的 $\overline{\boldsymbol{\lambda}} \in \mathbf{R}^m$ 为对偶问题 (D_r) 的最优解.

证明 参见文献 Rockafellar (1974a). ■

4.5 Fenchel 对偶性

在前面几节的讨论中, 原始问题 (P) 的目标函数 θ 是按照式 (4.9) 来定义的, 但这并非本质所在. 实际上, 定理 4.9～定理 4.12 中的结论对于任意以函数 $\theta : \mathbf{R}^n \to$

$(-\infty,+\infty]$ 为目标函数的原始问题 (P) 仍然成立. 这启发我们, 4.4 节中的对偶性理论不仅针对像问题 (4.5) 那样的不等式约束问题, 也有可能将其应用到其他各种各样的问题上去. 本节考查原始问题 (P) 的目标函数由下式给出的情形:

$$\theta(\boldsymbol{x}) = f(\boldsymbol{x}) + g(\boldsymbol{A}\boldsymbol{x})$$

其中 $f:\mathbf{R}^n \to (-\infty,+\infty]$ 与 $g:\mathbf{R}^m \to (-\infty,+\infty]$ 均为闭正常凸函数, $\boldsymbol{A}$ 为 $m\times n$ 阶矩阵. 也即原始问题为如下关于闭正常凸函数的最小化问题:

$$(\mathrm{P_F}) \qquad \min_{\boldsymbol{x}} \quad f(\boldsymbol{x}) + g(\boldsymbol{A}\boldsymbol{x})$$

为了推导该问题的对偶问题, 定义函数 $F:\mathbf{R}^{n+m} \to (-\infty,+\infty]$ 为

$$F(\boldsymbol{x},\boldsymbol{u}) = f(\boldsymbol{x}) + g(\boldsymbol{A}\boldsymbol{x}+\boldsymbol{u}) \tag{4.41}$$

显然, F 为闭正常凸函数, 并且满足

$$F(\boldsymbol{x},\boldsymbol{0}) = \theta(\boldsymbol{x}), \quad \boldsymbol{x}\in\mathbf{R}^n$$

进一步, 定义函数 $\phi:\mathbf{R}^m \to [-\infty,+\infty]$ 为

$$\phi(\boldsymbol{u}) = \inf\left\{F(\boldsymbol{x},\boldsymbol{u}) \,\middle|\, \boldsymbol{x}\in\mathbf{R}^n\right\}$$

于是有下式成立:

$$\inf(\mathrm{P_F}) = \phi(\boldsymbol{0})$$

由式 (4.33) 及式 (4.41), 广义 Lagrange 函数 $L:\mathbf{R}^{n+m} \to [-\infty,+\infty]$ 可表示为

$$\begin{aligned} L(\boldsymbol{x},\boldsymbol{\lambda}) &= \inf\left\{f(\boldsymbol{x}) + g(\boldsymbol{A}\boldsymbol{x}+\boldsymbol{u}) + \langle\boldsymbol{\lambda},\boldsymbol{u}\rangle \,\middle|\, \boldsymbol{u}\in\mathbf{R}^m\right\} \\ &= f(\boldsymbol{x}) - g^*(-\boldsymbol{\lambda}) - \langle\boldsymbol{\lambda},\boldsymbol{A}\boldsymbol{x}\rangle \end{aligned}$$

从而由式 (4.34), 对偶问题的目标函数 $\omega:\mathbf{R}^m \to [-\infty,+\infty)$ 可定义为如下闭凹函数:

$$\begin{aligned} \omega(\boldsymbol{\lambda}) &= \inf\left\{f(\boldsymbol{x}) - g^*(-\boldsymbol{\lambda}) - \langle\boldsymbol{\lambda},\boldsymbol{A}\boldsymbol{x}\rangle \,\middle|\, \boldsymbol{x}\in\mathbf{R}^n\right\} \\ &= -f^*(\boldsymbol{A}^{\mathrm{T}}\boldsymbol{\lambda}) - g^*(-\boldsymbol{\lambda}) \end{aligned}$$

最大化闭正常凹函数 ω 的问题

$$(\mathrm{D_F}) \qquad \max_{\boldsymbol{\lambda}} \quad -f^*(\boldsymbol{A}^{\mathrm{T}}\boldsymbol{\lambda}) - g^*(-\boldsymbol{\lambda})$$

称为问题 $(\mathrm{P_F})$ 的 **Fenchel 对偶问题** (Fenchel's dual problem). 显然, 问题 $(\mathrm{D_F})$ 等价于下面的闭正常凸函数的最小化问题:

$$\min_{\boldsymbol{\lambda}} \quad f^*(\boldsymbol{A}^{\mathrm{T}}\boldsymbol{\lambda}) + g^*(-\boldsymbol{\lambda})$$

由于式 (4.41) 所定义的函数 F 为凸函数, 所以对于原始问题 $(\mathrm{P_F})$ 和对偶问题 $(\mathrm{D_F})$ 有定理 4.12 成立. 下面的定理给出了使 Fenchel 对偶问题的对偶性条件成立的充分条件.

定理 4.15 若在原始问题 $(\mathrm{P_F})$ 中 $\inf(\mathrm{P_F})$ 有限, 并且

$$\mathrm{ri}\,\mathrm{dom}\,g \cap \boldsymbol{A}\,\mathrm{ri}\,\mathrm{dom}\,f \neq \varnothing \tag{4.42}$$

成立, 则对偶问题 $(\mathrm{D_F})$ 存在最优解, 并且有下面的关系式成立:

$$\inf(\mathrm{P_F}) = \max(\mathrm{D_F})$$

证明 对给定的 $\boldsymbol{u}$, $\phi(\boldsymbol{u}) < +\infty$ 成立的充要条件是 $\{\boldsymbol{x} \in \mathbf{R}^n \mid f(\boldsymbol{x}) < +\infty, g(\boldsymbol{A}\boldsymbol{x}+\boldsymbol{u}) < +\infty\} \neq \varnothing$. 由于后者等价于存在 $\boldsymbol{x} \in \mathrm{dom}\,f$ 及 $\boldsymbol{y} \in \mathrm{dom}\,g$ 满足 $\boldsymbol{A}\boldsymbol{x}+\boldsymbol{u}=\boldsymbol{y}$, 因此有

$$\mathrm{dom}\,\phi = \mathrm{dom}\,g - \boldsymbol{A}\,\mathrm{dom}\,f \tag{4.43}$$

由式 (4.43) 与定理 2.5 知

$$\mathrm{ri}\,\mathrm{dom}\,\phi = \mathrm{ri}\,\mathrm{dom}\,g - \boldsymbol{A}\,\mathrm{ri}\,\mathrm{dom}\,f$$

因此, 式 (4.42) 等价于

$$\mathbf{0} \in \mathrm{ri}\,\mathrm{dom}\,\phi \tag{4.44}$$

由于 ϕ 为正常凸函数, 由定理 2.48, 当式 (4.44) 成立时必存在 $\overline{\boldsymbol{\lambda}} \in \mathbf{R}^m$, 使得式 (4.35) 成立, 从而由定理 4.11 知, 对偶问题 $(\mathrm{D_F})$ 存在最优解, 并且 $\inf(\mathrm{P_F}) = \max(\mathrm{D_F})$. ■

例 4.9 考虑问题

$$\begin{array}{ll} \min & f(\boldsymbol{x}) \\ \text{s.t.} & \boldsymbol{A}\boldsymbol{x} \in C \end{array}$$

其中 $f: \mathbf{R}^n \to (-\infty, +\infty]$ 为闭正常凸函数, $C \subseteq \mathbf{R}^m$ 为非空闭凸锥, 而 $\boldsymbol{A}$ 为 $m \times n$ 阶矩阵. 定义闭正常凸函数 $g: \mathbf{R}^m \to (-\infty, +\infty]$ 为

$$g(\boldsymbol{y}) = \begin{cases} 0, & \boldsymbol{y} \in C \\ +\infty, & \boldsymbol{y} \notin C \end{cases}$$

则上面的问题可表示成 $(\mathrm{P_F})$ 的形式. 另外, 利用 C 的极锥 $C^* = \{\boldsymbol{\lambda} \in \mathbf{R}^m \mid \langle \boldsymbol{\lambda}, \boldsymbol{y} \rangle \leqslant 0, \boldsymbol{y} \in C\}$ 可将凸函数 g 的共轭函数 g^* 表示为

$$g^*(\boldsymbol{\lambda}) = \begin{cases} 0, & \boldsymbol{\lambda} \in C^* \\ +\infty, & \boldsymbol{\lambda} \notin C^* \end{cases}$$

这样对偶问题 ($\mathrm{D_F}$) 就等价于最小化问题

$$\begin{array}{ll}\min & f^*(\boldsymbol{A}^{\mathrm{T}}\boldsymbol{\lambda}) \\ \text{s.t.} & -\boldsymbol{\lambda}\in C^*\end{array}$$

进一步, 由定理 4.15, 若 $\inf\{f(\boldsymbol{x})\,|\,\boldsymbol{A}\boldsymbol{x}\in C\}$ 有限且 $\mathrm{ri}\, C\cap \boldsymbol{A}\,\mathrm{ri}\,\mathrm{dom}\, f\neq\varnothing$ 成立, 则存在 $\overline{\boldsymbol{\lambda}}\in -C^*$ 满足

$$\inf\Big\{f(\boldsymbol{x})\,\Big|\,\boldsymbol{A}\boldsymbol{x}\in C\Big\}=-\min\Big\{f^*(\boldsymbol{A}^{\mathrm{T}}\boldsymbol{\lambda})\,\Big|\,\boldsymbol{\lambda}\in -C^*\Big\}=-f^*(\boldsymbol{A}^{\mathrm{T}}\overline{\boldsymbol{\lambda}})$$

利用 Fenchel 对偶问题的思想也能够推导出例 4.1 中的线性规划问题的 Lagrange 对偶问题.

例 4.10 考虑如下线性规划问题:

$$\begin{array}{ll}\min & \langle \boldsymbol{c},\boldsymbol{x}\rangle \\ \text{s.t.} & \boldsymbol{A}\boldsymbol{x}\geqslant \boldsymbol{b}\end{array}$$

分别定义凸函数 f 与 g 为

$$f(\boldsymbol{x})=\langle \boldsymbol{c},\boldsymbol{x}\rangle$$
$$g(\boldsymbol{y})=\begin{cases}0, & \boldsymbol{y}\geqslant \boldsymbol{b}\\ +\infty, & \boldsymbol{y}\ngeqslant \boldsymbol{b}\end{cases}$$

于是上面的线性规划问题可表示成 ($\mathrm{P_F}$) 的形式. 函数 f 与 g 的共轭函数分别为

$$f^*(\boldsymbol{\mu})=\begin{cases}0, & \boldsymbol{\mu}=\boldsymbol{c}\\ +\infty, & \boldsymbol{\mu}\neq \boldsymbol{c}\end{cases}$$
$$g^*(-\boldsymbol{\lambda})=\begin{cases}-\langle \boldsymbol{b},\boldsymbol{\lambda}\rangle, & \boldsymbol{\lambda}\geqslant \boldsymbol{0}\\ +\infty, & \boldsymbol{\lambda}\ngeqslant \boldsymbol{0}\end{cases}$$

因此, 对偶问题 ($\mathrm{D_F}$) 即为如下线性规划问题:

$$\begin{array}{ll}\max & \langle \boldsymbol{b},\boldsymbol{\lambda}\rangle \\ \text{s.t.} & \boldsymbol{A}^{\mathrm{T}}\boldsymbol{\lambda}=\boldsymbol{c},\ \boldsymbol{\lambda}\geqslant \boldsymbol{0}\end{array}$$

4.6 半定规划问题的对偶性

本节将通过推广 4.5 节的结果来建立关于半定规划问题的对偶定理. 对于 n 阶实对称矩阵空间 $\mathcal{S}^n$ 中定义的广义实值函数 f, 若上图 $\mathrm{epi}\, f=\{(\boldsymbol{X},\mu)\in\mathcal{S}^n\times \mathbf{R}\,|\,f(\boldsymbol{X})\leqslant\mu\}$ 为凸集, 则称为凸函数. 关于 $\mathbf{R}^n$ 上的凸函数的各种概念可以自然

地推广到 $\mathcal{S}^n$ 上的凸函数①. 特别地, 在 $\mathcal{S}^n$ 中定义内积为 $\langle \boldsymbol{\Xi}, \boldsymbol{X}\rangle = \mathrm{tr}\,[\boldsymbol{\Xi}\boldsymbol{X}]$, 并定义正常凸函数 $f:\mathcal{S}^n \to (-\infty,+\infty]$ 的共轭函数 $f^*:\mathcal{S}^n \to (-\infty,+\infty]$ 为

$$f^*(\boldsymbol{\Xi}) = \sup\left\{\langle \boldsymbol{\Xi}, \boldsymbol{X}\rangle - f(\boldsymbol{X}) \,\middle|\, \boldsymbol{X}\in\mathcal{S}^n\right\}$$

则与 $\mathbf{R}^n$ 的情形一样, f^* 为 $\mathcal{S}^n$ 上的闭正常凸函数.

现将正常凸函数 $f:\mathcal{S}^n \to (-\infty,+\infty]$ 与 $g:\mathbf{R}^m \to (-\infty,+\infty]$ 以及线性映射 $\boldsymbol{A}:\mathcal{S}^n \to \mathbf{R}^m$ 所定义的问题

$$\min_{\boldsymbol{X}} \quad f(\boldsymbol{X}) + g(\boldsymbol{A}[\boldsymbol{X}]) \tag{4.45}$$

作为原始问题, 则对应的 Fenchel 对偶问题为

$$\max_{\boldsymbol{\lambda}} \quad -f^*(\boldsymbol{A}^*[\boldsymbol{\lambda}]) - g^*(-\boldsymbol{\lambda}) \tag{4.46}$$

其中 $\boldsymbol{A}^*:\mathbf{R}^m \to \mathcal{S}^n$ 是由 $\langle \boldsymbol{A}^*[\boldsymbol{\lambda}], \boldsymbol{X}\rangle = \langle \boldsymbol{\lambda}, \boldsymbol{A}[\boldsymbol{X}]\rangle$ 定义的 $\boldsymbol{A}$ 的伴随映射. 注意到 $\langle \boldsymbol{A}^*[\boldsymbol{\lambda}], \boldsymbol{X}\rangle$ 为 $\mathcal{S}^n$ 中的内积, 而 $\langle \boldsymbol{\lambda}, \boldsymbol{A}[\boldsymbol{X}]\rangle$ 为 $\mathbf{R}^m$ 中的内积. 虽然原始问题 (4.45) 为 $\mathcal{S}^n$ 中凸函数的最小化问题, 而对偶问题 (4.46) 为 $\mathbf{R}^m$ 中凹函数的最大化问题, 但对这些问题 4.5 节中的 Fenchel 对偶定理 4.15 仍然适用.

以下面的半定规划问题为例:

$$(\mathrm{P_S}) \qquad \begin{array}{ll} \min & \langle \boldsymbol{A}_0, \boldsymbol{X}\rangle \\ \text{s.t.} & b_i - \langle \boldsymbol{A}_i, \boldsymbol{X}\rangle = 0, \quad i=1,\cdots,m \\ & \boldsymbol{X}\succeq \boldsymbol{O},\ \boldsymbol{X}\in\mathcal{S}^n \end{array}$$

分别定义凸函数 $f:\mathcal{S}^n \to (-\infty,+\infty]$ 与 $g:\mathbf{R}^m \to (-\infty,+\infty]$ 如下:

$$f(\boldsymbol{X}) = \begin{cases} \langle \boldsymbol{A}_0, \boldsymbol{X}\rangle, & \boldsymbol{X}\succeq \boldsymbol{O} \\ +\infty, & \boldsymbol{X}\not\succeq \boldsymbol{O} \end{cases}$$

$$g(\boldsymbol{y}) = \begin{cases} 0, & \boldsymbol{y} = \boldsymbol{b} \\ +\infty, & \boldsymbol{y}\neq \boldsymbol{b} \end{cases}$$

并定义线性映射 $\boldsymbol{A}:\mathcal{S}^n \to \mathbf{R}^m$ 为 $\boldsymbol{A}[\boldsymbol{X}] = (\langle \boldsymbol{A}_1, \boldsymbol{X}\rangle, \cdots, \langle \boldsymbol{A}_m, \boldsymbol{X}\rangle)^{\mathrm{T}}$, 则问题 $(\mathrm{P_S})$ 可表示成问题 (4.45) 的形式. 进一步, f 与 g 的共轭函数分别为

$$f^*(\boldsymbol{\Xi}) = \begin{cases} 0, & \boldsymbol{A}_0 - \boldsymbol{\Xi}\succeq \boldsymbol{O} \\ +\infty, & \boldsymbol{A}_0 - \boldsymbol{\Xi}\not\succeq \boldsymbol{O} \end{cases}$$

$$g^*(\boldsymbol{\lambda}) = \langle \boldsymbol{b}, \boldsymbol{\lambda}\rangle$$

① 更确切地讲, 凸分析理论可以拓展到包含 $\mathbf{R}^n$ 或 $\mathcal{S}^n$ 等特殊情形的向量空间中.

而由伴随映射的定义可得

$$\boldsymbol{A}^*[\boldsymbol{\lambda}] = \sum_{i=1}^{m} \boldsymbol{A}_i \lambda_i$$

因此, 对偶问题 (4.46) 可表示如下:

$$(\mathrm{D_S}) \qquad \begin{array}{ll} \max & \displaystyle\sum_{i=1}^{m} b_i \lambda_i \\ \text{s.t.} & \boldsymbol{A}_0 - \displaystyle\sum_{i=1}^{m} \boldsymbol{A}_i \lambda_i \succeq \boldsymbol{O} \\ & \boldsymbol{\lambda} \in \mathbf{R}^m \end{array}$$

该问题可进一步表示为

$$\begin{array}{ll} \max & \displaystyle\sum_{i=1}^{m} b_i \lambda_i \\ \text{s.t.} & \displaystyle\sum_{i=1}^{m} \boldsymbol{A}_i \lambda_i + \boldsymbol{\Xi} = \boldsymbol{A}_0 \\ & \boldsymbol{\Xi} \succeq \boldsymbol{O}, \ \boldsymbol{\lambda} \in \mathbf{R}^m \end{array}$$

下面考查使得原始问题 $(\mathrm{P_S})$ 与对偶问题 $(\mathrm{D_S})$ 之间对偶性条件成立的条件. 若 $\boldsymbol{X} \in \mathcal{S}^n$ 满足 $b_i - \langle \boldsymbol{A}_i, \boldsymbol{X} \rangle = 0 \ (i = 1, \cdots, m)$ 及 $\boldsymbol{X} \succ \boldsymbol{O}$, 则称之为原始问题 $(\mathrm{P_S})$ 的**严格可行解** (strictly feasible solution). 若 $\boldsymbol{\lambda} \in \mathbf{R}^m$ 满足 $\boldsymbol{A}_0 - \sum_{i=1}^{m} \boldsymbol{A}_i \lambda_i \succ \boldsymbol{O}$, 则称之为对偶问题 $(\mathrm{D_S})$ 的严格可行解.

定理 4.16　若原始问题 $(\mathrm{P_S})$ 存在严格可行解, 并且 $\inf(\mathrm{P_S})$ 有限, 则对偶问题 $(\mathrm{D_S})$ 存在最优解, 并且有如下关系式成立:

$$\inf(\mathrm{P_S}) = \max(\mathrm{D_S})$$

证明　由函数 f 与 g 的定义, 定理 4.15 中的条件

$$\mathrm{ri\,dom}\, g \cap \boldsymbol{A}[\mathrm{ri\,dom}\, f] \neq \varnothing$$

等价于问题 $(\mathrm{P_S})$ 存在严格可行解. ■

定理 4.17　若对偶问题 $(\mathrm{D_S})$ 存在严格可行解, 并且 $\sup(\mathrm{D_S})$ 有限, 则原始问题 $(\mathrm{P_S})$ 存在最优解, 并且有如下关系式成立:

$$\min(\mathrm{P_S}) = \sup(\mathrm{D_S})$$

证明　将问题 $(\mathrm{D_S})$ 视为原始问题, 然后应用定理 4.15, 则结论成立的条件变为

$$\mathrm{ri\,dom}\, f^* \cap \boldsymbol{A}^*[-\mathrm{ri\,dom}\, g^*] \neq \varnothing \tag{4.47}$$

由 f^* 及 g^* 的定义有

$$\text{ri dom } f^* = \left\{\boldsymbol{\Xi} \in \mathcal{S}^n \mid \boldsymbol{A}_0 \succ \boldsymbol{\Xi}\right\}, \quad \text{ri dom } g^* = \mathbf{R}^m$$

因此, 式 (4.47) 等价于存在 $\boldsymbol{\mu} \in \mathbf{R}^m$ 满足 $-\boldsymbol{A}^*[\boldsymbol{\mu}] \in \text{ri dom } f^*$, 也即 $\boldsymbol{A}_0 \succ -\boldsymbol{A}^*[\boldsymbol{\mu}]$. 令 $\boldsymbol{\lambda} = -\boldsymbol{\mu}$, 则 $\boldsymbol{A}_0 \succ -\boldsymbol{A}^*[\boldsymbol{\mu}]$ 变成 $\boldsymbol{A}_0 - \boldsymbol{A}^*[\boldsymbol{\lambda}] \succ \boldsymbol{O}$, 因此, 式 (4.47) 即表明对偶问题 ($\mathrm{D_S}$) 存在严格可行解. ■

由上述两个定理可得下面的定理:

定理 4.18 若原始问题 ($\mathrm{P_S}$) 与对偶问题 ($\mathrm{D_S}$) 均存在严格可行解, 则双方也均存在最优解, 并且有

$$\min\,(\mathrm{P_S}) = \max\,(\mathrm{D_S})$$

成立.

证明 由定理 4.16 与定理 4.17, 只需证明 $\inf\,(\mathrm{P_S})$ 与 $\sup\,(\mathrm{D_S})$ 均为有限值即可. 事实上, 由于原始问题与对偶问题均含有可行解, 故 $\inf\,(\mathrm{P_S}) < +\infty$ 且 $\sup\,(\mathrm{D_S}) > -\infty$. 再由弱对偶定理 4.9 知, $\inf\,(\mathrm{P_S}) \geqslant \sup\,(\mathrm{D_S})$ 成立, 因此, $\inf\,(\mathrm{P_S})$ 与 $\sup\,(\mathrm{D_S})$ 均有限. ■

例 4.11 在原始问题 ($\mathrm{P_S}$) 中设 $n = 2, m = 1$, 并且

$$\boldsymbol{A}_0 = \begin{bmatrix} 1 & 0 \\ 0 & 1 \end{bmatrix}, \quad \boldsymbol{A}_1 = \begin{bmatrix} 0 & 1 \\ 1 & 0 \end{bmatrix}, \quad b_1 = 2$$

矩阵变量 $\boldsymbol{X} \in \mathcal{S}^2$ 记为

$$\boldsymbol{X} = \begin{bmatrix} x_1 & x_2 \\ x_2 & x_3 \end{bmatrix} \tag{4.48}$$

2×2 阶矩阵的半正定条件 $\boldsymbol{X} \succeq \boldsymbol{O}$ 即为 $\mathrm{tr}\,\boldsymbol{X} \geqslant 0$ 且 $\det \boldsymbol{X} \geqslant 0$, 这等价于 $x_1+x_3 \geqslant 0$ 且 $x_1x_3 - x_2^2 \geqslant 0$. 另外, 约束条件 $\langle \boldsymbol{A}_1, \boldsymbol{X}\rangle = b_1$ 即为 $2x_2 = 2$. 于是该问题的约束条件等价于

$$x_1 + x_3 \geqslant 0, \quad x_1x_3 \geqslant 1, \quad x_2 = 1$$

因此存在严格可行解. 由于目标函数为 $\langle \boldsymbol{A}_0, \boldsymbol{X}\rangle = x_1 + x_3$, 故其最优解为 $(x_1, x_2, x_3) = (1, 1, 1)$, 而其最小值为 2. 另一方面, 对偶问题 ($\mathrm{D_S}$) 的约束条件

$$\boldsymbol{A}_0 - \boldsymbol{A}_1\lambda_1 = \begin{bmatrix} 1 & -\lambda_1 \\ -\lambda_1 & 1 \end{bmatrix} \succeq \boldsymbol{O}$$

等价于 $1 - \lambda_1^2 \geqslant 0$, 因此, 对偶问题也存在严格可行解. 又由于目标函数为 $b_1\lambda_1 = 2\lambda_1$, 故对偶问题的最优解为 $\lambda_1 = 1$, 最大值为 2. 显然有

$$\min\,(\mathrm{P_S}) = 2 = \max\,(\mathrm{D_S})$$

成立.

如下面的例子所示, 如果原始问题只有可行解, 那么即使 inf $(\mathrm{P_S})$ 为有限值也未必能保证对偶性条件成立.

例 4.12 在原始问题 $(\mathrm{P_S})$ 中设 $n=2, m=1$, 并且

$$\boldsymbol{A}_0=\begin{bmatrix}1 & 1\\ 1 & 0\end{bmatrix},\quad \boldsymbol{A}_1=\begin{bmatrix}1 & 0\\ 0 & 0\end{bmatrix},\quad b_1=0$$

矩阵变量 $\boldsymbol{X}\in\mathcal{S}^2$ 仍然用式 (4.48) 来表示, 于是约束条件 $\langle\boldsymbol{A}_1,\boldsymbol{X}\rangle=b_1$ 即为 $x_1=0$. 再考虑到半正定性条件 $\boldsymbol{X}\succeq\boldsymbol{O}$, 该问题的约束条件等价于

$$x_1=x_2=0,\quad x_3\geqslant 0$$

另外, 正定性条件 $\boldsymbol{X}\succ\boldsymbol{0}$ 即为 $x_1+x_3>0,\ x_1x_3-x_2^2>0$, 该条件与 $x_1=0$ 不可能同时成立, 因此原始问题没有严格可行解. 此外, 由于目标函数为 $\langle\boldsymbol{A}_0,\boldsymbol{X}\rangle=x_1+2x_2$, 故最优解为 $(x_1,x_2,x_3)=(0,0,a)$ (其中 $a\geqslant 0$ 任意), 而最小值为 0. 另一方面, 对偶问题 $(\mathrm{D_S})$ 的约束条件为

$$\boldsymbol{A}_0-\boldsymbol{A}_1\lambda_1=\begin{bmatrix}1-\lambda_1 & 1\\ 1 & 0\end{bmatrix}\succeq\boldsymbol{O}$$

显然, 不存在 $\lambda_1\in\mathbf{R}$ 满足该条件, 因此对偶问题是不可行的, 这样就有

$$\min(\mathrm{P_S})=0>-\infty=\sup(\mathrm{D_S})$$

故存在对偶间隙.

4.7 习 题

4.1 试求出由下式定义的函数 $K:\mathbf{R}\times\mathbf{R}\to\mathbf{R}$ 的鞍点:

$$K(y,z)=y^2-yz-z^2-2y+z$$

4.2 试证明: 若 $(\boldsymbol{y}^1,\boldsymbol{z}^1)\in Y\times Z$ 与 $(\boldsymbol{y}^2,\boldsymbol{z}^2)\in Y\times Z$ 均为函数 $K:Y\times Z\to\mathbf{R}$ 的鞍点, 则有 $K(\boldsymbol{y}^1,\boldsymbol{z}^1)=K(\boldsymbol{y}^2,\boldsymbol{z}^2)$ 成立, 并且 $(\boldsymbol{y}^1,\boldsymbol{z}^2)$ 与 $(\boldsymbol{y}^2,\boldsymbol{z}^1)$ 也是 K 的鞍点.

4.3 试推导出如下线性规划问题的 Lagrange 对偶问题:

$$\begin{aligned}\min\quad & \langle\boldsymbol{c},\boldsymbol{x}\rangle\\ \text{s.t.}\quad & \boldsymbol{A}\boldsymbol{x}\geqslant\boldsymbol{b},\ \boldsymbol{x}\geqslant\boldsymbol{0}\end{aligned}$$

4.4 设 $\boldsymbol{Q}$ 为对称正定矩阵. 试推导出如下二次规划问题的 Lagrange 对偶问题:

$$\begin{aligned}\min\quad & \langle\boldsymbol{c},\boldsymbol{x}\rangle+\frac{1}{2}\langle\boldsymbol{x},\boldsymbol{Q}\boldsymbol{x}\rangle\\ \text{s.t.}\quad & \boldsymbol{A}\boldsymbol{x}\geqslant\boldsymbol{b}\end{aligned}$$

4.5 试证明引理 4.4.

4.6 考虑等式约束问题

$$\begin{aligned}\min \quad & f(\boldsymbol{x}) \\ \text{s.t.} \quad & \boldsymbol{A}\boldsymbol{x} = \boldsymbol{b}\end{aligned}$$

其中 $f : \mathbf{R}^n \to (-\infty, +\infty]$. 定义该问题的 Lagrange 函数为 $L_0(\boldsymbol{x}, \boldsymbol{\lambda}) = f(\boldsymbol{x}) + \langle \boldsymbol{\lambda}, \boldsymbol{b} - \boldsymbol{A}\boldsymbol{x} \rangle$, 试推导其对偶问题.

4.7 设 $\boldsymbol{Q}$ 为对称正定矩阵. 试利用习题 4.6 的结果分别推导出线性规划问题

$$\begin{aligned}\min \quad & \langle \boldsymbol{c}, \boldsymbol{x} \rangle \\ \text{s.t.} \quad & \boldsymbol{A}\boldsymbol{x} = \boldsymbol{b},\ \boldsymbol{x} \geqslant \boldsymbol{0}\end{aligned}$$

与二次规划问题

$$\begin{aligned}\min \quad & \langle \boldsymbol{c}, \boldsymbol{x} \rangle + \frac{1}{2}\langle \boldsymbol{x}, \boldsymbol{Q}\boldsymbol{x} \rangle \\ \text{s.t.} \quad & \boldsymbol{A}\boldsymbol{x} = \boldsymbol{b},\ \boldsymbol{x} \geqslant \boldsymbol{0}\end{aligned}$$

的对偶问题.

4.8 试判断关于下列问题的 Lagrange 对偶问题是否有 inf (P) = sup (D_0) 成立:

(1)
$$\begin{aligned}\min \quad & \sqrt{|x|} \\ \text{s.t.} \quad & 1 - x \leqslant 0, \quad x \in \mathbf{R}\end{aligned}$$

(2)
$$\begin{aligned}\min \quad & |x^2 - 2| + x \\ \text{s.t.} \quad & x + 1 \leqslant 0, \quad x \in \mathbf{R}\end{aligned}$$

若结论不成立, 试问利用怎样的广义 Lagrange 函数可以消除对偶间隙?

4.9 对于任意 $r > 0$ 以及由式 (4.36) 定义的函数 $F_r : \mathbf{R}^{n+m} \to (-\infty, +\infty]$, 证明与之对应的广义 Lagrange 函数 $L_r : \mathbf{R}^{n+m} \to \mathbf{R}$ 可表示为式 (4.37) 的形式, 并验证 $L_r(\boldsymbol{x}, \cdot) : \mathbf{R}^m \to \mathbf{R}$ 的连续可微性.

4.10 对于由正常凸函数 $f : \mathbf{R}^n \to (-\infty, +\infty]$ 与 $g : \mathbf{R}^m \to (-\infty, +\infty]$ 以及矩阵 $\boldsymbol{A} \in \mathbf{R}^{m \times n}$ 定义的问题

$$\min_{\boldsymbol{x}} \quad f(\boldsymbol{x}) + g(\boldsymbol{A}\boldsymbol{x})$$

试通过其等价形式

$$\begin{aligned}\min \quad & f(\boldsymbol{x}) + g(\boldsymbol{y}) \\ \text{s.t.} \quad & \boldsymbol{A}\boldsymbol{x} - \boldsymbol{y} = \boldsymbol{0}\end{aligned}$$

的 Lagrange 对偶问题推导出其 Fenchel 对偶问题 (见习题 4.6).

4.11 试利用定理 4.16 证明定理 3.25.

4.12 给定对称矩阵 $\boldsymbol{A}_i \in \mathcal{S}^n$ $(i = 0, 1, \cdots, m)$, 考虑由

$$\boldsymbol{A}(\boldsymbol{z}) = \boldsymbol{A}_0 + z_1\boldsymbol{A}_1 + \cdots + z_m\boldsymbol{A}_m$$

定义的函数 $\boldsymbol{A}: \mathbf{R}^m \to \mathcal{S}^n$. 欲判断是否存在 $\boldsymbol{z} \in \mathbf{R}^m$, 使得矩阵 $\boldsymbol{A}(\boldsymbol{z})$ 的最小特征值为正, 只需判断半定规划问题

$$\begin{aligned} \max \quad & t \\ \text{s.t.} \quad & \boldsymbol{A}(\boldsymbol{z}) - t\boldsymbol{I} \succeq \boldsymbol{O} \\ & \boldsymbol{z} \in \mathbf{R}^m,\ t \in \mathbf{R} \end{aligned}$$

的最大值是否为正即可. 试推导出该半定规划问题的对偶问题.

4.13 在例 4.12 中, 令 $\boldsymbol{A}_0$ 为

$$\boldsymbol{A}_0 = \begin{bmatrix} 1 & 1 \\ 1 & 1 \end{bmatrix}$$

试问是否存在对偶间隙?

第5章　均 衡 问 题

虽然变分不等式问题、互补问题等所谓均衡问题并非极小化某个特定目标函数的最优化问题, 但由于非线性规划问题的 KKT 条件能够表示成这些均衡问题的形式, 所以从某种意义上来讲, 均衡问题也可看成是包含最优化问题在内的更广泛的一类问题. 进一步, 由于均衡问题无论在概念上, 还是在方法上都与最优化问题有很多共通之处, 所以常常放在最优化理论的框架内来研究. 本章首先在 5.1 节中介绍几种属于均衡问题范畴的问题, 并在 5.2 节中讨论变分不等式与互补问题的解的存在性与唯一性; 之后, 在 5.3 节中介绍将均衡问题再定式为等价方程组的方法, 并在 5.4 节中讲解将均衡问题转化为最优化问题的价值函数; 最后, 在 5.5 节中介绍比均衡问题更广泛, 并且在现实中有着各种各样应用的均衡约束数学规划问题 (MPEC) 及其性质.

5.1　变分不等式与互补问题

给定非空闭凸集 $S \subseteq \mathbf{R}^n$ 及向量值函数 $\boldsymbol{F}:\mathbf{R}^n \to \mathbf{R}^n$, **变分不等式问题** (variational inequality problem) 即求解向量 $\boldsymbol{x} \in S$ 满足如下不等式:

$$\langle \boldsymbol{F}(\boldsymbol{x}), \boldsymbol{y}-\boldsymbol{x} \rangle \geqslant 0, \quad \boldsymbol{y} \in S \tag{5.1}$$

由凸集 S 的法锥 $N_S(\boldsymbol{x})$ 的定义 (3.7), 式 (5.1) 可表示为

$$\mathbf{0} \in \boldsymbol{F}(\boldsymbol{x}) + N_S(\boldsymbol{x}) \tag{5.2}$$

式 (5.2) 可看成求解点集映射 $F+N_S:\mathbf{R}^n \to \mathcal{P}(\mathbf{R}^n)$ 的零点, 因此, 变分不等式问题也被称为**广义方程** (generalized equation). 当映射 $\boldsymbol{F}$ 恰为某个可微函数 $f:\mathbf{R}^n \to \mathbf{R}$ 的梯度映射 $\nabla f:\mathbf{R}^n \to \mathbf{R}^n$ 时, 式 (5.2) 变为

$$\mathbf{0} \in \nabla f(\boldsymbol{x}) + N_S(\boldsymbol{x})$$

故由定理 3.3, 式 (5.1) 表示在凸集 S 上求函数 f 的最小值问题的最优性条件。特别地, 当 f 为凸函数时, 该极值问题与变分不等式问题 (5.1) 等价.

例 5.1　考虑如下定义的映射 $\boldsymbol{F}:\mathbf{R}^2 \to \mathbf{R}^2$ 与闭凸集 $S \subseteq \mathbf{R}^2$ 所确定的变分不等式问题 (5.1):

$$
\boldsymbol{F}(\boldsymbol{x})=\begin{pmatrix}\dfrac{2}{3}x_1+\dfrac{1}{6}x_2-\dfrac{7}{2}\\[2mm]\dfrac{1}{9}x_1+\dfrac{2}{3}x_2-\dfrac{26}{9}\end{pmatrix}
$$

$$
S=\left\{\boldsymbol{x}\in\mathbf{R}^2\,\middle|\,2x_1+5x_2\leqslant 9,\,3x_1+2x_2\leqslant 8,\,x_1\geqslant 0,\,x_2\geqslant 0\right\}
$$

如图 5.1 所示, $\overline{\boldsymbol{x}}=(2,1)^{\mathrm{T}}$ 为该问题的解.

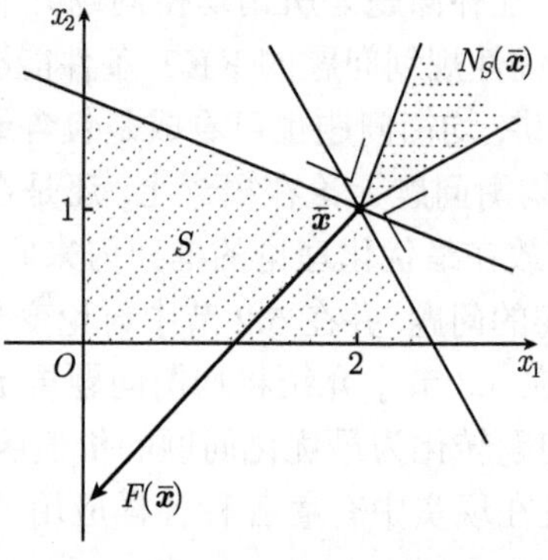

图 5.1 例 5.1 中的变分不等式问题

变分不等式问题 (5.1) 中特别重要的是集合 S 为如下**长方体** (rectangle) 的情形:

$$
S=\left\{\boldsymbol{x}\in\mathbf{R}^n\,\middle|\,l_i\leqslant x_i\leqslant u_i,\ i=1,\cdots,n\right\} \tag{5.3}
$$

其中 $l_i\in[-\infty,+\infty)$ 且 $u_i\in(-\infty,+\infty]$ $(i=1,\cdots,n)$. 特别地, 当 $l_i=-\infty$ 或 $u_i=+\infty$ 时, $l_i\leqslant x_i$ 与 $x_i\leqslant u_i$ 分别意味着 $-\infty<x_i$ 及 $x_i<+\infty$. 因此, 一般来说, 长方体不只限于有界长方体. 另外, 由于当 $-\infty<l_i=u_i<+\infty$ 时, 变量 x_i 可视为常数, 以下总假定 $l_i<u_i$. 下面的定理说明, 在长方体上定义的变分不等式问题能够表示成各个分量的不等式.

定理 5.1 设集合 S 为式 (5.3) 所定义的长方体, 则变分不等式问题 (5.1) 与下式等价: 对任意 $i\in\{1,\cdots,n\}$ 均有

$$
F_i(\boldsymbol{x})(y_i-x_i)\geqslant 0,\quad y_i\in[l_i,u_i] \tag{5.4}
$$

其中 $\boldsymbol{F}(\boldsymbol{x})=(F_1(\boldsymbol{x}),\cdots,F_n(\boldsymbol{x}))^{\mathrm{T}}$.

证明 若式 (5.4) 对任意 i 均成立, 则 (5.1) 显然成立. 反之, 假设存在 $\boldsymbol{x}\in S$, 使得式 (5.1) 成立, 则对每个给定的指标 i, 当向量 $\boldsymbol{y}\in S$ 满足 $y_j=x_j$ $(j\neq i)$ 时总有 $\langle\boldsymbol{F}(\boldsymbol{x}),\boldsymbol{y}-\boldsymbol{x}\rangle=F_i(\boldsymbol{x})(y_i-x_i)\geqslant 0$, 故式 (5.4) 成立. ■

对于式 (5.3) 所定义的长方体 S, 由于必要时可进行适当的变量替换, 因此, 不失一般性, 可假设指标集 $\mathcal{N}=\{1,\cdots,n\}$ 有如下分解:

$$
\mathcal{N}=\mathcal{N}_1\cup\mathcal{N}_2\cup\mathcal{N}_3
$$

其中 $\mathcal{N}_1=\{i\,|\,l_i=-\infty,u_i=+\infty\}$, $\mathcal{N}_2=\{i\,|\,l_i=0,u_i=+\infty\}$, $\mathcal{N}_3=\{i\,|\,-\infty<l_i<u_i<+\infty\}$. 于是由式 (5.4), 变分不等式问题 (5.1) 可表示如下:

$$\begin{array}{ll} F_i(\boldsymbol{x})=0, \quad i\in\mathcal{N}_1 & \\ \begin{cases} x_i\geqslant 0,\ F_i(\boldsymbol{x})\geqslant 0, \\ x_i>0\Rightarrow F_i(\boldsymbol{x})=0, \end{cases} & i\in\mathcal{N}_2 \\ \begin{cases} l_i\leqslant x_i\leqslant u_i, \\ x_i=l_i\Rightarrow F_i(\boldsymbol{x})\geqslant 0, \\ l_i<x_i<u_i\Rightarrow F_i(\boldsymbol{x})=0, \\ x_i=u_i\Rightarrow F_i(\boldsymbol{x})\leqslant 0, \end{cases} & i\in\mathcal{N}_3 \end{array} \tag{5.5}$$

特别地, 当 $\mathcal{N}_2=\mathcal{N}_3=\varnothing$ 时, 变分不等式问题 (5.1) 归结为非线性方程组

$$\boldsymbol{F}(\boldsymbol{x})=\boldsymbol{0}$$

另外, 当 $\mathcal{N}_1=\mathcal{N}_3=\varnothing$ 时有 $S=\mathbf{R}^n_+\equiv\{\boldsymbol{x}\in\mathbf{R}^n\,|\,\boldsymbol{x}\geqslant\boldsymbol{0}\}$, 故变分不等式问题 (5.1) 可表示为

$$\begin{cases} x_i\geqslant 0,\ F_i(\boldsymbol{x})\geqslant 0, \\ x_i>0\Rightarrow F_i(\boldsymbol{x})=0, \end{cases} \quad i=1,\cdots,n$$

这意味着对每个指标 i, x_i 与 $F_i(\boldsymbol{x})$ 均为非负值, 并且至少有一个为 0. 上述条件进一步等价于

$$\boldsymbol{x}\geqslant\boldsymbol{0}, \quad \boldsymbol{F}(\boldsymbol{x})\geqslant\boldsymbol{0}, \quad \langle\boldsymbol{F}(\boldsymbol{x}),\boldsymbol{x}\rangle=0 \tag{5.6}$$

集合 $\mathbf{R}^n_+$ 上的变分不等式问题, 也即求解满足式 (5.6) 的向量 $\boldsymbol{x}\in\mathbf{R}^n$ 的问题称为**互补问题** (complementarity problem) 或者**非线性互补问题** (nonlinear complementarity problem). 特别地, 若映射 $\boldsymbol{F}$ 可由 $n\times n$ 阶矩阵 $\boldsymbol{M}$ 及 n 维向量 $\boldsymbol{q}$ 定义为 $\boldsymbol{F}(\boldsymbol{x})=\boldsymbol{M}\boldsymbol{x}+\boldsymbol{q}$, 则称为**线性互补问题** (linear complementarity problem). 此外, 求解满足式 (5.5) 的向量 $\boldsymbol{x}$ 的问题称为**混合互补问题** (mixed complementarity problem).

例 5.2 考虑由下式定义的映射 $\boldsymbol{F}:\mathbf{R}^2\to\mathbf{R}^2$ 所确定的非线性互补问题 (5.6):

$$\boldsymbol{F}(\boldsymbol{x})=\begin{pmatrix} x_1+x_2^2-2 \\ x_2+2 \end{pmatrix}$$

当 $\overline{\boldsymbol{x}}=(2,0)^{\mathrm{T}}$ 时, $\boldsymbol{F}(\overline{\boldsymbol{x}})=(0,2)^{\mathrm{T}}$, 故 $\overline{\boldsymbol{x}}=(2,0)^{\mathrm{T}}$ 为该互补问题的解.

第 3 章中讨论过的非线性规划问题的 KKT 条件 (3.14) 与 (3.32) 正是以 $(\boldsymbol{x},\boldsymbol{\lambda})$ 或 $(\boldsymbol{x},\boldsymbol{\lambda},\boldsymbol{\mu})$ 为变量的混合互补问题. 因此, 从某种意义上来讲, 混合互补问题可看成是包含非线性规划问题在内的更广泛的一类问题.

下面考虑由凸函数 $g_i:\mathbf{R}^n\to\mathbf{R}$ $(i=1,\cdots,m)$ 及仿射函数 $h_j:\mathbf{R}^n\to\mathbf{R}$ $(j=1,\cdots,l)$ 定义的如下集合 S 所确定的变分不等式问题:

$$S=\Big\{\boldsymbol{x}\in\mathbf{R}^n\,\Big|\,g_i(\boldsymbol{x})\leqslant 0, i=1,\cdots,m, h_j(\boldsymbol{x})=0, j=1,\cdots,l\Big\}$$

假定在变分不等式问题 (5.1) 的解 $\boldsymbol{x} \in S$ 处满足适当的约束规范 (见 3.3 节), 则利用与定理 3.14 类似的推导可证: 存在 Lagrange 乘子 $\boldsymbol{\lambda} \in \mathbf{R}^m$ 及 $\boldsymbol{\mu} \in \mathbf{R}^l$, 使得

$$
\begin{aligned}
&\boldsymbol{F}(\boldsymbol{x}) + \sum_{i=1}^{m} \lambda_i \nabla g_i(\boldsymbol{x}) + \sum_{j=1}^{l} \mu_j \nabla h_j(\boldsymbol{x}) = \boldsymbol{0} \\
&\lambda_i \geqslant 0,\ g_i(\boldsymbol{x}) \leqslant 0,\ \lambda_i g_i(\boldsymbol{x}) = 0, \quad i = 1, \cdots, m \\
&h_j(\boldsymbol{x}) = 0, \quad j = 1, \cdots, l
\end{aligned}
\tag{5.7}
$$

式 (5.7) 称为变分不等式问题 (5.1) 的 **Karush-Kuhn-Tucker 条件**. 式 (5.7) 可看成是以 $(\boldsymbol{x}, \boldsymbol{\lambda}, \boldsymbol{\mu})$ 为变量的混合互补问题.

5.2 解的存在性与唯一性

对于变分不等式问题 (5.1), 定义映射 $\boldsymbol{H}_\alpha : \mathbf{R}^n \to \mathbf{R}^n$ 如下:

$$
\boldsymbol{H}_\alpha(\boldsymbol{x}) = \boldsymbol{P}_S(\boldsymbol{x} - \alpha \boldsymbol{F}(\boldsymbol{x})) \tag{5.8}
$$

其中 $\alpha > 0$ 为常数, $\boldsymbol{P}_S$ 表示到闭凸集 S 上的投影算子. 下面的定理给出了变分不等式问题 (5.1) 有解的一个充分条件:

定理 5.2 给定映射 $\boldsymbol{F} : \mathbf{R}^n \to \mathbf{R}^n$ 与非空闭凸集 $S \subseteq \mathbf{R}^n$, $\boldsymbol{x} \in S$ 为变分不等式问题 (5.1) 的解的充要条件是 $\boldsymbol{x} = \boldsymbol{H}_\alpha(\boldsymbol{x})$ 成立. 进一步, 若 $\boldsymbol{F}$ 连续且 S 为紧集, 则变分不等式问题 (5.1) 有解.

证明 由 $\boldsymbol{H}_\alpha$ 的定义 (5.8) 以及投影算子的性质 (定理 2.6) 知

$$
\langle \boldsymbol{x} - \alpha \boldsymbol{F}(\boldsymbol{x}) - \boldsymbol{H}_\alpha(\boldsymbol{x}), \boldsymbol{y} - \boldsymbol{H}_\alpha(\boldsymbol{x}) \rangle \leqslant 0, \quad \boldsymbol{y} \in S \tag{5.9}
$$

若 $\boldsymbol{H}_\alpha(\boldsymbol{x}) = \boldsymbol{x}$, 则由式 (5.9) 可得

$$
\langle \alpha \boldsymbol{F}(\boldsymbol{x}), \boldsymbol{y} - \boldsymbol{x} \rangle \geqslant 0, \quad \boldsymbol{y} \in S \tag{5.10}
$$

由于 $\alpha > 0$, 式 (5.10) 即表明 $\boldsymbol{x}$ 为变分不等式问题 (5.1) 的解. 反之, 若 $\boldsymbol{x}$ 为变分不等式问题 (5.1) 的解, 则对任意 $\alpha > 0$ 均有

$$
\langle \alpha \boldsymbol{F}(\boldsymbol{x}), \boldsymbol{x} - \boldsymbol{y} \rangle \leqslant 0, \quad \boldsymbol{y} \in S
$$

在上式及式 (5.9) 中分别取 $\boldsymbol{y} = \boldsymbol{H}_\alpha(\boldsymbol{x})$ 及 $\boldsymbol{y} = \boldsymbol{x}$, 然后相加可得

$$
\langle \boldsymbol{x} - \boldsymbol{H}_\alpha(\boldsymbol{x}), \boldsymbol{x} - \boldsymbol{H}_\alpha(\boldsymbol{x}) \rangle = \|\boldsymbol{x} - \boldsymbol{H}_\alpha(\boldsymbol{x})\|^2 \leqslant 0
$$

此即意味着 $\boldsymbol{x} = \boldsymbol{H}_\alpha(\boldsymbol{x})$.

由定理 2.7, 当映射 $\boldsymbol{F}$ 连续时, 由式 (5.8) 定义的映射 $\boldsymbol{H}_\alpha$ 也连续. 此外, 由投影算子的定义, 对所有 $\boldsymbol{x} \in S$ 均有 $\boldsymbol{H}_\alpha(\boldsymbol{x}) \in S$, 故由 Brouwer 不动点定理 2.16 知, 必存在 $\boldsymbol{x} \in S$ 满足 $\boldsymbol{x} = \boldsymbol{H}_\alpha(\boldsymbol{x})$. ■

若集合 S 为无界集, 则当映射 $\boldsymbol{F}$ 满足适当条件时, 也可以保证变分不等式问题的解的存在性. 称映射 $\boldsymbol{F}:\mathbf{R}^n\to\mathbf{R}^n$ 在集合 S 上是**强制的** (coercive), 如果存在 $\boldsymbol{x}^0\in S$, 使得

$$\lim_{\substack{\|\boldsymbol{x}\|\to\infty\\ \boldsymbol{x}\in S}}\frac{\langle \boldsymbol{F}(\boldsymbol{x}),\boldsymbol{x}-\boldsymbol{x}^0\rangle}{\|\boldsymbol{x}\|}=+\infty \tag{5.11}$$

若映射 $\boldsymbol{F}$ 在 S 上强单调, 则 $\boldsymbol{F}$ 在 S 上是强制的 (留作习题 5.4). 考虑下面与 (5.1) 相关的变分不等式问题:

$$\langle \boldsymbol{F}(\boldsymbol{x}),\boldsymbol{y}-\boldsymbol{x}\rangle\geqslant 0,\quad \boldsymbol{y}\in S_r \tag{5.12}$$

其中 S_r 为由某常数 $r>0$ 定义的如下凸集:

$$S_r=S\cap\overline{B}(\boldsymbol{0},r)=\left\{\boldsymbol{x}\in\mathbf{R}^n\,\middle|\,\boldsymbol{x}\in S,\ \|\boldsymbol{x}\|\leqslant r\right\}$$

由定理 5.2, 当映射 $\boldsymbol{F}$ 连续且集合 S_r 非空时, 变分不等式问题 (5.12) 至少存在一个解 $\boldsymbol{x}^r\in S_r$. 首先证明下面的引理:

引理 5.1 设 $\boldsymbol{F}:\mathbf{R}^n\to\mathbf{R}^n$ 为连续映射, $S\subseteq\mathbf{R}^n$ 为非空闭凸集, 则变分不等式问题 (5.1) 有解的充要条件是存在某个常数 $r>0$, 使得变分不等式问题 (5.12) 具有满足 $\|\boldsymbol{x}^r\|<r$ 的解 $\boldsymbol{x}^r\in S_r$.

证明 必要性显然, 下证充分性. 设 $\boldsymbol{x}^r\in S_r$ 为变分不等式问题 (5.12) 的一个满足 $\|\boldsymbol{x}^r\|<r$ 的解. 对任意 $\boldsymbol{y}\in S$ 及 $t\in(0,1)$, 记 $\boldsymbol{z}(t)=\boldsymbol{x}^r+t(\boldsymbol{y}-\boldsymbol{x}^r)$, 则当 $t>0$ 充分小时有 $\|\boldsymbol{z}(t)\|<r$ 且 $\boldsymbol{z}(t)\in S$, 也即 $\boldsymbol{z}(t)\in S_r$. 因 $\boldsymbol{x}^r$ 为变分不等式问题 (5.12) 的解, 则有

$$\langle \boldsymbol{F}(\boldsymbol{x}^r),\boldsymbol{y}-\boldsymbol{x}^r\rangle=t^{-1}\langle \boldsymbol{F}(\boldsymbol{x}^r),\boldsymbol{z}(t)-\boldsymbol{x}^r\rangle\geqslant 0$$

由 $\boldsymbol{y}\in S$ 的任意性知, $\boldsymbol{x}^r$ 为变分不等式问题 (5.1) 的解. ■

利用引理 5.1 可证明下面的定理.

定理 5.3 设 $\boldsymbol{F}:\mathbf{R}^n\to\mathbf{R}^n$ 为连续映射, $S\subseteq\mathbf{R}^n$ 为非空闭凸集. 若 $\boldsymbol{F}$ 在 S 上是强制的, 则变分不等式问题 (5.1) 有解.

证明 由设存在 $\boldsymbol{x}^0\in S$ 满足式 (5.11), 故当 $r>0$ 充分大时必有

$$\langle \boldsymbol{F}(\boldsymbol{x}),\boldsymbol{x}-\boldsymbol{x}^0\rangle>0,\quad \boldsymbol{x}\in S,\ \|\boldsymbol{x}\|=r \tag{5.13}$$

不失一般性, 可假设 $r>\|\boldsymbol{x}^0\|$. 现设 $\boldsymbol{x}^r\in S_r$ 为变分不等式问题 (5.12) 的解, 因 $\boldsymbol{x}^0\in S_r$, 故有

$$\langle \boldsymbol{F}(\boldsymbol{x}^r),\boldsymbol{x}^0-\boldsymbol{x}^r\rangle\geqslant 0$$

由于式 (5.13) 成立, 因此, 上述不等式蕴涵 $\|\boldsymbol{x}^r\|\neq r$, 也即 $\|\boldsymbol{x}^r\|<r$, 从而由引理 5.1 知, 变分不等式问题 (5.1) 有解. ■

如 5.1 节所述, 若 $\boldsymbol{F}$ 为凸函数 $f:\mathbf{R}^n\to\mathbf{R}$ 的梯度映射, 则变分不等式问题 (5.1) 等价于凸函数 f 在凸集 S 上的最小化问题. 由定理 3.1, 上述最优化问题的解

集为凸集. 另一方面, 由定理 2.68, 凸函数的梯度映射为单调映射, 因此, 猜测 $\boldsymbol{F}$ 为单调映射时的变分不等式问题的解集也是凸集. 下面的定理证实了这个猜测:

定理 5.4 设 $\boldsymbol{F}:\mathbf{R}^n\to\mathbf{R}^n$ 为连续映射, $S\subseteq\mathbf{R}^n$ 为非空闭凸集. 若 $\boldsymbol{F}$ 在 S 上单调, 则变分不等式问题 (5.1) 的解集为闭凸集. 若 $\boldsymbol{F}$ 在 S 上严格单调, 则变分不等式问题 (5.1) 至多存在一个解. 若 $\boldsymbol{F}$ 在 S 上强单调, 则变分不等式问题 (5.1) 存在唯一解.

证明 由单调映射的定义有

$$\langle \boldsymbol{F}(\boldsymbol{z}),\boldsymbol{z}-\boldsymbol{x}\rangle \geqslant \langle \boldsymbol{F}(\boldsymbol{x}),\boldsymbol{z}-\boldsymbol{x}\rangle,\quad \boldsymbol{x},\boldsymbol{z}\in S$$

故当 $\boldsymbol{x}\in S$ 为变分不等式问题 (5.1) 的解时必有

$$\langle \boldsymbol{F}(\boldsymbol{z}),\boldsymbol{z}-\boldsymbol{x}\rangle \geqslant 0,\quad \boldsymbol{z}\in S \tag{5.14}$$

成立. 反之, 满足式 (5.14) 的 $\boldsymbol{x}\in S$ 也必为变分不等式问题 (5.1) 的解. 事实上, 任取 $\boldsymbol{y}\in S$ 及 $t\in(0,1)$, 记 $\boldsymbol{z}(t)=(1-t)\boldsymbol{x}+t\boldsymbol{y}$. 因 S 为凸集, 故有 $\boldsymbol{z}(t)\in S$. 因此, 由式 (5.14) 知

$$0\leqslant\langle \boldsymbol{F}(\boldsymbol{z}(t)),\boldsymbol{z}(t)-\boldsymbol{x}\rangle = t\langle \boldsymbol{F}(\boldsymbol{z}(t)),\boldsymbol{y}-\boldsymbol{x}\rangle$$

成立. 上式两侧同时除以 t, 并令 $t\to 0$, 则由 $\boldsymbol{F}$ 的连续性可得

$$\langle \boldsymbol{F}(\boldsymbol{x}),\boldsymbol{y}-\boldsymbol{x}\rangle \geqslant 0$$

由 $\boldsymbol{y}\in S$ 的任意性, 上式即表明 $\boldsymbol{x}$ 为变分不等式问题 (5.1) 的解. 综上所述, 变分不等式问题 (5.1) 的解集与满足式 (5.14) 的点 $\boldsymbol{x}\in S$ 的集合一致. 易知后者为闭凸集, 故变分不等式问题 (5.1) 的解集也为闭凸集.

下面利用反证法证明 $\boldsymbol{F}$ 为严格单调映射时的结论. 为此, 假设变分不等式问题 (5.1) 存在两个不同的解 $\boldsymbol{x}$ 与 $\boldsymbol{x}'$. 由于 $\boldsymbol{x},\boldsymbol{x}'\in S$, 故有

$$\langle \boldsymbol{F}(\boldsymbol{x}),\boldsymbol{x}'-\boldsymbol{x}\rangle \geqslant 0$$
$$\langle \boldsymbol{F}(\boldsymbol{x}'),\boldsymbol{x}-\boldsymbol{x}'\rangle \geqslant 0$$

二式相加可得

$$\langle \boldsymbol{F}(\boldsymbol{x})-\boldsymbol{F}(\boldsymbol{x}'),\boldsymbol{x}-\boldsymbol{x}'\rangle \leqslant 0$$

这与严格单调性的定义 (2.94) 矛盾, 故变分不等式问题 (5.1) 至多存在一个解.

最后, 设 $\boldsymbol{F}$ 强单调. 因其必是强制的, 故由定理 5.3 知, 变分不等式问题有解. 进一步, 由于强单调映射为严格单调, 因此, 变分不等式问题的解必唯一存在. ■

定理 5.4 并未说明当 $\boldsymbol{F}$ 为单调或严格单调时变分不等式问题的解的存在性. 例如, 由 $F(x)=\mathrm{e}^x$ 定义的映射 $F:\mathbf{R}\to\mathbf{R}$ 的 Jacobi 矩阵 $\nabla F(x)=\mathrm{e}^x$ 处处正定, 因此, 由定理 2.67 知, 该映射严格单调. 由于当 $S=\mathbf{R}$ 时, 变分不等式问题 (5.1) 等价于非线性方程 $\mathrm{e}^x=0$, 显然, 它们没有解.

对于互补问题 (5.6) 的情形, 若着眼于映射 $\boldsymbol{F}$ 的分量的性质, 则可得到互补问题所特有的存在性定理. 为方便起见, 以下将采用由 $\|\boldsymbol{x}\|_\infty \equiv \max\limits_{1\leqslant i\leqslant n} |x_i|$ 所定义的向量范数. 特别地, 只要注意到引理 5.1 对任意向量范数均成立, 即可得到下面关于互补问题的存在性定理.

定理 5.5 设映射 $\boldsymbol{F}:\mathbf{R}^n \to \mathbf{R}^n$ 连续, 并且存在 $\boldsymbol{x}^0 \in \mathbf{R}^n_+$, 使得

$$\lim_{\substack{\|\boldsymbol{x}\|_\infty\to\infty \\ \boldsymbol{x}\in\mathbf{R}^n_+}} \max_{1\leqslant i\leqslant n} \frac{F_i(\boldsymbol{x})(x_i - x_i^0)}{\|\boldsymbol{x}\|_\infty} = +\infty \tag{5.15}$$

则互补问题 (5.6) 有解.

证明 对任意实数 $r>0$, 定义长方体 $S_r \subseteq \mathbf{R}^n$ 为

$$S_r = \mathbf{R}^n_+ \cap \left\{\boldsymbol{x}\in\mathbf{R}^n \,\middle|\, \|\boldsymbol{x}\|_\infty \leqslant r\right\} = \left\{\boldsymbol{x}\in\mathbf{R}^n \,\middle|\, 0\leqslant x_i \leqslant r,\ i=1,\cdots,n\right\}$$

由式 (5.15), 可选取充分大的 $r>0$ 满足 $r > \|\boldsymbol{x}^0\|_\infty$ 且

$$\max_{1\leqslant i\leqslant n} F_i(\boldsymbol{x})(x_i - x_i^0) > 0, \quad \boldsymbol{x}\in\mathbf{R}^n_+, \|\boldsymbol{x}\|_\infty = r \tag{5.16}$$

另一方面, 由于 S_r 有界, 依定理 5.2 知, 存在 $\boldsymbol{x}^r \in S_r$ 满足

$$\langle \boldsymbol{F}(\boldsymbol{x}^r), \boldsymbol{x}-\boldsymbol{x}^r\rangle \geqslant 0, \quad \boldsymbol{x}\in S_r \tag{5.17}$$

对每个固定的 i, 定义向量 $\tilde{\boldsymbol{x}}\in\mathbf{R}^n$, 使得 $\tilde{x}_i = x_i^0$ 且 $\tilde{x}_j = x_j^r$ $(j\neq i)$. 由 $\boldsymbol{x}^0\in S_r$ 知 $\tilde{\boldsymbol{x}}\in S_r$, 从而由式 (5.17) 知下式成立:

$$\langle \boldsymbol{F}(\boldsymbol{x}^r), \tilde{\boldsymbol{x}}-\boldsymbol{x}^r\rangle = F_i(\boldsymbol{x}^r)(x_i^0 - x_i^r) \geqslant 0$$

由 i 的任意性以及式 (5.16) 知, $\|\boldsymbol{x}^r\|_\infty = r$ 不可能成立, 从而必有 $\|\boldsymbol{x}^r\|_\infty < r$. 这样由引理 5.1 即知, 互补问题 (5.6) 有解. ■

显然, 若映射 $\boldsymbol{F}:\mathbf{R}^n\to\mathbf{R}^n$ 在 $\mathbf{R}^n_+$ 上是强制的, 则式 (5.15) 必成立. 下面引入由向量值函数的严格单调性及强单调性推广而来的两个概念. 给定映射 $\boldsymbol{F}:\mathbf{R}^n\to\mathbf{R}^n$ 与非空闭凸集 $S\subseteq\mathbf{R}^n$. 若

$$\boldsymbol{x},\boldsymbol{y}\in S,\ \boldsymbol{x}\neq\boldsymbol{y} \Rightarrow \max_{1\leqslant i\leqslant n}(F_i(\boldsymbol{x})-F_i(\boldsymbol{y}))(x_i-y_i) > 0 \tag{5.18}$$

成立, 则称 $\boldsymbol{F}$ 为 S 上的 **P 函数** (P function). 若存在常数 $\sigma>0$, 使得

$$\boldsymbol{x},\boldsymbol{y}\in S \Rightarrow \max_{1\leqslant i\leqslant n}(F_i(\boldsymbol{x})-F_i(\boldsymbol{y}))(x_i-y_i) \geqslant \sigma\|\boldsymbol{x}-\boldsymbol{y}\|^2 \tag{5.19}$$

则称 $\boldsymbol{F}$ 为 S 上的**一致 P 函数** (uniform P function). 一致 P 函数显然是 P 函数. 此外, 若可微函数 $\boldsymbol{F}$ 的 Jacobi 矩阵 $\nabla\boldsymbol{F}(\boldsymbol{x})$ 对任意 $\boldsymbol{x}$ 均为 P 矩阵, 则 $\boldsymbol{F}$ 为 P 函

数, 参见文献 Moré and Rheinboldt (1973). 但反之并不成立. 例如, 由 $F(x)=x^3$ 定义的函数 $F:\mathbf{R}\to\mathbf{R}$ 为 P 函数, 但 $\nabla F(0)$ 并非 P 矩阵. 此外, 严格单调映射必为 P 函数, 而强单调映射必为一致 P 函数 (留作习题 5.5).

例 5.3　考虑如下定义的映射 $\boldsymbol{F}:\mathbf{R}^2\to\mathbf{R}^2$:

$$\boldsymbol{F}(\boldsymbol{x})=\begin{pmatrix}-\mathrm{e}^{-x_1}-5x_2\\ x_2\end{pmatrix}$$

其 Jacobi 矩阵为

$$\nabla\boldsymbol{F}(\boldsymbol{x})=\begin{bmatrix}\mathrm{e}^{-x_1} & 0\\ -5 & 1\end{bmatrix}$$

当 $\boldsymbol{x}=\boldsymbol{0}$ 时有

$$\langle\boldsymbol{y},\nabla\boldsymbol{F}(\boldsymbol{0})\boldsymbol{y}\rangle=y_1^2-5y_1y_2+y_2^2$$

由于上式右侧在 $\boldsymbol{y}=(1,1)^{\mathrm{T}}$ 处为负值, 故 $\nabla\boldsymbol{F}(\boldsymbol{0})$ 不是半正定矩阵, 从而由定理 2.67 知, $\boldsymbol{F}$ 不是单调映射. 另一方面, 考虑

$$\begin{aligned}&\max_{i=1,2}(F_i(\boldsymbol{x})-F_i(\boldsymbol{y}))(x_i-y_i)\\ =&\max\left\{(-\mathrm{e}^{-x_1}-5x_2+\mathrm{e}^{-y_1}+5y_2)(x_1-y_1),(x_2-y_2)^2\right\}\end{aligned}$$

的右侧. 由于当 $x_2\neq y_2$ 时, $(x_2-y_2)^2>0$, 而当 $x_2=y_2$ 且 $x_1\neq y_1$ 时, $(-\mathrm{e}^{-x_1}-5x_2+\mathrm{e}^{-y_1}+5y_2)(x_1-y_1)=(-\mathrm{e}^{-x_1}+\mathrm{e}^{-y_1})(x_1-y_1)>0$, 故 $\boldsymbol{F}$ 为 P 函数. 然而, 由于当 $x_2=y_2$ 且 $x_1\neq y_1$ 时, 不存在常数 $\sigma>0$, 使得 $(-\mathrm{e}^{-x_1}+\mathrm{e}^{-y_1})(x_1-y_1)\geqslant\sigma(x_1-y_1)^2$ 对任意 $x_1,y_1>0$ 均成立, 故 $\boldsymbol{F}$ 不是一致 P 函数.

定理 5.6　设 $\boldsymbol{F}:\mathbf{R}^n\to\mathbf{R}^n$ 为连续映射. 若 $\boldsymbol{F}$ 为 $\mathbf{R}_+^n$ 上的 P 函数, 则互补问题 (5.6) 至多存在一个解. 若 $\boldsymbol{F}$ 为 $\mathbf{R}_+^n$ 上的一致 P 函数, 则问题 (5.6) 存在唯一解①.

证明　设 $\boldsymbol{F}$ 为 P 函数, 并假定问题 (5.6) 存在两个不同的解 $\overline{\boldsymbol{x}}$ 及 $\overline{\boldsymbol{x}}'$, 则对任意 i 均有 $\overline{x}_i\geqslant 0$, $F_i(\overline{\boldsymbol{x}})\geqslant 0$, $F_i(\overline{\boldsymbol{x}})\overline{x}_i=0$ 及 $\overline{x}_i'\geqslant 0$, $F_i(\overline{\boldsymbol{x}}')\geqslant 0$, $F_i(\overline{\boldsymbol{x}}')\overline{x}_i'=0$, 从而有下式成立:

$$(F_i(\overline{\boldsymbol{x}})-F_i(\overline{\boldsymbol{x}}'))(\overline{x}_i-\overline{x}_i')=-F_i(\overline{\boldsymbol{x}})\overline{x}_i'-F_i(\overline{\boldsymbol{x}}')\overline{x}_i\leqslant 0,\quad i=1,\cdots,n$$

这与 P 函数的定义 (5.18) 相矛盾, 因此, 问题 (5.6) 至多存在一个解.

下设 $\boldsymbol{F}$ 为一致 P 函数. 在式 (5.19) 中, 置 $\boldsymbol{y}=\boldsymbol{0}$ 可得

$$\max_{1\leqslant i\leqslant n}(F_i(\boldsymbol{x})-F_i(\boldsymbol{0}))\,x_i\geqslant\sigma\|\boldsymbol{x}\|^2$$

① 该定理对于混合互补问题仍然成立, 参见文献 Facchinei and Pang[15].

故当 $\boldsymbol{x}\in\mathbf{R}^n_+$ 且 $\|\boldsymbol{x}\|\to+\infty$ 时有

$$\max_{1\leqslant i\leqslant n}\frac{F_i(\boldsymbol{x})x_i}{\|\boldsymbol{x}\|}\geqslant\sigma\|\boldsymbol{x}\|-\max_{1\leqslant i\leqslant n}\frac{|F_i(\mathbf{0})x_i|}{\|\boldsymbol{x}\|}\ \to\ +\infty$$

成立. 注意到 $\|\boldsymbol{x}\|_\infty\leqslant\|\boldsymbol{x}\|$ ($\boldsymbol{x}\in\mathbf{R}^n$), 因此, 上式表明式 (5.15) 当 $\boldsymbol{x}^0=\mathbf{0}$ 时成立. 这样由定理 5.5 即知问题 (5.6) 有解. 进一步, 由于一致 P 函数必为 P 函数, 唯一性得证. ■

如下例所示, $\boldsymbol{F}$ 为 P 函数并不能保证互补问题的解的存在性.

例 5.4 考虑由例 5.3 中的映射 $\boldsymbol{F}:\mathbf{R}^2\to\mathbf{R}^2$ 所定义的互补问题 (5.6). 例 5.3 中已经证明了 $\boldsymbol{F}$ 为 P 函数. 假定该问题存在解 $\overline{\boldsymbol{x}}=(\overline{x}_1,\overline{x}_2)^{\mathrm{T}}$, 则由 $F_2(\overline{\boldsymbol{x}})\overline{x}_2=\overline{x}_2^2=0$ 可得 $\overline{x}_2=0$. 再由 $F_1(\overline{\boldsymbol{x}})\overline{x}_1=(-\mathrm{e}^{-\overline{x}_1}-5\overline{x}_2)\overline{x}_1=-\mathrm{e}^{-\overline{x}_1}\overline{x}_1=0$ 可得 $\overline{x}_1=0$. 因此, $\overline{\boldsymbol{x}}=\mathbf{0}$. 然而, $\boldsymbol{F}(\overline{\boldsymbol{x}})=(-1,0)^{\mathrm{T}}\ngeqslant\mathbf{0}$, 故 $\overline{\boldsymbol{x}}$ 不可能是互补问题的解. 综上所述, 虽然 $\boldsymbol{F}$ 为 P 函数, 但对应的互补问题并没有解.

5.3 再定式为等价方程组

设映射 $\boldsymbol{H}_\alpha:\mathbf{R}^n\to\mathbf{R}^n$ 依式 (5.8) 所定义, 则由定理 5.2, 变分不等式问题 (5.1) 等价于下面的非线性方程组:

$$\boldsymbol{x}-\boldsymbol{H}_\alpha(\boldsymbol{x})=\mathbf{0} \tag{5.20}$$

由于映射 $\boldsymbol{H}_\alpha$ 中含有投影运算, 所以即使 $\boldsymbol{F}$ 可微, $\boldsymbol{H}_\alpha$ 一般也不可微. 此外, 当 S 为普通闭凸集时, $\boldsymbol{H}_\alpha$ 很难有显式表示. 然而, 当 S 为长方体 $\{\boldsymbol{x}\in\mathbf{R}^n\,|\,l_i\leqslant x_i\leqslant u_i,\ i=1,\cdots,n\}$ 时, S 上的投影算子 $\boldsymbol{P}_S:\mathbf{R}^n\to\mathbf{R}^n$ 可表示为

$$\boldsymbol{P}_S(\boldsymbol{z})=\Big(\mathrm{mid}\{l_1,u_1,z_1\},\cdots,\mathrm{mid}\{l_n,u_n,z_n\}\Big)^{\mathrm{T}}$$

其中 $\mathrm{mid}\{a,b,c\}$ 表示三个数 $a,b,c\in[-\infty,+\infty]$ 中的中位数①. 不失一般性, 假定 $l_i<u_i$ ($i=1,\cdots,n$). 特别地, 当 S 为非负象限 $\{\boldsymbol{x}\in\mathbf{R}^n\,|\,x_i\geqslant0,\ i=1,\cdots,n\}$ 时, S 上的投影算子 $\boldsymbol{P}_S$ 可表示为

$$\boldsymbol{P}_S(\boldsymbol{z})=\Big(\max\{0,z_1\},\cdots,\max\{0,z_n\}\Big)^{\mathrm{T}}$$

为表示简单起见, 以下假设 $\boldsymbol{H}_\alpha$ 的定义中 $\alpha=1$, 则对长方体上的变分不等式问题, 也即混合互补问题 (5.4) 而言, 式 (5.20) 可表示如下:

$$\boldsymbol{\Phi}(\boldsymbol{x})=\mathbf{0} \tag{5.21}$$

① 中位数的英文也可写作 median, 因此, 以 med 代替 mid 也可. 由于多数文献都使用英文 middle 的缩写 mid, 所以本书也采用这个记号.

其中 $\boldsymbol{\Phi}: \mathbf{R}^n \to \mathbf{R}^n$ 是以

$$\Phi_i(\boldsymbol{x}) = \operatorname{mid}\Big\{x_i - l_i, x_i - u_i, F_i(\boldsymbol{x})\Big\} \tag{5.22}$$

为分量的向量值函数. 特别地, 对于 $S = \{\boldsymbol{x} \in \mathbf{R}^n \mid x_i \geqslant 0,\ i = 1, \cdots, n\}$, 即互补问题 (5.6) 的情形, Φ_i 可由下式给出:

$$\Phi_i(\boldsymbol{x}) = \min\Big\{x_i, F_i(\boldsymbol{x})\Big\} \tag{5.23}$$

虽然式 (5.22) 或式 (5.23) 中的 Φ_i 不是可微函数, 但当 $\boldsymbol{F}$ 连续可微时, Φ_i 局部 Lipschitz 连续, 因此, $\boldsymbol{\Phi}$ 在任意点 $\boldsymbol{x}$ 处均存在广义 Jacobi 矩阵 $\partial\boldsymbol{\Phi}(\boldsymbol{x})$, 并且由定理 2.64 有

$$\partial\boldsymbol{\Phi}(\boldsymbol{x}) \subseteq [\partial\Phi_1(\boldsymbol{x}) \cdots \partial\Phi_n(\boldsymbol{x})] \tag{5.24}$$

成立, 其中式 (5.24) 的右侧表示以 Φ_i 的 Clarke 次微分 $\partial\Phi_i(\boldsymbol{x})$ 中的向量作为第 i 列所形成的 $n \times n$ 阶矩阵的全体构成的集合.

为了具体求出式 (5.22) 中的函数 Φ_i 的次微分 $\partial\Phi_i(\boldsymbol{x})$, 分别定义指标集 $\mathcal{I}(\boldsymbol{x})$, $\mathcal{J}(\boldsymbol{x})$ 与 $\mathcal{K}(\boldsymbol{x})$ 如下:

$$\begin{aligned}
\mathcal{I}(\boldsymbol{x}) &= \Big\{i \,\Big|\, x_i - u_i < F_i(\boldsymbol{x}) < x_i - l_i\Big\} \\
\mathcal{J}(\boldsymbol{x}) &= \Big\{i \,\Big|\, F_i(\boldsymbol{x}) = x_i - u_i\Big\} \cup \Big\{i \,\Big|\, F_i(\boldsymbol{x}) = x_i - l_i\Big\} \\
\mathcal{K}(\boldsymbol{x}) &= \Big\{i \,\Big|\, F_i(\boldsymbol{x}) < x_i - u_i\Big\} \cup \Big\{i \,\Big|\, F_i(\boldsymbol{x}) > x_i - l_i\Big\}
\end{aligned} \tag{5.25}$$

则对任意点 $\boldsymbol{x} \in \mathbf{R}^n$ 均有 $\mathcal{I}(\boldsymbol{x}) \cup \mathcal{J}(\boldsymbol{x}) \cup \mathcal{K}(\boldsymbol{x}) = \{1, \cdots, n\}$, 并且 $\partial\Phi_i(\boldsymbol{x})$ 可由下式给出:

$$\partial\Phi_i(\boldsymbol{x}) = \begin{cases} \{\nabla F_i(\boldsymbol{x})\}, & i \in \mathcal{I}(\boldsymbol{x}) \\ \{\rho\boldsymbol{e}^i + (1-\rho)\nabla F_i(\boldsymbol{x}) \mid \rho \in [0,1]\}, & i \in \mathcal{J}(\boldsymbol{x}) \\ \{\boldsymbol{e}^i\}, & i \in \mathcal{K}(\boldsymbol{x}) \end{cases} \tag{5.26}$$

其中 $\boldsymbol{e}^i$ 表示第 i 个元素为 1 的 n 元单位向量. 另外, 若函数 Φ_i 由式 (5.23) 给出, 则分别定义指标集为

$$\begin{aligned}
\mathcal{I}(\boldsymbol{x}) &= \Big\{i \,\Big|\, F_i(\boldsymbol{x}) < x_i\Big\} \\
\mathcal{J}(\boldsymbol{x}) &= \Big\{i \,\Big|\, F_i(\boldsymbol{x}) = x_i\Big\} \\
\mathcal{K}(\boldsymbol{x}) &= \Big\{i \,\Big|\, F_i(\boldsymbol{x}) > x_i\Big\}
\end{aligned} \tag{5.27}$$

显然, $\partial\Phi_i(\boldsymbol{x})$ 仍然可由式 (5.26) 给出①.

① 在式 (5.25) 中置 $l_i = 0, u_i = +\infty$ 即得式 (5.27).

对于互补问题 (5.6), 除了利用式 (5.23) 定义的 Φ_i 进行再定式之外, 还可以利用由

$$\psi(a,b) = a + b - \sqrt{a^2+b^2} \tag{5.28}$$

定义的 **Fischer-Burmeister 函数** (Fischer-Burmeister function) $\psi : \mathbf{R}^2 \to \mathbf{R}$ 来进行再定式. 事实上, 由于

$$\begin{aligned}\psi(a,b) = 0 &\Leftrightarrow a + b = \sqrt{a^2+b^2} \\ &\Leftrightarrow a+b \geqslant 0,\ (a+b)^2 = a^2+b^2 \\ &\Leftrightarrow a \geqslant 0,\ b \geqslant 0,\ ab = 0\end{aligned}$$

利用 ψ 定义函数 $\Psi_i : \mathbf{R}^n \to \mathbf{R}\ (i=1,\cdots,n)$ 为

$$\Psi_i(\boldsymbol{x}) = \psi(x_i, F_i(\boldsymbol{x})) \tag{5.29}$$

并令 $\boldsymbol{\Psi}(\boldsymbol{x}) = (\Psi_1(\boldsymbol{x}),\cdots,\Psi_n(\boldsymbol{x}))^{\mathrm{T}}$, 则关于向量值函数 $\boldsymbol{\Psi} : \mathbf{R}^n \to \mathbf{R}^n$ 的方程

$$\boldsymbol{\Psi}(\boldsymbol{x}) = \mathbf{0} \tag{5.30}$$

即与互补问题 (5.6) 等价. 虽然 $\boldsymbol{\Psi}$ 与 $\boldsymbol{\Phi}$ 一样也不是可微函数, 但 $\boldsymbol{\Phi}$ 在每个满足 $x_i = F_i(\boldsymbol{x})$ (其中 i 为某个指标) 的点 $\boldsymbol{x}$ 处均不可微, 而 $\boldsymbol{\Psi}$ 只是在满足 $x_i = F_i(\boldsymbol{x}) = 0$ (其中 i 为某个指标) 的点 $\boldsymbol{x}$ 处不可微.

Fischer-Burmeister 函数 ψ 为局部 Lipschitz 连续, 并且由式 (2.88) 及 (2.89), 其 Clarke 次微分可由下式给出:

$$\partial\psi(a,b) = \begin{cases} \left\{\left(1 - \dfrac{a}{\sqrt{a^2+b^2}}, 1 - \dfrac{b}{\sqrt{a^2+b^2}}\right)^{\mathrm{T}}\right\}, & (a,b) \neq (0,0) \\ \left\{(1-\xi, 1-\eta)^{\mathrm{T}} \,\middle|\, \xi^2+\eta^2 \leqslant 1\right\}, & (a,b) = (0,0) \end{cases}$$

与式 (5.24) 一样, $\boldsymbol{\Psi}$ 的广义 Jacobi 矩阵 $\partial\boldsymbol{\Psi}(\boldsymbol{x})$ 满足

$$\partial\boldsymbol{\Psi}(\boldsymbol{x}) \subseteq [\partial\Psi_1(\boldsymbol{x}) \cdots \partial\Psi_n(\boldsymbol{x})] \tag{5.31}$$

在式 (5.31) 中, 若 $(x_i, F_i(\boldsymbol{x})) \neq (0,0)$, 则 $\partial\Psi_i(\boldsymbol{x}) = \{\nabla\Psi_i(\boldsymbol{x})\}$ 且由式 (5.29) 有

$$\nabla\Psi_i(\boldsymbol{x}) = \left(1 - \frac{x_i}{\sqrt{x_i^2 + F_i(\boldsymbol{x})^2}}\right)\boldsymbol{e}^i + \left(1 - \frac{F_i(\boldsymbol{x})}{\sqrt{x_i^2+F_i(\boldsymbol{x})^2}}\right)\nabla F_i(\boldsymbol{x}) \tag{5.32}$$

若 $(x_i, F_i(\boldsymbol{x})) = (0,0)$, 则有

$$\partial\Psi_i(\boldsymbol{x}) \subseteq \left\{(1-\xi_i)\boldsymbol{e}^i + (1-\eta_i)\nabla F_i(\boldsymbol{x}) \,\middle|\, \xi_i^2+\eta_i^2 \leqslant 1\right\} \tag{5.33}$$

式 (5.31)~(5.33) 说明广义 Jacobi 矩阵 $\partial\boldsymbol{\Psi}(\boldsymbol{x})$ 是由形如

$$\boldsymbol{G}=\mathbf{diag}[\lambda_i]+\nabla\boldsymbol{F}(\boldsymbol{x})\,\mathbf{diag}[\mu_i] \tag{5.34}$$

的矩阵构成的集合, 其中 $\mathbf{diag}[\lambda_i]$ 与 $\mathbf{diag}[\mu_i]$ 分别表示由下式给出的 $\lambda_i\ (i=1,\cdots,n)$ 及 $\mu_i\ (i=1,\cdots,n)$ 为对角元素的对角矩阵:

$$(\lambda_i,\mu_i)=\begin{cases}\left(1-\dfrac{x_i}{\sqrt{x_i^2+F_i(\boldsymbol{x})^2}},1-\dfrac{F_i(\boldsymbol{x})}{\sqrt{x_i^2+F_i(\boldsymbol{x})^2}}\right), & (x_i,F_i(\boldsymbol{x}))\neq(0,0)\\ (1-\xi_i,1-\eta_i), & (x_i,F_i(\boldsymbol{x}))=(0,0)\end{cases}$$

其中 $(\xi_i,\eta_i)^{\mathrm{T}}\in\mathbf{R}^2$ 为满足 $\xi_i^2+\eta_i^2\leqslant 1$ 的向量. 下面的定理给出了使得函数 $\boldsymbol{\Psi}$ 的广义 Jacobi 矩阵非奇异的一个条件.

定理 5.7　设映射 $\boldsymbol{F}:\mathbf{R}^n\to\mathbf{R}^n$ 连续可微, 并且 $\nabla\boldsymbol{F}(\boldsymbol{x})^{\mathrm{T}}$ 为 P 矩阵, 则由 Fischer-Burmeister 函数定义的映射 $\boldsymbol{\Psi}:\mathbf{R}^n\to\mathbf{R}^n$ 的广义 Jacobi 矩阵 $\partial\boldsymbol{\Psi}(\boldsymbol{x})$ 中的所有矩阵均为非奇异矩阵.

证明　注意到 $\partial\boldsymbol{\Psi}(\boldsymbol{x})$ 中的矩阵 $\boldsymbol{G}$ 必可表示成式 (5.34) 的形式. 欲证 $\boldsymbol{G}$ 为非奇异矩阵, 只需证明满足

$$\boldsymbol{G}^{\mathrm{T}}\boldsymbol{y}\ =\ \mathbf{diag}[\lambda_i]\,\boldsymbol{y}+\mathbf{diag}[\mu_i]\nabla\boldsymbol{F}(\boldsymbol{x})^{\mathrm{T}}\boldsymbol{y}\ =\ \mathbf{0}$$

的向量 $\boldsymbol{y}\in\mathbf{R}^n$ 必为 $\mathbf{0}$ 即可. 记 $\boldsymbol{z}=\nabla\boldsymbol{F}(\boldsymbol{x})^{\mathrm{T}}\boldsymbol{y}$, 则有

$$\lambda_i y_i+\mu_i z_i=0,\quad i=1,\cdots,n \tag{5.35}$$

由 λ_i 与 μ_i 的定义易知 $\lambda_i\geqslant 0$, $\mu_i\geqslant 0$ 且 $\lambda_i+\mu_i>0$. 因此, 当 $\lambda_i=0$ 时必有 $\mu_i>0$, 从而由式 (5.35) 得 $z_i=0$; 而当 $\lambda_i>0$ 时必有 $y_iz_i=-(\mu_i/\lambda_i)z_i^2\leqslant 0$. 总之, 对任意 i 均有 $y_iz_i=y_i[\nabla\boldsymbol{F}(\boldsymbol{x})^{\mathrm{T}}\boldsymbol{y}]_i\leqslant 0$ 成立, 从而由 P 矩阵的定义 (2.4) 知 $\boldsymbol{y}=\mathbf{0}$. ■

5.4　价 值 函 数

给定某个均衡问题, 若存在某个广义实值函数 f, 使得当点 $\boldsymbol{x}$ 为问题的解时有 $f(\boldsymbol{x})=0$; 否则, 有 $f(\boldsymbol{x})>0$, 则称之为该均衡问题的**价值函数** (merit function).

由于变分不等式问题 (5.1) 与方程 (5.20) 等价, 所以 $f(\boldsymbol{x})=\|\boldsymbol{x}-\boldsymbol{H}_\alpha(\boldsymbol{x})\|$ 或者 $f(\boldsymbol{x})=\|\boldsymbol{x}-\boldsymbol{H}_\alpha(\boldsymbol{x})\|^2$ 均满足价值函数的条件. 然而, 即使在函数 $\boldsymbol{F}$ 可微的前提下, 上述价值函数既不可微也不实用.

由

$$g_\infty(\boldsymbol{x})=\sup_{\boldsymbol{y}\in S}\langle\boldsymbol{F}(\boldsymbol{x}),\boldsymbol{x}-\boldsymbol{y}\rangle \tag{5.36}$$

定义的函数 $g_\infty : \mathbf{R}^n \to (-\infty, +\infty]$ 称为**间隙函数** (gap function), 它是人们所熟知的关于变分不等式问题 (5.1) 的经典价值函数.

定理 5.8 对任意 $\boldsymbol{x} \in S$ 均有 $g_\infty(\boldsymbol{x}) \geqslant 0$. 进一步, $\boldsymbol{x}$ 为变分不等式问题 (5.1) 的解当且仅当 $g_\infty(\boldsymbol{x}) = 0$ 且 $\boldsymbol{x} \in S$.

证明 对任意 $\boldsymbol{x} \in S$, 由式 (5.36) 即有

$$g_\infty(\boldsymbol{x}) \geqslant \langle \boldsymbol{F}(\boldsymbol{x}), \boldsymbol{x} - \boldsymbol{x} \rangle = 0$$

进一步, $\boldsymbol{x}$ 为变分不等式问题 (5.1) 的解等价于 $\boldsymbol{x} \in S$ 且

$$\langle \boldsymbol{F}(\boldsymbol{x}), \boldsymbol{x} - \boldsymbol{y} \rangle \leqslant 0, \quad \boldsymbol{y} \in S$$

而这与 $g_\infty(\boldsymbol{x}) = 0$ 且 $\boldsymbol{x} \in S$ 等价. ■

由定理 5.8, 间隙函数 g_∞ 为变分不等式问题 (5.1) 在可行集 S 上的价值函数, 也即变分不等式问题 (5.1) 等价于如下约束最优化问题①:

$$\begin{aligned} \min \quad & g_\infty(\boldsymbol{x}) \\ \text{s.t.} \quad & \boldsymbol{x} \in S \end{aligned} \tag{5.37}$$

函数 g_∞ 的优点之一是当 S 为凸多面体时, 可以利用求解线性规划问题来求得 $g_\infty(\boldsymbol{x})$ 的值. 然而, 当 S 为无界集时, 可能存在 $\boldsymbol{x}$, 使得 $g_\infty(\boldsymbol{x}) = +\infty$. 此外, 即使 $g_\infty(\boldsymbol{x})$ 为有限值, 函数 g_∞ 也常常不可微.

给定常数 $\alpha > 0$, 由

$$g_\alpha(\boldsymbol{x}) = \max_{\boldsymbol{y} \in S} \left\{ \langle \boldsymbol{F}(\boldsymbol{x}), \boldsymbol{x} - \boldsymbol{y} \rangle - \frac{1}{2\alpha} \|\boldsymbol{x} - \boldsymbol{y}\|^2 \right\} \tag{5.38}$$

定义的函数 $g_\alpha : \mathbf{R}^n \to \mathbf{R}$ 称为**正则化间隙函数** (regularized gap function). 由于式 (5.38) 右侧等价于 $\min\limits_{\boldsymbol{y} \in S} \|\boldsymbol{y} - (\boldsymbol{x} - \alpha \boldsymbol{F}(\boldsymbol{x}))\|$, 所以在式 (5.38) 中, 以 $\boldsymbol{y} = \boldsymbol{P}_S(\boldsymbol{x} - \alpha \boldsymbol{F}(\boldsymbol{x}))$ (也即式 (5.8) 定义的 $\boldsymbol{H}_\alpha(\boldsymbol{x})$) 代入后即得 $g_\alpha(\boldsymbol{x})$ 的值. 因此, 经简单计算即可将函数 g_α 表示为

$$g_\alpha(\boldsymbol{x}) = \frac{1}{2\alpha} \left\{ \|\alpha \boldsymbol{F}(\boldsymbol{x})\|^2 - \|\boldsymbol{H}_\alpha(\boldsymbol{x}) - (\boldsymbol{x} - \alpha \boldsymbol{F}(\boldsymbol{x}))\|^2 \right\} \tag{5.39}$$

这说明函数 g_α 在任意点 $\boldsymbol{x} \in \mathbf{R}^n$ 处均取有限值. 下面的定理证明了正则化间隙函数为变分不等式问题 (5.1) 在集合 S 上的价值函数.

定理 5.9 对任意 $\boldsymbol{x} \in S$ 均有 $g_\alpha(\boldsymbol{x}) \geqslant 0$. 进一步, $\boldsymbol{x}$ 为变分不等式问题 (5.1) 的解当且仅当 $g_\alpha(\boldsymbol{x}) = 0$ 且 $\boldsymbol{x} \in S$.

---

① 更准确地说, $\overline{\boldsymbol{x}}$ 为变分不等式问题 (5.1) 的解当且仅当 $\overline{\boldsymbol{x}}$ 为问题 (5.37) 的全局最优解, 并且满足 $g_\infty(\overline{\boldsymbol{x}}) = 0$.

证明　对任意 $\boldsymbol{x}\in S$, $\|\alpha\boldsymbol{F}(\boldsymbol{x})\|$ 等于 $\boldsymbol{x}-\alpha\boldsymbol{F}(\boldsymbol{x})$ 与 $\boldsymbol{x}$ 之间的距离, 而 $\|\boldsymbol{H}_\alpha(\boldsymbol{x})-(\boldsymbol{x}-\alpha\boldsymbol{F}(\boldsymbol{x}))\|$ 等于 $\boldsymbol{x}-\alpha\boldsymbol{F}(\boldsymbol{x})$ 与其到 S 上的投影 $\boldsymbol{H}_\alpha(\boldsymbol{x})$ 之间的距离, 因此, 由投影的定义知, 式 (5.39) 的右侧总是非负数. 再者, 上述两个距离相等当且仅当 $\boldsymbol{x}=\boldsymbol{H}_\alpha(\boldsymbol{x})$, 而由定理 5.2, 后者等价于 $\boldsymbol{x}$ 为变分不等式问题 (5.1) 的解. ∎

如下面的定理所示, 对任意非空闭凸集 S, 当映射 $\boldsymbol{F}$ 可微时正则化间隙函数也是可微的.

定理 5.10　若映射 $\boldsymbol{F}:\mathbf{R}^n\to\mathbf{R}^n$ 连续可微, 则正则化间隙函数 $g_\alpha:\mathbf{R}^n\to\mathbf{R}$ 也连续可微, 并且其梯度可由下式给出:

$$\nabla g_\alpha(\boldsymbol{x})=\boldsymbol{F}(\boldsymbol{x})-[\nabla\boldsymbol{F}(\boldsymbol{x})-\alpha^{-1}\boldsymbol{I}](\boldsymbol{H}_\alpha(\boldsymbol{x})-\boldsymbol{x}) \tag{5.40}$$

证明　定义函数 $h:\mathbf{R}^n\times\mathbf{R}^n\to\mathbf{R}$ 如下:

$$h(\boldsymbol{y},\boldsymbol{x})=\langle\boldsymbol{F}(\boldsymbol{x}),\boldsymbol{y}-\boldsymbol{x}\rangle+\frac{1}{2\alpha}\|\boldsymbol{y}-\boldsymbol{x}\|^2$$

若 $\boldsymbol{F}$ 可微, 则函数 h 也可微. 依定义有

$$g_\alpha(\boldsymbol{x})=-\min\left\{h(\boldsymbol{y},\boldsymbol{x})\,\middle|\,\boldsymbol{y}\in S\right\}$$

且右侧仅在 $\boldsymbol{y}=\boldsymbol{H}_\alpha(\boldsymbol{x})$ 处达到最小值, 从而由定理 3.31 知, 函数 g_α 连续可微, 再由式 (3.66) 有

$$\begin{aligned}\nabla g_\alpha(\boldsymbol{x})&=-\nabla_{\boldsymbol{x}}h(\boldsymbol{H}_\alpha(\boldsymbol{x}),\boldsymbol{x})\\&=\boldsymbol{F}(\boldsymbol{x})-[\nabla\boldsymbol{F}(\boldsymbol{x})-\alpha^{-1}\boldsymbol{I}](\boldsymbol{H}_\alpha(\boldsymbol{x})-\boldsymbol{x})\end{aligned}$$

成立. ∎

由定理 5.9 与定理 5.10, 变分不等式问题 (5.1) 的解即为可微的约束最优化问题

$$\begin{aligned}\min\quad & g_\alpha(\boldsymbol{x})\\ \text{s.t.}\quad & \boldsymbol{x}\in S\end{aligned} \tag{5.41}$$

的全局最优解. 但由于 g_α 一般为非凸函数, 问题 (5.41) 可能存在不是全局最优解的局部最优解或者稳定点. 然而, 正如下面的定理所示, 当映射 $\boldsymbol{F}$ 的 Jacobi 矩阵为正定矩阵时, 问题 (5.41) 的稳定点必为变分不等式 (5.1) 的解, 也即必为问题 (5.41) 的全局最优解①.

定理 5.11　设映射 $\boldsymbol{F}:\mathbf{R}^n\to\mathbf{R}^n$ 连续可微. 若 $\boldsymbol{x}\in S$ 为最优化问题 (5.41) 的稳定点, 即

$$\langle\nabla g_\alpha(\boldsymbol{x}),\boldsymbol{y}-\boldsymbol{x}\rangle\geqslant 0,\quad \boldsymbol{y}\in S \tag{5.42}$$

并且 Jacobi 矩阵 $\nabla\boldsymbol{F}(\boldsymbol{x})$ 正定, 则 $\boldsymbol{x}$ 为变分不等式问题 (5.1) 的解.

① 这并非意味着 g_α 为凸函数.

证明 将式 (5.40) 代入式 (5.42), 并置 $\boldsymbol{y} = \boldsymbol{H}_\alpha(\boldsymbol{x})$ 可得

$$\langle \boldsymbol{F}(\boldsymbol{x}) - [\nabla \boldsymbol{F}(\boldsymbol{x}) - \alpha^{-1}\boldsymbol{I}](\boldsymbol{H}_\alpha(\boldsymbol{x}) - \boldsymbol{x}), \boldsymbol{H}_\alpha(\boldsymbol{x}) - \boldsymbol{x}\rangle \geqslant 0 \tag{5.43}$$

另一方面, 由式 (5.8) 有 $\boldsymbol{H}_\alpha(\boldsymbol{x}) = \boldsymbol{P}_S(\boldsymbol{x} - \alpha \boldsymbol{F}(\boldsymbol{x}))$, 故由定理 2.6 有

$$\langle \boldsymbol{x} - \alpha \boldsymbol{F}(\boldsymbol{x}) - \boldsymbol{H}_\alpha(\boldsymbol{x}), \boldsymbol{y} - \boldsymbol{H}_\alpha(\boldsymbol{x})\rangle \leqslant 0, \quad \boldsymbol{y} \in S$$

成立. 在上式中, 令 $\boldsymbol{y} = \boldsymbol{x}$, 然后两侧同时除以 α 可得

$$\langle \boldsymbol{F}(\boldsymbol{x}) + \alpha^{-1}(\boldsymbol{H}_\alpha(\boldsymbol{x}) - \boldsymbol{x}), \boldsymbol{H}_\alpha(\boldsymbol{x}) - \boldsymbol{x}\rangle \leqslant 0$$

由上式及 (5.43) 有

$$\langle \nabla \boldsymbol{F}(\boldsymbol{x})(\boldsymbol{H}_\alpha(\boldsymbol{x}) - \boldsymbol{x}), \boldsymbol{H}_\alpha(\boldsymbol{x}) - \boldsymbol{x}\rangle \leqslant 0 \tag{5.44}$$

由设 $\nabla \boldsymbol{F}(\boldsymbol{x})$ 为正定矩阵, 所以式 (5.44) 意味着 $\boldsymbol{H}_\alpha(\boldsymbol{x}) - \boldsymbol{x} = \boldsymbol{0}$, 从而由定理 5.2 知, $\boldsymbol{x}$ 为变分不等式问题 (5.1) 的解. ■

利用正则化间隙函数可将变分不等式问题 (5.1) 等价地转化为可微的最优化问题 (5.41), 然而后者是含有约束的问题. 下面证明: 利用由

$$g_{\alpha\beta}(\boldsymbol{x}) = g_\alpha(\boldsymbol{x}) - g_\beta(\boldsymbol{x}) \tag{5.45}$$

定义的函数 $g_{\alpha\beta} : \mathbf{R}^n \to \mathbf{R}$ 可将变分不等式问题 (5.1) 转化为可微的无约束最优化问题, 其中 $\alpha > \beta > 0$ 均为常数, $g_\alpha : \mathbf{R}^n \to \mathbf{R}$ 及 $g_\beta : \mathbf{R}^n \to \mathbf{R}$ 分别为式 (5.38) 对应 α 与 β 而定义的正则化间隙函数. 函数 $g_{\alpha\beta}$ 称为 **D 间隙函数** (D gap function)①.

下面的引理在后面的讨论中将起很重要的作用.

引理 5.2 对任意 $\boldsymbol{x} \in \mathbf{R}^n$ 均有如下不等式成立:

$$\frac{\alpha - \beta}{2\alpha\beta}\|\boldsymbol{x} - \boldsymbol{H}_\beta(\boldsymbol{x})\|^2 \leqslant g_{\alpha\beta}(\boldsymbol{x}) \leqslant \frac{\alpha - \beta}{2\alpha\beta}\|\boldsymbol{x} - \boldsymbol{H}_\alpha(\boldsymbol{x})\|^2 \tag{5.46}$$

证明 由于式 (5.38) 的右侧在 $\boldsymbol{H}_\alpha(\boldsymbol{x})$ 处达到最大, 故有

$$\begin{aligned}&\langle \boldsymbol{F}(\boldsymbol{x}), \boldsymbol{x} - \boldsymbol{H}_\alpha(\boldsymbol{x})\rangle - \frac{1}{2\alpha}\|\boldsymbol{x} - \boldsymbol{H}_\alpha(\boldsymbol{x})\|^2 \\ \geqslant &\langle \boldsymbol{F}(\boldsymbol{x}), \boldsymbol{x} - \boldsymbol{H}_\beta(\boldsymbol{x})\rangle - \frac{1}{2\alpha}\|\boldsymbol{x} - \boldsymbol{H}_\beta(\boldsymbol{x})\|^2\end{aligned}$$

① 字母 D 来源于该函数为两个正则化间隙函数的差 (difference).

由 $g_{\alpha\beta}$ 的定义可得

$$\begin{aligned}g_{\alpha\beta}(\boldsymbol{x}) &= \langle \boldsymbol{F}(\boldsymbol{x}), \boldsymbol{x} - \boldsymbol{H}_\alpha(\boldsymbol{x})\rangle - \frac{1}{2\alpha}\|\boldsymbol{x} - \boldsymbol{H}_\alpha(\boldsymbol{x})\|^2 \\ &\quad - \langle \boldsymbol{F}(\boldsymbol{x}), \boldsymbol{x} - \boldsymbol{H}_\beta(\boldsymbol{x})\rangle + \frac{1}{2\beta}\|\boldsymbol{x} - \boldsymbol{H}_\beta(\boldsymbol{x})\|^2 \\ &\geqslant \langle \boldsymbol{F}(\boldsymbol{x}), \boldsymbol{x} - \boldsymbol{H}_\beta(\boldsymbol{x})\rangle - \frac{1}{2\alpha}\|\boldsymbol{x} - \boldsymbol{H}_\beta(\boldsymbol{x})\|^2 \\ &\quad - \langle \boldsymbol{F}(\boldsymbol{x}), \boldsymbol{x} - \boldsymbol{H}_\beta(\boldsymbol{x})\rangle + \frac{1}{2\beta}\|\boldsymbol{x} - \boldsymbol{H}_\beta(\boldsymbol{x})\|^2 \\ &= \left(\frac{1}{2\beta} - \frac{1}{2\alpha}\right)\|\boldsymbol{x} - \boldsymbol{H}_\beta(\boldsymbol{x})\|^2\end{aligned}$$

即式 (5.46) 的左侧不等式成立. 同理, 可证式 (5.46) 的右侧不等式成立. ■

定理 5.12　对任意 $\boldsymbol{x} \in \mathbf{R}^n$ 均有 $g_{\alpha\beta}(\boldsymbol{x}) \geqslant 0$, 并且 $\boldsymbol{x}$ 为变分不等式问题 (5.1) 的解当且仅当 $g_{\alpha\beta}(\boldsymbol{x}) = 0$.

证明　对任意 $\boldsymbol{x} \in \mathbf{R}^n$, 由引理 5.2 显然有 $g_{\alpha\beta}(\boldsymbol{x}) \geqslant 0$ 成立. 若 $g_{\alpha\beta}(\boldsymbol{x}) = 0$, 由 (5.46) 的左侧不等式有 $\boldsymbol{x} = \boldsymbol{H}_\beta(\boldsymbol{x})$, 从而由定理 5.2 知, $\boldsymbol{x}$ 为变分不等式问题 (5.1) 的解. 反之, 若 $\boldsymbol{x}$ 为变分不等式问题 (5.1) 的解, 再次利用定理 5.2 可得 $\boldsymbol{x} = \boldsymbol{H}_\alpha(\boldsymbol{x})$, 于是由 (5.46) 的右侧不等式得 $g_{\alpha\beta}(\boldsymbol{x}) = 0$. ■

由定理 5.12, 变分不等式问题 (5.1) 等价于无约束最优化问题

$$\min_{\boldsymbol{x}} \quad g_{\alpha\beta}(\boldsymbol{x}) \tag{5.47}$$

下面的定理揭示了最优化问题 (5.47) 的可微性.

定理 5.13　若映射 $\boldsymbol{F}: \mathbf{R}^n \to \mathbf{R}^n$ 连续可微, 则 D 间隙函数 $g_{\alpha\beta}: \mathbf{R}^n \to \mathbf{R}$ 也连续可微, 并且其梯度可由下式给出:

$$\begin{aligned}\nabla g_{\alpha\beta}(\boldsymbol{x}) &= \nabla \boldsymbol{F}(\boldsymbol{x})(\boldsymbol{H}_\beta(\boldsymbol{x}) - \boldsymbol{H}_\alpha(\boldsymbol{x})) \\ &\quad + \alpha^{-1}(\boldsymbol{H}_\alpha(\boldsymbol{x}) - \boldsymbol{x}) - \beta^{-1}(\boldsymbol{H}_\beta(\boldsymbol{x}) - \boldsymbol{x})\end{aligned} \tag{5.48}$$

证明　由 D 间隙函数的定义 (5.45) 及定理 5.10 即得结论. ■

与正则化间隙函数的情形类似, 当映射 $\boldsymbol{F}$ 的 Jacobi 矩阵正定时, 以 D 间隙函数为目标函数的无约束最优化问题 (5.47) 的稳定点也是变分不等式问题 (5.1) 的解.

定理 5.14　设映射 $\boldsymbol{F}: \mathbf{R}^n \to \mathbf{R}^n$ 连续可微. 若在 $\boldsymbol{x} \in \mathbf{R}^n$ 处有 Jacobi 矩阵 $\nabla \boldsymbol{F}(\boldsymbol{x})$ 正定, 并且

$$\nabla g_{\alpha\beta}(\boldsymbol{x}) = \mathbf{0} \tag{5.49}$$

成立, 则 $\boldsymbol{x}$ 为变分不等式问题 (5.1) 的解.

证明 由于对任意 $\gamma > 0$ 均有 $\boldsymbol{H}_\gamma(\boldsymbol{x}) = \boldsymbol{P}_S(\boldsymbol{x} - \gamma\boldsymbol{F}(\boldsymbol{x}))$, 故由定理 2.6 有

$$\langle \boldsymbol{x} - \gamma\boldsymbol{F}(\boldsymbol{x}) - \boldsymbol{H}_\gamma(\boldsymbol{x}), \boldsymbol{y} - \boldsymbol{H}_\gamma(\boldsymbol{x})\rangle \leqslant 0, \quad \boldsymbol{y} \in S$$

成立. 在该不等式中分别以 $\gamma = \alpha$, $\boldsymbol{y} = \boldsymbol{H}_\beta(\boldsymbol{x})$ 及 $\gamma = \beta$, $\boldsymbol{y} = \boldsymbol{H}_\alpha(\boldsymbol{x})$ 代入, 然后各自乘以 α^{-1} 与 β^{-1}, 再将得到的两个不等式相加, 无须整理即得

$$\langle \alpha^{-1}(\boldsymbol{H}_\alpha(\boldsymbol{x}) - \boldsymbol{x}) - \beta^{-1}(\boldsymbol{H}_\beta(\boldsymbol{x}) - \boldsymbol{x}), \boldsymbol{H}_\beta(\boldsymbol{x}) - \boldsymbol{H}_\alpha(\boldsymbol{x})\rangle \geqslant 0 \tag{5.50}$$

另一方面, 由式 (5.48) 及式 (5.49) 有

$$\begin{aligned} 0 =& \langle \nabla g_{\alpha\beta}(\boldsymbol{x}), \boldsymbol{H}_\beta(\boldsymbol{x}) - \boldsymbol{H}_\alpha(\boldsymbol{x})\rangle \\ =& \langle \alpha^{-1}(\boldsymbol{H}_\alpha(\boldsymbol{x}) - \boldsymbol{x}) - \beta^{-1}(\boldsymbol{H}_\beta(\boldsymbol{x}) - \boldsymbol{x}), \boldsymbol{H}_\beta(\boldsymbol{x}) - \boldsymbol{H}_\alpha(\boldsymbol{x})\rangle \\ &+ \langle \boldsymbol{H}_\beta(\boldsymbol{x}) - \boldsymbol{H}_\alpha(\boldsymbol{x}), \nabla\boldsymbol{F}(\boldsymbol{x})(\boldsymbol{H}_\beta(\boldsymbol{x}) - \boldsymbol{H}_\alpha(\boldsymbol{x}))\rangle \end{aligned} \tag{5.51}$$

于是由式 (5.50) 可得

$$\langle \boldsymbol{H}_\beta(\boldsymbol{x}) - \boldsymbol{H}_\alpha(\boldsymbol{x}), \nabla\boldsymbol{F}(\boldsymbol{x})(\boldsymbol{H}_\beta(\boldsymbol{x}) - \boldsymbol{H}_\alpha(\boldsymbol{x}))\rangle \leqslant 0$$

由 $\nabla\boldsymbol{F}(\boldsymbol{x})$ 的正定性, 上式意味着 $\boldsymbol{H}_\beta(\boldsymbol{x}) = \boldsymbol{H}_\alpha(\boldsymbol{x})$. 进一步, 将 $\boldsymbol{H}_\beta(\boldsymbol{x}) = \boldsymbol{H}_\alpha(\boldsymbol{x})$ 代入式 (5.48), 从而由式 (5.49) 可得 $\boldsymbol{x} = \boldsymbol{H}_\alpha(\boldsymbol{x})$. 由定理 5.2, $\boldsymbol{x}$ 为变分不等式问题 (5.1) 的解. ■

对于集合 S 为形如式 (5.3) 的长方体的混合互补问题的情形, 则有 $\boldsymbol{H}_\alpha(\boldsymbol{x}) = (\text{mid}\{l_1, u_1, x_1 - \alpha F_1(\boldsymbol{x})\}, \cdots, \text{mid}\{l_n, u_n, x_n - \alpha F_n(\boldsymbol{x})\})^{\mathrm{T}}$, 因此, 与 S 为一般集合的情形相比, 正则化间隙函数 g_α 或者 D 间隙函数 $g_{\alpha\beta}$ 相对容易处理①.

对于互补问题 (5.6), 可以利用 5.3 节介绍的 Fischer-Burmeister 函数构造价值函数如下:

$$\hat{\psi}(\boldsymbol{x}) = \frac{1}{2}\|\boldsymbol{\Psi}(\boldsymbol{x})\|^2 = \frac{1}{2}\sum_{i=1}^{n} \Psi_i(\boldsymbol{x})^2 \tag{5.52}$$

也有人称该函数为二次 Fischer-Burmeister 函数. 下面的定理说明了互补问题 (5.6) 与无约束最优化问题

$$\min_{\boldsymbol{x}} \quad \hat{\psi}(\boldsymbol{x}) \tag{5.53}$$

的等价性.

定理 5.15 对任意 $\boldsymbol{x} \in \mathbf{R}^n$ 均有 $\hat{\psi}(\boldsymbol{x}) \geqslant 0$, 并且 $\boldsymbol{x}$ 为互补问题 (5.6) 的解当且仅当 $\hat{\psi}(\boldsymbol{x}) = 0$.

---

① 对于互补问题的情形, $\boldsymbol{H}_\alpha$ 可进一步简化为 $\boldsymbol{H}_\alpha(\boldsymbol{x}) = (\max\{0, x_1 - \alpha F_1(\boldsymbol{x})\}, \cdots, \max\{0, x_n - \alpha F_n(\boldsymbol{x})\})^{\mathrm{T}}$.

证明 由函数 Ψ_i 的定义 (5.29) 以及 Fischer-Burmeister 函数的性质即得. ■

虽然函数 Ψ_i 一般不可微, 但正如下面的定理所示, 其平方和函数 $\hat{\psi}$ 是可微的.

定理 5.16 若映射 $\boldsymbol{F}:\mathbf{R}^n\to\mathbf{R}^n$ 连续可微, 则函数 $\hat{\psi}:\mathbf{R}^n\to\mathbf{R}$ 也连续可微, 并且其梯度可利用式 (5.34) 给出的矩阵 $\boldsymbol{G}\in\partial\boldsymbol{\Psi}(\boldsymbol{x})$ 表示为

$$\nabla\hat{\psi}(\boldsymbol{x})=\boldsymbol{G}\boldsymbol{\Psi}(\boldsymbol{x}) \tag{5.54}$$

证明 定义函数 $\hat{\Psi}_i:\mathbf{R}^n\to\mathbf{R}\ (i=1,\cdots,n)$ 如下:

$$\hat{\Psi}_i(\boldsymbol{x})=\frac{1}{2}\Psi_i(\boldsymbol{x})^2$$

则由函数 $\hat{\psi}$ 的定义 (5.52) 及定理 2.60 有

$$\partial\hat{\psi}(\boldsymbol{x})\subseteq\partial\hat{\Psi}_1(\boldsymbol{x})+\cdots+\partial\hat{\Psi}_n(\boldsymbol{x}) \tag{5.55}$$

而由 (2.88) 及 (2.89) 知

$$\partial\hat{\Psi}_i(\boldsymbol{x})=\mathrm{co}\left\{\lim_{k\to\infty}\nabla\Psi_i(\boldsymbol{x}^k)\Psi_i(\boldsymbol{x}^k)\;\middle|\;\lim_{k\to\infty}\boldsymbol{x}^k=\boldsymbol{x},\ \{\boldsymbol{x}^k\}\subseteq\mathcal{D}_{\Psi_i}\right\}$$

对每个 i 均成立, 其中 $\mathcal{D}_{\Psi_i}=\{\boldsymbol{x}\in\mathbf{R}^n\,|\,(x_i,F_i(\boldsymbol{x}))\neq(0,0)\}$. 一方面, 若 $\boldsymbol{x}\in\mathcal{D}_{\Psi_i}$, 则显然有 $\partial\hat{\Psi}_i(\boldsymbol{x})=\{\nabla\Psi_i(\boldsymbol{x})\Psi_i(\boldsymbol{x})\}$. 另一方面, 若 $\boldsymbol{x}\notin\mathcal{D}_{\Psi_i}$, 尽管 Ψ_i 在 $\boldsymbol{x}$ 处不可微, 但由于 $\Psi_i(\boldsymbol{x})=0$, 故有 $\partial\hat{\Psi}_i(\boldsymbol{x})=\{\boldsymbol{0}\}$. 总之, 在任何情形下, $\partial\hat{\Psi}_i(\boldsymbol{x})$ 均只含有一个元素, 因此, 式 (5.55) 右侧的集合只含有一个元素, 故而由式 (5.55) 知, $\partial\hat{\psi}(\boldsymbol{x})$ 也只含有一个元素. 由于 $\boldsymbol{x}$ 是任意的, 由定理 2.58 知 $\hat{\psi}$ 连续可微. 经直接计算易知, $\hat{\psi}$ 的梯度可利用式 (5.34) 给出的矩阵 $\boldsymbol{G}\in\partial\boldsymbol{\Psi}(\boldsymbol{x})$ 表示为式 (5.54) 的形式. ■

下面的定理证明了若映射 $\boldsymbol{F}$ 的 Jacobi 矩阵为 P 矩阵, 则关于二次 Fischer-Burmeister 函数 $\hat{\psi}$ 的无约束最优化问题 (5.53) 的稳定点为互补问题 (5.6) 的解①.

定理 5.17 设映射 $\boldsymbol{F}:\mathbf{R}^n\to\mathbf{R}^n$ 连续可微. 若在点 $\boldsymbol{x}\in\mathbf{R}^n$ 处 Jacobi 矩阵 $\nabla\boldsymbol{F}(\boldsymbol{x})^{\mathrm{T}}$ 为 P 矩阵且

$$\nabla\hat{\psi}(\boldsymbol{x})=\boldsymbol{0} \tag{5.56}$$

成立, 则 $\boldsymbol{x}$ 为互补问题 (5.6) 的解.

证明 由定理 5.16, 式 (5.56) 即为

$$\boldsymbol{G}\boldsymbol{\Psi}(\boldsymbol{x})=\boldsymbol{0}$$

由定理 5.7, 当 $\nabla\boldsymbol{F}(\boldsymbol{x})^{\mathrm{T}}$ 为 P 矩阵时, $\boldsymbol{G}\in\partial\boldsymbol{\Psi}(\boldsymbol{x})$ 非奇异, 由此可得 $\boldsymbol{\Psi}(\boldsymbol{x})=\boldsymbol{0}$, 因此, $\boldsymbol{x}$ 为互补问题 (5.6) 的解. ■

① 若 $\boldsymbol{F}$ 的 Jacobi 矩阵属于比 P 矩阵更广义的所谓 P_0 矩阵类, 则定理 5.17 仍然成立 (参见文献 Facchinei and Soares (1997)).

5.5 MPEC

约束条件中含有互补或者变分不等式等均衡条件的最优化问题称为**均衡约束数学规划问题** (mathematical program with equilibrium constraints), 或者取其英文名字的字头称为 **MPEC**. 典型的 MPEC 中既含有所谓设计变量 $\boldsymbol{x}$, 也含有所谓状态变量 $\boldsymbol{y}$, 而均衡条件由设计变量为参数的变分不等式问题的解集给出, 也即对于某个向量值函数 $\boldsymbol{F}$ 及点集映射 $Y(\cdot)$, 若将以设计变量 $\boldsymbol{x}$ 为参数的含参变分不等式问题

$$\langle \boldsymbol{F}(\boldsymbol{x},\boldsymbol{y}), \boldsymbol{z}-\boldsymbol{y}\rangle \geqslant 0, \quad \boldsymbol{z}\in Y(\boldsymbol{x}) \tag{5.57}$$

的解集记为 $S(\boldsymbol{x})$, 则 MPEC 的一般形式为

$$\begin{aligned} \min \quad & f(\boldsymbol{x},\boldsymbol{y}) \\ \text{s.t.} \quad & (\boldsymbol{x},\boldsymbol{y})\in Z \\ & \boldsymbol{y}\in S(\boldsymbol{x}) \end{aligned} \tag{5.58}$$

其中 f 为实值函数, Z 为非空集合. 特别地, 当变分不等式问题 (5.57) 退化为互补问题时, MPEC (5.58) 变为如下带有互补约束的问题:

$$\begin{aligned} \min \quad & f(\boldsymbol{x},\boldsymbol{y}) \\ \text{s.t.} \quad & (\boldsymbol{x},\boldsymbol{y})\in Z \\ & \boldsymbol{F}(\boldsymbol{x},\boldsymbol{y})\geqslant \boldsymbol{0},\ \boldsymbol{y}\geqslant \boldsymbol{0},\ \langle \boldsymbol{F}(\boldsymbol{x},\boldsymbol{y}),\boldsymbol{y}\rangle = 0 \end{aligned}$$

另外, 对于约束条件中包含某个最优化问题的所谓**双层规划问题** (bilevel programming problem)①

$$\begin{aligned} \min \quad & f(\boldsymbol{x},\boldsymbol{y}) \\ \text{s.t.} \quad & (\boldsymbol{x},\boldsymbol{y})\in Z \\ & \boldsymbol{y}\in \operatorname*{argmin}_{\boldsymbol{y}}\{\theta(\boldsymbol{x},\boldsymbol{y})\mid \boldsymbol{c}(\boldsymbol{x},\boldsymbol{y})\leqslant \boldsymbol{0}\} \end{aligned}$$

当约束中的最优化问题为凸规划问题时, 利用其 KKT 条件即可将该双层规划问题表示为含有互补约束的 MPEC.

以下为记述简单起见, 将设计变量与状态变量合并记为向量 $\boldsymbol{x}\in\mathbf{R}^n$. 考虑如下含有互补约束的 MPEC:

$$\begin{aligned} \min \quad & f(\boldsymbol{x}) \\ \text{s.t.} \quad & \boldsymbol{g}(\boldsymbol{x})\leqslant \boldsymbol{0},\ \boldsymbol{h}(\boldsymbol{x})=\boldsymbol{0} \\ & \boldsymbol{G}(\boldsymbol{x})\geqslant \boldsymbol{0},\ \boldsymbol{H}(\boldsymbol{x})\geqslant \boldsymbol{0} \\ & \langle \boldsymbol{G}(\boldsymbol{x}),\boldsymbol{H}(\boldsymbol{x})\rangle = 0 \end{aligned} \tag{5.59}$$

其中函数 $f:\mathbf{R}^n\to\mathbf{R}$, $\boldsymbol{g}:\mathbf{R}^n\to\mathbf{R}^m$, $\boldsymbol{h}:\mathbf{R}^n\to\mathbf{R}^l$, $\boldsymbol{G}:\mathbf{R}^n\to\mathbf{R}^N$ 以及 $\boldsymbol{H}:\mathbf{R}^n\to\mathbf{R}^N$ 均连续可微. 该问题初看只是一个普通的非线性规划问题, 但由于互补约束的存在, 所以会产生下述一些 MPEC 所特有的问题.

① $\operatorname*{argmin}_{\boldsymbol{y}}\{\cdots\}$ 表示括号中以 $\boldsymbol{y}$ 为变量的最优化问题的解集.

例 5.5 考虑问题

$$\begin{aligned}\min\quad & (x_1-2)^2+(x_2+2)^2\\ \text{s.t.}\quad & x_1\geqslant 0\\ & x_2\geqslant 0,\ 2x_1+3x_2-6\geqslant 0,\ x_2(2x_1+3x_2-6)=0\end{aligned}$$

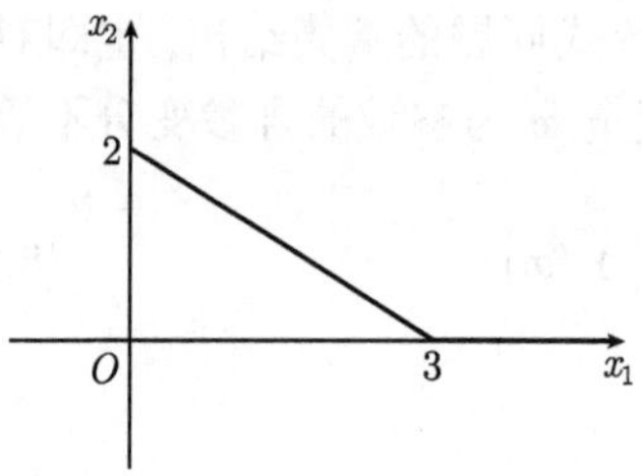

图 5.2 例 5.5 中的 MPEC 的可行域

图 5.2 表示出了该问题的可行域. 容易看出该问题的最优解为 $\boldsymbol{x}=(3,0)^{\mathrm{T}}$. 如本例所示, 一般来说, MPEC 的可行域均为若干个集合一片片粘合在一起的形式, 而最优解往往在多片交接的点上达到.

更进一步, 如下面的引理所示①, 由于问题 (5.59) 不满足标准的约束规范, 所以满足 KKT 条件的 Lagrange 乘子有可能不存在. 这就是利用通常的非线性最优化方法处理 MPEC 时会引起理论困难的主要原因.

引理 5.3 Mangasarian-Fromovitz 约束规范在每个满足互补条件

$$\begin{aligned}G_i(\boldsymbol{x})&\geqslant 0,\quad i=1,\cdots,N\\ H_i(\boldsymbol{x})&\geqslant 0,\quad i=1,\cdots,N\\ \varphi(\boldsymbol{x})&\equiv\sum_{i=1}^{N}G_i(\boldsymbol{x})H_i(\boldsymbol{x})=0\end{aligned}\tag{5.60}$$

的点处均不成立.

证明 设 $\boldsymbol{x}\in\mathbf{R}^n$ 为满足式 (5.60) 的任意一点. 对于式 (5.60), Mangasarian-Fromovitz 约束规范可描述如下:

(1) $\nabla\varphi(\boldsymbol{x})$ 线性无关, 即

$$\nabla\varphi(\boldsymbol{x})=\sum_{i=1}^{N}\Big(H_i(\boldsymbol{x})\nabla G_i(\boldsymbol{x})+G_i(\boldsymbol{x})\nabla H_i(\boldsymbol{x})\Big)\neq\mathbf{0}\tag{5.61}$$

(2) 存在向量 $\boldsymbol{y}\in\mathbf{R}^n$ 满足

$$\begin{aligned}&\langle\nabla G_i(\boldsymbol{x}),\boldsymbol{y}\rangle>0,\quad i\in\mathcal{I}_1(\boldsymbol{x})\\ &\langle\nabla H_i(\boldsymbol{x}),\boldsymbol{y}\rangle>0,\quad i\in\mathcal{I}_2(\boldsymbol{x})\\ &\sum_{i=1}^{N}\Big(H_i(\boldsymbol{x})\langle\nabla G_i(\boldsymbol{x}),\boldsymbol{y}\rangle+G_i(\boldsymbol{x})\langle\nabla H_i(\boldsymbol{x}),\boldsymbol{y}\rangle\Big)=0\end{aligned}\tag{5.62}$$

① 为简单起见, 引理 5.3 中考虑的是不存在互补条件以外的约束条件的情形, 对于还有其他约束条件的情形, 结论仍然成立.

其中 $\mathcal{I}_1(\boldsymbol{x})=\{i\,|\,G_i(\boldsymbol{x})=0\}, \mathcal{I}_2(\boldsymbol{x})=\{i\,|\,H_i(\boldsymbol{x})=0\}$.

由式 (5.62), 若 $\langle\nabla G_i(\boldsymbol{x}),\boldsymbol{y}\rangle\leqslant 0$, 则有 $i\notin\mathcal{I}_1(\boldsymbol{x})$, 也即 $G_i(\boldsymbol{x})>0$, 从而由互补条件 (5.60) 知 $H_i(\boldsymbol{x})=0$ 成立. 同理, 若 $\langle\nabla H_i(\boldsymbol{x}),\boldsymbol{y}\rangle\leqslant 0$, 则有 $G_i(\boldsymbol{x})=0$ 成立. 因此有

$$\sum_{i=1}^{N}\Big(H_i(\boldsymbol{x})\langle\nabla G_i(\boldsymbol{x}),\boldsymbol{y}\rangle+G_i(\boldsymbol{x})\langle\nabla H_i(\boldsymbol{x}),\boldsymbol{y}\rangle\Big)\geqslant 0 \tag{5.63}$$

成立. 进一步, 若对某个 i 有 $G_i(\boldsymbol{x})>0$, 则由互补条件 (5.60) 有 $H_i(\boldsymbol{x})=0$, 再由式 (5.62) 知 $\langle\nabla H_i(\boldsymbol{x}),\boldsymbol{y}\rangle>0$ 成立, 这意味着式 (5.63) 中的等号不成立, 因而与 (5.62) 中最后的等式矛盾. 同理, 可以说明不存在 i, 使得 $H_i(\boldsymbol{x})>0$, 故对所有 i 均有 $G_i(\boldsymbol{x})=H_i(\boldsymbol{x})=0$, 但这显然与式 (5.61) 矛盾, 因此, Mangasarian-Fromovitz 约束规范在 $\boldsymbol{x}$ 处不成立. ■

互补条件 (5.60) 等价于如下条件:

$$\begin{aligned}&G_i(\boldsymbol{x})\geqslant 0,\quad i=1,\cdots,N\\&H_i(\boldsymbol{x})\geqslant 0,\quad i=1,\cdots,N\\&G_i(\boldsymbol{x})H_i(\boldsymbol{x})=0,\quad i=1,\cdots,N\end{aligned} \tag{5.64}$$

对于式 (5.64) 也有与引理 5.3 同样的结论成立 (留作习题 5.10).

为了推导出关于 MPEC (5.59) 的最优性条件, 设 $\overline{\boldsymbol{x}}$ 为 MPEC (5.59) 的局部最优解, 并基于 $G_i(\overline{\boldsymbol{x}})$ 与 $H_i(\overline{\boldsymbol{x}})$ 的值分别定义三个指标集如下:

$$\begin{aligned}\mathcal{I}(\overline{\boldsymbol{x}})&=\{i\,\big|\,G_i(\overline{\boldsymbol{x}})=0<H_i(\overline{\boldsymbol{x}})\}\\\mathcal{J}(\overline{\boldsymbol{x}})&=\{i\,\big|\,G_i(\overline{\boldsymbol{x}})=0=H_i(\overline{\boldsymbol{x}})\}\\\mathcal{K}(\overline{\boldsymbol{x}})&=\{i\,\big|\,G_i(\overline{\boldsymbol{x}})>0=H_i(\overline{\boldsymbol{x}})\}\end{aligned} \tag{5.65}$$

为记述简单起见, 以下将上述指标集分别记为 $\mathcal{I},\mathcal{J},\mathcal{K}$, 则有 $\mathcal{I}\cap\mathcal{J}=\varnothing$, $\mathcal{J}\cap\mathcal{K}=\varnothing$, $\mathcal{K}\cap\mathcal{I}=\varnothing$, 并且由互补条件 $G_i(\overline{\boldsymbol{x}})\geqslant 0, H_i(\overline{\boldsymbol{x}})\geqslant 0, G_i(\overline{\boldsymbol{x}})H_i(\overline{\boldsymbol{x}})=0$ 可得 $\mathcal{I}\cup\mathcal{J}\cup\mathcal{K}=\{1,\cdots,N\}$. 特别地, 当 $\mathcal{J}=\varnothing$ 时, 称 $\overline{\boldsymbol{x}}$ **非退化** (nondegenerate).

首先假定 $\mathcal{J}=\varnothing$, 即假定局部最优解 $\overline{\boldsymbol{x}}$ 非退化. 考虑问题

$$\begin{aligned}\min\quad & f(\boldsymbol{x})\\\text{s.t.}\quad & \boldsymbol{g}(\boldsymbol{x})\leqslant\boldsymbol{0},\ \boldsymbol{h}(\boldsymbol{x})=\boldsymbol{0}\\& G_i(\boldsymbol{x})=0,\ H_i(\boldsymbol{x})\geqslant 0,\quad i\in\mathcal{I}\\& G_i(\boldsymbol{x})\geqslant 0,\ H_i(\boldsymbol{x})=0,\quad i\in\mathcal{K}\end{aligned} \tag{5.66}$$

记 MPEC (5.59) 的可行域为 $S\subseteq\mathbf{R}^n$, 问题 (5.66) 的可行域为 $\hat{S}$. 由于 $\mathcal{J}=\varnothing$, 故当 $r>0$ 充分小时有 $S\cap B(\overline{\boldsymbol{x}},r)=\hat{S}\cap B(\overline{\boldsymbol{x}},r)$ 成立, 因此, 问题 (5.59) 在 $\overline{\boldsymbol{x}}$ 的周围

与问题 (5.66) 局部等价. 再者, 由于问题 (5.66) 为不含互补条件的普通非线性规划问题, 所以可应用第 3 章中关于最优性条件的结论. 然而, 由于现实中的 MPEC 往往不满足非退化条件 $\mathcal{J}=\varnothing$, 所以有必要根据 MPEC 的结构进行更详尽的分析.

下面假定 $\mathcal{J}\neq\varnothing$. 对于 $\mathcal{J}$ 的每个满足 $\mathcal{J}_1\cup\mathcal{J}_2=\mathcal{J}$ 及 $\mathcal{J}_1\cap\mathcal{J}_2=\varnothing$ 的分割, 定义问题 (5.59) 的**限定问题** (restricted problem) 如下:

$$\begin{array}{ll}\min & f(\boldsymbol{x})\\ \text{s.t.} & \boldsymbol{g}(\boldsymbol{x})\leqslant \boldsymbol{0},\ \boldsymbol{h}(\boldsymbol{x})=\boldsymbol{0}\\ & G_i(\boldsymbol{x})=0,\ H_i(\boldsymbol{x})\geqslant 0,\quad i\in\mathcal{I}\\ & G_i(\boldsymbol{x})=0,\ H_i(\boldsymbol{x})\geqslant 0,\quad i\in\mathcal{J}_1\\ & G_i(\boldsymbol{x})\geqslant 0,\ H_i(\boldsymbol{x})=0,\quad i\in\mathcal{J}_2\\ & G_i(\boldsymbol{x})\geqslant 0,\ H_i(\boldsymbol{x})=0,\quad i\in\mathcal{K}\end{array}\tag{5.67}$$

进一步, 记指标集 $\mathcal{J}$ 的全体分割的集合为

$$\mathcal{P}(\mathcal{J})=\{(\mathcal{J}_1,\mathcal{J}_2)\,\big|\,\mathcal{J}_1\cup\mathcal{J}_2=\mathcal{J},\ \mathcal{J}_1\cap\mathcal{J}_2=\varnothing\}$$

则总共有集合 $\mathcal{P}(\mathcal{J})$ 的基数 $|\mathcal{P}(\mathcal{J})|$ 这么多的限定问题. 对任意 $(\mathcal{J}_1,\mathcal{J}_2)\in\mathcal{P}(\mathcal{J})$, 记问题 (5.67) 的可行域为 $S(\mathcal{J}_1,\mathcal{J}_2)$, 则当 $r>0$ 充分小时有

$$S\cap B(\overline{\boldsymbol{x}},r)=\bigcup_{(\mathcal{J}_1,\mathcal{J}_2)\in\mathcal{P}(\mathcal{J})}(S(\mathcal{J}_1,\mathcal{J}_2)\cap B(\overline{\boldsymbol{x}},r))$$

成立. 注意到集合 S 与 $S(\mathcal{J}_1,\mathcal{J}_2)$ 在点 $\overline{\boldsymbol{x}}$ 处的切锥均由相应集合在该点附近的形状所决定, 因此有

$$T_S(\overline{\boldsymbol{x}})=\bigcup_{(\mathcal{J}_1,\mathcal{J}_2)\in\mathcal{P}(\mathcal{J})}T_{S(\mathcal{J}_1,\mathcal{J}_2)}(\overline{\boldsymbol{x}})\tag{5.68}$$

即使各个 $T_{S(\mathcal{J}_1,\mathcal{J}_2)}(\overline{\boldsymbol{x}})$ 都是凸锥, 它们的并集 $T_S(\overline{\boldsymbol{x}})$ 一般也不是凸锥.

由定理 3.3 及式 (5.68), 关于 MPEC (5.59) 的最优性条件可表示为

$$-\nabla f(\overline{\boldsymbol{x}})\in N_S(\overline{\boldsymbol{x}})=\left(\bigcup_{(\mathcal{J}_1,\mathcal{J}_2)\in\mathcal{P}(\mathcal{J})}T_{S(\mathcal{J}_1,\mathcal{J}_2)}(\overline{\boldsymbol{x}})\right)^*\tag{5.69}$$

进一步, 由定理 2.14, 条件 (5.69) 可表示为

$$-\nabla f(\overline{\boldsymbol{x}})\in\bigcap_{(\mathcal{J}_1,\mathcal{J}_2)\in\mathcal{P}(\mathcal{J})}N_{S(\mathcal{J}_1,\mathcal{J}_2)}(\overline{\boldsymbol{x}})\tag{5.70}$$

其中 $N_{S(\mathcal{J}_1,\mathcal{J}_2)}(\overline{\boldsymbol{x}})=T_{S(\mathcal{J}_1,\mathcal{J}_2)}(\overline{\boldsymbol{x}})^*$. 讨论式 (5.70) 是否成立, 一般需要讨论对于 $|\mathcal{P}(\mathcal{J})|=2^{|\mathcal{J}|}$ 个锥 $N_{S(\mathcal{J}_1,\mathcal{J}_2)}(\overline{\boldsymbol{x}})$ 是否均有 $-\nabla f(\overline{\boldsymbol{x}})\in N_{S(\mathcal{J}_1,\mathcal{J}_2)}(\overline{\boldsymbol{x}})$ 成立.

由于 MPEC 的最优性条件具有上述的组合性质, 因此, 一般来说不易处理. 但如下所述, 在适当的约束规范条件下, MPEC 的最优性条件能够表示成类似普通非线性规划问题的 KKT 条件的形式.

对于 MPEC (5.59) 的局部最优解 $\bar{\boldsymbol{x}} \in S$, 考虑如下**松弛问题** (relaxed problem):

$$\begin{aligned} \min \quad & f(\boldsymbol{x}) \\ \text{s.t.} \quad & \boldsymbol{g}(\boldsymbol{x}) \leqslant \mathbf{0},\ \boldsymbol{h}(\boldsymbol{x}) = \mathbf{0} \\ & G_i(\boldsymbol{x}) = 0,\ H_i(\boldsymbol{x}) \geqslant 0, \quad i \in \mathcal{I} \\ & G_i(\boldsymbol{x}) \geqslant 0,\ H_i(\boldsymbol{x}) \geqslant 0, \quad i \in \mathcal{J} \\ & G_i(\boldsymbol{x}) \geqslant 0,\ H_i(\boldsymbol{x}) = 0, \quad i \in \mathcal{K} \end{aligned} \tag{5.71}$$

与限定问题 (5.67) 一样, 松弛问题 (5.71) 也是不含互补条件的普通非线性规划问题. 记松弛问题 (5.71) 的可行域为 S_R, 则当 $r > 0$ 充分小时, 显然有 $S \cap B(\bar{\boldsymbol{x}}, r) \subseteq S_R \cap B(\bar{\boldsymbol{x}}, r)$, 从而有如下关于切锥的关系式成立:

$$\bigcup_{(\mathcal{J}_1,\mathcal{J}_2)\in\mathcal{P}(\mathcal{J})} T_{S(\mathcal{J}_1,\mathcal{J}_2)}(\bar{\boldsymbol{x}}) = T_S(\bar{\boldsymbol{x}}) \subseteq T_{S_R}(\bar{\boldsymbol{x}}) \tag{5.72}$$

进一步, 由式 (5.72) 及定理 2.12 与定理 2.14 可得如下关于法锥的关系式成立:

$$N_{S_R}(\bar{\boldsymbol{x}}) \subseteq N_S(\bar{\boldsymbol{x}}) = \bigcap_{(\mathcal{J}_1,\mathcal{J}_2)\in\mathcal{P}(\mathcal{J})} N_{S(\mathcal{J}_1,\mathcal{J}_2)}(\bar{\boldsymbol{x}}) \tag{5.73}$$

下面试着用例子来说明式 (5.72) 与式 (5.73) 中的包含关系.

例 5.6 在 MPEC (5.59) 中, 设 $n = 2, N = 1$,

$$G_1(\boldsymbol{x}) = 2x_1 - x_2, \quad H_1(\boldsymbol{x}) = -x_1 + 2x_2$$

并且不存在约束条件 $\boldsymbol{g}(\boldsymbol{x}) \leqslant \mathbf{0}$ 与 $\boldsymbol{h}(\boldsymbol{x}) = \mathbf{0}$. 令 $\bar{\boldsymbol{x}} = \mathbf{0}$, 则有 $\mathcal{I} = \mathcal{K} = \varnothing$ 及 $\mathcal{J} = \{1\}$, 故有 $\mathcal{P}(\mathcal{J}) = \{(\{1\}, \varnothing), (\varnothing, \{1\})\}$. MPEC (5.59) 的可行域 S 与松弛问题 (5.71) 的可行域 S_R 在点 $\bar{\boldsymbol{x}}$ 处的切锥可分别表示如下:

$$\begin{aligned} T_S(\bar{\boldsymbol{x}}) &= \{\boldsymbol{y} \in \mathbf{R}^2 \mid 2y_1 = y_2 \geqslant 0\} \cup \{\boldsymbol{y} \in \mathbf{R}^2 \mid y_1 = 2y_2 \geqslant 0\} \\ T_{S_R}(\bar{\boldsymbol{x}}) &= \left\{\boldsymbol{y} \in \mathbf{R}^2 \mid 2y_1 \geqslant y_2 \geqslant \frac{1}{2}y_1 \geqslant 0\right\} \end{aligned}$$

因此, 这两个切锥之间有严格包含关系

$$T_S(\bar{\boldsymbol{x}}) \underset{\neq}{\subset} T_{S_R}(\bar{\boldsymbol{x}})$$

成立, 但它们的极锥, 即法锥分别为

$$N_S(\bar{\boldsymbol{x}}) = N_{S_R}(\bar{\boldsymbol{x}}) = \{\boldsymbol{v} \in \mathbf{R}^2 \mid v_1 + 2v_2 \leqslant 0,\ 2v_1 + v_2 \leqslant 0\}$$

即两者是一致的 (图 5.3).

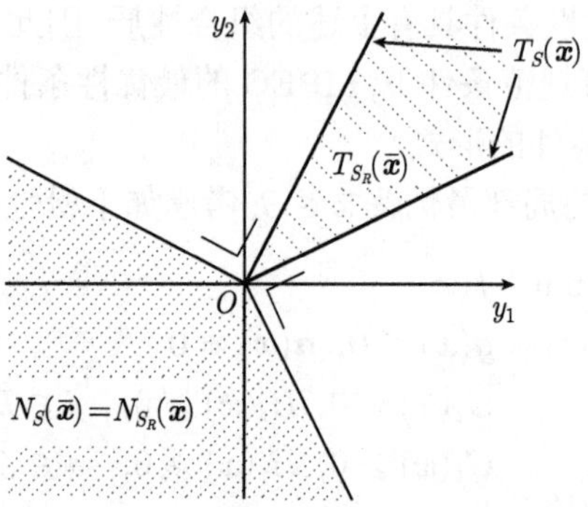

图 5.3 例 5.6

例 5.7 在 MPEC (5.59) 中, 设 $n=2, N=1, m=1$,

$$G_1(\boldsymbol{x})=2x_1-x_2, \quad H_1(\boldsymbol{x})=-x_1+2x_2, \quad g(\boldsymbol{x})=x_1-x_2$$

并且不存在约束条件 $\boldsymbol{h}(\boldsymbol{x})=\boldsymbol{0}$. 令 $\overline{\boldsymbol{x}}=\boldsymbol{0}$, 则有 $\mathcal{I}=\mathcal{K}=\varnothing$ 及 $\mathcal{J}=\{1\}$, 故有 $\mathcal{P}(\mathcal{J})=\{(\{1\},\varnothing),(\varnothing,\{1\})\}$. 由于问题中包含约束条件 $g(\boldsymbol{x})\leqslant 0$, MPEC (5.59) 的可行域 S 与松弛问题 (5.71) 的可行域 S_R 在点 $\overline{\boldsymbol{x}}$ 处的切锥可分别表示为

$$T_S(\overline{\boldsymbol{x}})=\{\boldsymbol{y}\in\mathbf{R}^2 \mid 2y_1=y_2\geqslant 0\}$$

$$T_{S_R}(\overline{\boldsymbol{x}})=\{\boldsymbol{y}\in\mathbf{R}^2 \mid 2y_1\geqslant y_2\geqslant y_1\geqslant 0\}$$

因此, 这两个切锥之间有严格包含关系

$$T_S(\overline{\boldsymbol{x}})\subsetneq T_{S_R}(\overline{\boldsymbol{x}})$$

成立, 而它们的极锥, 即法锥分别为

$$N_S(\overline{\boldsymbol{x}})=\{\boldsymbol{v}\in\mathbf{R}^2 \mid v_1+2v_2\leqslant 0\}$$

$$N_{S_R}(\overline{\boldsymbol{x}})=\{\boldsymbol{v}\in\mathbf{R}^2 \mid v_1+2v_2\leqslant 0,\ v_1+v_2\leqslant 0\}$$

因此, 与例 5.6 不同, 这两个法锥并不一致 (图 5.4).

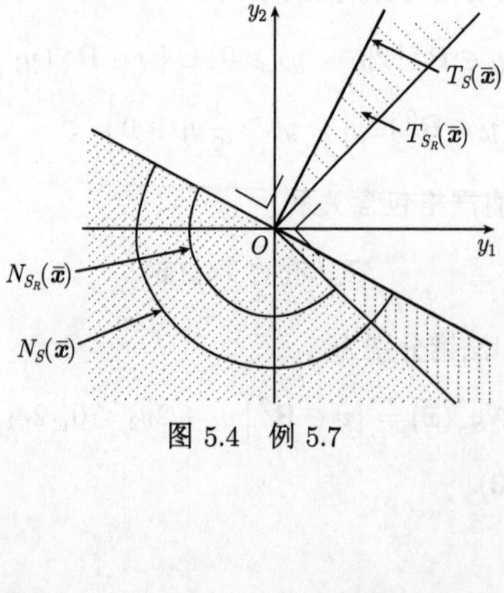

图 5.4 例 5.7

如上面两个例子所示, 一般来说, 式 (5.72) 中关于切锥的包含关系 $\subseteq$ 不能换成等号, 但如例 5.6 所示, 对于法锥来说, 式 (5.73) 中

$$N_S(\overline{\boldsymbol{x}}) = N_{S_R}(\overline{\boldsymbol{x}}) \tag{5.74}$$

成立的情形并不少见. 特别地, 当式 (5.74) 成立时, 最优性条件 (5.69) 等价于

$$-\nabla f(\overline{\boldsymbol{x}}) \in N_{S_R}(\overline{\boldsymbol{x}}) \tag{5.75}$$

由于松弛问题 (5.71) 为普通的非线性规划问题, 因此, 在适当的约束规范条件下能够推导出相应的 KKT 条件. 利用式 (5.65) 中的指标集 $\mathcal{I} = \mathcal{I}(\overline{\boldsymbol{x}})$, $\mathcal{J} = \mathcal{J}(\overline{\boldsymbol{x}})$, $\mathcal{K} = \mathcal{K}(\overline{\boldsymbol{x}})$ 以及由 $\mathcal{M}(\overline{\boldsymbol{x}}) = \{i \mid g_i(\overline{\boldsymbol{x}}) = 0,\ i = 1, \cdots, m\}$ 所定义的指标集 $\mathcal{M} = \mathcal{M}(\overline{\boldsymbol{x}})$, 关于 MPEC 的约束规范刻画如下:

MPEC 线性独立约束规范 (MPEC-LICQ): 向量组 $\nabla g_i(\overline{\boldsymbol{x}})$ $(i \in \mathcal{M})$, $\nabla h_j(\overline{\boldsymbol{x}})$ $(j = 1, \cdots, l)$, $\nabla G_i(\overline{\boldsymbol{x}})$ $(i \in \mathcal{I} \cup \mathcal{J})$, $\nabla H_i(\overline{\boldsymbol{x}})$ $(i \in \mathcal{J} \cup \mathcal{K})$ 线性无关.

这正是关于松弛问题 (5.71) 的线性独立约束规范①. 由引理 3.7 及引理 3.8, 在 MPEC-LICQ 的条件下, 限定问题 (5.67) 与松弛问题 (5.71) 的可行域的切锥可分别表示如下:

$$T_{S(\mathcal{J}_1,\mathcal{J}_2)}(\overline{\boldsymbol{x}}) = \left\{\boldsymbol{v} \in \mathbf{R}^n \middle| \begin{array}{l} \langle \nabla g_i(\overline{\boldsymbol{x}}), \boldsymbol{v}\rangle \leqslant 0,\ i \in \mathcal{M}, \\ \langle \nabla h_j(\overline{\boldsymbol{x}}), \boldsymbol{v}\rangle = 0,\ j = 1, \cdots, l, \\ \langle \nabla G_i(\overline{\boldsymbol{x}}), \boldsymbol{v}\rangle = 0, i \in \mathcal{I} \cup \mathcal{J}_1, \\ \langle \nabla G_i(\overline{\boldsymbol{x}}), \boldsymbol{v}\rangle \geqslant 0, i \in \mathcal{J}_2, \\ \langle \nabla H_i(\overline{\boldsymbol{x}}), \boldsymbol{v}\rangle \geqslant 0, i \in \mathcal{J}_1, \\ \langle \nabla H_i(\overline{\boldsymbol{x}}), \boldsymbol{v}\rangle = 0, i \in \mathcal{K} \cup \mathcal{J}_2 \end{array}\right\} \tag{5.76}$$

$$T_{S_R}(\overline{\boldsymbol{x}}) = \left\{\boldsymbol{v} \in \mathbf{R}^n \middle| \begin{array}{l} \langle \nabla g_i(\overline{\boldsymbol{x}}), \boldsymbol{v}\rangle \leqslant 0,\ i \in \mathcal{M}, \\ \langle \nabla h_j(\overline{\boldsymbol{x}}), \boldsymbol{v}\rangle = 0,\ j = 1, \cdots, l, \\ \langle \nabla G_i(\overline{\boldsymbol{x}}), \boldsymbol{v}\rangle = 0, i \in \mathcal{I}, \\ \langle \nabla G_i(\overline{\boldsymbol{x}}), \boldsymbol{v}\rangle \geqslant 0, i \in \mathcal{J}, \\ \langle \nabla H_i(\overline{\boldsymbol{x}}), \boldsymbol{v}\rangle \geqslant 0, i \in \mathcal{J}, \\ \langle \nabla H_i(\overline{\boldsymbol{x}}), \boldsymbol{v}\rangle = 0, i \in \mathcal{K} \end{array}\right\} \tag{5.77}$$

下面的引理证明了在 MPEC-LICQ 的条件下, MPEC (5.59) 与松弛问题 (5.71) 的可行域的法锥的一致性, 这是推导关于 MPEC (5.59) 的 KKT 条件的关键.

① 这与 MPEC (5.59) 的线性独立约束规范是不同的. 实际上, 如引理 5.3 所示, 普通的约束规范对于 MPEC (5.59) 并不成立.

引理 5.4 在 MPEC-LICQ 的条件下总有 $N_S(\bar{\boldsymbol{x}}) = N_{S_R}(\bar{\boldsymbol{x}})$ 成立. 进一步, 对任意 $\boldsymbol{v} \in N_S(\bar{\boldsymbol{x}})$, 均存在唯一的乘子 $\lambda_i\ (i \in \mathcal{M})$, $\mu_j\ (j = 1, \cdots, l)$, $\xi_i\ (i \in \mathcal{I} \cup \mathcal{J})$ 及 $\eta_i\ (i \in \mathcal{J} \cup \mathcal{K})$ 满足

$$\begin{gathered}\boldsymbol{v} = \sum_{i\in\mathcal{M}} \lambda_i \nabla g_i(\bar{\boldsymbol{x}}) + \sum_{j=1}^{l} \mu_j \nabla h_j(\bar{\boldsymbol{x}}) - \sum_{i\in\mathcal{I}\cup\mathcal{J}} \xi_i \nabla G_i(\bar{\boldsymbol{x}}) - \sum_{i\in\mathcal{J}\cup\mathcal{K}} \eta_i \nabla H_i(\bar{\boldsymbol{x}}) \\ \lambda_i \geqslant 0,\ i \in \mathcal{M}, \quad \xi_i \geqslant 0,\ i \in \mathcal{J}, \quad \eta_i \geqslant 0,\ i \in \mathcal{J}\end{gathered} \tag{5.78}$$

证明 由于式 (5.73) 蕴涵 $N_S(\bar{\boldsymbol{x}}) \supseteq N_{S_R}(\bar{\boldsymbol{x}})$, 故只需证明 $N_S(\bar{\boldsymbol{x}}) \subseteq N_{S_R}(\bar{\boldsymbol{x}})$. 设 $\boldsymbol{v} \in \mathbf{R}^n$ 为 $N_S(\bar{\boldsymbol{x}})$ 中的任意向量. 由式 (5.73), 对任意 $(\mathcal{J}_1, \mathcal{J}_2) \in \mathcal{P}(\mathcal{J})$ 均有 $\boldsymbol{v} \in N_{S(\mathcal{J}_1,\mathcal{J}_2)}(\bar{\boldsymbol{x}})$, 从而由式 (5.76) 及推论 2.1, 存在 $\lambda_i\ (i \in \mathcal{M})$, $\mu_j\ (j = 1, \cdots, l)$, $\xi_i\ (i \in \mathcal{I} \cup \mathcal{J})$ 及 $\eta_i\ (i \in \mathcal{J} \cup \mathcal{K})$ 满足

$$\begin{gathered}\boldsymbol{v} = \sum_{i\in\mathcal{M}} \lambda_i \nabla g_i(\bar{\boldsymbol{x}}) + \sum_{j=1}^{l} \mu_j \nabla h_j(\bar{\boldsymbol{x}}) - \sum_{i\in\mathcal{I}\cup\mathcal{J}} \xi_i \nabla G_i(\bar{\boldsymbol{x}}) - \sum_{i\in\mathcal{J}\cup\mathcal{K}} \eta_i \nabla H_i(\bar{\boldsymbol{x}}) \\ \lambda_i \geqslant 0,\ i \in \mathcal{M}, \quad \xi_i \geqslant 0,\ i \in \mathcal{J}_2, \quad \eta_i \geqslant 0,\ i \in \mathcal{J}_1\end{gathered}$$

由 MPEC-LICQ 知, $(\lambda_i, \mu_j, \xi_i, \eta_i)$ 的值不依分割 $(\mathcal{J}_1, \mathcal{J}_2)$ 而唯一存在, 故 $\lambda_i\ (i \in \mathcal{M})$, $\mu_j\ (j = 1, \cdots, l)$, $\xi_i\ (i \in \mathcal{I} \cup \mathcal{J})$ 及 $\eta_i\ (i \in \mathcal{J} \cup \mathcal{K})$ 必满足式 (5.78). 再由式 (5.77) 与推论 2.1 知 $\boldsymbol{v} \in N_{S_R}(\bar{\boldsymbol{x}})$ 成立. 综上即得 $N_S(\bar{\boldsymbol{x}}) \subseteq N_{S_R}(\bar{\boldsymbol{x}})$. ■

下面的定理证明了关于 MPEC (5.59) 的最优性条件 (5.69) 在 MPEC-LICQ 的假设下能够表述成与普通非线性规划问题的 KKT 条件极为相似的形式. MPEC (5.59) 的 KKT 条件与普通非线性规划问题的 KKT 条件之间重要的不同之处是关于互补约束条件: 只有在 $G_i(\boldsymbol{x}) \geqslant 0$ 与 $H_i(\boldsymbol{x}) \geqslant 0$ 均为有效约束时, 对应的 Lagrange 乘子才为非负值, 而对应其他互补约束条件的 Lagrange 乘子则没有符号限制.

定理 5.18 设 $\bar{\boldsymbol{x}} \in \mathbf{R}^n$ 为 MPEC (5.59) 的局部最优解, 并假设其满足 MPEC-LICQ, 则存在唯一的 Lagrange 乘子 $\boldsymbol{\lambda} \in \mathbf{R}^m$, $\boldsymbol{\mu} \in \mathbf{R}^l$, $\boldsymbol{\xi} \in \mathbf{R}^N$ 及 $\boldsymbol{\eta} \in \mathbf{R}^N$ 满足

$$\begin{aligned}&\nabla f(\bar{\boldsymbol{x}}) + \sum_{i=1}^{m} \lambda_i \nabla g_i(\bar{\boldsymbol{x}}) + \sum_{j=1}^{l} \mu_j \nabla h_j(\bar{\boldsymbol{x}}) - \sum_{i=1}^{N} \left[\xi_i \nabla G_i(\bar{\boldsymbol{x}}) + \eta_i \nabla H_i(\bar{\boldsymbol{x}})\right] = \mathbf{0} \\ &\lambda_i \geqslant 0,\ g_i(\bar{\boldsymbol{x}}) \leqslant 0,\ \lambda_i g_i(\bar{\boldsymbol{x}}) = 0, \quad i = 1, \cdots, m \\ &h_j(\bar{\boldsymbol{x}}) = 0, \quad j = 1, \cdots, l \\ &G_i(\bar{\boldsymbol{x}}) \geqslant 0,\ H_i(\bar{\boldsymbol{x}}) \geqslant 0,\ G_i(\bar{\boldsymbol{x}}) H_i(\bar{\boldsymbol{x}}) = 0, \quad i = 1, \cdots, N \\ &G_i(\bar{\boldsymbol{x}}) > 0 \Rightarrow \xi_i = 0 \\ &H_i(\bar{\boldsymbol{x}}) > 0 \Rightarrow \eta_i = 0 \\ &G_i(\bar{\boldsymbol{x}}) = H_i(\bar{\boldsymbol{x}}) = 0 \Rightarrow \xi_i \geqslant 0,\ \eta_i \geqslant 0\end{aligned} \tag{5.79}$$

证明　由式 (5.69) 及引理 5.4 可知, 满足

$$-\nabla f(\overline{\boldsymbol{x}})=\sum_{i\in\mathcal{M}}\lambda_i\nabla g_i(\overline{\boldsymbol{x}})+\sum_{j=1}^{l}\mu_j\nabla h_j(\overline{\boldsymbol{x}})-\sum_{i\in\mathcal{I}\cup\mathcal{J}}\xi_i\nabla G_i(\overline{\boldsymbol{x}})-\sum_{i\in\mathcal{J}\cup\mathcal{K}}\eta_i\nabla H_i(\overline{\boldsymbol{x}})$$

$$\lambda_i\geqslant 0,\ i\in\mathcal{M},\quad \xi_i\geqslant 0,\ i\in\mathcal{J},\quad \eta_i\geqslant 0,\ i\in\mathcal{J}$$

的乘子 $\lambda_i\ (i\in\mathcal{M})$, $\mu_j\ (j=1,\cdots,l)$, $\xi_i\ (i\in\mathcal{I}\cup\mathcal{J})$ 以及 $\eta_i\ (i\in\mathcal{J}\cup\mathcal{K})$ 是唯一存在的, 故只需补充定义 $\lambda_i=0\ (i\notin\mathcal{M})$, $\xi_i=0\ (i\in\mathcal{K})$ 及 $\eta_i=0\ (i\in\mathcal{I})$ 即得定理结论. ■

5.6 习　题

5.1 试推导出例 5.1 的 KKT 条件, 并验证 $\overline{\boldsymbol{x}}=(2,1)^{\mathrm{T}}$ 为满足该条件的一个点.

5.2 考虑下面的二次规划问题:

$$\begin{aligned}\min\quad & \langle\boldsymbol{c},\boldsymbol{x}\rangle+\frac{1}{2}\langle\boldsymbol{x},\boldsymbol{Q}\boldsymbol{x}\rangle\\ \text{s.t.}\quad & \boldsymbol{A}\boldsymbol{x}\geqslant\boldsymbol{b},\ \boldsymbol{x}\geqslant\boldsymbol{0}\end{aligned}$$

其中 $\boldsymbol{Q}$ 为对称半正定矩阵. 试将该问题的 KKT 条件转化成含有单调映射的线性互补问题.

5.3 考虑如下二次规划问题:

$$\begin{aligned}\min\quad & \langle\boldsymbol{c},\boldsymbol{x}\rangle+\frac{1}{2}\langle\boldsymbol{x},\boldsymbol{Q}\boldsymbol{x}\rangle\\ \text{s.t.}\quad & \boldsymbol{A}\boldsymbol{x}\geqslant\boldsymbol{b}\end{aligned}$$

其中 $\boldsymbol{Q}$ 为对称正定矩阵. 试将该问题的 Lagrange 对偶问题的 KKT 条件转化成线性互补问题.

5.4 试证明: 若映射 $\boldsymbol{F}:\mathbf{R}^n\to\mathbf{R}^n$ 在凸集 $S\subseteq\mathbf{R}^n$ 上强单调, 则必在 S 上强制.

5.5 设 $S\subseteq\mathbf{R}^n$ 为长方体, 试证明: 若 $\boldsymbol{F}$ 在 S 上严格单调, 则必为 P 函数; 若 $\boldsymbol{F}$ 在 S 上强单调, 则必为一致 P 函数.

5.6 对于连续单调映射 $\boldsymbol{F}:\mathbf{R}^n\to\mathbf{R}^n$, 试证明: 若存在 $\boldsymbol{x}^0\in\mathbf{R}^n_+$, 使得 $\boldsymbol{F}(\boldsymbol{x}^0)>\boldsymbol{0}$①, 则 $\boldsymbol{F}$ 在 $\mathbf{R}^n_+$ 上是强制的 (从而利用定理 5.3 可知, 互补问题 (5.6) 在该条件下有解).

① 由 $\boldsymbol{F}$ 的连续性, 该条件等价于存在 $\boldsymbol{x}^0$, 使得 $\boldsymbol{x}^0>\boldsymbol{0}$ 且 $\boldsymbol{F}(\boldsymbol{x}^0)>\boldsymbol{0}$.

5.7 设 $\boldsymbol{F}:\mathbf{R}^n \to \mathbf{R}^n$ 是闭凸集 $S \subseteq \mathbf{R}^n$ 上系数为 σ 的强单调映射, $\overline{\boldsymbol{x}}$ 表示变分不等式问题 (5.1) 的唯一解. 试证明

$$\langle \boldsymbol{F}(\boldsymbol{x}), \boldsymbol{x}-\overline{\boldsymbol{x}} \rangle \geqslant \sigma \|\boldsymbol{x}-\overline{\boldsymbol{x}}\|^2, \quad \boldsymbol{x} \in S$$

成立, 并且当 $2\alpha\sigma > 1$ 时, 关于正则化间隙函数 g_α 有下面的式子成立:

$$g_\alpha(\boldsymbol{x}) \geqslant \left(\sigma - \frac{1}{2\alpha}\right)\|\boldsymbol{x}-\overline{\boldsymbol{x}}\|^2, \quad \boldsymbol{x} \in S$$

5.8 对任意 $\varepsilon > 0$ 及可微映射 $\boldsymbol{F}:\mathbf{R}^n \to \mathbf{R}^n$, 以下面定义的函数 $\varPhi_i^\varepsilon(\boldsymbol{x})$ 为第 i 个分量的映射 $\boldsymbol{\varPhi}^\varepsilon:\mathbf{R}^n \to \mathbf{R}^n$ 是可微的:

$$\varPhi_i^\varepsilon(\boldsymbol{x}) = \frac{1}{2}\left\{x_i + F_i(\boldsymbol{x}) - \sqrt{(x_i - F_i(\boldsymbol{x}))^2 + 4\varepsilon^2}\right\}$$

(1) 试计算映射 $\boldsymbol{\varPhi}^\varepsilon$ 的 Jacobi 矩阵 $\nabla \boldsymbol{\varPhi}^\varepsilon(\boldsymbol{x})$, 并证明当 $\nabla \boldsymbol{F}(\boldsymbol{x})^{\mathrm{T}}$ 为 P 矩阵时, $\nabla \boldsymbol{\varPhi}^\varepsilon(\boldsymbol{x})$ 非奇异.

(2) 试证明: 对于以式 (5.23) 中的 $\varPhi_i(\boldsymbol{x})$ 为第 i 个分量的映射 $\boldsymbol{\varPhi}:\mathbf{R}^n \to \mathbf{R}^n$ 有下面的不等式成立:

$$0 < \|\boldsymbol{\varPhi}(\boldsymbol{x}) - \boldsymbol{\varPhi}^\varepsilon(\boldsymbol{x})\| \leqslant \sqrt{n}\varepsilon, \quad \boldsymbol{x} \in \mathbf{R}^n$$

(提示: $\min\{a,b\} = \dfrac{1}{2}(a+b-\sqrt{(a-b)^2})$ 成立.)

(3) 试证明: 当 $\boldsymbol{\varPhi}^\varepsilon(\boldsymbol{x}) = \boldsymbol{0}$ 时有 $x_i > 0, F_i(\boldsymbol{x}) > 0, x_iF_i(\boldsymbol{x}) = \varepsilon^2$ $(i = 1, \cdots, n)$ 成立.

5.9 对任意 $\varepsilon > 0$ 及可微映射 $\boldsymbol{F}:\mathbf{R}^n \to \mathbf{R}^n$, 以下面定义的函数 $\varPsi_i^\varepsilon(\boldsymbol{x})$ 为第 i 个分量的映射 $\boldsymbol{\varPsi}^\varepsilon:\mathbf{R}^n \to \mathbf{R}^n$ 是可微的:

$$\varPsi_i^\varepsilon(\boldsymbol{x}) = x_i + F_i(\boldsymbol{x}) - \sqrt{x_i^2 + F_i(\boldsymbol{x})^2 + \varepsilon^2}$$

(1) 试计算映射 $\boldsymbol{\varPsi}^\varepsilon$ 的 Jacobi 矩阵 $\nabla \boldsymbol{\varPsi}^\varepsilon(\boldsymbol{x})$, 并证明当 $\nabla \boldsymbol{F}(\boldsymbol{x})^{\mathrm{T}}$ 为 P 矩阵时, $\nabla \boldsymbol{\varPsi}^\varepsilon(\boldsymbol{x})$ 非奇异.

(2) 试证明: 对于以式 (5.28) 及 (5.29) 中的 $\varPsi_i(\boldsymbol{x})$ 为第 i 个分量的映射 $\boldsymbol{\varPsi}:\mathbf{R}^n \to \mathbf{R}^n$ 有下面的不等式成立:

$$0 < \|\boldsymbol{\varPsi}(\boldsymbol{x}) - \boldsymbol{\varPsi}^\varepsilon(\boldsymbol{x})\| \leqslant \sqrt{n}\varepsilon, \quad \boldsymbol{x} \in \mathbf{R}^n$$

(3) 试证明: 当 $\boldsymbol{\varPsi}^\varepsilon(\boldsymbol{x}) = \boldsymbol{0}$ 时有 $x_i > 0, F_i(\boldsymbol{x}) > 0, x_iF_i(\boldsymbol{x}) = \varepsilon^2/2$ $(i = 1, \cdots, n)$ 成立.

5.10 证明 Mangasarian-Fromovitz 约束规范在满足互补条件 (5.64) 的任意点 x 处均不成立.

5.11 考虑下面的 MPEC:

$$\begin{aligned} \min \quad & (x_1+1)^2+(x_2+1)^2 \\ \text{s.t.} \quad & x_1+x_2-2 \geqslant 0,\ x_2-1 \geqslant 0 \\ & (x_1+x_2-2)(x_2-1)=0 \end{aligned}$$

试描绘出该问题的可行域, 并求出其最优解. 进一步, 验证 MPEC-LICQ 在最优解处是否成立, 并在成立的情形下求出满足 KKT 条件 (5.79) 的 Lagrange 乘子.

5.12 对给定的映射 $\boldsymbol{F}: \mathcal{S}^n \to \mathcal{S}^n$, 求满足

$$\boldsymbol{F}(\boldsymbol{X}) \succeq \boldsymbol{O}, \quad \boldsymbol{X} \succeq \boldsymbol{O}, \quad \langle \boldsymbol{F}(\boldsymbol{X}), \boldsymbol{X} \rangle = 0$$

的矩阵 $\boldsymbol{X} \in \mathcal{S}^n$ 的问题称为**半定互补问题** (semidefinite complementarity problem). 试证明矩阵 $\boldsymbol{X} \in \mathcal{S}^n$ 为该问题的解的充要条件是

$$\boldsymbol{F}(\boldsymbol{X}) \succeq \boldsymbol{O}, \quad \boldsymbol{X} \succeq \boldsymbol{O}, \quad \boldsymbol{F}(\boldsymbol{X})\boldsymbol{X} = \boldsymbol{O}$$

参 考 文 献

[1] J.-P. Aubin and H. Frankowska: *Set-Valued Analysis*, Birkhäuser, Boston, 1990.

[2] A. Auslender. *Optimisation: Méthodes Numériques*, Masson, Paris, 1976.

[3] A. Auslender and M. Teboulle. *Asymptotic Cones and Functions in Optimization and Variational Inequalities*, Springer Verlag, New York, 2003.

[4] M.S. Bazaraa and C.M. Shetty: *Foundation of Optimization*, Springer-Verlag, Berlin, 1976.

[5] C. Berge: *Espaces Topologiques*, Dunod, Paris, 1959; English Edition, *Topological Spaces*, Oliver and Boyd, Edinburgh, 1963.

[6] D.P. Bertsekas: *Nonlinear Programming*, Athena Scientific, Belmont, 1995.

[7] D.P. Bertsekas: *Convex Analysis and Optimization*, Athena Scientific, Belmont, 2003.

[8] J.F. Bonnans and A. Shapiro: Optimization problems with perturbations: A guided tour, *SIAM Review* 40 (1998), pp. 228–264.

[9] J.M. Borwein and A.S. Lewis: *Convex Analysis and Nonlinear Optimization: Theory and Examples*, Springer-Verlag, New York, 2000.

[10] F.H. Clarke: *Optimization and Nonsmooth Analysis*, John Wiley & Sons, New York, 1983; also SIAM, Philadelphia, 1990.

[11] F.H. Clarke, Yu.S. Ledyaev, R.J. Stern and P.R. Wolenski: *Nonsmooth Analysis and Control Theory*, Springer-Verlag, New York, 1998.

[12] R.W. Cottle, J.-S. Pang and R.E. Stone: *The Linear Complementarity Problem*, Academic Press, San Diego, 1992.

[13] I. Ekeland and R. Temam: *Convex Analysis and Variational Problems*, North Holland, Amsterdam, 1976; also SIAM, Philadelphia, 1999.

[14] F. Facchinei and J. Soares: A new merit function for nonlinear complementarity problems and a related algorithm, *SIAM Journal on Optimization* 7 (1997), pp. 225–247.

[15] F. Facchinei and J.-S. Pang: *Finite-Dimensional Variational Inequalities and Complementarity Problems, I and II*, Springer-Verlag, New York, 2003.

[16] A.V. Fiacco and G.P. McCormick: *Nonlinear Programming: Sequential Unconstrained Minimization Techniques*, John Wiley & Sons, New York, 1968; also SIAM, Philadelphia, 1990.

[17] 布川昊, 中山弘拢, 谷野哲三: 线性代数与凸分析, コロナ出版社, 1991.

[18] P.T. Harker and J.-S. Pang: Finite-dimensional variational inequality and nonlinear complementarity problems, *Mathematical Programming* 48 (1990), pp. 161–220.

[19] J.-P. Hiriart-Urruty and C. Lemaréchal: *Convex Analysis and Minimization Algorithms, I and II*, Springer-Verlag, Berlin Heidelberg, 1983.

[20] R.A. Horn and C.R. Johnson: *Matrix Analysis*, Cambridge University Press, Cambridge, 1985.

[21] D. Kinderlehrer and G. Stampacchia: *An Introduction to Variational Inequalities and Their Applications*, Academic Press, New York, 1980.

[22] 今野浩, 山下浩: 非线性规划, 日科技连出版社, 1978.

[23] D.G. Luenberger: *Optimization by Vector Space Methods*, John Wiley & Sons, New York, 1969.

[24] Z.-Q. Luo, J.-S. Pang and D. Ralph: *Mathematical Programs with Equilibrium Constraints*, Cambridge University Press, Cambridge, 1996.

[25] O.L. Mangasarian: *Nonlinear Programming*, McGraw-Hill, New York, 1969; also SIAM, Philadelphia, 1994.

[26] J.J. Moré and W. Rheinboldt: On P- and S-functions and related classes of n-dimensional nonlinear mappings, *Linear Algebra and Its Applications* 6 (1973), pp. 45–68.

[27] K. Murota: *Discrete Convex Analysis*, SIAM, Philadelphia, 2003.

[28] Yu. Nesterov and A. Nemirovskii: *Interior Point Polynomial Methods in Convex Programming*, SIAM, Philadelphia, 1994.

[29] J.M. Ortega and W.C. Rheinboldt: *Iterative Solution of Nonlinear Equations in Several Variables*, Academic Press, New York, 1970.

[30] J.-S. Pang: Error bounds in mathematical programming, *Mathematical Programming* 79 (1997), pp. 299–332.

[31] S.M. Robinson: Generalized equations and their solutions, Part II: Applications to nonlinear programming, *Mathematical Programming Study* 19 (1982), pp. 200–221.

[32] R.T. Rockafellar: *Convex Analysis*, Princeton University Press, Princeton, 1970.

[33] R.T. Rockafellar: Augmented Lagrange multiplier functions and duality in nonconvex programming, *SIAM Journal on Control* 12 (1974a), pp. 268–285.

[34] R.T. Rockafellar: *Conjugate Duality and Optimization*, SIAM, Philadelphia, 1974b.

[35] R.T. Rockafellar: Lagrange multipliers and optimality, *SIAM Review* 35 (1993), pp. 183–238.

[36] R.T. Rockafellar and R.J-B. Wets: *Variational Analysis*, Springer-Verlag, New York, 1998.

[37] 田中谦辅: 凸分析与最优化理论, 牧野书店, 1994.

[38] H. Wolkowicz, R. Saigal and L. Vandenberghe (eds.): *Handbook of Semidefinite Programming: Theory, Algorithms, and Applications*, Kluwer Academic Publishers, Boston, 2000.

索　　引

A

鞍点 (saddle point), 87, 122
鞍点定理 (saddle point theorem), 87
凹函数 (concave function), 30

B

半定规划问题 (semidefinite programming problem), 2, 105
半定互补问题 (semidefinite complementarity problem), 177
半空间 (half space), 17
半正定 (positive semidefinite), 7
半正定矩阵锥 (cone of positive semidefinite matrices), 20
闭包 (closure), 9, 40
闭集 (closed set), 8
闭凸包 (closed convex hull), 129
闭凸锥 (closed convex cone), 19
闭映射 (closed mapping), 65
闭正常凸函数 (closed proper convex function), 37
闭锥 (closed cone), 19
边界 (boundary), 9
变分不等式问题 (variational inequality problem), 149
并集 (union), 8
不动点 (fixed point), 24

C

长方体 (rectangle), 150
超平面 (hyperplane), 4
次梯度 (subgradient), 45, 57
次微分 (subdifferential), 45, 57
次微分映射 (subdifferential mapping), 71

D

笛卡儿积 (Cartesian product), 5
单调 (monotone), 68
单调非减 (nondecreasing), 31
单位矩阵 (unit matrix), 6
点集映射 (point-to-set mapping), 64
顶点 (vertex), 15
对称矩阵 (symmetric matrix), 5
对换 (transposition), 6
对偶定理 (duality theorem), 130
对偶间隙 (duality gap), 132
对偶问题 (dual problem), 124, 136
对偶性 (duality), 125
对偶锥 (dual cone), 21

E

二次规划问题 (quadratic programming problem), 1
二阶必要性条件 (second-order necessary conditions), 90
二阶充分性条件 (second-order sufficient conditions), 93
二阶可微 (twice differentiable), 26
二阶连续可微 (twice continuously differentiable), 26

二阶约束规范 (second-order constraint qualification), 92
二阶锥 (second-order cone), 19
二阶最优性条件 (second-order optimality conditions), 90

F

罚函数 (penalty function), 101
法向量 (normal vector), 46, 77
法锥 (normal cone), 77
范数 (norm), 3
方向导数 (directional derivative), 46
仿射包 (affine hull), 9
仿射函数 (affine function), 38
仿射集 (affine set), 4
非扩张 (nonexpansive), 16
非奇异 (nonsingular), 6
非退化 (nondegenerate), 169
非线性规划问题 (nonlinear programming problem), 1
非线性互补问题 (nonlinear complementarity problem), 151
分离超平面 (separating hyperplane), 17
分离定理 (separation theorem), 18

G

共轭函数 (conjugate function), 38
孤立局部最优解 (isolated local optimal solution), 74
广义 Jacobi 矩阵 (generalized Jacobian matrix), 63
广义 Lagrange 函数 (extended Lagrangian), 135
广义方程 (generalized equation), 149
广义方向导数 (generalized directional derivative), 55
广义实值函数 (extended real valued function), 24

H

含参优化问题 (parametric optimization problem), 108
互补问题 (complementarity problem), 151
互补性条件 (complementarity condition), 81
混合互补问题 (mixed complementarity problem), 151
行列式 (determinant), 6

J

迹 (trace), 6
极大极小定理 (minimax theorem), 122
极限 (limit), 9
极锥 (polar cone), 21
价值函数 (merit function), 160
间隙函数 (gap function), 161
交集 (intersection), 8
紧集 (compact set), 9
局部 Lipschitz 连续 (locally Lipschitz continuous), 56
局部最优解 (local optimal solution), 74
聚点 (accumulation point), 9
均衡价格 (equilibrium price), 134
均衡约束数学规划问题 (mathematical program with equilibrium constraints: MPEC), 167

K

开集 (open set), 8
可换 (commutative), 5
可微 (differentiable), 26

可行解 (feasible solution), 1
可行域 (feasible region), 1

L

连通集 (connected set), 12
连续 (continuous), 24, 65
连续可微 (continuously differentiable), 26
邻域 (neighborhood), 8
灵敏度分析 (sensitivity analysis), 111

M

幂集 (power set), 64
目标函数 (objective function), 1

N

内部 (interior), 8
内点 (interior point), 8
内积 (inner product), 3
拟凹函数 (quasi-concave function), 72
拟凸函数 (quasi-convex function), 72
逆矩阵 (inverse matrix), 6

P

平稳性 (calmness), 102

Q

强单调 (strongly monotone), 68
强凸函数 (strongly convex function), 31
强制的 (coercive), 153
切向量 (tangent vector), 76
切锥 (tangent cone), 76
全局最优解 (global optimal solution), 75

R

弱对偶定理 (weak duality theorem), 127

S

上半连续 (upper semicontinuous), 24, 65
上极限 (superior limit), 9
上图 (epigraph), 29
生成 (generation), 19
实值函数 (real valued function), 24
示性函数 (indicator function), 43
收敛 (convergence), 9
数学规划问题 (mathematical programming problem), 1
双层规划问题 (bilevel programming problem), 167
双重共轭函数 (biconjugate function), 40
水平集 (level set), 25
松弛问题 (relaxed problem)—MPEC, 171

T

特征方程 (characteristic equation), 7
特征向量 (eigenvector), 7
特征值 (eigenvalue), 7
梯度 (gradient), 26
投影 (projection), 15
投影矩阵 (projection matrix), 92
凸包 (convex hull), 10
凸多面集 (polyhedral convex set), 15
凸多面体 (convex polytope), 15
凸多面锥 (polyhedral convex cone), 19
凸分析 (convex analysis), 3
凸规划问题 (convex programming problem), 1
凸函数 (convex function), 29
凸集 (convex set), 10
凸锥 (convex cone), 19
凸组合 (convex combination), 11
图像 (graph), 29, 64

W

维数 (dimension), 4
伪凹函数 (pseudo-concave function), 73

伪凸函数 (pseudo-convex function), 73
稳定点 (stationary point), 78
稳定性理论 (stability theory), 108

X

下半连续 (lower semicontinuous) , 24, 65
下极限 (inferior limit), 10
限定问题 (restricted problem)—MPEC, 170
线性独立约束规范 (linear independence constraint qualification), 84, 96
线性规划问题 (linear programming problem), 1
线性互补问题 (linear complementarity problem), 151
线性化锥 (linearizing cone), 79
线性无关 (linearly independent), 4
线性相关 (linearly dependent), 4
线性映射 (linear mapping), 5
线性子空间 (subspace), 4
相对内部 (relative interior), 9
相对内点 (relatively interior point), 9
像 (image), 5
向量值函数 (vector valued function), 24

Y

严格单调 (strictly monotone), 68
严格互补性 (strict complementarity), 90
严格局部最优解 (strict local optimal solution), 74
严格可行 (strictly feasible), 107
严格可行解 (strictly feasible solution), 144
严格凸函数 (strictly convex function), 31
一阶最优性条件 (first-order optimality conditions), 90
一致 P 函数 (uniform P function), 155
一致凸函数 (uniformly convex function), 见强凸函数
一致有界 (uniformly bounded), 65
隐函数定理 (implicit function theorem), 28
影子价格 (shadow price), 117
映射 (mapping), 24
有界 (bounded), 9
有效域 (effective domain), 29
有效约束 (active constraint), 78
原始问题 (primal problem), 124
约束规范 (constraint qualification), 81
约束函数 (constraint function), 1
约束条件 (constraint), 1
约束映射 (constraint mapping), 107

Z

障碍函数 (barrier function), 127
正常凸函数 (proper convex function), 29
正定 (positive definite), 7
正交补空间 (orthogonal complement), 21
正交矩阵 (orthogonal matrix), 7
正齐次性 (positively homogeneous), 43
正则化间隙函数 (regularized gap function), 161
支撑超平面 (supporting hyperplane), 18
支撑函数 (support function), 43
置换 (permutation), 6
中值定理 (mean value theorem), 27
逐片线性凸函数 (piecewise linear convex function), 53
锥 (cone), 19
最优化问题 (optimization problem), 1
最优集映射 (optimal set mapping), 108
最优解 (optimal solution), 1, 75

最优值函数 (optimal value function), 108

其他

Abadie 约束规范 (Abadie's constraint qualification), 84, 96
B 次微分 (B subdifferential), 61
Bouligand 次微分 (Bouligand subdifferential), 61
Brouwer 不动点定理 (Brouwer's fixed point theorem), 24
Carathéodory 定理 (Carathéodory's theorem), 11
Cauchy 序列 (Cauchy sequence), 9
Cauchy-Schwarz 不等式 (Cauchy-Schwarz inequality), 3
Clarke 次微分 (Clarke subdifferential), 57
Clarke 正则 (Clarke regular), 56
Cottle 约束规范 (Cottle's constraint qualification), 84
Cramer 法则 (Cramer's rule), 6
D 间隙函数 (D gap function), 163
Farkas 定理 (Farkas' theorem), 22
Fenchel 对偶问题 (Fenchel's dual problem), 140
Fischer-Burmeister 函数 (Fischer-Burmeister function), 159
Fritz John 条件 (Fritz John conditions), 83
Guignard 约束规范 (Guignard's constraint qualification), 84, 96
Hesse 矩阵 (Hessian matrix), 26
Jacobi 矩阵 (Jacobian matrix), 27
Jensen 不等式 (Jensen's inequality), 30
Karush-Kuhn-Tucker 条件 (Karush-Kuhn-Tucker conditions), 81, 96, 100, 152
KKT 条件, 见 Karush-Kuhn-Tucker 条件
Kuhn-Tucker 条件, 见 Karush-Kuhn-Tucker 条件
Kuhn-Tucker 约束规范 (Kuhn-Tucker constraint qualification), 118
Lagrange 乘子 (Lagrange multiplier), 80
Lagrange 对偶问题 (Lagrangian dual problem), 124
Lagrange 函数 (Lagrangian function), 80
Lipschitz 连续 (Lipschitz continuous), 56
Lorentz 锥 (Lorentz cone), 19
m 维单纯形 (m-simplex), 15
Mangasarian-Fromovitz (M-F) 约束规范 (Mangasarian-Fromovitz constraint qualification), 96
Minkowski 函数 (Minkowski function), 73
MPEC, 167
MPEC 线性独立约束规范 (MPEC-LICQ), 173
P 矩阵 (P matrix), 8
P 函数 (P function), 155
Rademacher 定理 (Rademacher's Theorem), 61
Slater 约束规范 (Slater's constraint qualification), 84, 96
Taylor 定理 (Taylor's theorem), 28

后　　记

谨在此列举本书写作期间所参考过的文献以及其他与本书内容密切相关的重要文献.

在非线性最优化的教科书中, 重点讲解最优化方法 (算法) 的已经出版很多了, 这里特别推荐 Bertsekas 所著的对于最优性条件、对偶定理等理论部分也同样讲解得非常透彻的优秀著作 [6].

关于第 2 章中的凸分析部分, 除了 Rockafellar 的经典名著 [32] 之外, Ekeland 与 Temam 所著 [13], Hiriart-Urruty 与 Lemaréchal 所著 [19], Borwein 与 Lewis 所著 [9], Auslender 与 Teboulle 所著 [3] 以及 Bertsekas 所著 [7] 等也都是很有特色的优秀著作, 而主要讲解凸分析的日版著作则包括布川、中山、谷野的 [17] 以及田中的 [37] 等. 在线性代数, 特别是有关矩阵的各种性质方面, Horn 与 Johnson 的著作 [20] 是非常适宜的优秀教科书. 另外, Ortega 与 Rheinboldt 所著 [29] 的 Part 1 及 Part 2 对最优化理论中经常使用的线性代数与微积分的内容进行了精要的概括, 也是非常便利的著作. 关于点集映射的基本性质, 推荐阅读 Berge 的经典名著 [5]. 关于凸分析与点集映射等内容的各种推广, 除了 Rockafellar 与 Wets 的 700 余页的大作 [36] 之外, 还包括 Clarke 所著 [10], Aubin 与 Frankowska 所著 [1] 以及 Clarke, Ledyaev, Stern, Wolenski 所著 [11] 等. 此外, 对于准凸函数、拟凸函数、择一定理等内容系统概括的 Mangasarian 的 [25] 也是值得一读的著作. 室田有关离散凸分析的著作 [27] 将凸分析理论推广到离散空间上进行讨论, 也是非常有趣的著作. 另外, 虽然本书中没有涉及, Nesterov 与 Nemirovskii 所著 [28] 介绍了被称为自和谐障碍函数 (self-concordant barrier function) 的凸函数类在求解凸优化问题的牛顿法中的重要作用, 对内点法理论的发展做出了重大贡献.

关于 Karush-Kuhn-Tucker 条件等最优性条件的内容在大部分教科书中都有讲述, 而 Bazaraa 与 Shetty 所著 [4] 以及今野与山下所著 [22] 均对约束规范有详尽的描述. 关于不可微最优化问题的最优性条件, Clarke 所著 [10], Rockafellar 所著 [35] 以及 Rockafellar 与 Wets 所著 [36] 均进行了详细的讨论. 此外, 关于稳定性理论可参见 Berge 的著作 [5], 关于灵敏度分析可参见 Fiacco 与 McCormick 的著作 [16] 或者 Bonnans 与 Shapiro 的著作 [8].

关于凸规划问题的 Lagrange 对偶性理论在大部分教科书中都有论述, 本书采用的则是 Rockafellar 所著 [34] 中将非凸函数一并考虑的途径. 关于函数空间中最优化问题的对偶性, Luenberger 的著作 [23] 中有极出色的论述. 另外, Rockafellar 所著

[32] 以及 Rockafellar 与 Wets 所著 [36] 对于 Fenchel 对偶性有详细讲述. Bertsekas 的著作 [7] 对 Lagrange 及 Fenchel 对偶性理论的解释通俗易懂. 关于半定规划问题的对偶性理论与相关话题则被收录在由 Wolkowicz, Saigal, Vandenberghe 所编辑的手册 [38] 中.

关于变分不等式问题的早期著作包括 Auslender 所著的 [2] 以及 Kinderlehrer 与 Stampacchia 所著的 [21], 其后的进展介绍则包括 Harker 与 Pang 的 [18] 以及 Facchinei 与 Pang 的 [15]. 特别地, 后者是全面介绍均衡问题的优秀著作. 此外, Cottle, Pang, Stone 所著 [12] 对于线性互补问题有着非常详尽的讲述. 关于 MPEC 的教科书则首推 Luo, Pang, Ralph 的 [24]. 虽然本书中没能叙及, 关于在最优化问题或者均衡问题的迭代法的收敛性分析等方面起着重要作用的误差界条件可参见 Pang 的 [30].

上面主要介绍的是教科书和综述文章, 基本上没有提及科研论文之类. 关于进一步更详尽的信息, 希望读者自己查阅上述文献及其参考文献.

译者后记

首先感谢福岛先生多年来的栽培与厚爱.

2000 年 10 月, 我作为日本文部省国费留学生首度来到京都大学, 彼时的我对最优化理论所知寥寥, 十足一个门外汉. 先生不嫌不弃, 循循善诱, 悉心指导, 使我得以如期完成学业. 2004 年 11 月, 我以日本学术振兴会 (JSPS) 外国人特别研究员的身份再度造访京都大学, 这一待又是两年. 在这样一个从事科研的黄金时段里, 我在福岛先生的身边前后度过了五年半的时光, 耳濡目染, 得窥学术殿堂之一隅, 这真是我的荣幸!

《非线性最优化基础》是福岛先生的近作之一, 内容甚至包括了 MPEC 等目前尚在发展中的热点课题, 近年来在京都大学一直作为研究生教材使用, 广受好评. 2006 年 11 月, 在我回国之前, 福岛先生慷慨地将此书日本版的 LaTeX 源文件相赠. 2008 年 9 月, 先生偕夫人访问大连时, 我特别邀请了内蒙古民族大学的韩海山教授和中国农业大学的钟萍博士前来作陪. 期间, 韩海山教授也表示出了对本书的兴趣, 本书的第 3 章就是基于他的初稿完成的. 在此, 我对韩海山教授的帮助谨致最诚挚的谢意!

中国运筹学会理事长、中国科学院数学与系统科学研究院袁亚湘研究员欣然为本书作序, 谨在此表示衷心的感谢!

值本书即将出版之际, 谨对过去给予我支持、理解和帮助的诸位前辈、同仁表示感谢! 特别感谢香港理工大学祁力群教授和陈小君教授、京都大学情报学研究科福岛研究室山下信雄先生和事务官矢仓文慧女士、北京交通大学修乃华教授、华南师范大学李董辉教授、中国科学院杨晓光研究员、大连理工大学的各位同事以及其他许多没有提及名字的朋友.

谨以本书纪念华盛顿大学的 Paul Tseng 教授! 他曾经亲自指导我修改会议报告, 这让我终生受益. 我们还曾一起冒雨观看京都三大祭之一的葵祭的大游行, 这一切好像就发生在昨天. 愿教授平安!

感谢科学出版社的王丽平等编辑在本书出版过程中所给予的大力支持和帮助. 此外, 还要特别感谢我的父母、妻子和女儿, 没有他们多年来的支持和理解, 我将会一事无成.

本书的出版得到了国家自然科学基金 (项目编号 10771025, 11071028) 以及大连理工大学基本科研业务费重点项目培育基金的资助. 由于译者水平有限, 翻译中不妥之处在所难免, 敬请读者批评指正.

林贵华

2010 年 5 月于大连

《现代数学译丛》已出版书目

（按出版时间排序）

1 椭圆曲线及其在密码学中的应用——导引 2007.12 〔德〕Andreas Enge 著 吴 铤 董军武 王明强 译

2 金融数学引论——从风险管理到期权定价 2008.1 〔美〕Steven Roman 著 邓欣雨 译

3 现代非参数统计 2008.5 〔美〕Larry Wasserman 著 吴喜之 译

4 最优化问题的扰动分析 2008.6 〔法〕J. Frédéric Bonnans 〔美〕Alexander Shapiro 著 张立卫 译

5 统计学完全教程 2008.6 〔美〕Larry Wasserman 著 张 波 等译

6 应用偏微分方程 2008.7 〔英〕John Ockendon, Sam Howison, Andrew Lacey & Alexander Movchan 著 谭永基 程 晋 蔡志杰 译

7 有向图的理论、算法及其应用 2009.1 〔丹〕J. 邦詹森 〔英〕G. 古廷 著 姚兵 张忠辅 译

8 微分方程的对称与积分方法 2009.1〔加〕乔治 W. 布卢曼 斯蒂芬 C. 安科 著 闫振亚 译

9 动力系统入门教程及最新发展概述 2009.8 〔美〕Boris Hasselblatt & Anatole Katok 著 朱玉峻 郑宏文 张金莲 阎欣华 译 胡虎翼 校

10 调和分析基础教程 2009.10 〔德〕Anton Deitmar 著 丁勇 译

11 应用分支理论基础 2009.12 〔俄〕尤里·阿·库兹涅佐夫 著 金成桴 译

12 多尺度计算方法——均匀化及平均化 2010.6 Grigorios A. Pavliotis, Andrew M. Stuart 著 郑健龙 李友云 钱国平 译

13 最优可靠性设计：基础与应用 2011.3 〔美〕Way Kuo, V. Rajendra Prasad, Frank A.Tillman, Ching-Lai Hwang 著 郭进利 闫春宁 译 史定华 校

14 非线性最优化基础 2011.5 〔日〕Masao Fukushima 著 林贵华 译